Kölner Beiträge zur Didaktik der Mathematik

Reihe herausgegeben von

Nils Buchholtz, Institut für Mathematikdidaktik, Universität zu Köln, Köln, Nordrhein-Westfalen, Deutschland

Michael Meyer, Institut für Mathematikdidaktik, Universität zu Köln, Köln, Nordrhein-Westfalen, Deutschland

Birte Pöhler, Institut für Mathematikdidaktik, Universität zu Köln, Köln, Nordrhein-Westfalen, Deutschland

Benjamin Rott, Institut für Mathematikdidaktik, Universität zu Köln, Köln, Nordrhein-Westfalen, Deutschland

Inge Schwank, Institut für Mathematikdidaktik, Universität zu Köln, Köln, Nordrhein-Westfalen, Deutschland

Horst Struve, Institut für Mathematikdidaktik, Universität zu Köln, Köln, Nordrhein-Westfalen, Deutschland

Carina Zindel, Institut für Mathematikdidaktik, Universität zu Köln, Köln, Nordrhein-Westfalen, Deutschland

In dieser Reihe werden ausgewählte, hervorragende Forschungsarbeiten zum Lernen und Lehren von Mathematik publiziert. Thematisch wird sich eine breite Spanne von rekonstruktiver Grundlagenforschung bis zu konstruktiver Entwicklungsforschung ergeben. Gemeinsames Anliegen der Arbeiten ist ein tiefgreifendes Verständnis insbesondere mathematischer Lehr- und Lernprozesse, auch um diese weiterentwickeln zu können. Die Mitglieder des Institutes sind in diversen Bereichen der Erforschung und Vermittlung mathematischen Wissens tätig und sorgen entsprechend für einen weiten Gegenstandsbereich: von vorschulischen Erfahrungen bis zu Weiterbildungen nach dem Studium.

Diese Reihe ist die Fortführung der „Kölner Beiträge zur Didaktik der Mathematik und der Naturwissenschaften".

Weitere Bände in der Reihe http://www.springer.com/series/16272

Julia Rey

Experimentieren und Begründen

Naturwissenschaftliche Denk- und Arbeitsweisen beim Mathematiklernen

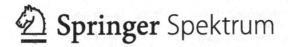 Springer Spektrum

Julia Rey
Köln, Deutschland

Die vorliegende Veröffentlichung wurde von der Mathematisch-Naturwissenschaftlichen Fakultät der Universität zu Köln als Dissertation angenommen. Am 08.01.2021 fand die Abschlussprüfung als Disputation am Institut für Mathematikdidaktik statt. Die Kommission der Prüfung bestand aus den Gutachtern und der Gutachterin, Herr Prof. Dr. Michael Meyer, Frau Prof.in Dr. Susanne Schnell und Herr Prof. Dr. Oliver Schwarz sowie der Prüfungsvorsitzenden Frau Prof.in Dr. Christiane S. Reiners und dem Beisitzer Herr Dr. Stefan Heilmann.

ISSN 2661-8257   ISSN 2661-8265   (electronic)
Kölner Beiträge zur Didaktik der Mathematik
ISBN 978-3-658-35329-2   ISBN 978-3-658-35330-8   (eBook)
https://doi.org/10.1007/978-3-658-35330-8

Die Deutsche Nationalbibliothek verzeichnet diese Publikation in der Deutschen Nationalbibliografie; detaillierte bibliografische Daten sind im Internet über http://dnb.d-nb.de abrufbar.

Planung/Lektorat: Marija Kojic
Springer Spektrum ist ein Imprint der eingetragenen Gesellschaft Springer Fachmedien Wiesbaden GmbH und ist ein Teil von Springer Nature.
Die Anschrift der Gesellschaft ist: Abraham-Lincoln-Str. 46, 65189 Wiesbaden, Germany

Geleitwort

Dass dem Begründen im Mathematikunterricht eine zentrale Rolle zukommt, wird kaum jemand bestreiten. Mathematik gilt in der Regel als eine beweisende Disziplin, weshalb diese Tätigkeit auch in entsprechenden Lernprozessen bedeutsam ist. Experimente, insbesondere solche mit realen Objekten, werden hingegen wohl eher den Naturwissenschaften zugerechnet.

Wie also passen diese Tätigkeiten zusammen und warum ist gerade die Kombination von beidem für den Mathematikunterricht bedeutsam?

Mathematische Objekte, wie etwa die Zahlen, sind im Gegensatz zu naturwissenschaftlichen Objekten nicht sichtbar. Um sie allerdings als Gegenstände des Denkens zu betrachten, werden sie jedoch exemplifiziert. So kann beispielsweise eine bestimmte Kollektion von realen Materialien (Kästchen, Klötze, ...) unter Verwendung des Kardinalzahlaspektes als Repräsentant für eine bestimmte Zahl fungieren. Das abstrakte mathematische Objekt wird quasi real, anfassbar, und lässt sich in experimentellen Handlungen und für sie nutzen. Frau Rey führt in ihrer Dissertation eine Vielzahl didaktischer Empfehlungen an, in welchen die Bedeutung von Experimenten im Mathematikunterricht hervorgehoben wird. In der Regel soll es Lernenden hierdurch gelingen, Beziehungen zwischen den Zahlen und den Operationen mit ihnen herauszuarbeiten – als Abstraktionen der Beziehungen zwischen den Kollektionen von Gegenständen und den Handlungen mit ihnen.

Wurden auf diese Weise mathematische Regelmäßigkeiten erkannt, so gilt es sie zu begründen, um auch dem bedeutsamen Aspekt der Erkenntnissicherung selbst Rechnung zu tragen. Wenn diese beiden Prozesse, das Experimentieren und das Begründen, als zwei getrennte Prozesse verstanden werden, so wäre mit dem Begründen eine neue Hürde im Lernprozess verbunden. Um diese wiederum zu vermeiden, gilt es in einem zweiten Schritt mögliche Beziehungen zwischen dem Experimentieren und dem Begründen herauszuarbeiten. Mit anderen Worten: Wie kann das Experimentieren nicht nur dazu beitragen, neue mathematische Beziehungen zu erlangen, sondern auch Elemente für den nachfolgenden Begründungsprozess zu liefern?

Um die Frage zu beantworten, muss der Prozess des Experimentierens eingehend verstanden sein: Wie lässt sich ein solcher Prozess gliedern? Welche Besonderheiten zeichnen die Teilprozesse aus? Wie lässt sich das Zusammenspiel von Denkprozessen auf der einen Seite und Arbeitsprozessen auf der anderen Seite verstehen? Usf.

Frau Rey beantwortet diese und weitere Fragen sehr grundlegend: Sie nimmt Anleihen aus den Naturwissenschaften, den Naturwissenschaftsdidaktiken, der Wissenschafts- und Erkenntnistheorie sowie der Philosophie. Ausgehend von den theoretischen Betrachtungen wird ein Prozessmodell experimentellen Vorgehens erarbeitet. Dieses Prozessmodell wird anschließend an Szenen empirischer Lernprozesse evaluiert. Hierbei werden die veröffentlichten Denkprozesse mittels etablierter logisch-philosophischer Methoden (Abduktion, Deduktion, Induktion) analysiert und auf dieser Grundlage Rückschlüsse auf den Experimentierprozess getätigt. Entsprechend weisen nicht nur die Grundlagen der theoretischen Betrachtungen, sondern auch die der empirischen Rekonstruktionen eine bemerkenswerte Tiefe auf.

Für die Analyse empirischer Lernprozesse greift Frau Rey auf Lernende sehr unterschiedlicher Altersstufen zurück: Studierende (Grundschule und Sonderpädagogik), Schüler*innen der Sekundarstufe I (Gesamtschule), und Schüler*innen eines Begabtenprogramms. Die Wahl der Personengruppen zeigt nicht nur die Breite des Feldes, in dem sich Frau Rey zu bewegen weiß, sondern insbesondere auch die breite Anwendbarkeit der erstellten theoretischen Grundlagen.

Ein wesentlicher Kern des Prozessmodells ist das Aufzeigen der steten Nutzung theoretischer Bezüge bei der Realisierung der experimentellen Methode. Diese Bezüge werden dann eingehend analysiert, um die Verbindung zwischen dem Experimentieren und dem Begründen aufzuzeigen. Durch die Thematisierung dieser Verbindungen verdeutlicht Frau Rey, dass das Experimentieren keinesfalls auf das Erkennen mathematischer Beziehungen bzw. Zusammenhänge reduziert werden kann oder gar darf. Vielmehr sind es die im Prozess des Experimentierens geforderten theoretischen Bezüge, welche das Potential bergen, spätere Begründungsprozesse zu orientieren. Werden diese produktiv für den Prozess der Erkenntnissicherung genutzt, so besteht – vergleichbar zu den Prozessen des Entdeckens und Prüfens mit latenter Beweisidee – ein enormes Potential, das Experimentieren mit dem Begründen, und somit die Erkenntnisgewinnung mit der Erkenntnissicherung, von Beginn an zu verbinden. Etwas zugespitzt lässt sich formulieren, dass dieses Hervorheben der Beziehungen zwischen den empirischen Handlungen und den theoretischen Hintergründen beim Experimentieren für die Naturwissenschaften bedeutsam, für das Nutzen von Experimenten in der Mathematik sogar essenziell ist.

Zusammenfassend betrachtet, stellt die Dissertationsschrift von Julia Rey mit der hier vorgenommenen Verbindung von naturwissenschaftlichen, naturwissenschaftsdidaktischen, wissenschafts- und erkenntnistheoretischen sowie philosophischen Betrachtungen einen wesentlichen Beitrag zur mathematikdidaktischen Grundlagenforschung dar. Sowohl zur Fokussierung naturwissenschaftlichen Arbeitens in der Mathematik im Speziellen als auch als Orientierung(shilfe) für fächerübergreifende Projekte des Lehrens und Lernens im Allgemeinen finden sich hier vielfältige Ideen und Ansatzpunkte.

Köln
im Juni 2021

Vorwort

Die vorliegende Veröffentlichung wurde von der Mathematisch-Naturwissenschaftlichen Fakultät der Universität zu Köln als Dissertation angenommen. Am 08.01.2021 fand die Abschlussprüfung als Disputation am Institut für Mathematikdidaktik statt. Die Kommission der Prüfung bestand aus den Gutachtern und der Gutachterin, Herr Prof. Dr. Michael Meyer, Frau Prof.in Dr. Susanne Schnell und Herr Prof. Dr. Oliver Schwarz sowie der Prüfungsvorsitzenden Frau Prof.in Dr. Christiane Reiners und dem Beisitzer Herr Dr. Stefan Heilmann.

Forschung geht nicht ohne kritische Diskussionspartner*innen, aufmerksame Leser*innen, Freund*innen und Familie. Seit Beginn meiner Promotion, im November 2016, sind viele Menschen zusammengekommen, die meine Arbeit (auf kürzerem oder längerem Wege) begleitet und sich an der Fertigstellung dieser Dissertationsschrift beteiligt haben. Ich möchte an dieser Stelle all diesen Personen danken, die ich namentlich gar nicht vollständig aufzählen kann.

Für mich ist es eine große Ehre (gewesen), zu promovieren. Mein besonderer Dank geht an Prof. Dr. Michael Meyer, der mir hierzu die Möglichkeit gegeben hat. Er hat zu jedem Zeitpunkt an mich geglaubt und mich unterstützt. Danke für die produktive und schöne Zeit! Ich bedanke mich auch bei Prof.in Dr. Susanne Schnell für ihre zahlreichen und hilfreichen Gespräche und Anregungen. Frau Prof.in Dr. Christiane Reiners gilt mein Dank für die Gespräche über naturwissenschaftliche Denk- und Arbeitsweisen und über die Unterschiede zwischen Chemie und Mathematik. Ihre Literaturhinweise waren ebenfalls sehr hilfreich. Des Weiteren danke ich Prof. Dr. Oliver Schwarz für das Forschungsgespräch über die naturwissenschaftlichen Methoden aus der Perspektive der Physik.

Wenn ich schon einmal in den Naturwissenschaften bin: Ich danke Laurence Müller (geb. Schmitz) und Stefan Müller für die vielen Gespräche über naturwissenschaftliche Begrifflichkeiten, Methoden, Unterrichtskonzepte etc. und für die Freundschaft, die sich während der Promotionszeit entwickelt hat!

Mein Dank geht an meinen ehemaligen Bürokollegen, Max Moll, der mich in meiner ersten Zeit meiner Promotion mit zahlreichen Gesprächen weitergebracht und mir Kraft gegeben hat, an mich selbst zu glauben. Er hat zwei würdige Nachfolger*innen bekommen: Christoph Körner und Anna Breunig. Ihnen gebührt mein Dank für Diskussionen, Gespräche, Ratschläge, etc.!

Ich möchte mich bei allen aktuellen und ehemaligen Mitgliedern der AG Meyer für die wöchentlichen Forschungstreffen bedanken. Namentlich geht mein Dank an Martin Rathgeb für die abendlichen, produktiven Gespräche im Büro und die fast wöchentlichen Telefonate.

Außerdem danke ich Mirjam Jostes für ihr kritisches Korrekturlesen. Ich danke ihr für die Formatierungstipps und -tricks und die Gespräche – insbesondere in der letzten Zeit der Fertigstellung. Ebenfalls danke ich Jan Kieselhofer für das Korrekturlesen und seine Unterstützung während meiner Promotionszeit. Vor allem aber danke ich beiden für die Freundschaft!

Neben neuen Freund*innen, die ich durch meine Promotion und meine Arbeit am Institut gewonnen habe, danke ich Lena Schmidt, Nicolas Schippel und Kay Stöbke für die ständige Unterstützung und treue Freundschaft!

Ein besonderer Dank geht an Miguel Arroyo. Er hat mich in meiner ganzen Promotionszeit an schlechten Tagen aufgemuntert, abgelenkt und mich unterstützt und sich an guten Tagen mit mir gefreut!

Ebenfalls danke ich meinen Eltern: Meine Mutter hat sich um mein ständiges Wohl gekümmert und mir meine Auszeit zum Abschalten geschenkt. Meinem Vater konnte ich meinen aktuellen Forschungsstand von vorne bis hinten berichten. Ich bin dankbar für sein offenes Ohr und seine guten Ratschläge! Mein Dank geht vor allem an meinen Bruder, Sebastian Rey. Er hat mich stets mit offenen Armen empfangen. Er ist für mich in der letzten Zeit mein Coach gewesen und hat mir geholfen, die Ruhe zu bewahren, auszuhalten, strukturiert vorzugehen und die Arbeit durchzuziehen. Danke Sebastian!

Zu guter Letzt bedanke ich mich bei allen, die ich nicht namentlich erwähnt habe, die mich aber die letzten Jahre begleitet haben: Den Mitgliedern des Instituts für Mathematikdidaktik der Universität zu Köln gebührt mein Dank für produktive Mitarbeiterseminare und Kolloquien, Tagungskolleg*innen für Fragen und

Anregungen zu meinen Vorträgen, den Kolleg*innen der interpretativen Unterrichtsforschung für hilfreiche Transkriptionsdiskussionen, meinen Freund*innen und meiner ganzen Familie für Unterstützung und Halt.

Julia Rey

Kurzzusammenfassung

Im Mathematikunterricht werden mathematische Inhalte vor allem über Handlungen mit empirischen Objekten (z. B. Plättchen) und über reale Zusammenhänge gelernt. Auch beim Lernen von naturwissenschaftlichen Inhalten, insbesondere beim Experimentieren, spielen das Handeln mit empirischen Objekten und reale Zusammenhänge eine zentrale Rolle. Das Lernen mathematischer Inhalte kann dementsprechend mit dem Lernen von naturwissenschaftlichen Inhalten verglichen werden, wodurch die Möglichkeit besteht, mathematische Lernprozesse mittels naturwissenschaftlicher Methoden anzuregen und zu analysieren. In dieser Dissertationsschrift wird ein Prozessmodell konzipiert, was sich an erkenntnistheoretischen Grundlagen sowie an naturwissenschaftlichen Methoden orientiert und sich in den vorgestellten Analysen mathematischer Lernprozesse bewährt. Anschließend wird der Frage nachgegangen, welche Erkenntnisse sich aus dieser Betrachtung für ein Mathematiklernen ergeben und insbesondere wie damit die Besonderheit der Mathematik – das mathematische Begründen bzw. Beweisen – verbunden ist. Die Arbeit leistet eine Vernetzung auf verschiedenen Ebenen: sowohl zwischen Naturwissenschaft und Mathematik, zwischen Denken und Arbeiten als auch zwischen den mathematischen Tätigkeiten des Entdeckens, Prüfens und Begründens. Es zeigen sich besondere Zusammenhänge zwischen Experimentier- und Begründungsprozessen, welche überwiegend auf der experimentellen Methode der Naturwissenschaften beruhen. Auch aus dieser methodischen Betrachtung ergeben sich konstruktive Gestaltungsmöglichkeiten für den Mathematikunterricht.

Abstract

In school, mathematics is frequently learned through actions with empirical objects (e. g. platelets) and in real contexts. Actions with empirical objects and real contexts also play an important role in learning natural sciences, especially when experimenting. So, learning mathematical contents is comparable to learning natural sciences. Therefore, it can be helpful to use scientific methods to inspire and analyse mathematical learning processes. For this goal, an analytical instrument is designed, which is based on epistemological principles as well as scientific methods. The instrument proves itself in the analysis of mathematical learning processes. Subsequently, the question is examined, which findings result from this consideration for mathematical learning and how the special feature of mathematics – mathematical justification – takes effect. The work interconnects various fields: natural science and mathematics, thinking and acting, and the mathematical activities of discovering, testing, and justifying. There are special connections between experimenting and justifying, which can be emphasized with the experimental method of the natural sciences. From this perspective it is possible to design experimental contexts for mathematical teaching.

Inhaltsverzeichnis

Abbildungsverzeichnis

Tabellenverzeichnis

Einleitung

Logik, Geisteswissenschaft oder Naturwissenschaft? Unter welchem Wissenschaftszweig sich die Mathematik verstehen lässt, hängt nicht zuletzt von der Perspektive ab, aus der Mathematik betrachtet wird: Die Objekte der (theoretischen) Hochschulmathematik sind keine realen Objekte. Die Objekte der Schulmathematik lassen sich hingegen als solche verstehen (Struve, 1990): Zahlen werden beispielsweise als Kollektionen von Objekten wie Anzahlen von Äpfeln, Birnen, Stiften oder Plättchen, betrachtet. Mit den so entstandenen Objekten kann dann weitergearbeitet werden, indem beispielsweise durch das Tauschen der Plätze zweier Kollektionen von Objekten das Kommutativgesetz der Addition eingeführt wird: Die Gesamtanzahl von fünf *blauen* und drei *roten* Plättchen bleibt erhalten, auch wenn zuerst die *roten* und dann die *blauen* abgezählt werden. In Anlehnung an die empirische Handlung wird entsprechend auch von *Tauschaufgaben* gesprochen. In diesem Zusammenhang lassen sich viele Beispiele anführen: In Eingangsklassen werden Eigenschaften geometrischer Figuren (n-Ecke) über reale Gegenstände (z. B. Straßenschilder) betrachtet oder Symmetrien über Faltungen oder Spiegelungen erkundet. In den weiterführenden Klassen werden beispielsweise Funktionen als Weg-/Zeitdiagramme in einen empirischen Kontext gesetzt; Brüche werden über Kuchenstücke erfahrbar; ein Variablenverständnis wird über musterhafte Plättchenanordnungen angebahnt; wiederholtes Würfeln dient einem Zugang zur Wahrscheinlichkeit; exponentielle Funktionen werden über die Verdopplung der Anzahl an Reiskörnern pro Feld auf einem Schachbrett verdeutlicht und Begründungen, wie die des Innenwinkelsummensatzes eines Dreiecks, werden über Handlungen, beispielsweise dem Abreißen und Aneinanderlegen der Ecken eines Dreiecks, motiviert. Selbst in der Hochschulmathematik sind kreative Prozesse des Entdeckens an Phänomenen wie Zeichnungen oder

© Der/die Autor(en), exklusiv lizenziert durch Springer Fachmedien Wiesbaden GmbH, ein Teil von Springer Nature 2021
J. Rey, *Experimentieren und Begründen*, Kölner Beiträge zur Didaktik der Mathematik, https://doi.org/10.1007/978-3-658-35330-8_1

konkreten Zahlenbeispielen nicht selten Ausgangspunkt mathematischen Arbeitens. Doch werden diese Ausgangspunkte in den späteren Publikationen häufig
verwischt. So heißt es von Abel über Gauß:

„Er macht es wie der Fuchs, der seine Spuren im Sande mit dem Schwanz auslöscht"

(zitiert nach Meschkowski, 1990, S. 116).

Wenn das Lehren und Lernen von Mathematik nun aber eine Tendenz zu den
Naturwissenschaften aufweist, dann wäre zu überprüfen, ob und wie sich die
Lehr- und Lernmethoden der Naturwissenschaften eignen, um einen zeitgemäßen
Mathematikunterricht zu betreiben, welcher sowohl kreative Prozesse des Entdeckens von mathematischen Zusammenhängen aber auch deren Prüfung in den
Fokus setzt. In den Naturwissenschaften kommen in diesem Kontext experimentellen Prozessen eine zentrale Bedeutung zu. Entsprechend finden sich bereits in
verschiedenen mathematikdidaktischen Veröffentlichungen Anregungen, wie über
das Experimentieren mathematische Zusammenhänge von den Lernenden erkannt
und geprüft werden sollen.

Entdecken und Prüfen sind sicherlich wichtige mathematische Tätigkeiten,
doch wo bleibt das Beweisen bzw. (inhaltliche) Begründen der erkannten Zusammenhänge, das unabhängig von den konkreten Gegenständen ausgeführt wird?
Entsprechend lässt sich die Zielrichtung, welche später noch pointiert formuliert
wird, anfänglich wie folgt beschreiben: *Welchen Beitrag können naturwissenschaftliche Methoden für einen zeitgemäßen Mathematikunterricht in der Schule
zwischen kreativen und begründenden Prozessen leisten?* Hierbei gilt es natürlich
nicht darum, die Mathematik als Naturwissenschaft herauszustellen, sondern zu
betrachten, inwiefern die Lehre (in) der Mathematik von den Naturwissenschaften
profitieren kann. Das bedeutet aber insbesondere auch, Grenzen auszuweisen.

Aufbau der Forschungsarbeit:
Didaktische Prinzipien zum Mathematikunterricht wie das *entdeckende Lernen*
und das *operative Prinzip* besitzen bereits Charakteristika, die einem Denken
und Arbeiten in Naturwissenschaften wie Biologie, Chemie und Physik ähneln:
Ausgehend von dem Handeln mit konkreten Gegenständen sollen abstrakte mathematische Begriffe und Zusammenhänge erkannt und ggf. ausgeschärft werden.
Anders ausgedrückt: Es wird im Mathematikunterricht schon lange experimentiert, ohne es explizit mit naturwissenschaftlichen Worten zu bezeichnen. Über
diese mathematikdidaktischen Prinzipien wird in Abschnitt 2.1.1 referiert, um die
oben angedeutete Nähe zu den Naturwissenschaften auszuführen.

Für Mathematikbetreibende, die *begründen* und *beweisen*, wird eine *prüfende* Grundhaltung wesentlich, um die einzelnen Begründungsschritte anzuzweifeln oder um den Zusammenhang als beweiswürdig einzustufen. Im Unterricht findet ein Beweisen unter anderem über ein Abstrahieren ausgehend von der Arbeit mit Beispielen statt. Exemplarisch sei erneut auf einen der oben beschriebenen Zugänge verwiesen: das Abreißen und Zusammenlegen der Ecken eines Dreiecks zur Erarbeitung und Absicherung eines allgemeinen Gesetzes über die Innenwinkelsumme im Dreieck. Die Beispiele sollten vor allem eine inhaltliche Einsicht und eine lokale Ordnung in die mathematischen Zusammenhänge liefern. Begründen, Beweisen und Prüfen wird Schwerpunkt des Abschnitts 2.1.2 sein. Damit wird neben der Nähe zu den empirischen Naturwissenschaften auch die Unterschiedlichkeit in den Begründungsmöglichkeiten der Mathematik verdeutlicht.

In Abschnitt 2.2 wird die zugrunde liegende Forschungsperspektive auf experimentelle Erarbeitungsprozesse vorgestellt. Diese Forschungsperspektive besteht aus den Schlussformen *Abduktion, Deduktion* und *Induktion*. Mit deren Ausschärfung für die Mathematikdidaktik von Meyer (2007), der sich wiederum auf Charles Sanders Peirce (1839–1914) bezieht, sind Erkenntnisprozesse, nämlich Entdeckungs- und Begründungsprozesse, von Lernenden analysierbar. Die Ausschärfung der Schlussformen für die Mathematikdidaktik gewährt schließlich eine Anwendung dieser für ein Experimentieren von Lernenden und schafft damit auch den Zusammenhang zum Entdecken, Prüfen und Begründen. Durch dieses Analysewerkzeug ist die Übertragbarkeit von Erkenntnissen aus der Rekonstruktion naturwissenschaftlicher Denk- und Arbeitsweisen beim Mathematiklernen auf die mathematischen Tätigkeiten des Entdeckens, Prüfens und Begründens möglich.

Die wissenschaftstheoretischen und naturwissenschaftlichen Grundlagen dieser Arbeit werden in Kapitel 3 vorgestellt, um die bisher nur impliziten Zusammenhänge zwischen Mathematiklernen und naturwissenschaftlichen Begrifflichkeiten explizieren zu können. In den Naturwissenschaften wird ein Forschungsvorhaben angestrebt, das sich an dem methodischen Vorgehen historischer Vorbilder orientiert. Dieses methodische Vorgehen wird als *experimentelle Methode* bezeichnet. Bezogen auf Kant (KrV, BXIII bis B XIV) kann die benannte Methode als ein Wechselspiel von Theorie und Empirie zusammengefasst werden. In der Praxis weichen einzelne Forschungsprozesse gegebenenfalls von der idealen experimentellen Methode ab. Für eine detaillierte Analyse der Lernprozesse ist es notwendig, die Vorgehensweisen der Naturwissenschaften zu differenzieren, um diese mit mathematischen Lernprozessen strukturell vergleichen zu können. Kern dieses Kapitels wird sein, bedeutsame naturwissenschaftliche *Denk- und Arbeitsweisen* zu charakterisieren sowie unterschiedliche *experimentelle Prozessarten* zu klassifizieren, um eben genau die Charakteristika der experimentellen Methode, aber auch deren Abweichungen auszeichnen zu können.

Mittels der nun eingeführten naturwissenschaftlichen Begriffe kann die explizite Nutzung dieser im Mathematikunterricht diskutiert werden. In der mathematikdidaktischen Forschung wird das ‚Experiment' als naturwissenschaftlicher Begriff differenziert für das Lernen von Mathematik genutzt: zur Analyse innermathematischer Experimente, zum Lernen des Funktionsbegriffs oder stochastischer Methoden, zum Begründen, zum interdisziplinären Lernen und zum Vergleich von realen und simulativen Experimenten. Die didaktische Literatur zu diesen Verwendungen wird in Abschnitt 4.1 und 4.2 skizziert. Innerhalb dieser wird das hier verfolgte Forschungsanliegen positioniert (Abschnitt 4.3): *experimentelles Handeln, verstanden als ein Evozieren und Vermitteln zwischen Entdecken und Begründen und die sich dadurch anpassenden Denk- und Arbeitsweisen.*

Dieses Anliegen bildet sich unter anderem als ein bedeutsamer Forschungsschwerpunkt heraus, da sich in experimentellen Prozessen kein Nacheinander von Entdecken, Prüfen und Begründen, sondern ein Miteinander einstellt. Mit den Grundlagen der Forschungsarbeit kann ein Zusammendenken verschiedener Tätigkeiten ermöglicht werden. Zudem begünstigt eine Erarbeitung und Erprobung naturwissenschaftlicher Methoden beim Mathematiklernen konstruktive Umsetzungsmöglichkeiten für den Mathematikunterricht.

In Abschnitt 5.1 werden die bisherigen theoretischen Erarbeitungen hinsichtlich *Analogien zwischen Naturwissenschaften und Mathematik(lernen)* zusammengefasst und diskutiert. Aufgrund der herausgestellten Gemeinsamkeiten entsteht ein *theoretisches Modell zur Rekonstruktion der Denk- und Arbeitsweisen* von mathematischen Lernprozessen, das in Abschnitt 5.2 anhand zweier mathematischer Lösungswege erarbeitet wird. Damit werden die anfänglichen impliziten Analogien zwischen Mathematiklernen und naturwissenschaftlichen Methoden durch den Verweis auf die Naturwissenschaften expliziert und für eine Analyse mathematischer Lernprozesse formiert.

Zu einem Experimentieren gehört notwendigerweise auch die experimentierende Person, die das Experiment zu einem solchen macht. Im Umgang mit den Objekten zeigt diese Person, welche Bedeutung die empirischen Objekte für sie erhalten. In dieser Arbeit werden die Bedeutungsänderungen während experimenteller Prozesse fokussiert: Wie verändert sich der empirische Eingriff, wie das Nachfragen und wie die theoretischen Elemente? Zur Analyse dieser Bedeutungsänderungen wird sich auf ein interpretatives Forschungsparadigma aus Heinrich Bauersfelds Arbeitsgruppe gestützt. *Soziologische Grundbegriffe*, die diesem Paradigma zugrunde liegen, werden neben einem konkreten *Studien-* und *Auswertungsdesign* in Kapitel 6 vorgestellt.

Im empirischen Teil der Arbeit (Kapitel 7) werden die naturwissenschaftlichen Denk- und Arbeitsweisen mittels der oben genannten Schlussformen (Abduktion, Deduktion und Induktion) sowie die verschiedenen experimentellen Prozesse an drei beispielhaften Erarbeitungsprozessen rekonstruiert. Es wird sich zeigen, dass die Schlussformen Aussagen über das Theorie-Empirie-Verhältnis innerhalb experimenteller Prozesse erlauben. Dabei kann analysiert werden, wie sich theoretische Elemente innerhalb dieser empirischen Prozesse zu einem kleinen Theoriegerüst zusammenfügen. Aus den ersten beiden Analysebeispielen lassen sich unterschiedliche *Theorienutzungen* und *Arten zu Experimentieren* ableiten, die in enger Verbindung zueinanderstehen und die damit Aussagen über das Zusammenspiel von Entdecken, Prüfen und Begründen erlauben. Das dritte Analysebeispiel zeigt auf, wie herausfordernd ein *experimenteller Anpassungsprozess von Theorie und Empirie* sein kann. Letzteres Beispiel wird mit einem weiteren Bearbeitungsprozess kontrastiert, bei dem sich keine experimentellen Prozesse anschließen. Diese beiden kontrastiven Prozesse werden miteinander verglichen, um vor allem die Grenzen experimentellen Arbeitens aufzuzeigen, denn: Nicht jedes Handeln im Mathematikunterricht ist experimenteller Art.

Der *Erkenntnisgewinn* aus der Forschungsarbeit wird in Kapitel 8 zusammengeführt. Zum Ende der Arbeit werden ebenfalls *Empfehlungen für den Mathematikunterricht* vorgestellt, die sich aus den Erkenntnissen dieser Arbeit ableiten lassen. Diese Empfehlungen schaffen eine Grundlage zur Diskussion über konkrete naturwissenschaftsdidaktische Konzepte, die möglicherweise im Mathematikunterricht adaptiert werden können. Die Arbeit endet mit einem *Ausblick für weitere Forschungsvorhaben*.

Implizite Nutzung von naturwissenschaftlichen Denk- und Arbeitsweisen in der Mathematikdidaktik

In der vorliegenden Forschungsarbeit wird geprüft, inwiefern naturwissenschaftliche Denk- und Arbeitsweisen zur Analyse von mathematischen Lernprozessen nutzbar sind. Denk- und Arbeitsweisen sind als zwei Begriffe zu fassen, die sich gegenseitig bedingen. Die Gegenüberstellung der Begriffe ist an dieser Stelle noch vage; sie wird im Laufe der Forschungsarbeit präzisiert, indem konkrete naturwissenschaftliche Denk- und Arbeitsweisen ausgeführt werden.

Eine zentrale naturwissenschaftliche Denk- und Arbeitsweise ist das *Experimentieren*[1]. Als erstes Begriffsverständnis mag folgende allgemeine Beschreibung aus der „Enzyklopädie Philosophie und Wissenschaftstheorie" dienen: „**Experiment** (lat. experimentum, Versuch, Erfahrungsbeweis), planmäßige Herbeiführung von (meist variablen) Umständen zum Zwecke wissenschaftlicher ↑Beobachtung" (Janich, 2004, S. 621 f., Hervorh. im Original). An dieser kurzen Beschreibung eines Experiments kann verdeutlicht werden, warum eine Koordination von Denk- und Arbeitsweisen sinnvoll ist: Bei einem Experiment wird etwas *herbeigeführt* (ebd.), was einen aktiven Eingriff erfordert. Anders formuliert könnte, bezogen auf die Art und Weise, wie etwas herbeigeführt wird, von *Arbeitsweise* die Rede sein. Diese Herbeiführung ist allerdings in zweierlei Hinsicht mit *Denkweisen* verwoben: Zum einen ist die *Herbeiführung planmäßig* (ebd.). Es sollte zumindest überlegt sein, wie und womit etwas herbeigeführt wird. Sie verfolgt zum anderen einen *Zweck* und zwar die *wissenschaftliche Beobachtung* (ebd.). Reiners (2002, S. 137, angelehnt an Kant, KrV) exemplifiziert in

---

[1] *Experimentieren* bedeutet hier das Tätigsein. *Experiment* bezeichnet die Tätigkeit und unter *experimentell* wird der durch Experimente bedingte Erkenntnisprozess verstanden. Letzteres wird im Laufe der Arbeit ausgeführt.

© Der/die Autor(en), exklusiv lizenziert durch Springer Fachmedien Wiesbaden GmbH, ein Teil von Springer Nature 2021
J. Rey, *Experimentieren und Begründen*, Kölner Beiträge zur Didaktik der Mathematik, https://doi.org/10.1007/978-3-658-35330-8_2

ihrem Artikel anhand chemischer Schulversuche, warum Theorien ohne Beobachtungen leer bleiben und Beobachtungen ohne Theorien blind sind. So kann für die in dieser Arbeit betrachteten experimentellen Prozesse analog abgeleitet werden:

Arbeitsweisen ohne Denkweisen bleiben leer und

Denkweisen ohne Arbeitsweisen sind blind.

Mit Maier (1999) lässt sich das Experimentieren für den Mathematikunterricht folgendermaßen konkretisieren:

- Experimentieren ist eine „zielgerichtete Aktivität" (ebd., S. 190). Analoges findet sich in der „Enzyklopädie Philosophie und Wissenschaftstheorie", wenn von *Herbeiführung zum Zwecke* die Rede ist. Experimentieren ist also kein wildes Herumprobieren, womit zumeist eine ziellose Aktivität assoziiert wird. Das Experimentieren zielt für Maier (1999) u. a. darauf ab, Objekte zu klassifizieren, Erkenntnisse über Eigenschaften dieser Klassen zu gewinnen oder Gesetzmäßigkeiten zu entdecken und zu prüfen. Klassifizieren, Entdecken und Prüfen sind dabei Denk- und Arbeitsweisen, die auch bei experimentellen Prozessen der Naturwissenschaften aufzufinden sind (vgl. Kapitel 3). Es wird sich in Kapitel 3 zeigen, dass eine Beobachtung (gemäß Janich, 2004) voranstehen muss, um die hier genannten Ziele der Aktivität überhaupt erreichen zu können.
- Das Experimentieren ist „planvoll wiederholt und variiert" (Maier, 1999, S. 190). Das systematische Herangehen ist eine notwendige Bedingung eines Experiments. Dessen Erfülltsein könnte sich – so Maier (1999) im Gegensatz zur „Enzyklopädie Philosophie und Wissenschaftstheorie" – bei Schüler*innen-Experimenten allerdings auch nach einigen unsystematischen Vorgehensweisen einstellen.

Ein Experiment trägt folglich die Attribute *zweckhaft* bzw. *zielgerichtet* sowie *planmäßig* bzw. *planvoll*.

Ziel des Kapitels ist darzustellen, wie Grundzüge naturwissenschaftlicher Denk- und Arbeitsweisen bereits in der Mathematikdidaktik – ohne expliziten Rekurs auf die Naturwissenschaftsdidaktiken und oft unter Nutzung anderer Worte – verankert sind. Bereits erfolgte Übertragungen aus der Naturwissenschaft(-sdidaktik) werden in Kapitel 4 ausführlich betrachtet.

Im zweiten Teil des Kapitels werden die zugrunde liegenden Forschungsper-spektiven auf experimentelle Erarbeitungsprozesse vorgestellt. Diese Forschungs-perspektiven sind die Schlussformen *Abduktion, Deduktion* und *Induktion* nach Charles Sanders Peirce (1839–1914). Mit deren Aufbereitung und Ausschär-fung für die Mathematikdidaktik von Meyer (2007) sind Erkenntnisprozesse aus Entdeckungen, Prüfungen und Begründungen analysierbar. Mittels dieser Forschungsgrundlage werden die naturwissenschaftlichen Begrifflichkeiten, die ausführlich in Kapitel 3 vorgestellt werden, für die Analyse mathematischer Lernprozesse nutzbar gemacht (s. Kapitel 5).

2.1 Implizites Experimentieren – Entdecken, Prüfen und Begründen

„Am besten lernt man eine Tätigkeit, indem man sie ausführt." (Freudenthal, 1973, S. 107)

Freudenthal (1973) stellt Tätigkeiten und Produkte gegenüber (z. B. das Beweisen und den Beweis, das Definieren und die Definition). Aus dem obigen Zitat wird deutlich, dass Freudenthal (1973) den Fokus beim Lernen auf das Ausführen von Tätigkeiten setzt. Doch inwiefern lässt sich im Mathematikunterricht von Tätigsein sprechen? Schüler*innen lernen Mathematik nicht in der Abfolge „Definition, Satz, Voraussetzung, Behauptung, Beweis" (ebd., S. 120), son-dern entdecken Zusammenhänge, behaupten, beweisen und definieren. Diese Tätigkeiten entsprechen auch den Herangehensweisen der Mathematiker*innen (Freudenthal, 1973, S. 111; s. auch Heintz, 2000).
Exemplarisch am Parallelogramm könnte die Tätigkeit eines Schülers wie folgt aussehen:

„Er würde am Parallelogramm allerlei Eigenschaften entdecken: [...] Das sind ein Haufen Eigenschaften, die eine so wesentlich wie die andere. Der Schüler entdeckt (besonders bei der Parkettierung der Ebene) Zusammenhänge in diesem wirren Haufen. Die logische Ordnung setzt ein. Der Schüler versinnlicht diese Ordnung in einem Stammbaum mit Implikationspfeilen, und schließlich entdeckt er, daß man eine dieser Eigenschaften auswählen kann, aus der sich alle anderen ableiten lassen. (Es braucht nicht für jeden dieselbe zu sein.)" (Freudenthal, 1973, S. 119 f.)

Eine Eigenschaft von Parallelogrammen, die Freudenthal (1973) auflistet, ist „auf-einanderfolgende Winkel sind zusammen zwei Rechte" (S. 119). Dies könnte zum

Beispiel entdeckt werden, indem die entsprechende Ecke des Parallelogramms ausgeschnitten und an die benachbarte Ecke angelegt wird (s. Abb. 2.1).

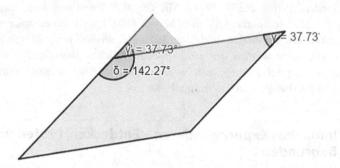

Abbildung 2.1 Exemplarische Tätigkeit – eine Aufforderung zur Handlung und eine Möglichkeit zur Entdeckung

Diese Tätigkeit könnte, so wie Maier (1999) es für ein Experiment beschreibt, eine *zielgerichtete Aktivität* sein. Ziel könnte sein, Zusammenhänge über das Parallelogramm zu erfahren. Sobald die Winkelgrößen systematisch variiert werden, die entsprechenden Ecken wiederholt ausgeschnitten und angelegt werden, wäre auch die Eigenschaft eines Experiments erfüllt *planvoll* zu sein. Durch dieses Beispiel wird plausibel, warum Entdeckungen (Zusammenhänge angeben) und deren Prüfungen (Ecken wiederholt anlegen) im Rahmen des Experimentierens (Ecken anlegen) relevant werden. Auch wird hieran deutlich, dass ein vielfaches Ausführen des Ausschneidens und Anlegens keine Gewissheit über die allgemeine Eigenschaft von Parallelogrammen liefern kann. Ein Beweis ist für eine*n Mathematiker*in unerlässlich. Analoges findet sich auch in den Naturwissenschaften: Das Einzelne soll über eine Theorie eingefangen werden (s. Kapitel 3). Nachfolgend werden das Entdecken, Handeln, Prüfen, Begründen und Beweisen behandelt, zentrale Komponenten solcher zielgerichteten Aktivität bzw. Denkweisen und Arbeitsweisen.

2.1.1   Entdecken und entdeckende Lehrprinzipien

Entdecken aus der Perspektive entdeckender Personen:
Ein allgemeines Lernziel formuliert von Baptist und Winter (2001) lautet: „Fähigkeit, Situationen experimentierend zu erforschen, Beziehungen und Strukturen

zu entdecken, Strukturen zu erfinden (Entdecken)" (S. 69). Experimente sollen nach Baptist und Winter (2001) Entdeckungen anregen, womit eine Funktion von Experimentieren hervorgehoben werden kann (nämlich „Strukturen zu entdecken"(ebd.)).

Als Annäherung an eine Beschreibung einer Entdeckung wird aus psychologischer Perspektive von Bruner (1981) eine Entdeckung als Neuordnung oder Transformation des eigenen Wissens gefasst:

> „Ob es ein Schüler ist, der selbständig vorgeht, oder ein Wissenschaftler, der sein wachsendes Gebiet beackert, stets werde ich von der Annahme ausgehen, daß Entdeckung ihrem Wesen nach ein Fall des Neuordnens oder Transformierens des Gegebenen ist." (ebd., S. 16)

An dieser Stelle bleibt zu diskutieren, wie eine Neuordnung logisch greifbar ist. Nur das kann neugeordnet werden, was auf bisherige Kenntnisse aufbaut, doch kann dieses Neuordnen und Transformieren logisch betrachtet nicht allein ein Ableiten aus bisherigem Wissen sein (Meyer, 2007, S. 33 f.). Meyer (2007) nutzt die Theorie der Abduktion des Philosophen Charles Sanders Peirce als Begriffsbestimmung einer Entdeckung und erstellt auf dieser Grundlage ein Instrument zur Rekonstruktion von Prozessen der Erkenntnisgenese. Diese Theorie wird in Abschnitt 2.2 vorgestellt, um mit ihr Erkenntnisprozesse, die sich erst durch Experimente einstellen (sogenannte *experimentell bedingte Erkenntnisprozesse*), rekonstruieren zu können. Für einen Unterricht, der speziell Entdeckungen anregen möchte, sollten Lernbedingungen für individuelle Entdeckungsprozesse geschaffen werden. Brügelmann (2001, S. 56) betont, dass aus dieser Perspektive auf Lernen keine Unterrichtsmethoden herleitbar sind. Höchstens bieten sich manche Gestaltungsmöglichkeiten mehr an als andere (ebd.). „Entscheidend ist aber letztlich die Umgangsform, die durch den sozialen Kontext bestimmt wird" (ebd.). Diese Umgangsformen werden beispielsweise in didaktischen Prinzipien[2] formuliert.

Das Prinzip des entdeckenden Lernens zur Initiierung von Entdeckungen:
Eines der Prinzipien, mit dem Ziel Experimente und damit Entdeckungen anzuregen, ist das Prinzip des *entdeckenden Lernens*, das in der Mathematikdidaktik

---

[2] „Didaktische Prinzipien beschreiben – wie der Name bereits sagt – *prinzipielle,* also durchgängige Leitvorstellungen des Lernens und Lehrens" (Krauthausen, 2018, S. 219, Hervorh. im Original). Durchgängige Leitvorstellungen, d. h. Vorstellungen, die das Lehren durchziehen, sind damit abzugrenzen von einer Methode, einer konkreten Art und Weise der Umsetzung im Unterricht.

unter anderem von Heinrich Winter und Erich Wittmann in den 1980er Jahren geprägt wurde und weitergehend von der mathematikdidaktischen Forschung (s. z. B. Heckmann & Padberg, 2012, S. 15–17; Krauthausen, 2018, S. 178–187) sowie den Bildungsstandards der Primarstufe (KMK, 2005, S. 6) hervorgehoben wird. Der Gegenpol dieser entdeckenden Grundhaltung ist die Haltung des belehrenden, instruktiven Unterrichtes (s. u. a. die Gegenüberstellung bei Winter, 2016, S. 4 f.). Bei einem instruktiven Unterrichtskonzept werden Lerninhalte in kleinere Einheiten gegliedert und diese nacheinander explizit vermittelt (ebd.). Schrittweise wird der*die Lernende zum eigenständigen Anwenden der gelernten Inhalte herangeführt (ebd.). Die Lernenden sind also angehalten, das zu verinnerlichen, was die Lehrperson präsentiert und dies anschließend erneut anzuwenden. Bei einem entdeckenden Unterricht ist dagegen vorteilhaft, Erkenntnisse zu gewinnen, die nicht ausschließlich an einzelne Unterrichtsstunden gebunden sind (Winter, 1984, S. 373). Winter (1984) beschreibt dieses Prinzip wie folgt:

> „Unter ‚entdeckendem Lernen' soll hier nicht eine nachgeordnete und austauschbare methodische Einzelentscheidung, sondern eine umfassende didaktische Konzeption, ein Leitprinzip, verstanden werden, das sich auf alle wesentlichen Dimensionen des Handelns im Mathematikunterricht bezieht […]. Der springende Punkt ist: Die Schüler sollen Mathematik dadurch lernen, daß sie mathematische Inhalte in möglichst großem Umfang selbstständig entdecken und sich selbstständig einverleiben und dabei sich selbst (als lernender, erkennender, spielender, erfindender, irrender, …) Mensch erfahren." (S. 372 f.)

In diesem Zitat fordert Winter (1984) das entdeckende Lernen als *Leitprinzip*, das nicht nur in einzelnen Phasen im Unterricht, sondern durchgehend das Handeln im Unterricht leiten sollte. Der zuletzt genannte Aspekt fordert, dass Schüler*innen beispielsweise angehalten werden, mathematische Fragen zu stellen, diesen nachzugehen und dabei möglicherweise auch Irrwege zu beschreiten. Der *springende Punkt* trägt eine veränderte Rollenvorstellung der Lehrperson mit sich. Diese verschiebt sich dahingehend, Kontexte für die Schüler*innen zu konzipieren, organisieren und zu Erkundungen und Beobachtungen anzuregen (Winter, 2016, S. 3 f.). Zu betonen ist, dass Schüler*innen auch außerhalb eines entdeckenden Unterrichts entdecken und dass dieses Prinzip keine Erfolgsgarantie mit sich bringt. Zentral ist, dass „dessen Verwirklichung didaktische Kreativität erfordert" (Winter, 1984, S. 375).

Eine Beispielaufgabe für den Anfangsunterricht, die zum Entdecken anregen könnte und damit dem Prinzip des entdeckenden Lernens gerecht würde, wäre folgendes ‚schönes Päckchen':

Was fällt dir auf? Führe fort.

$$5 - 5 = 0$$
$$5 - 4 = 1$$
$$5 - 3 = 2$$
$$\dots$$

Diese Aufgabe verfolgt das Prinzip bzw. die Grundhaltung des entdeckenden Lernens, da die Fragestellung *Was fällt dir auf?* und die Anordnung der Aufgabe die Möglichkeit gibt, unterschiedliche Phänomene wahrzunehmen und damit unterschiedliche Entdeckungen zu generieren:

- Der Minuend ist immer fünf.
- Der Subtrahend wird immer um eins kleiner.
- Die Aufgabe ist in einem Päckchen angeordnet.
- ...

Das zuletzt genannte Phänomen, „Die Aufgabe ist in einem Päckchen angeordnet", ist für die Mathematik irrelevant. Die Relevanz der erkannten Phänomene für die Mathematik können Schüler*innen oft noch nicht abschätzen – insbesondere dann, wenn sie an der Aufgabe etwas Neues erkennen sollen. Eine gewisse mathematikrelevante Lenkung auf Seiten der Lehrperson ist deshalb im Rahmen des entdeckenden Lernens notwendig. Aus der Aufgabe könnte ebenfalls das Phänomen ersichtlich werden, dass sich die Differenz um eins erhöht. Eine mögliche Ursache dieses Phänomens könnte dann entdeckt werden: Der Subtrahend verringert sich um eins. Neu entdeckte Zusammenhänge sind vorerst hypothetisch. Fraglich ist beispielsweise, ob das Ergebnis bei Verringerung des Subtrahenden um eins immer um eins größer wird. Hier kann ein Gegenbeispiel angefügt werden:

$$5 - 3 = 2$$
$$4 - 2 = 2$$

Zur vollständigen Erarbeitung des fachlich intendierten Gesetzes der Aufgabe fehlt die Bedingung der gleichzeitigen Konstanthaltung des Minuenden.

Das Prinzip des entdeckenden Lernens legt den Fokus auf das Entdecken mathematischer Zusammenhänge. Ein Prinzip, das neben der entdeckenden Grundhaltung den Fokus auf die Handlung, die zu dieser Entdeckung führen soll, legt, ist das *operative Prinzip.*

Das operative Prinzip zur Initiierung von Entdeckungen:
Für diese Arbeit sind das operative Prinzip sowie die Unterscheidung zwischen Handlung und Operation erforderlich, um Arten zu Experimentieren beim Mathematiklernen unterscheiden zu können. Die grundlegende Idee des Prinzips wird von Wittmann (1985) kompakt herausgestellt:

> „Objekte erfassen bedeutet, zu erforschen, wie sie konstruiert sind und wie sie sich verhalten, wenn auf sie Operationen (Transformationen, Handlungen, …) ausgeübt werden. Daher muß man im Lern- oder Erkenntnisprozeß in systematischer Weise
>
> (1) untersuchen, welche Operationen ausführbar und wie sie miteinander verknüpft sind,
> (2) herausfinden, welche Eigenschaften und Beziehungen den Objekten durch Konstruktion aufgeprägt werden,
> (3) beobachten, welche Wirkungen Operationen auf Eigenschaften und Beziehungen der Objekte haben (Was geschieht mit …, wenn …?)" (S. 9, Hervorh. abweichend vom Original)

Wittmann (2014) betont weiterhin, dass die Wirkungen der Operationen mittels *operativer Beweise* abgesichert werden sollten. An diesen Beweisen wird, aufgrund der Einsicht der Beziehungen, die Gültigkeit für eine bestimmte Klasse an Beispielen deutlich (ebd.).

Ein Beispiel zum operativen Prinzip aus Wittmann (1985, S. 8) lautet wie folgt: Ein Papier im Din-A6 Format wird zur Hälfte gefaltet. Auf der Seite der Faltkante wird ein Dreieck herausgeschnitten. Nach dem Aufklappen wird ein Drachenviereck, ein Viereck mit einer Symmetrieachse ersichtlich (s. Abb. 2.2).

Die Handlung, die hier ausgeführt wird, ist das Falten und das Schneiden. Dieser Einstieg gibt einen Anlass, symmetrische Vierecke zu untersuchen. Wittmann (1985) notiert beispielsweise die Fragen: „Welche Eigenschaften werden einem Drachenviereck durch dieses Herstellungsverfahren aufgeprägt? Welche verschiedenen Formen kann ein Drachenviereck haben" (S. 8)? Die letzte Frage könnte ein Anreiz sein, das Ausschneiden des Dreiecks unterschiedlich durchzuführen, um zu erkennen, wie sich die Vierecke verändern. Die erste Frage könnte ein Aufeinanderlegen der Ecken des entstandenen Drachens anregen, um Einblicke in die Deckungsgleichheit von Winkeln und Längen bei symmetrischen Figuren

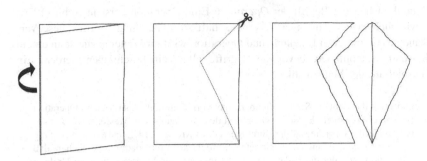

Abbildung 2.2   Beispielaufgabe zum operativen Prinzip, angelehnt an Wittmann (1985, S. 8)

zu erhalten. Durch Beobachtungen der Wirkungen (z. B., dass ein Viereck entsteht oder dass ein symmetrisches Viereck entsteht, s. Abb. 2.2) erhält die Handlung Bedeutung. Ausgehend von dieser Aufgabe kann untersucht werden, wie viele deckungsgleiche Winkel und Seiten aufzufinden sind, sodass ein Begriffsnetz entsteht: Es kann z. B. erkannt werden, dass jedes Quadrat ein Drachenviereck ist, aber nicht jedes Drachenviereck ein Quadrat. Aus der obigen Handlungsvorschrift erhält man stets ein symmetrisches Drachenviereck. Dieses ist nur dann quadratisch, wenn ein gleichschenkliges rechtwinkliges Dreieck herausgeschnitten wird. Diese Aufgabe zielt auf eine Realisierung des operativen Prinzips und könnte darüber hinaus ebenfalls operative Beweise (kurz: Was bewirkt das Ausschneiden? Warum?) initiieren. Nachfolgend werden die für das Prinzip zentralen Begriffe *Handlung* und *Operation* erläutert, um ein Experimentieren als eine *zielgerichtete Aktivität* präzisieren zu können.

Eine Grundlage des Prinzips ist die Theorie des Psychologen Hans Aebli, die er in den 1960er Jahren erstmals formulierte und sich dabei wiederum u. a. auf die Entwicklungspsychologie Jean Piagets stützt:

„Die operative Didaktik entspringt einer einfachen Einsicht: daß nämlich jedes abstrakte Denken, insbesondere aber das mathematische, ein Operieren sei, daß es sich aus Operationen konstituiert. Operationen im Sinne von Piaget aber sind *Abkömmlinge der Handlung.*" (Aebli, 1976, S. 170, Hervorh. im Original)

Zentral ist hier der Begriff der *Operation*. Eine Operation versteht Aebli (1976) – wie auch Piaget – in enger Verwandtschaft zum Handlungsbegriff. Diese Verwandtschaft zwischen Handlung und Operation wird im Weiteren zuerst an einem Beispiel exemplifiziert, bevor die Begriffe allgemein beschrieben werden. Ein Beispiel aus der Mathematik:

> „So etwa die Zahl π. Sie ist offenbar eine Verhältniszahl. Aber welche Operation ist damit bezeichnet? Es ist die Operation des Abtragens, des Messens. Die Zahl π bezeichnet die Tatsache, daß der Durchmesser des Kreises 3,14… mal auf dem Umfang abgetragen werden kann. Wie wir sehen werden, kann dies dadurch geschehen, daß ein Papierband oder ein Faden von der Länge des Durchmessers auf dem Umfang abgetragen wird." (ebd., S. 141)

Eine *Handlung* ist beispielhaft das Konstruieren eines Kreises, das Abmessen eines Fadens in der Länge des Durchmessers des Kreises sowie das konkrete, mehrfache Abtragen des Fadens an dem Umfang des konstruierten Kreises. Hierbei muss sich nicht notwendig die Einsicht über die Zahl π einstellen. Stellt sie sich nicht ein, so verbleibt das Tun auf Handlungsebene. Die relevante *Operation* dahinter ist dagegen das, was die Relation zwischen Durchmesser und Umfang ausmacht: das ca. dreifache Abtragen. Dabei ist irrelevant, womit dieses Abtragen konkret stattfindet, ob nun mit Faden oder beispielsweise mit Reifenspuren. Damit wird der Unterschied, allerdings auch die Verwandtschaft, von Handlung und Operation beispielhaft deutlich: Der Unterschied zwischen dem mehrfachen Abtragen des Fadens an dem Umfang des Kreises (Handlung) und der Herstellung eines Verhältnisses mit diesem Abtragen (Operation).

Handlungen sind für Aebli das eigenständige, schrittweise Ausführen eines absichtlichen Vorgehens (Aebli, 1976, S. 95–109). Als nicht mathematisches Beispiel einer Handlung zählt Aebli (1976, S. 95) das Backen an Weihnachten. Eine Absicht dieser Handlung könnten dabei die Plätzchen sein, die schrittweise gebacken werden. Diese Handlung könnte sowohl körperlich bzw. maschinell als auch gedanklich ausgeführt werden (ebd., S. 99). Ein zentraler Unterschied der Ausführungsart ist, dass bei gedanklichen Handlungsvorstellungen neben den Handlungen auch die Objekte vorgestellt und die Ergebnisse der Handlungen vermutet werden (aufgrund der fehlenden Wahrnehmung), weshalb eine gedachte Handlung anspruchsvoll, vor allem aber unsicher ist (ebd.).

Operationen können aus konkreten Handlungen hervorgehen, nämlich durch die Reflexion dieser. Operationen verlieren im Unterschied zu Handlungen ihre Konkretheit und werden zu Systemen, d. h. zusammengehörige Operationen, zusammengefasst, sodass diese allgemein anwendbar sind (Aebli, 1976, S. 135 f.). Eine Operation gilt nach Aebli (1976) als verstanden, „wenn er [der*die Lernende, J.R.] einsieht, daß ihre Teilschritte notwendig sind, um die aufgegebene Gesamtoperation zu verwirklichen" (S. 139), wenn also die zugrunde liegenden Beziehungen entdeckt, verstanden und angewendet werden. Eine Operation kann wie eine Handlung rein gedanklich vorgestellt sein. Im Unterschied zu einer gedanklichen Handlung muss eine Operation zur Lösung eines Problems nicht noch äußerlich ausgeführt werden:

> „Ja, Vorstellungen von Operationen sind wahrscheinlich wichtiger als Handlungsvorstellungen, denn praktische Probleme werden ja selten in der reinen Vorstellung gelöst, wohl aber viele mathematische und logische Probleme. Wenn eine Hausfrau ein neues Gebäck erfinden will, muß sie es ausprobieren, und sogar bei der Planung von Kraftwerken werden Modelle gebaut: in beiden Fällen reicht die Vorstellung nicht aus, um das Werk zu konzipieren." (ebd., S. 140)

Aus diesem Zitat lässt sich ein Unterschied zwischen Mathematik und Naturwissenschaften festmachen: Naturwissenschaftler*innen sind auf Handlungen angewiesen, wohingegen Mathematiker*innen auch ausschließlich operieren, d. h. die gültigen Regeln anwenden können. Die Objekte der Mathematik werden sich entsprechend dieser Regeln verhalten.

Die obigen Grundlagen Piagets und Aeblis werden unter anderem von Wittmann (1983, 1985) und von Aebli (1985) als grundlegende Haltung im Mathematikunterricht zusammengetragen. Die wesentliche Idee des Prinzips von Wittmann (1985) wurde bereits zu Beginn des Abschnitts kompakt herausgestellt, wobei der Fokus des Prinzips nicht allein auf Operationen und Handlungen gelegt wird. Daneben fokussiert das Prinzip auch die Objekte, an denen Operationen und Handlungen ausgeübt werden und die Wirkung, die solche Operationen und Handlungen eröffnen. .

Relevanz für die vorliegende Arbeit
Bisher wurden zwei mathematikdidaktische Prinzipien vorgestellt. Kern des entdeckenden Lernens ist eine entdeckende – das heißt vor allem erkenntnisoffene – Grundhaltung. Bei dem operativen Prinzip ist der Kern ein Handeln und Operieren, anders gesagt ein aktives Eingreifen und eine theoretische Einbettung dieses Eingriffs. Sowohl eine erkenntnisoffene Grundhaltung als auch ein Handeln und

Operieren sind wesentlich für *durch Experimente bedingte Erkenntnisprozesse*. Bisher impliziert das operative Prinzip, dass eine theoretische Einbettung des Eingriffs ausschließlich nachgeschaltet wird (vgl. operative Beweise). In dieser Arbeit werden auch Experimente betrachtet, denen theoretische Überlegungen vorgeschaltet sind. Diese Vorüberlegungen können eine anschließende Erkenntnissicherung begünstigen. Zudem zeigt die Unterscheidung zwischen Handlung und Operation, dass auch Arten der Ausführung einer Handlung unterschieden werden können: zwischen einer ausschließlich deutenden Rückschau auf die Ausführung der Handlung und der deutenden Ausführung der Handlungsschritte. Denkbar wäre, dass sich Experimente im Mathematikunterricht hinsichtlich dieser Ausprägungen unterscheiden können.

Nachfolgend wird der erkenntnissichernde Charakter der Mathematik ausgeführt: In Abschnitt 2.1.2 folgt nun eine didaktische Diskussion um das Beweisen, Begründen und Prüfen. Dabei wird die Rolle der experimentellen Prozesse für das Begründen und Beweisen angedeutet.

2.1.2 Beweisen, Begründen und Prüfen

Ein fachmathematischer Beweis und die Rolle des Prüfens:

> „In verschiedenen Wissenschaften sind durchaus auch unterschiedliche Begründungsarten üblich: Werden in der Mathematik – zumindest im strengen Sinn – nur deduktive Begründungen anerkannt, so werden in den Naturwissenschaften Gesetze häufig durch Experimente ‚bewiesen‘, die diese Gesetze in Einzelfällen bestätigen (induktives Schließen). Aus einer Theorie werden oft experimentell überprüfbare Folgerungen gezogen und durch Verifizierung dieser Folgerungen wird auf die Richtigkeit der Theorie geschlossen (reduktives Schließen)." (Fischer & Malle, 1985, S. 179 f.)

Das obige Zitat eröffnet Unterschiede in der Art der Begründungen.[3] Naturwissenschaften nutzen das Experiment als Begründungsgrundlage. Die naturwissenschaftlichen Theorien haben sich in der Wirklichkeit zu bewähren – sie müssen einer Prüfung standhalten. Von einem fachmathematischen Produkt – einem Beweis – mag ein*e Mathematiker*in dagegen formale Strenge erwarten. Unter einer formalen Strenge wird eine lückenlose deduktive Kette verstanden, d. h. Aussagen werden auf andere Aussagen zurückgeführt. Das Kriterium der

---

[3] Im Zitat wird zwar angefügt, dass Naturwissenschaften ihre Gesetze durch Experimente *beweisen*, dies sollte allerdings eher als ein *Bestärken* gedeutet werden. In Abschnitt 2.2.3 wird darauf näher eingegangen.

Wahrheit überwiegt bei dieser aussagenlogischen Betrachtung: „in der fertigen Mathematik darf man auf die Frage, warum $(a + b)(a - b) = a^2 - b^2$ sei (wenn sie da überhaupt gestellt werden kann) auch ‚weil die Erde rund ist' antworten, denn $p \rightarrow q$ ist immer wahr, sobald q wahr ist" (Freudenthal, 1973, S. 143). Damit wird der Fokus stärker auf die Form und Struktur und weniger auf den Inhalt gelegt. Hilbert (1956) schreibt beispielsweise in Bezug zu den geometrischen Objekten: „die Dinge des e r s t e n Systems nennen wir *Punkte* und bezeichnen sie mit *A, B, C, ...*; [...]. Wir denken die Punkte, Geraden, Ebenen in gewissen gegenseitigen Beziehungen und bezeichnen diese Beziehungen durch Worte wie ‚liegen', ‚zwischen', ‚kongruent', ‚parallel', ‚stetig'" (S. 2, Hervorh. im Original). Die Bezeichnung der Gegenstände ist hierbei willkürlich, wichtiger sind die Relationen zwischen diesen, die durch Axiome grundgelegt werden. Hilbert (1956) redet hierbei nicht von realen Anwendungen wie es bei den Naturwissenschaften der Fall ist, sondern zielt auf das Aufbauen eines strengen Systems. Dieses strenge System hängt über Beweise zusammen. Aussagenlogisch lassen sich verschiedene Beweistypen beschreiben. Bei einem *direkten Beweis* beispielsweise können wahre Aussagen und Aussagenverknüpfungen verwendet werden, um von einer Aussage A auf eine Aussage B zu schließen (Grieser, 2017, S. 161 f.).

Dies ist eine Beschreibung der letztendlichen Publikation eines Beweises, allerdings keine ausreichende Beschreibung dessen, was Beweisen ausmacht, denn hierbei fehlt der Entstehungsprozess eines Beweises: „In der handelnden Mathematik gibt es einen ganz anderen Begriff der Strenge: Die Antwort auf ein ‚warum?' ist strenge Mathematik, wenn sie relevant ist" (Freudenthal, 1973, S. 143). Hersh (1993) formuliert „*a proof is just a convincing argument, as judged by competent judges*" (S. 389, Hervorh. im Original). Die einzelnen Schritte werden also gerechtfertigt. Anders gesagt sollten gute Argumente für einen Beweis vorzuweisen sein. Das Akzeptieren eines Beweises wird vor allem dann relevant, wenn aus Ökonomiegründen ein Beweis nicht vollständig auf die grundlegenden Aussagen, die Axiome, zurückgeführt wird, sondern bestimmte Schritte vorausgesetzt werden. Der Beweis zur Klassifikation der einfachen Gruppen besitzt beispielsweise mehr als 15.000 Seiten, wobei hierbei auch auf Beweise anderer Mathematiker*innen referiert wird (Dreyfus, 2002, S. 16). Ein Beispiel eines verkürzten direkten Beweises ist der Tabelle 2.1 zu entnehmen.

Ein Beispiel:

Für alle $n \in \mathbb{N}$ *gilt:* $\underbrace{\textit{Wenn n ungerade ist,}}_{\textit{Aussage A}} \; \underbrace{\textit{dann ist auch } n^2 \textit{ ungerade.}}_{\textit{Aussage B}}$

Tabelle 2.1 Ein Beispiel einer direkten Beweisführung

Voraussetzung	Anwendung von Definitionen und Sätzen	Konsequenzen
$\underbrace{\text{Sei } n \text{ eine ungerade natürliche Zahl}}$ $\text{Aussage } A \text{ ist Voraussetzung}$	Definition ungerade Zahl $\Longrightarrow$	$n = 2 \cdot k + 1, k \in \mathbb{N} \cup \{0\}$
$n = 2 \cdot k + 1, k \in \mathbb{N} \cup \{0\}$	quadrieren von n $\Longrightarrow$	$n^2 = (2 \cdot k + 1)^2$
$n^2 = (2 \cdot k + 1)^2$	1.Binomische Formel $\Longrightarrow$	$n^2 = 4 \cdot k^2 + 4 \cdot k + 1^2$
$n^2 = 4 \cdot k^2 + 4 \cdot k + 1^2$	Distributivgesetz (+,·) $\Longrightarrow$	$n^2 = 2 \cdot (2 \cdot k^2 + 2 \cdot k) + 1^2$
$n^2 = 2 \cdot (2 \cdot k^2 + 2 \cdot k) + 1^2$	Definition ungerade Zahl $\Longrightarrow$	$\underbrace{n^2 \text{ ist ungerade}}$ $\text{Aussage } B$

Die Leser*innen der Tabelle 2.1 müssen u. a. die Definition ungerader Zahlen, die Gültigkeit der ersten Binomischen Formel und des Distributivgesetzes der Verknüpfungen von Addition und Multiplikation akzeptieren. Darüber hinaus müssen sie sicher sein, dass beim Einbetten des Beweises in ein Gesamtsystem an Aussagen nirgendwo ein Zirkelschluss entstehen wird. Sie müssen die Grundaussagen als Grundaussagen annehmen. Sie können allerdings auch die Notation kritisieren. Sobald Beweise also nicht dokumentiert werden, sondern diskutiert und ggf. modifiziert werden, geht es vielmehr um eine überzeugende Tätigkeit. Anstelle einer logischen Strenge werden soziologische Akzeptanzkriterien eines Beweises herangezogen, die nicht einheitlich festzulegen sind (Dreyfus, 2002, S. 15, 18; Jahnke & Ufer, 2015, S. 333). Die Leser*innen des Beweises aus Tabelle 2.1 könnten also auf Lücken im direkten Beweis hinweisen. Genau dieses Hinweisen könnte ein Handeln initiieren, das dem *Prüfen* in den Naturwissenschaften nahekommt (vgl. Einstiegszitat von Fischer & Malle, 1985).

Imre Lakatos (1976/1979), Schüler Karl Poppers, hat in seinem Werk „Beweise und Widerlegungen" ebenfalls einen prozesshaften Blick auf das Beweisen: Lakatos (1976/1979) formuliert ein fiktives Gespräch zwischen Lehrperson und Lerngruppe über die Frage nach der Allgemeingültigkeit der Eulerschen Polyederformel. Er fügt einen Beweis an, der einige Angriffsmöglichkeiten liefert. Dabei bezeichnet er die kritische Beweisfindung als eine experimentelle Tätigkeit, ein „*Gedankenexperiment*" (ebd., S. 4, Hervorh. im Original). Die Schüler*innen versuchen in diesem fiktiven Gespräch die aufgestellte Vermutung anzuzweifeln bzw. Lücken des Beweises aufzudecken, indem sie Gegenbeispiele konstruieren: Die Vermutung muss sich also vor diesen Gegenbeispielen behaupten können; sie muss der

Prüfung standhalten. Lakatos (1976/1979) unterscheidet v. a. zwei Arten von Gegen-beispielen: *lokale* (S. 5 f.), die einzelne Schritte anzweifeln oder *globale* (S. 7 f.), die die zu zeigende Vermutung infrage stellen. Der Autor beschreibt unterschiedliche Reaktionsmöglichkeiten (hier benannt als Methoden) auf die Gegenbeispiele: Die ursprüngliche Hypothese kann fallen gelassen, das Gegenbeispiel kann kritisiert oder das Gedankenexperiment modifiziert werden. Im ersten Fall, bei der „Kapitu-lation" (ebd., S. 8), wird die zugrunde liegende Hypothese so unter Kritik gestellt, dass diese fallen gelassen werden muss. Trotz alledem ist es möglich, aus dem Gedankenexperiment zu lernen (ebd., S. 9). Nun können Beweisende auch an dem Gedankenexperiment festhalten (zweiter Fall), indem das Gegenbeispiel aus dem zugrunde liegenden Definitionsbereich ausgeschlossen wird (sog. „Monstersperre" (ebd., S. 9)), indem die Ausnahmen des Satzes aufgelistet werden (sog. „Ausnah-mensperre" (ebd., S. 20)) oder indem das Gegenbeispiel so lange analysiert wird, bis es zur eigentlichen Hypothese passt (sog. „Monsteranpassung" (ebd., S. 24)). Diese Reaktionsmöglichkeiten auf ein Gegenbeispiel stellen Ausnahmebedingungen dar oder ändern etwas am Definitionsbereich. Aber sie ändern nichts an dem Beweis selbst.

Die letzte Reaktionsmöglichkeit auf ein Gegenbeispiel stellt Lakatos (1976/1979) als wesentlich heraus, da diese eine Modifikation der Voraussetzun-gen des Beweises erzwingt: Der*Die Beweisende analysiert und modifiziert das Gedankenexperiment. Hierbei wird der Wortstamm *Experiment* besonders betont: Es sind nämlich die Beweisschritte, die tendenziell anzweifelbar und vorläufig sind. Der Motor dieser Analyse und Modifikation ist das genannte Gegenbeispiel, das ernst genommen und produktiv genutzt wird. Diese Reaktion bezeichnet Lakatos (1976/1979) als „*Methode ‚Beweis und Widerlegungen'*" (S. 43, Hervorh. im Ori-ginal). Grundlegende Haltung ist, den (vorläufigen) Beweis kritisch zu betrachten, Gegenbeispiele zu suchen und alle für den Beweis genutzten Sätze (hier: Hilfssätze) transparent zu machen (ebd., S. 43). Abhängig von der Art der Gegenbeispiele (ob lokal und/oder global), sollten nach dieser Methode weitere Hilfssätze ergänzt wer-den oder es sollten die Vermutung oder Hilfssätze modifiziert werden (ebd.). Diese Methode wird nachfolgend an einem Beispiel verdeutlicht.

Angenommen man sei im Beweisfindungsprozess von der Aussage aus Tabelle 2.1.[4] Nun stelle man sich vor, jemand würde zu dem Beweis aus Tabelle 2.1

---

[4] Lakatos (1976/1979, S. 43–69) stellt zur Ausführung der „*Methode ‚Beweis und Widerle-gungen'*" (ebd., S. 43, Hervorh. im Original) fünf Regeln auf, die hier nicht im Einzelnen diskutiert, sondern an der Tabelle 2.1 ausschließlich exemplifiziert werden sollen. Eine Diskussion dieser Regeln am Beispiel des Polyedersatzes findet sich in Berendonk (2014, S. 44–56).

ein Gegenbeispiel finden, dann könnte dieses Gegenbeispiel unterschiedliche Stellen im Beweis anzweifeln:

- Gäbe es eine ungerade Zahl, deren Quadrat nicht ungerade ist, so wäre die zu beweisende Aussage widerlegt (globales Gegenbeispiel) und müsste so modifiziert werden, dass das Gegenbeispiel zum Beispiel wird.
- Denkbar wäre ein Gegenbeispiel, dass ausschließlich die binomische Formel in Frage stellt bzw. einen Satz, der im Beweis genutzt wird (lokales Gegenbeispiel). Sofern nicht die zu beweisende Aussage angezweifelt wird, reicht es aus, diesen angezweifelten Satz auszutauschen.
- Ein Gegenbeispiel könnte sowohl die binomische Formel als auch die zu beweisende Aussage anzweifeln (sowohl lokales als auch globales Gegenbeispiel). Dann müsste erneut die zu beweisende Aussage modifiziert werden.

Der aufgestellte Zusammenhang in dem bereits erwähnten fiktiven Gespräch aus Lakatos (1976/1979) zwischen Polyeder über ihre Ecken, Flächen und Kanten sowie der charakteristischen Zahl Zwei, wird vor allem durch die *„Methode ‚Beweis und Widerlegungen'"* (ebd., S. 43, Hervorh. im Original) immer weiter ausdifferenziert. Ebenfalls zeigt sich an Lakatos' Werk – auch wenn von ihm nicht intendiert – die Relevanz wissenschaftlichen Austauschs, da erste Vermutungen der Prüfung standhalten und damit akzeptiert werden müssen. Die Schwachstellen sollen ausfindig gemacht bzw. das von ihm genannte Gedankenexperiment soll auf die Probe gestellt werden. Anders ausgedrückt: Der*die Beweisende schaut nachträglich auf die Hypothese (vgl. induktives Prüfen in Abschnitt 2.2.3) und stellt seinen*ihren Beweis nicht als wahrheitsübertragend ausgehend von den Grundaussagen heraus und bewertet ihn damit als endgültig.

Da dieser ständige Rückbezug auf die Hypothese vergleichbar mit Vorgehen der Naturwissenschaften ist (Lakatos, 1978/1982, S. 34), nennt Lakatos (1978/1982, S. 27 ff.) diese Theorien *quasi-empirische*. Zentrales Merkmal eines Arbeitens innerhalb dieser Theorien ist das *Prinzip der Rückübertragung der Falschheit*:

> „Ich nenne dieses Kriterium das *Prinzip der Rückübertragung der Falschheit,* weil es verlangt, daß globale Gegenbeispiele auch lokal sind: Die Falschheit wird von der naiven Vermutung zurückübertragen auf die Hilfssätze, von der Folgerung des Satzes auf seine Voraussetzungen. Wenn ein globales aber nicht lokales Gegenbeispiel dieses Prinzip verletzt, stellen wir es dadurch wieder her, daß wir einen geeigneten Hilfssatz zu der Beweisanalyse hinzufügen. Das Prinzip der Rückübertragung der Falschheit ist also ein die Beweisanalyse *in statu nascendi regulierendes Prinzip,* und ein globales aber nicht lokales Gegenbeispiel ist der Treibstoff für den Fortschritt der Beweisanalyse." (Lakatos, 1976/1979, S. 41, Hervorh. im Original)

Diese Beschreibung der „*Rückübertragung der Falschheit*" (ebd.) weist darauf hin, dass ein Arbeiten in einer quasi-empirischen Theorie ein kritisches Arbeiten ist, denn Lakatos (1976/1979) schreibt hier, dass Gegenbeispiele „Treibstoff für den Fortschritt der Beweisanalyse" (ebd.) sind. Wenn ein Fehler in den Folgerungen erkennbar wird, dann muss dieser in den Voraussetzungen bereits falsch gewesen sein („von der Folgerung des Satzes auf seine Voraussetzungen" (ebd.)), weshalb die Notation aller Hilfssätze für den Beweis notwendig wird („stellen wir es dadurch wieder her, daß wir einen geeigneten Hilfssatz zu der Beweisanalyse hinzufügen" (ebd.)), um die Lücken ausfindig zu machen und zu beheben. Da im Sinne Lakatos' (1978/1982, S. 34) sowohl die Naturwissenschaften, als auch die Mathematik auf quasi-empirische Theorien aufbauen, wird die Richtung der Bestätigung wesentlich und weniger die Art der Objekte oder Aussagen. So können quasi-empirische Theorien sowohl empirisch als auch nicht-empirischer Natur sein (Lakatos, 1978/1982, S. 28). Damit stellt Lakatos (1978/1982) den Zusammenhang zwischen Naturwissenschaften und der praktizierten Mathematik her. Beide verfolgen im Tätigsein eine Rückübertragung der Falschheit – sie arbeiten in quasi-empirischen Theorien. Inhaltlich unterscheiden sich die Wissenschaften allerdings.[5]

Bei *euklidischen* Theorien werden alleinig deduktive Produkte zur Erkenntnissicherung präsentiert – wie es oben für die Produktperspektive der Fachmathematik bereits ausgeführt wurde: „Ein System ist Euklidisch, wenn es der [*deduktive*] *Abschluß* seiner wahren Basisaussagen ist. Andernfalls ist es quasi-empirisch" (Lakatos, 1978/1982, S. 27, Hervorh. im Original). Lakatos (1978/1982) differenziert damit zwei Arten von Theorien: quasi-empirische und euklidische.

Heintz (2000) hat das, was Lakatos (1976/1979) in dem fiktiven Lehrer*in-Schüler*innen Gespräch beschreibt, beim Arbeiten von Mathematiker*innen beobachten können. Das Arbeiten in quasi-empirischen Theorien ist für Heintz (2000, S. 150–153) dann beobachtbar gewesen, wenn ein Zusammenhang als beweisfähig eingestuft oder wenn neue Strukturen aufgedeckt werden.

Ergänzung zu Lakatos: Wie bereits ausgeführt, werden mathematische Beweise aus ökonomischen und pragmatischen Gründen nicht notwendig auf die initialen Grundsätze der betrachteten Theorie zurückgeführt (vgl. Tab. 2.1). Ausgegangen wird von als gültig angesehenen Aussagen – wie beispielsweise dem Distributivgesetz in Tabelle 2.1. Der*Die Beweisende deduziert mit Aussagen, obwohl diese Aussagen prinzipiell noch hypothetisch sein könnten. Er*Sie arbeitet so, als sei ein Beweis dieser Aussagen deduktiv in eine Theorie verortet und hinterfragt diesen nicht. Dieses Vorgehen möchte die Autorin der Arbeit in Ergänzung zu Lakatos'

---

[5] Weitere Analogien und Unterschiede zwischen Mathematikbetreiben und naturwissenschaftlichem Arbeiten werden in Abschnitt 5.1 diskutiert.

Ausführung als *quasi-euklidische* Theorienutzung herausstellen, um dieses öko-nomische, nicht quasi-empirische und nicht-euklidische Nutzen von Theorien zu pointieren.

Die Abgrenzung zur quasi-empirischen Theorienutzung ist notwendig für diese Arbeit, um die experimentellen Tätigkeiten von nicht experimentellen Tätigkeiten unterscheiden zu können. Zentrales Kriterium experimenteller Prozesse – so wird sich in Abschnitt 3.2 zeigen – ist die Rückübertragung auf die Hypothese. Da in die-ser Forschungsarbeit Lernprozesse von Schüler*innen und Student*innen fokussiert werden und vor allem in der Schule nicht axiomatisch im rein euklidischen Sinne vorgegangen wird, ergibt sich das quasi-euklidische als eine mögliche Grenze der experimentellen Prozesse.

Relevanz für die vorliegende Arbeit
Bisher zeigt sich, dass mathematische Beweisfindungsprozesse und Überarbeitungs-prozesse mit naturwissenschaftlichen Begrifflichkeiten analysierbar sein könnten, da sie den Denk- und Arbeitsweisen in den Naturwissenschaften ähneln: Sowohl Mathematiker*innen als auch Naturwissenschaftler*innen suchen besondere Bei-spiele, um ihre Aussagen auf die Probe zu stellen und um ihre Aussagen ggf. zu modifizieren (vgl. *quasi-empirische Theorienutzung*). Die Wahl der Beispiele ist damit alles andere als trivial. Naturwissenschaftler*innen sind auf das Kritikin-strument angewiesen, Mathematiker*innen dagegen können auch ausschließlich deduzieren (vgl. das Arbeiten in *euklidischen Theorien*) bzw. dabei eine gewisse Wahrheit voraussetzen (vgl. *quasi-euklidische Theorienutzung*). Den letzten beiden Arbeitsweisen kann eine kritische Prüfung mittels besonderer Beispiele vor-ausgehen. Ein nachfolgendes Beispiel wäre jedoch zur Demonstration maximal sinnvoll.

Beweisen, Begründen und Prüfen in der Schule:
Unter dem mathematischen Tätigsein, so wie es Freudenthal (1973) beschreibt, gehört auch das Mathematisieren, Axiomatisieren und Formalisieren: „Keine Mathematik ohne Mathematisieren, und insbesondere keine Axiomatik ohne Axio-matisieren, kein Formalismus ohne Formalisieren" (ebd., S. 128). Da Mathematik als beweisende Disziplin zählt, gilt auch kein Beweis ohne wirklich zu beweisen. Schüler*innen sollten dazu gebracht werden, Beweise zu bewerten und selber zu beweisen. Im Kontext Schule sollte also eine interaktive, prozessartige Perspek-tive auf das Beweisen eingenommen werden. Im weiteren Verlauf wird auch von *Begründen* die Rede sein, wenn es darum geht, den in der Interaktion angezeigten Begründungsbedarf zu stillen (Schwarzkopf, 2001, S. 254 f.). Begründen lässt sich entsprechend als Oberbegriff fassen, unter dem z. B. das formale Beweisen der Fach-mathematik subsumiert werden kann. In dieser Arbeit werden ausschließlich solche Begründungen analysiert, in denen mathematische und/oder naturwissenschaftliche

Regeln rekonstruiert werden können, da nicht jede Antwort auf ein „Warum" auf fachlichen Regeln fußen muss.

Beweisen bzw. Begründen sollte in der Schule thematisiert werden, da es der hypothetischen Entdeckung ansonsten an Sicherheit fehlt. Dieser Grund wird im Folgenden beispielhaft mit einer Schülerbearbeitung aus der begleitenden Studie unterstrichen (s. Abb. 2.3).

Aufgabe:

Können sich Mittelsenkrechten eines Dreiecks in einem Mittelpunkt einer Dreiecksseite schneiden?

- Wenn Ja: Unter welchen Bedingungen schneiden sich die Mittelsenkrechten eines Dreiecks in einem Mittelpunkt einer Dreiecksseite?

- Wenn Nein: Warum kann das niemals passieren?

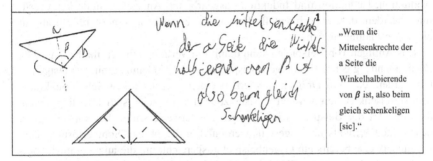

„Wenn die Mittelsenkrechte der a Seite die Winkelhalbierende von β ist, also beim gleich schenkeligen [sic]."

Abbildung 2.3 Eine Schülerlösung zur Bestimmung der Lage des Schnittpunktes der Mittelsenkrechten im Dreieck

Der Schüler (anonymisierter Name: Magnus) hat hier anscheinend eine Vermutung, die er auch mit seinen bisherigen Erkenntnissen stützt (Beziehung zwischen Winkelhalbierenden und Mittelsenkrechten in gleichschenkligen Dreiecken), doch fehlt hier die Absicherung. Bei zwei zufällig gezeichneten, gleichschenkligen Dreiecken des Schülers (s. Abb. 2.3) stimmt diese Vermutung. Wittmann und Müller (1988) stellen, bezogen auf Branford (1913), drei Beweisarten heraus. Die erste Beweisart wird bei dem obigen Schülerbeispiel deutlich. Sie wird als *experimenteller Beweis* bezeichnet (Wittmann & Müller, 1988, S. 248). Bei experimentellen Beweisen werden Beispiele zur Prüfung, idealerweise Bestärkung, einer Vermutung herangezogen (ebd.). Eine Verifikation mittels Beispiele ist nicht sicher. Diese experimentelle Beweisart dient meistens vielmehr einem subjektiven Sicherheitsgefühl, d. h. die Sicherheit beruht nicht auf gemeinsamen, inhärenten Strukturen der Beispiele (ebd.). Pólya (1954/1962) spricht in diesem Rahmen auch von „Beweisstützen" (S. 134):

> „Die induktive Phase überwand unseren ursprünglichen Verdacht, daß der Satz falsch sei, und vermittelte uns festes Vertrauen zu ihm. Ohne ein solches Vertrauen hätten wir kaum den Mut gefunden, den Beweis, der gar nicht wie eine Aufgabe nach Schema F aussah, in Angriff zu nehmen." (ebd., S. 134)

Induktive Phase bedeutet bei Pólya (1954/1962, S. 22–27) die Auseinandersetzung mit Erfahrungen, d. h. sowohl die Hypothesengenerierung als auch die Prüfung an weiteren Beispielen. Im obigen Zitat von Pólya (1954/1962) wird vielmehr auf die *Prüfung* an Beispielen hingewiesen, die Vertrauen in den Satz schenkt. In dieser Forschungsarbeit soll zwischen einem *Prüfen* und *Begründen/Beweisen* differenziert werden. Der Unterschied wird in Abschnitt 2.2 mittels der Schlussformen Abduktion, Deduktion und Induktion ausgearbeitet. An dieser Stelle kann resümiert werden, dass experimentelle Beweise in erster Linie einer Prüfung anstatt einer Begründung dienen.

Das Anfügen von Beispielen kann damit ein Vertrauen in den mathematischen Zusammenhang geben. Im obigen Beispiel (s. Abb. 2.3) kann zumindest festgehalten werden, dass ein Dreieck existiert, bei dem die besondere Schnittpunktlage der Mittelsenkrechten vorliegt (Existenzbeweis). Es zeigt sich allerdings auch, dass die Art der Beispiele wichtig wird. Idealerweise sollte die Notwendigkeit des rechten Winkels herausgestellt werden. Bei der obigen Schülerlösung hätte möglicherweise bereits ein Gegenbeispiel ausgereicht, um die angenommene hinreichende Bedingung der Gleichschenkligkeit zu widerlegen und den Fokus auf andere Eigenschaften zu verschieben (s. Abb. 2.4).

Bei einer entdeckenden Grundhaltung darf eine beweisende Haltung nicht fehlen, da es der Entdeckung ansonsten an Sicherheit fehlt: Die Zufälligkeit sollte ausgeschlossen werden (s. Abb. 2.3 und Abb. 2.4). Die Frage ist aber auch, wie Lernende auf die Idee der im Beispiel gesuchten Rechtwinkligkeit kommen sollen, ohne ein System an gültigen Aussagen vorliegen zu haben. Im schulischen Kontext wird in erster Linie ein inhaltliches Verständnis relevant.

Hanna (2005) konstatiert zentrale Funktionen des Beweisens (u. a. bezogen auf Funktionen eines Beweises nach de Villiers, 1990): „[...] the best proof is one that also helps understand the meaning of the theorem being proved: to see not only *that* it is true, but also *why* it is true" (Hanna, 2005, S. 141, Hervorh. im Original); damit stellt sie die Funktionen „verification and explanation" (ebd.) heraus.

Beweise, die vermehrt eine erklärende, d. h. eine inhaltliche Einsicht im Sinne von Hanna (2005) ermöglichen, sind „inhaltlich-anschauliche, operative Beweise" (zweite Beweisart nach Wittmann & Müller, 1988, S. 249), die auf Eigenschaften von Klassen von Objekten zurückgreifen, den Zusammenhang zwar am konkreten

Abbildung 2.4 Ein
Gegenbeispiel zur Lage des
Schnittpunktes der
Mittelsenkrechten auf einer
Dreiecksseite bei
gleichschenkligen
Dreiecken

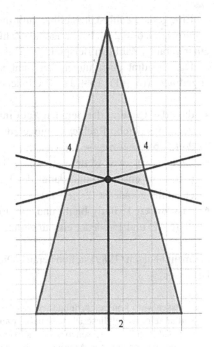

Gegenstand präsentieren, ihn allerdings unabhängig von diesen zeigen (Wittmann & Müller, 1988, S. 249, vgl. die in Abschnitt 2.1.1 benannten operativen Beweise).

Beispiel: Wenn eine Zahl ungerade ist, dann auch deren Quadrat (vgl. Tab. 2.1):

Abbildung 2.5 Ein
Beispiel für einen
inhaltlich-anschaulichen
Beweis

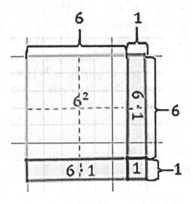

Eine gerade Zahl ist darstellbar mithilfe eines Vielfachen von zwei und Rest Null
(im Beispiel: $6 = 2 \cdot 3$). Eine ungerade Zahl ist darstellbar mithilfe eines Nachfolgers
einer geraden Zahl (Im Beispiel: $(2 \cdot 3) + 1$).
Das Quadrat einer ungeraden Zahl ist am Beispiel $7 \cdot 7$ in Abbildung 2.5
abgedruckt $((6 + 1) \cdot (6 + 1))$. Die Flächeneinteilung zeigt,

- dass das Quadrat der geraden Zahl immer gerade ist (hier: 6^2), da es in zwei
  deckungsgleiche Rechtecke eingeteilt werden kann (hier: $(3 \cdot 6) + (3 \cdot 6) =
  2 \cdot (3 \cdot 6)$).
- dass außen zwei weitere deckungsgleiche Rechtecke mit Seitenlängen eins
  und sechs entstehen und damit der Flächeninhalt beider Rechtecke insgesamt
  ebenfalls gerade ist $(2 \cdot (6 \cdot 1))$.
- dass zuletzt 1^2 übrig bleibt und somit in der Summe von $6^2 (= 2 \cdot (3 \cdot 6))$ und
  $2 \cdot (6 \cdot 1)$ und 1^2 wieder eine ungerade Zahl entsteht.

Blum und Kirsch (1989) stellen heraus: Die Schlüsse eines inhaltlich-anschaulichen
Beweises

„müssen vom konkreten, inhaltlich-anschaulich gegebenen Fall direkt verallgemeinerbar sein, wobei diese Übertragbarkeit auf den allgemeinen Fall intuitiv erkennbar
sein soll, und sie müssen bei Formalisierung der jeweiligen Prämissen korrekten
formal-mathematischen Argumenten entsprechen" (S. 202).

Um dies nur beispielhaft auszuführen, kann hier Abbildung 2.5 mit den Umformungen aus Tabelle 2.1 verglichen werden. Beispielsweise könnte ersichtlich werden,
dass im Bild nichts anderes zu sehen ist als $(2 \cdot (2 \cdot 3^2)) + (2 \cdot (2 \cdot 3)) + 1^2$,
wobei dieser Term bewusst nicht ausgerechnet wird. Er kann umgeformt werden
zu $2 \cdot (2 \cdot 3^2 + 2 \cdot 3) + 1^2$. Beim Austausch der Zahlen durch Variablen entspricht
der hier genannte Ausdruck dem letzten Term des Beweises aus Tabelle 2.1. Neben
diesen zwei Beweisarten werden formale Beweise (vgl. z. B. Tab. 2.1) als dritte
Beweisart von Wittmann und Müller (1988) klassifiziert.
    Wie bereits ausgeführt hebt Hanna (2005) die erklärende Funktion eines Bewei-
ses hervor. Neben dieser gibt es noch weitere Funktionen, von denen eine für diese
Arbeit in Kürze demonstriert werden soll: In Kapitel 3 wird u. a. herausgestellt, dass
experimentelle Prozesse die Zuordnung einer Hypothese zu einer Theorie ermöglichen sollen. Auch im Mathematikunterricht werden Ordnungsprozesse vor allem im
Rahmen des Beweisens zentral, weshalb nachfolgend die Ordnungsfunktion eines
Beweises herausgestellt werden soll.

De Villiers (1990) bezeichnet diese Funktion „*systematisation* (the **organisation** of various results into a deductive system of axioms, major concepts and theorems)" (S. 18, Hervorh. im Original). Unter *systematisation* wird verstanden, dass Beweise auch Zusammenhänge zwischen Aussagen aufzeigen können, um z. B. Zirkelschlüsse zu vermeiden und um die Zusammenhänge flexibel anwenden zu können (ebd., S. 20 f.). Die Theorie ist also nicht ein zusammenhangsloses Gerüst von Einzelaussagen in das die zu beweisende Aussage gesetzt wird, sondern ein Zusammenspiel von Aussagen (ebd.). Auch im Unterricht sollen die Aussagen geordnet werden. Diese Ordnung geschieht nicht bis hin zu fachmathematischen Axiomen, sondern „bis zu einer recht willkürlichen Grenze, sagen wir, bis zu dem Punkte, wo man von den Begriffen mit dem bloßen Auge sieht, was sie bedeuten, und von den Sätzen, daß sie wahr sind" (Freudenthal, 1973, S. 142). Freudenthal (1973) nennt diese Tätigkeit „lokales Ordnen" (S. 142). Holland (2007) stellt Teiltätigkeiten des lokalen Ordnens heraus. Dazu gehören das Analysieren von Voraussetzungen, das Vergleichen von Definitionen und das Ausweisen von Quasi-Axiomen (Holland, 2007, S. 140–143).

Relevanz für die vorliegende Arbeit
Zu Beginn des Abschnitts wurde auf *experimentelle Beweise* (erste Beweisart nach Wittmann & Müller, 1988) verwiesen. Aufgrund dieser können Schüler*innen Vertrauen in einen Zusammenhang erhalten, was dann eher für ein Prüfen anstelle eines Beweisens bzw. Begründens spricht (vgl. Beweisstützen nach Pólya, 1954/1962, weitere Ausführung zum Prüfen s. Abschnitt 2.2.3). Daneben wurde die Beweisart der *inhaltlich-anschaulichen Beweise* diskutiert (zweite Beweisart nach Wittmann & Müller, 1988), aufgrund derer Schüler*innen Einsicht in allgemeine Zusammenhänge (Blum & Kirsch, 1989) und inhaltliche Einsicht (Hanna, 2005) erhalten können. Diese Beweisart kann auf ein formales Beweisen vorbereiten (der dritten Beweisart nach Wittmann & Müller, 1988). Die letzten beiden Beweisarten basieren auf mathematischen Regeln und sind somit dem *Begründen* zu subsumieren, wohingegen diese Arten im Unterricht nicht in der Ordnung und Vollständigkeit, wie in diesem Abschnitt dargestellt, vorliegen müssen.
Für die Betrachtung experimenteller Bearbeitungsprozesse von Schüler*innen und Student*innen wird das Zusammenspiel von Entdecken, Prüfen und Begründen bedeutsam. Nicht nur das experimentelle Entdecken und Handeln wird in dieser Arbeit betrachtet (s. Abschnitt 2.1.1). Auch das Anbahnen eines Beweises bzw. einer Begründung kann einen experimentellen Charakter aufweisen (Heintz, 2000; Pólya, 1954/1962) und wird in dieser Forschungsarbeit untersucht. Dafür wird herausgearbeitet, inwiefern bereits Begründungselemente innerhalb experimenteller Prozesse enthalten sind, die möglicherweise sogar eine inhaltliche Einsicht ermöglichen (vgl.

Hanna, 2005). Zudem wird herausgestellt, dass das Eingliedern eines Zusammenhangs in eine lokale Ordnung vergleichbar ist mit einem Zuordnen einer empirisch
überprüfbaren Hypothese zu einem Theoriegerüst (s. dafür auch Abschnitt 4.3.2).

Um experimentelle Prozesse analysieren zu können, wird nachfolgend ein für
diese Arbeit grundlegendes Analyseinstrument vorgestellt, welches sich in der
Mathematikdidaktik bereits mehrfach als nutzbar erwies (s. z. B. Meyer, 2007,
2015; Kunsteller, 2018; Maisano, 2019). Dieses Werkzeug bietet die Möglichkeit
zur Rekonstruktion von Erkenntnisprozessen (also vornehmlich Denkweisen). Da
diese Denkweisen auf Arbeitsweisen basieren und weitere Arbeitsweisen evozieren,
dient das Werkzeug ebenfalls dazu, den Einfluss von Arbeitsweisen auf Denkweisen
sowie den Einfluss von Denkweisen auf Arbeitsweisen zu rekonstruieren.

2.2 Erkenntnistheoretische Grundlagen des Entdeckens, Prüfens und Begründens

Dieses Kapitel eröffnet die Forschungsgrundlagen der vorliegenden Arbeit, die zur
Beschreibung und Rekonstruktion experimenteller Prozesse herangezogen werden. Der amerikanische Philosoph Charles Sanders Peirce (1839–1914) hat sich
u. a. mit der Frage beschäftigt, wie Erkenntnisse entstehen (Hoffmann, 2002,
S. 118). Diese Grundlagen bieten sich aus drei Gründen für die vorliegende Arbeit
besonders an: Der *erste Grund* bezieht sich auf Peirce selbst, da

> „man ihn [Peirce, J.R.] im Schnittpunkt von zwei Entwicklungslinien sieht: zum einen
> in der Entwicklung der Naturwissenschaften, wobei methodisch dem Experiment und
> inhaltlich den im 19. Jahrhundert aufkommenden Evolutionstheorien eine besondere
> Bedeutung zukommt, ([v]gl. Hausman, 1993, und Burks, 1997) und zum anderen in
> einer Geschichte der Philosophie, die – was die erkenntnistheoretische Fragestellung
> angeht – vor allem durch Kant geprägt ist" (ebd., S. 118 f.).

In der genannten Schnittstelle ist auch diese mathematikdidaktische Forschungsarbeit zu verorten: Es sollen Analogien zwischen naturwissenschaftlichen Denk-
und Arbeitsweisen und Mathematiklernen zur Analyse von mathematischen
Lernprozessen genutzt werden. Die erwähnten Analogien sollen u. a. über die
Schlussformen Abduktion, Deduktion und Induktion nach Peirce eingefangen
werden.

Der *zweite Grund* bezieht sich auf Hoffmann (2002) im Nachgang zu Peirce,
der aus semiotischer Perspektive Phasen eines experimentellen Erkenntniserwerbs
ausweist und diese auf (mathematische) Beispiele aus der Wissenschaftsgeschichte bezieht. Sein Forschungsanliegen ist, zu untersuchen, *„wie* genau neue

Theorieelemente in bestimmten Situationen wissenschaftlicher Entwicklung *entstehen* oder *konstruiert* werden" (ebd., S. 10, Hervorh. im Original). Die genannte Forschungsrichtung kann für die in dieser Arbeit betrachteten mathematischen Lernprozesse mit Ergänzungen adaptiert werden. So lässt sich ein Hauptanliegen dieser Arbeit wie folgt formulieren: *Sofern ein experimentelles Arbeiten beim Mathematiklernen zu rekonstruieren ist, liegt ein Fokus der Betrachtung darin, zu untersuchen, wie Theorieelemente in experimentellen Settings beim Mathematiklernen entstehen und konstruiert werden.*

Meyer (2007) arbeitet die Schlussformen Abduktion, Deduktion und Induktion nach Peirce als Strukturelemente zur Analyse mathematischer Lehr- und Lernsituationen heraus und hat somit diese Schlussformen als Instrument zur Rekonstruktion von mathematischen Lernprozessen nutzbar gemacht. Dieses Instrument hat sich bereits in verschiedenen mathematikdidaktischen Forschungsarbeiten zur Rekonstruktion von Lernprozessen und Konstruktion von Aufgaben bewährt: Mit diesem Analysewerkzeug wurden bereits Entdeckungs- und Begründungsprozesse (Meyer, 2007; Krumsdorf, 2017), Modellierungsprozesse (Meyer & Voigt, 2010), Problemlöseprozesse (Söhling, 2017), das Lernen mit und von Analogien (Kunsteller, 2018) sowie Beschreibungs- und Erklärungsprozesse (Maisano, 2019) analysiert. Die Theorie wurde nicht nur rekonstruktiv verwendet, sondern auch konstruktiv (Meyer, 2015; Meyer & Voigt, 2009). Philipp (2013) zeigt auf, dass die Schlussformen Abduktion, Deduktion und Induktion für das innermathematische Experimentieren bzw. für die zugrunde liegenden Denkprozesse relevant werden; sie rekonstruiert die experimentellen Prozesse allerdings nicht mit diesen Schlussformen (s. Abschnitt 4.3.1). Diese erfolgreiche Nutzung der Schlussformen ist der *dritte Grund*, die peirceschen Grundlagen, konkret die Ausschärfung für die Mathematikdidaktik von Meyer (2007), für diese Arbeit zu nutzen. Ein Anliegen der vorliegenden Forschungsarbeit wird sein, unterschiedlich geartete, durch Experimente bedingte Erkenntnisprozesse mittels der Schlussformen eingehend untersuchen zu können. Dafür werden zunächst die drei Schlussformen separat vorgestellt.

2.2.1 Abduktion beim Entdecken beziehungsweise Hypothesengenerieren und Erklären

Entdeckungen wurden in Abschnitt 2.1.1 als ein Akt des Neuordnens oder Transformierens des Gegebenen beschrieben, welcher ebenfalls hypothetischen Charakter aufweist. Zwar können nicht die kognitiven Prozesse des Neuordnens rekonstruiert werden, wohl aber die veröffentlichten Prozesse dabei. Hierzu wird die Abduktion vorgestellt, um diese Prozesse eingehender verstehen zu können. Die Abduktion dient ebenfalls der Analyse von Hypothesengenerierungen und Erklärungen, welche wesentliche Komponenten der naturwissenschaftlichen Denk- und Arbeitsweisen darstellen. Gleichzeitig kann damit der Brückenschlag zum Entdecken vollzogen werden.

Abduktion beim Entdecken beziehungsweise Hypothesengenerieren: Ausgangspunkt einer Abduktion ist das Phänomen (Meyer, 2007, S. 40). Ein Phänomen ist eine spezifische Tatsache, die für das Subjekt erklärungsbedürftig erscheint (ebd., S. 40 f.).

Tabelle 2.2   Beispiele für erklärungsbedürftige Phänomene

Phänomen 1: An der Wohnungswand wird Schimmel sichtbar. Der Bewohner der Wohnung möchte sich dieses Phänomen erklären.	
	Phänomen 2: Bei diesem Parallelogramm entspricht die Summe zweier benachbarter Winkel 180°. Dies könnte für Lernende überraschend und erklärungsbedürftig sein.
Phänomen 3: Das Quadrat der ungeraden Zahlen 3, 5 und 7 ist ebenfalls ungerade. Dies könnte ein Phänomen sein, dass ein*e Mathematiklernende*r erklären möchte.	
	Phänomen 4: Bei diesem Dreieck schneiden sich die Mittelsenkrechten im Mittelpunkt der Dreiecksseite. Auch dieses Phänomen könnte für Lernende erklärungsbedürftig sein.

Zur Erklärung eines vorliegenden Phänomens (z. B. Phänomen 1, Tab. 2.2) wird ein möglicherweise hypothetisches, ursächliches Gesetz versuchsweise herangezogen, das nicht notwendig ein gültiges Gesetz darstellen muss (Meyer, 2007, S. 40 f.). Das Gesetz schließt in seinem Geltungsbereich einen konkreten Fall ein, der dieses konkrete Phänomen erklären soll (ebd.). Die alleinige Forderung an das Gesetz ist, dass es die Kausalität zwischen Fall und Phänomen vermittelt (Meyer, 2015, S. 16). Meyer (2015) stellt die Generierung einer Erklärung, auch *Entdeckung* genannt, schematisch wie in Abbildung 2.6 dar.

Abbildung 2.6 „Schema der kognitiven Generierung einer Abduktion" (Meyer, 2015, S. 16)

Phänomen (Resultat):	$R(x_0)$
Gesetz:	$\forall i: F(x_i) \Rightarrow R(x_i)$
Fall:	$F(x_0)$

x_0 steht für das konkrete Phänomen, das im Moment der Generierung zu einem Resultat des Gesetzes wird. x_i steht für einen allgemeinen Sachverhalt[6], der x_0 einschließt (s. Abb. 2.6). Die Gesetzmäßigkeiten der Schulmathematik sind in der Form des Gesetzes $\forall i : F(x_i) \Rightarrow R(x_i)$ darstellbar (Meyer & Voigt, 2008, S. 130). Bei der gedanklichen Generierung einer Abduktion liegt ausschließlich eine Prämisse vor (s. das Phänomen, Abb. 2.6), aus der die konkrete Ursache und das zugrunde liegende Gesetz geschlossen wird, weshalb der Schlussstrich nach dem Phänomen eingetragen ist.[7]

Das Erfassen eines erklärungsbedürftigen Phänomens sowie das Suchen einer passenden Erklärung für dieses Phänomen sind rein gedankliche Prozesse und damit schwer analysierbar. Dies gilt vor allem, da Fall und Gesetz simultan zu fassen sind: Dieser Schluss beschreibt demnach keine Abfolge von Gesetz und Fall, sondern einen „Chiasmus" (Eco, 1983/1985, S. 295) – eine gegenseitige Abhängigkeit von Fall und Gesetz. Mit dem Gesetz liegt gleichzeitig der Fall vor und ein Fall, der das Phänomen erklären soll, ist auch einem allgemeinen Gesetz zu subsumieren. Bezogen auf Phänomen 1 aus Tabelle 2.2 könnte eine *Entdeckung* wie in Abbildung 2.7 lauten.

Phänomen:	An der Wohnungswand ist Schimmel zu sehen.
Gesetz:	Wenn in der Wohnung ausreichend gelüftet wird, dann kann Schimmelbildung vermieden werden. (Schimmel bildet sich an feuchten Wänden. Zur naturwissenschaftlichen Erklärung der Feuchtigkeitsbildung könnte die relative Luftfeuchtigkeit herangezogen werden. Die verändert sich nicht allein durch Lüften (wie im Beispiel), sondern auch durch Feuchtigkeit, die im Raum dazu kommt (durch kochen, schlafen, waschen, etc.) oder durch Temperaturveränderungen.)
Fall:	Der Bewohner der Wohnung hat nicht ausreichend gelüftet.

Abbildung 2.7 Kognitive Generierung einer Abduktion anlässlich des Phänomens „Schimmel an der Wohnungswand"

---

[6] Wie allgemein der Sachverhalt interpretiert wird, ist abhängig von dem Gesetz des*der Entdeckenden.

[7] Eine Abduktion wird hier als *Schluss* bezeichnet. Darunter wird kein formal logischer Schluss verstanden, da dieser nicht ausschließlich von einer Prämisse ausgehen kann. Die Bezeichnung der Abduktion als Schluss ist vielmehr eine stärkenorientierte Perspektive auf das Entdecken: Eine Entdeckung ist nicht wahllos, sondern auf eine geeignete Erklärung des Phänomens ausgerichtet.

Da ausschließlich das eine Phänomen als Prämisse vorliegt (Schimmel an der Wohnungswand), ist fraglich, wie auf die Ursache bzw. Fall und Gesetz geschlossen werden kann. Hier kommen die Möglichkeiten einer Rekonstruktion an ihre Grenzen. Zu beachten ist allerdings, dass die abduzierende Person Wissen aus diesem Bereich haben muss – für sie ist es also keine „*creatio ex nihilo*" (Hoffmann, 2002, S. 271, Hervorh. im Original). Die Elemente des Hintergrundwissens werden tentativ verknüpft, um eine Ursache des Phänomens liefern zu können. Allerdings kann das Gesetz als solches auch bekannt sein, womit die kognitive Leistung in der Assoziation des Gesetzes zu dem wahrgenommenen Phänomen besteht. Die konkrete Ursache (z. B. „Der Bewohner der Wohnung hat nicht ausreichend gelüftet.", s. Abb. 2.7) ist hypothetisch. Das Hypothetische einer Abduktion kann in drei Kategorien unterteilt werden (Meyer, 2015, S. 18):

1. Hypothetisch kann an einer Abduktion sein, dass das zur Erklärung des Phänomens herangezogene Gesetz und die damit determinierten Ursachen (also der Fall) (un)passend sein können, obwohl es sich hierbei generell um ein gültiges Gesetz handelt (ebd.). Auf das Schimmel-Beispiel bezogen (s. Abb. 2.7) ist das angegebene Gesetz über die mangelnde Lüftungsdauer des Bewohners tendenziell möglich, es muss allerdings nicht die Ursache des Schimmels gewesen sein. Möglich wäre auch, dass Feuchtigkeit durch die Außenwand kommt und Ursache des Schimmels ist. Es gibt mehrere tendenziell gültige Gesetze, wobei fraglich ist, welches dieser Gesetze das passende zur Erklärung des Phänomens ist. In dieser Arbeit wird eine solche Art von Hypothese als **Passungshypothese** bezeichnet.
2. Zum anderen kann das Gesetz generell hypothetisch sein (ebd.). Auf das Beispiel bezogen könnte ein mögliches hypothetisches Gesetz sein, dass sich Schimmel in Räumen mit Teppichboden bildet. Dieses inhaltlich falsche Gesetz könnte zur versuchsweisen Erklärung des Phänomens gebildet worden sein. Da das Gesetz der Abduktion hypothetisch ist, wird diese Art von Hypothese weiterhin als **Gesetzeshypothese** bezeichnet.
3. Zuletzt könnte der aus dem allgemeinen Gesetz determinierte Fall vage sein, das Gesetz allerdings passend (ebd.). So könnte das angegebene Gesetz der Luftzirkulation in Abbildung 2.7 passend sein, der Fall allerdings unpassend: Der Bewohner lüftet ausreichend, hat aber die Wände mit Möbeln so zugestellt, dass dort nicht genügend Luftzirkulation stattfindet. Da der Fall dasjenige ist, was hierbei vage ist, wird diese Art als **Fallhypothese** bezeichnet.

Nachfolgend wird das an einer Entdeckung kritisch zu Betrachtende als *Hypothese* bezeichnet. Zu betonen ist: „Die Theorie der Abduktion darf nicht als Anleitung für die Bildung von Hypothesen mißverstanden werden. Die Generierung von Hypothesen mag intuitiv, instinktiv, spontan, wie ein Gedankenblitz geschehen" (Voigt, 1984, S. 85). Die Abduktion gibt also keine Anleitung dafür, wie gute Einfälle generiert werden können. Kriterien einer empirischen Hypothese sind erstens, dass diese das Phänomen erklären und zweitens, dass sie experimentell überprüfbar sind (Meyer, 2007, S. 65).

Typen von Abduktionen: Ergänzend zu dieser Differenzierung von Hypothesen unterscheidet Eco (1983/1985) Typen von Abduktionen, die sich vor allem darin abgrenzen lassen, welche Art von Gesetz – und damit impliziert auch Fall – zur Erklärung herangezogen wird. Den ersten beiden Typen ist gemeinsam, dass auf bereits bekannte Gesetze zurückgegriffen wird. Bei der *übercodierten Abduktion* ergibt sich das Gesetz „automatisch oder halb-automatisch" (ebd., S. 299). Aufgrund bestimmter Charakteristika des Phänomens – beispielsweise der Kontext des Geschehens (Beispielphänomen 1: Schimmel, s. Tab. 2.2) – indiziert das Subjekt für sich offensichtlich ein bestimmtes Gesetz (in Abb. 2.7: ein ‚Lüftungsgesetz') zur Erklärung des Phänomens (ebd., S. 299 f.). Dieses „automatisch oder halb-automatisch[e]" (ebd., S. 299) Zurückgreifen auf Gesetze ist abhängig vom Individuum. Bezogen auf das Schimmelbeispiel hat das Individuum möglicherweise bereits einige Schimmelsituationen gelöst und genügend Indizien dafür, das ‚Lüftungsgesetz' auch in dieser Situation anzunehmen.

Im Gegensatz zum ersten Typ, ist bei dem zweiten das Gesetz nicht eklatant zu erschließen: „Das Gesetz muß aus einer Folge von gleichwahrscheinlichen Gesetzen ausgewählt werden" (ebd., S. 300). Dieser Typ von Abduktionen bezeichnet Eco (1983/1985) als *untercodiert*. Da hier mehrere Gesetze zur Erklärung zur Auswahl stehen, besteht bei diesem Schluss eine größere Unsicherheit als bei dem ersten (ebd., S. 300). Auf das Schimmelbeispiel bezogen können mehrere Gesetze zur Erklärung des Phänomens gleichwahrscheinlich sein: Neben dem ‚Lüftungsgesetz' könnte die Feuchtigkeit und damit auch der Schimmel durch undichte Rohrleitungen in den Wänden entstehen. Der individuelle kognitive Anspruch ist bei dieser Generierung höher als bei der ersten Art.

Bei dem dritten Typ muss das Gesetz „*ex novo erfunden* werden" (ebd., S. 301, Hervorh. im Original). Dies unterscheidet den dritten Typen – die *kreative Abduktion* – von den ersten beiden. Das Phänomen erscheint so überraschend, dass kein bisher bekanntes Gesetz hilfreich erscheint. Damit erhält diese Abduktion die Funktion der Theoriegenerierung für das Subjekt (ebd., S. 301).[8] Das Schimmel-Beispiel (Phänomen 1, s. Tab. 2.2 und Abb. 2.7) kann zur Illustration herangezogen werden, um aufzuzeigen, wie herausfordernd die Bestimmung der Art der Abduktion sein kann. Das ‚Lüftungsgesetz' kann in diesem Moment kreativ entwickelt worden sein, kann allerdings auch eines von vielen bereits bekannten Gesetzen sein. Um welchen Typ von Abduktion es sich handelt, kann nur interpretativ diskutiert und vermutet werden. Dafür muss die Hypothese allerdings verbalisiert werden.

Abduktion beim Erklären:
Rekonstruiert werden kann zwar nicht die gedankliche Generierung der Entdeckung, allerdings die Veröffentlichung der Überlegungen: In der Veröffentlichung wird für den Fall als konkrete Ursache des Resultates plädiert. „Wir erklären Ereignisse, indem wir deren Ursache nennen, etwa: Das Wasser verdunstet, weil es heiß war" (Pfister, 2015, S. 108). Das ursprünglich fragliche Phänomen wird zum Resultat des Gesetzes in Abhängigkeit von diesem konkreten Fall bzw. der Ursache (Meyer & Voigt, 2009, S. 35), weshalb das Schema aus Abbildung 2.8 zur Rekonstruktion herangezogen wird.

Resultat:	$R(x_0)$
Gesetz:	$\forall i : F(x_i) \Rightarrow R(x_i)$
Fall:	$F(x_0)$

Abbildung 2.8 Schema zur Veröffentlichung einer Abduktion nach Meyer (2015, S. 16)[9]

---

[8] Ein weiterer Typ wird von Eco (1983/1985, S. 301) als *Meta-Abduktion* bezeichnet. Dabei wird die Bewertung des neuen Gesetzes für das gesamte theoretische Gerüst zentral: Könnte dieses Gesetz einen generellen Wandel in subjektiven Ansichten verursachen oder stimmt es mit den bisherigen Haltungen überein? Dieser Typ wird für die vorliegende Forschungsarbeit nicht relevant, da ein solcher Wandel höchstens in einer Langzeitstudie festzustellen sein könnte.

[9] Die Variablen im Schema tragen dieselbe Bedeutung wie in dem der Generierung (s. Abb. 2.6) und werden sich auch im Rahmen der Deduktion und Induktion wiederholen: Die am Schluss beteiligten Komponenten (Fall, Resultat und Gesetz) bleiben erhalten, es unterscheiden sich die Art und Anzahl der Prämissen.

Da in der Veröffentlichung für den Fall plädiert und das Phänomen zum Resultat des Gesetzes wird, steht der Schlussstrich vor dem Fall (s. Abb. 2.8). Diese Setzung des Schlussstrichs ist allerdings ein interpretativer Akt des Forschenden. In dieser Form muss der Schluss der Lernenden nicht stattgefunden haben. Anders gesagt: Ob der*die Lernende diesen Schluss kognitiv vollzogen hat, kann mittels dieses Instruments nicht rekonstruiert werden, sondern es kann nur das rekonstruiert werden, was in der Interaktion veröffentlicht wird. Zur Rekonstruktion dieser öffentlichen Äußerungen ist der*die Forschende auf das Schema angewiesen, um daraus Erkenntnisse über die Hypothesen der Lernenden zu generieren (Meyer, 2009; s. auch Abschnitt 6.3).

Im weiteren Verlauf wird eine *Erklärung* als Veröffentlichung einer Entdeckung (s. Abb. 2.8) verstanden (Meyer, 2010, S. 189). Eine (fiktive) hypothetische Erklärung des Phänomens 1 (s. Tab. 2.2) könnte wie folgt gestaltet sein: „An der Wohnungswand ist Schimmel, weil ich zu wenig gelüftet habe". Wie allgemein das Gesetz der abduzierenden Person ist, stellt sich meist als schwer rekonstruierbar heraus, da ausschließlich die Ursache benannt wird. Im Abduktionsschema könnte die veröffentlichte Hypothese als Erklärung für den Schimmel wie in Abbildung 2.9 rekonstruiert werden.

Resultat:	An der Wohnungswand ist Schimmel zu sehen.
Gesetz:	Wenn in der Wohnung ausreichend gelüftet wird, dann kann Schimmelbildung vermieden werden.
Fall:	Der Bewohner der Wohnung hat nicht ausreichend gelüftet.

Abbildung 2.9   Veröffentlichte Abduktion zur Erklärung des Phänomens „Schimmel an der Wohnungswand"

Um die Abduktionstheorie für das Mathematiklernen zu verdeutlichen, wird in Abbildung 2.10 eine mögliche Abduktion zu Phänomen 4 (s. Tab. 2.2 bzw. Abb. 2.3) rekonstruiert.

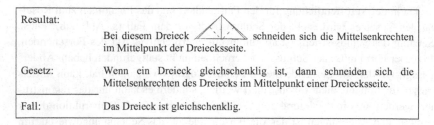

Resultat:

Bei diesem Dreieck schneiden sich die Mittelsenkrechten im Mittelpunkt der Dreiecksseite.

Gesetz: Wenn ein Dreieck gleichschenklig ist, dann schneiden sich die Mittelsenkrechten des Dreiecks im Mittelpunkt einer Dreiecksseite.

Fall: Das Dreieck ist gleichschenklig.

Abbildung 2.10 Abduktive Erklärung der Lage des Schnittpunktes der Mittelsenkrechten im Dreieck

Dieser Schluss von der Wirkung (hier: Resultat) zu einer Ursache (hier: Fall) ist nicht wahrheitsübertragend, sondern hypothetisch (Meyer, 2015, S. 16). Mit diesem Beispiel (s. Abb. 2.10) wird der hypothetische Charakter der Abduktion unterstrichen. Das Gesetz dieser Abduktion ist nicht korrekt. Der erwünschte Schnittpunkt ist nicht von den Seitenlängen, sondern von den Winkeln des Dreiecks abhängig. Ein Grund für diese unpassende Abduktion des Schülers könnte sein, dass er die Entdeckung an Spezialfällen (gleichschenkligen rechtwinkligen Dreiecken) vollzogen hat. Die Angabe von *einem speziellen Phänomen* ist für Meyer und Voigt (2009, S. 44 f.) eine Möglichkeit, Entdeckungsaufgaben zu gestalten. Da hierbei allerdings Sonderfälle angefügt werden, ist der Geltungsbereich des daran generierten Gesetzes möglicherweise vorerst unsicher. Daneben können Entdeckungen an einem *typischen Phänomen* vollzogen werden (ebd., S. 45 f.). Typisch sind solche Phänomene, die keine Sonderstellungen einnehmen, sondern deren Eigenschaften auf den vollständigen Geltungsbereich eines mathematischen Satzes übertragen werden können. Die Autoren unterscheiden daneben weitere Phänomentypen. U. a. stellen sie Aufgaben *mit latenter Beweisidee* (ebd., S. 48 f.) heraus. Da das Entdecken mit latenter Beweisidee für diese Arbeit relevant wird, um mögliche Begründungselemente innerhalb experimenteller Prozesse identifizieren zu können, zum Verständnis dieser latenten Beweisidee allerdings zumindest die Schlussform der Deduktion bekannt sein muss, wird diese ausführlich in Abschnitt 2.2.4 beschrieben.

Bedingungen für Entdeckungen sind nach der Abduktionstheorie demnach, dass die Erarbeitungen oder Aufgabenstellungen erklärungsbedürftige Phänomene eröffnen. Die Wahl der Beispiele kann die Suche nach einer Erklärung beeinflussen.

Relevanz für die vorliegende Arbeit

Mithilfe der Abduktionstheorie – der kognitiven Generierung sowie der Veröffentlichung – lässt sich das Zusammenspiel von Entdecken, Erklären und Vermuten begrifflich fassen; d. h. Denk- und Arbeitsweisen, die im Rahmen von experimentellen Prozessen relevant werden.

- Das Finden von Ursache und Gesetz zu dem erklärungsbedürftigen Phänomen wird gemäß der Abduktionstheorie als *Entdeckung* bezeichnet. Dabei kann das Gesetz neu gefunden (kreative Abduktion) oder bereits vorhanden gewesen sein (über- oder untercodierte Abduktion).

- Das an einer *Entdeckung* kritisch zu Betrachtende wird als *Hypothese* bezeichnet.

  o **Passungshypothese**: Passt das Gesetz (und damit einhergehend der Fall) zum Resultat?

  o **Gesetzeshypothese**: Ist das Gesetz überhaupt ein mögliches Gesetz, das Phänomene erklären kann?

  o **Fallhypothese**: Gibt es etwas auf Phänomenebene, das nicht beachtet wurde, allerdings zum Fall des Gesetzes ergänzt werden müsste?

- Eine *Erklärung* wird als Veröffentlichung einer hypothetischen Entdeckung verstanden.

Bei der Rekonstruktion experimenteller Prozesse werden Hypothesen und deren Erklärungskraft relevant. Es soll an dieser Stelle betont werden, dass gemäß der Abduktionstheorie jeder Hypothese und Erklärung eine Entdeckung vorausgeht. In dieser Arbeit wird des Weiteren der Bezugsrahmen der Erklärung fokussiert: Liegt eine Erklärung vor, die rein empirisch orientiert herangezogen wird oder ist es eine Erklärung, die aufgrund von weiteren Theorien geleitet ist? Diese Unterscheidung und deren Relevanz werden in den Abschnitten 3.3 und 5.2 ausgeführt. Hervorzuheben ist aus der Ausführung in Abschnitt 2.2.1 bereits, dass die Art der vorliegenden Phänomene eigene Erklärungen beeinflussen können (falls beispielsweise Spezialfälle vorliegen). Durch das Zusammenspiel von Resultat, Gesetz und Fall lässt sich bei der Abduktion die Verwobenheit von Theorie und Empirie verdeutlichen. Im weiteren Verlauf dieser Arbeit wird dieses Zusammenspiel noch explizit behandelt (s. Abschnitte 3.2 und 5.2).

2.2.2 Deduktion beim Begründen und Vorhersagen

Bei einer Deduktion werden Fall und Gesetz als zwei Prämissen vorausgesetzt, wodurch auf das entsprechende Resultat geschlossen wird (Meyer, 2015, S. 19). Sobald der Fall (Prämisse 1) im Antezedens des Gesetzes (Prämisse 2) enthalten ist, ist die Konsequenz daraus denknotwendig (ebd.). Deduktionen sind also formal korrekte Anwendungen von Gesetzen (ebd.), wobei der Kontext der Anwendung zu unterscheiden ist und im Folgenden ausgeführt wird: *Deduktion beim Begründen* oder *Deduktion beim Vorhersagen.*

Deduktion beim Begründen:
Der nachfolgende Abschnitt befasst sich vor allem mit der logischen Struktur mathematischer Begründungen. Daneben sind die anderen Aspekte wie die Akzeptanz und die Funktionen einer Begründung, die in Abschnitt 2.1.2 präsentiert wurden, hier ergänzend mitzudenken.

Abbildung 2.11 Schema zur Deduktion beim Begründen nach Meyer (2007, S. 33)

Fall:	$F(x_1)$
Gesetz:	$\forall i: F(x_i) \Rightarrow R(x_i)$
Resultat:	$R(x_1)$

Bei Deduktionen im Zuge des Beweisens und Begründens werden *gültige* Gesetze herangezogen. Ausgehend von der Ursache $F(x_1)$ über die Anwendung dieser Gesetze kann auf das Resultat $R(x_1)$ geschlossen werden, welches unter den hier genannten Prämissen wahr ist (s. Abb. 2.11). Die Beziehung zum mathematischen Beweisen bzw. Begründen besteht darin, dass abzusichernde Aussagen auf sichere Sätze zurückgeführt werden. Damit bildet die Struktur formal-mathematischer Beweise eine Kette an Deduktionen. Dieser Sachverhalt wird in Abbildung 2.12 exemplifiziert.

Das Beispiel aus Tabelle 2.1: *Wenn n ungerade ist, dann ist auch n^2 ungerade.*

Fall:	n ist eine ungerade, natürliche Zahl
Gesetz:	Wenn eine natürliche Zahl n ungerade ist, dann lässt sich diese darstellen als ein ganzzahliges Vielfaches von 2, plus 1 (Definition ungerade Zahl).
Resultat:	$n = 2 \cdot k + 1, k \in \mathbb{N} \cup \{0\}$
Fall:	$n = 2 \cdot k + 1, k \in \mathbb{N} \cup \{0\}$
Gesetz:	Wenn eine Gleichung vorliegt, dann ändert ein Quadrieren beider Seiten nichts an der Gleichheit (Quadrieren von n).
Resultat:	$n^2 = (2 \cdot k + 1)^2$
Fall:	$n^2 = (2 \cdot k + 1)^2$
Gesetz:	$(a + b)^2 = a^2 + 2 \cdot a \cdot b + b^2$ (1. Binomische Formel)
Resultat:	$n^2 = 4 \cdot k^2 + 4 \cdot k + 1^2$
Fall:	$n^2 = 4 \cdot k^2 + 4 \cdot k + 1^2$
Gesetz:	$c \cdot d \cdot e + c \cdot f \cdot g = c \cdot (d \cdot e + f \cdot g)$ (Distributivgesetz $(+, \cdot)$).
Resultat:	$n^2 = 2 \cdot (2 \cdot k^2 + 2 \cdot k) + 1^2$
Fall:	$n^2 = 2 \cdot (2 \cdot k^2 + 2 \cdot k) + 1^2$
Gesetz:	Wenn eine Zahl als ein Term der Struktur eines ganzzahligen Vielfachen von 2 plus 1 ausgedrückt werden kann, dann ist diese ungerade (Definition ungerade Zahlen).
Resultat:	n^2 ist ungerade.

Abbildung 2.12 Deduktionskette einer beispielhaften direkten Beweisführung

Die in Abbildung 2.12 verwendeten Gesetze entsprechen den Sätzen und Definitionen auf den Folgerungspfeilen in Tabelle 2.1. Zu unterscheiden ist diese beschriebene deduktive Begründung von einer deduktiven Vorhersage, bei welcher das hypothetische Gesetz auf weitere Kontexte zur Prüfung angewendet wird.

Deduktion beim Vorhersagen:

Zur Veranschaulichung einer deduktiven Vorhersage wird erneut auf das obige Schimmelbeispiel zurückgegriffen (s. Abb. 2.9). Angenommen, der Bewohner der Wohnung habe den Schimmel entfernt, hat damit erstmals eine schimmelfreie Wohnung und lüftet nun regelmäßig. Es muss sich noch zeigen, ob sich Schimmel erneut bildet oder nicht: „Es wird die Vorhersage getroffen, dass, wenn der vergleichbare Fall eintritt, wir mit dem zuvor vermuteten Gesetz ein bestimmtes Resultat erhalten müssten" (Meyer, 2007, S. 66).

Das Gesetz in Abbildung 2.13 kann noch hypothetisch sein, weshalb sich das Resultat nicht notwendig einstellen muss. Es bedarf noch einer Prüfung: das Beobachten der Schimmelentwicklung sowie das Bestärken oder Entkräften des hypothetischen Gesetzes. Diese Art von Deduktion dient vordergründig nicht als Begründung, sondern zur Vorhersage. Selbst wenn sich Schimmel nicht mehr neu bildet, wären andere Gesetze zur Erklärung des Phänomens ebenfalls möglich. Um die deduktive Vorhersage von der Begründung unterscheiden zu können, wird ihr vorhergesagtes Resultat in Abbildung 2.14 mit $R_V(x_1)$ abgekürzt.

Fall:	Der Bewohner der Wohnung lüftet regelmäßig seine schimmelfreie Wohnung.
Gesetz:	Wenn in der Wohnung ausreichend gelüftet wird, dann kann Schimmelbildung vermieden werden. (*hypothetisches Gesetz*)
Resultat (V):	Es sollte sich keine neue Schimmelbildung an der Wohnungswand zeigen.

Abbildung 2.13 Deduktive Vorhersage über die Schimmelbildung an der Wohnungswand

Abbildung 2.14 Schema der deduktiven Vorhersage, angelehnt an Meyer (2007, S. 66)

Fall:	$F(x_1)$
Gesetz:	$\forall i : F(x_i) \Rightarrow R(x_i)$
	(*hypothetisch*)
Resultat (V):	$R_V(x_1)$

Die deduktive Vorhersage gewährt durch die Anwendung hypothetischer Gesetze (wie das ‚Lüftungsgesetz' in Abb. 2.13) Aussagen über die Realisierung der Prüfung. Für eine wirkliche Prüfung des Gesetzes bedarf es allerdings noch einer anschließenden Handlung. Bezogen auf das Beispiel: Das regelmäßige Lüften der Wohnung.

Relevanz für die vorliegende Arbeit
Die deduktive Vorhersage (s. Abb. 2.14) erhält im Rahmen dieser Forschungsarbeit zur Beschreibung des Experimentierens Bedeutung. Zu Beginn des Kapitels wurden zwei Charakteristika eines Experiments erarbeitet: die Planmäßigkeit und die Zweckhaftigkeit bzw. Zielgerichtetheit. Mittels der deduktiven Vorhersage lassen sich für die vorliegende Forschungsarbeit die beiden Charakteristika spezifizieren: Sofern die Hypothese (innerhalb der Abduktion) empirisch überprüfbar ist, beschreibt der Fall der Deduktion den geplanten Eingriff, also das Planvolle eines Experiments. Die Zielgerichtetheit erhält ein Experiment durch das Resultat der Deduktion, denn hier wird konkret formuliert, was sich durch den Fall und das hypothetische Gesetz der Abduktion einstellen und nach einem Experiment beobachtbar sein sollte, sofern das hypothetische Gesetz zur Erklärung des Phänomens passend ist. Das endgültige *Sich-Einstellen* oder *Sich-Nicht-Einstellen* nach der deduktiven Vorhersage und der Anwendung liefert die Prüfung, welche mit dem Schluss der Induktion (s. Abschnitt 2.2.3) rekonstruierbar ist. Die erste Art des Deduzierens (Deduktion in Begründungen) stellt dagegen die Grenze zum Experimentellen dar. Sobald sich ausschließlich auf bereits bekannte Gesetze gestützt wird, bleibt ein Experimentieren und ein Prüfen aus.

2.2.3 Induktion beim Prüfen

Die Induktion übernimmt die Funktion der Stärkung oder Entkräftung von Abduziertem, also die Funktion des Prüfens von bestehenden Vermutungen (Meyer, 2007, S. 35). Schematisch kann eine Induktion wie in Abbildung 2.15 gefasst werden.

Abbildung 2.15 Schema der Induktion aus Meyer (2007, S. 35)

Fall:	$F(x_1)$
Resultat:	$R(x_1)$
Gesetz:	$\forall i: F(x_i) \Rightarrow R(x_i)$

Das abduktiv generierte Gesetz ($\forall i \; F(x_i) \Rightarrow R(x_i)$) bestärkt sich wiederholt durch Fakten ($F(x_1)$ und $R(x_1)$) oder wird durch diese Fakten entkräftet. Letzteres geschieht dann, wenn $R_V(x_1)$ deduktiv vorhergesagt, allerdings ein nicht passendes Resultat dazu beobachtet wird. Diese beiden Ausprägungen der Induktion (der Stärkung und der Entkräftung des Gesetzes) werden im Folgenden weiter ausgeführt. Dabei wird herausgestellt, dass das abduktiv generierte Gesetz sowie die deduktive Vorhersage den induktiven Schluss beeinflussen, sodass die Induktion nicht losgelöst vom vollständigen Prüfprozess betrachtet werden kann. Dieser *Prüfprozess* an einzelnen Beispielen wird auch als *unvollständige Induktion* bezeichnet, welche nach Winter (1993, S. 64) einen *mehrfach ablaufenden Prozess* von der Hypothesengenerierung bis hin zur Prüfung umfasst.[10] Die Induktion nach Meyer (2007) wird zwar *als einzelner Schritt* beschrieben (s. Abb. 2.15), ist allerdings auch bei ihm abhängig von dem abduktiv generierten und/oder angewendeten Gesetz.

Enumerative Induktion – bestärkende Prüfung:
Der positive Ausgang der *unvollständigen Induktion* wird auch *enumerative Induktion* (Lauth & Sareiter, 2005, S. 75) genannt, weil ein neues Beispiel (in Abb. 2.15: x_1) einem Gesetz zugeordnet werden kann. Die enumerative Induktion ist kein formal logischer Schluss und damit auch kein sicherer:

„Wird in 1, 2, … k Fällen die Beobachtung A gemacht, so gibt es keine logische Begründung für die Behauptung, dass A auch im Falle $k+1$ zutrifft und erst recht nicht für die noch weitergehende, dass A in allen n möglichen Fällen beobachtet wird" (Winter, 2016, S. 164).

---

[10] Den Gegenpart der unvollständigen Induktion bildet die *vollständige Induktion,* die ausschließlich für abzählbare All-Aussagen eingesetzt werden kann (Meyer, 2007, S. 36–39). Diese Form trägt den Namen „Induktion", da damit der Grundgedanke einer unendlichen Auflistung an Elementen assoziiert wird: Geprüft wird die zu zeigende Aussage für das erste Element. Anstatt jedes Folgeelement zu prüfen, wird die Richtigkeit für ein beliebiges Glied angenommen und allgemein gezeigt, dass für dessen Nachfolger die Aussage ebenfalls gilt. Wenn das Startelement das erste Element der Menge ist (z. B. die Eins bei den natürlichen Zahlen), dann ist dieser Schritt ein denknotwendiger und deshalb *ein deduktiver Schluss.* Die vollständige Induktion beinhaltet damit Deduktionsketten und wird deshalb zu den Beweisarten und nicht zum Prüfprozess gezählt.

Bei dieser Art von Induktion kann sich maximal ein *Nicht-Falsifizieren* oder ein *Bestärken* einstellen. Der Schüler Magnus hat beispielsweise anhand von zwei gezeichneten Dreiecken für sich die (eigentlich fachlich unpassende) Bedingung der Schnittpunktlage im Dreieck bestärken können (s. Abb. 2.3).

Eliminative Induktion – entkräftende Prüfung:
Eine *eliminative Induktion* (Lauth & Sareiter, 2005, S. 77) kennzeichnet sich durch eine negativ ausfallende Prüfung von Konsequenzen aus Hypothesen (*schwächen/entkräften* der Hypothese). Wenn es sich um notwendige Konsequenzen handelt, kann eine Hypothese *falsifiziert* werden, zumindest in der vormaligen Formulierung derselben (vgl. Umgang mit Gegenbeispielen nach Lakatos, 1976/1979, Abschnitt 2.1.2). Diese Widerlegung ist aufgrund der Deduktion im *Modus tollens* zu begründen:

Angenommen in der deduktiven Vorhersage ist Aussage $F(x_1)$ die erste Prämisse (Fall) und das hypothetische Gesetz $F(x_i) \Rightarrow R(x_i)$ die zweite Prämisse (Gesetz). Damit kann die Konsequenz $R_V(x_1)$ erschlossen werden. Sichtbar wird allerdings $\neg R(x_1)$. Nun ist in der Hypothese noch nichts über $\neg R(x_1)$, sondern ausschließlich über $R_V(x_1)$ ausgesagt. Aufgrund der zum hypothetischen Gesetzt logisch äquivalenten hypothetischen Aussage $\neg R(x_i) \Rightarrow \neg F(x_i)$ und das Vorliegen von $\neg R(x_1)$ entsteht allerdings der logische Widerspruch (Kontradiktion des Gesetzes, wenn die Konsequenz notwendig ist), da $\neg F(x_1)$ und $F(x_1)$. Damit stellt sich die Hypothese als nicht passend für diese Resultate heraus. Sie bedarf zumindest einer Modifikation bzw. Entkräftung, wenn die Konsequenz notwendig (und nicht nur möglich) war. Im Falle Lakatos' (1976/1979) hätte man an dieser Stelle ein *globales Gegenbeispiel* für die zu prüfende Hypothese gefunden. Bezogen auf die Lösung von Magnus hätte man mit einem nicht rechtwinkligen, gleichschenkligen Dreieck wie aus Abbildung 2.4 ein globales Gegenbeispiel gefunden. In dieser negierten Form gilt die Induktion als erkenntniserweiternd. Sobald es realisierbar wäre, alle möglichen Hypothesen aufzulisten und diese bis auf eine zu widerlegen, wäre das Erkenntnisinteresse vorerst befriedigt. Experimente, die hierauf ausgelegt sind, heißen auch „experimentum crucis oder ‚Entscheidungsexperiment'" (Lauth & Sareiter, 2005, S. 77, Hervorh. im Original).

Eine induktive Prüfung (als Schluss) der deduktiven Vorhersage aus Abbildung 2.13 könnte beispielsweise eines der Schemata in Abbildung 2.16 annehmen.

Enumerative Induktion	
Fall:	Der Bewohner der Wohnung lüftet regelmäßig seine schimmelfreie Wohnung.
Resultat:	Es bildet sich kein neuer Schimmel.
Gesetz:	Wenn in der Wohnung ausreichend gelüftet wird, dann kann Schimmelbildung vermieden werden.
Eliminative Induktion	
Fall:	Der Bewohner der Wohnung lüftet regelmäßig seine schimmelfreie Wohnung.
Resultat:	Es bildet sich erneut Schimmel.
Gesetz:	¬(Wenn in der Wohnung ausreichend gelüftet wird, dann kann Schimmelbildung vermieden werden.)

Abbildung 2.16 Enumerative und eliminative Induktion als Prüfung der hypothetischen Erklärung zur Schimmelbildung

Die erste induktive Prüfung der deduktiven Vorhersage aus der abduktiven Hypothese zeigt eine enumerative Induktion, wohingegen die zweite Prüfung eine eliminative Induktion beschreibt (s. Abb. 2.16). Da das abduktive Gesetz keine Allaussage bezogen auf alle Schimmelsituationen ist, sondern nur ein erklärendes Gesetz unter vielen, wird bei dieser eliminativen Prüfung nicht direkt das ‚Lüftungsgesetz' verworfen – es wird ausschließlich zur Erklärung der vorliegenden Schimmelsituation (und für alle wiederkehrenden Schimmelsituationen an dieser Wohnungswand) verworfen. Herausgestellt werden kann erneut, dass Induktionen im Lichte der Abduktion und deduktiven Vorhersage gedeutet werden. Abhängig von der abduktiv generierten Hypothese und der Prüfung der deduktiven Vorhersage fallen die weiteren Erkenntnisprozesse aus:

- Muss das Gesetz generell aufgegeben werden (z. B. bei einer Gesetzeshypothese und einer eliminativen Induktion)?
- Muss ausschließlich der Fall modifiziert werden (z. B. bei einer Fallhypothese und einer eliminativen Induktion)?
- Ist das Gesetz ausschließlich zur Erklärung des anfänglichen Phänomens unpassend, für andere Phänomene allerdings möglich (z. B. bei einer Passungshypothese und einer eliminativen Induktion)?

- Im positiven Ausgang einer Prüfung könnte überlegt werden, warum dieser Zusammenhang gilt. Es können also weitere Erklärungs- und Begründungsansätze folgen. Warum gilt das Gesetz und wie kann es in den bisherigen theoretischen Komplex verankert werden?

Zwei unterschiedliche Prüfprozesse:
Für das Zusammenspiel dieser drei Schlussformen (*Prüfung als Prozess*) stellt Meyer (2007, u. a. bezugnehmend auf Carrier, 2000) *zwei empirische Erkenntniswege* heraus: Ein empirischer Erkenntnisweg ist der des *Bootstraps* (Meyer, 2007, S. 65–69). Bei diesem wird das hypothetisch generierte Gesetz innerhalb der Abduktion *direkt* über Einzelfälle des Gesetzes empirisch überprüft. Das bedeutet, dass innerhalb der Abduktion, Deduktion und Induktion dasselbe Gesetz, wie beispielsweise auch im obigen Schimmelbeispiel (s. Abb. 2.9, 2.13, 2.16), verfolgt wird – das geprüfte Gesetz entspricht dem generierten Gesetz.

Ein zweiter empirischer Erkenntnisweg ist der *hypothetisch-deduktive* (Meyer, 2007, S. 69 f.). Damit wird eine „indirekte Prüfung" (Carrier, 2000, S. 44) einer Hypothese beschreibbar. Geprüft werden können nicht nur die Hypothesen selbst, sondern auch die deduktiven Konsequenzen aus dieser, die sich erst durch Anwendung anderer Gesetze ergeben (Meyer & Voigt, 2009, S. 56 f.; Meyer, 2007, S. 69–71). **Ein Beispiel:** Fermats Hypothese lautet: „$2^{2^n} + 1$ ist für $n \in \mathbb{N}_0$ stets prim" (Meyer, 2007, S. 70). Diese Hypothese wird ausschließlich *indirekt* überprüft, indem auf eine allgemeine Primzahlregel zurückgegriffen wird: Jede Primzahl, mit Ausnahme von 2, ist ungerade. Überprüft werden kann nun folgender Zusammenhang:

$$2^{2^n} + 1 \text{ ist für } n \in \mathbb{N}_0 \text{ stets ungerade (ebd.).}$$

Bei einer indirekten Prüfung wird die ursprüngliche Hypothese auf theoretischer Basis verändert, um eine grundsätzliche Prüfung zu gewähren. Umgangssprachlich könnte hier auch von einem ‚Verschieben' der Hypothese zu Gunsten einer Prüfung gesprochen werden (Weiteres dazu s. Abschnitt 3.3.1, 5.2). Diese Art von Prüfprozess wurde von Jahnke (2009) im schulischen Kontext erforscht. In seiner Studie wurde zunächst mit Schüler*innen die Besonderheit von Nebenwinkeln (Nebenwinkel ergeben zusammen 180°) und Scheitelwinkeln (Scheitelwinkel sind gleichgroß) thematisiert. Der Wechselwinkelsummensatz wurde anschließend als Hypothese vorgegeben, bezeichnet als „Hypothese vom Wechselwinkel" (ebd., S. 29). Betrachtet man die anschließende Skizze, so kann daran die Hypothese verdeutlich werden: Seien g und f zwei parallele Geraden, die von einer dritten Geraden h geschnitten werden, dann sind die markierten Winkelfelder (α und α') gleich groß (s. Abb. 2.17).

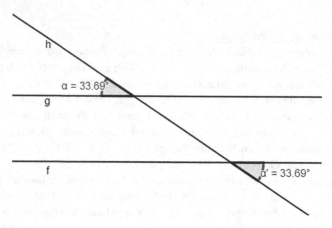

Abbildung 2.17 Visualisierung der Wechselwinkel (α und α')

Hierbei handelt es sich um eine andere Art Hypothese als bei der Abduktion beschrieben, da den Schüler*innen diese nicht bewiesene Aussage vorgegeben bzw. vorgesetzt wurde und sie diese nicht selbstständig generiert haben. Sie wurde als Ausgangspunkt allen Arbeitens angenommen. Aus dieser Hypothese wurden im Unterrichtsprozess deduktiv Folgerungen gezogen, unter anderem, dass die Innenwinkelsumme im Dreieck immer 180° entsprechen müsste (Jahnke, 2009, S. 29). Dafür wird zusätzlich das Wissen über Nebenwinkel und Scheitelwinkel benötigt. Durch die deduktiven Folgerungen wird die Hypothese vom Wechselwinkel auf die Hypothese der Innenwinkelsumme im Dreieck ‚verschoben‘. In der Studie haben die Schüler*innen beim Prüfen des Werts der Innenwinkelsumme z. B. 179,5° gemessen (ebd.). Damit bestärkten sich die 180° als Innenwinkelsumme in Dreiecken und *indirekt* auch die Hypothese des Wechselwinkels (s. Abb. 2.17). Es könnte allerdings auch sein, dass 179,5° den realen Wert darstellen (ebd.). Der Hypothesenstatus der Innenwinkelsumme und des Wechselwinkels würde folglich bestehen bleiben. Aus weiteren Messungen ergab sich, dass die Innenwinkelsumme eines Vierecks der zweimaligen Summe des Dreiecks entspricht (ebd., S. 30). Bei einem Fünfeck entspricht die Innenwinkelsumme der Summe von drei Dreiecken (ebd.). Aus diesen Folgerungen auf weitere Anwendungsbeispiele bestärkte sich die ursprüngliche Hypothese vom Wechselwinkel (s. Abb. 2.17). Deutlich wird, dass sich mittels der Induktion nicht ausschließlich die einzelne ursprüngliche Hypothese (Hypothese vom Wechselwinkel), sondern die Liste der einzelnen Hypothesen (hier: Innenwinkelsumme in n-Ecken und Hypothese vom Wechselwinkel) bestärken oder schwächen lässt. Jahnke (2009, S. 26) betont, dass durch diesen hypothetisch-deduktiven Ansatz lokale Ordnungen aufgebaut werden können (s. Abschnitt 2.1.2).

Damit wird, neben dem Schluss der Prüfung, der eine Hypothese bestärken oder entkräften kann (s. Abb. 2.15, 2.16), der vollständige Prüfprozess unterschieden, der darüber entscheidet, ob dieses Bestärken oder Entkräften der generierten Hypothese *direkt* oder *indirekt* geschieht (Bootstrap-Modell und hypothetisch-deduktiver Ansatz, weitere Ausführungen dieser, s. Abschnitt 3.3.1, 5.2).

Relevanz für die vorliegende Arbeit

> „Abduktion ist der Weg vom Einzelnen zum Allgemeinen, von überraschenden Tatsachen zu erklärenden Ideen oder Theorien, Induktion der Weg vom Allgemeinen zu Fakten, um eine Basis für die Wahrscheinlichkeit dieser Ideen und Theorien zu gewinnen." (Hoffmann, 2002, S. 256)

Die Abduktion kann eine kreative Theorieerweiterung ermöglichen, die Induktion eine Stärkung oder Schwächung dieser theoretischen Überlegungen anhand von gesammelten Daten. Abduktion, als eine der drei Schlussformen, besitzt das Alleinstellungsmerkmal, einen Erkenntniszuwachs zu ermöglichen, insofern sie neue Zusammenhänge generieren lassen kann (Meyer, 2007, S. 42). Die Rolle der Induktion stellt sich allerdings im obigen Abschnitt auch als wesentlich für experimentelle Prozesse heraus: Hier wird die abduktiv generierte Hypothese und das deduktiv gewonnene Resultat zusammengedacht und bewertet (bestärkt oder geschwächt). Anders formuliert: Die Induktion ist die Instanz, anhand derer über weiteres experimentelles Vorgehen entschieden werden kann.

Wie zu Beginn des Abschnitts 2.2 angesprochen, beschreibt Hoffmann (2002) den experimentellen Prozess aus semiotischer Sicht. Mittels der nun dargestellten Schlussformen lässt sich seine Forschung explizieren. Sein experimenteller Prozess beinhaltet folgende Phasen:

1. Die Konstruktion eines geeigneten Diagramms der herausfordernden Situation. Diagramme sind nach diesem Verständnis Geschriebenes oder etwas, was schriftlich darstellbar ist und was bereits Regeln der Verwendung festlegt, wie beispielsweise ein gemäß der deutschen Grammatik aufgestellter Satz, eine geometrische Figur oder eine algebraische Formel (ebd., S. 186 f.).

2. Das Experimentieren mit diesem Diagramm. Experimentieren bedeutet das regelgeleitete Umformen des Diagramms (ebd., S. 199).
3. Das Beobachten der Umformungen und das Prüfen der Wiederholbarkeit des Experiments (ebd., S. 184, 199 f.).

Hoffmann (2002) ordnet diesen drei Schritten Schlussformen zu: Abduktion zur Konstruktion, Deduktion zum Experimentieren und Induktion als Gewissheit der Wiederholbarkeit. Induktion bezeichnet Hoffmann (2002) – unter Rückbezug auf Peirce – auch als „experimentelle Forschung" (Peirce, 1905, zitiert nach Hoffmann, 2002, S. 122). Hoffmann (2002) bezieht sich in seinen Ausführungen v. a. auf Paradigmenwechsel in der Wissenschaftsgeschichte. In dieser Arbeit sollen keine historischen Beispiele analysiert werden, sondern Erarbeitungsprozesse von Lernenden. An der obigen Beschreibung nach Hoffmann (2002) wird allerdings deutlich, dass mit diesem Dreischritt ein Analyseinstrument experimenteller Prozesse vorliegt. Dazu wird ersichtlich, dass das Experiment (das, was nach einer Abduktion zur Prüfung ausgeführt wird) von der experimentellen Forschung (der unvollständigen Induktion) zu trennen ist und dass daneben noch weitere relevante Denk- und Arbeitsweisen eine Rolle spielen, wie z. B. das von Hoffmann (2002) benannte Beobachten. Die von Peirce (1905) benannte „experimentelle Forschung" (zitiert nach Hoffmann, 2002, S. 122) bzw. die unvollständige Induktion wird in dieser Forschungsarbeit mittels der oben ausgeführten zwei Prüfprozesse ausdifferenziert.

Um das Potenzial der beiden Prüfprozesse für die vorliegende Forschungsarbeit an dieser Stelle nur kurz zu illustrieren, wird im Folgenden erneut auf das initiale Beispiel von Freudenthal (1973) Bezug genommen (s. Abb. 2.1). Anhand dieses Beispiels wurden bereits Zusammenhänge zwischen einem Experimentieren und den mathematischen Tätigkeiten diskutiert.

Eine von Freudenthal (1973, S. 119) herausgestellte Eigenschaft ist, dass Gegenwinkel im Parallelogramm gleich groß sind. Dies könnte direkt überprüft werden, indem die Winkel analog zu Abbildung 2.1 ausgeschnitten und anders als in der Abbildung aufeinandergelegt werden. Bei diesem Vorgehen würde man sich in einem Prüfprozess gemäß des Bootstrap-Modells befinden. Möglich wäre allerdings auch, die Handlung, wie sie in Abbildung 2.1 dargestellt ist, als Prüfung auszuführen: Nebeneinanderliegende Ecken im Parallelogramm könnten aneinandergelegt werden, wobei beobachtbar wäre, dass diese in der Summe zwei rechten Winkeln entsprechen. Auch damit würde sich die gleiche Größe der Gegenwinkel bestätigen, da diese Eigenschaften – gemäß Freudenthal (1973) – über Implikationspfeile (d. h. Deduktionen) miteinander verbunden sind. Damit würde man sich in einem Prüfprozess gemäß dem hypothetisch-deduktivem Ansatz befinden.

Dieser hier nur kurze Einblick, zur Legitimation der Differenzierung zwischen diesen beiden Prüfprozessen, lässt bereits erahnen, wie komplex experimentelle Prozesse ablaufen können. Auf ein besonderes Zusammenspiel dieser drei Schlussformen, das sogar einer Begründung dienlich sein kann, wird zum Schluss dieses Kapitels hingewiesen.

2.2.4 Entdecken und Prüfen mit latenter Beweisidee

Das Zusammenspiel der drei Schlussformen wurde im letzten Abschnitt bereits ausgeführt. Nachfolgend sollen spezielle Zusammenspiele betrachtet werden. Innerhalb eines empirischen Erkenntniswegs stellt Meyer (2015) heraus, dass sowohl eine *„Entdeckung mit latenter Beweisidee"* (S. 44, Hervorh. im Original) dem Erkenntnisprozess vorangehen kann als auch die Prüfung einer Entdeckung eine latente Beweisidee (ebd., S. 49) beinhalten kann (s. dafür auch Meyer & Voigt, 2008, 2009). Diese beiden Möglichkeiten sollen im Weiteren mit den erarbeiteten Schlussformen ausgeführt und mit einem Beispiel aus Meyer (2015) exemplifiziert werden, um das Zusammenspiel von Entdecken, Prüfen und Begründen zu konkretisieren und dieses auch auf experimentelle Prozesse im Mathematikunterricht übertragen zu können.

Entdecken mit latenter Beweisidee:

„Ein Merksatz kann auch an Resultaten entdeckt werden, zu deren Bestimmung eine Rechnung, eine geometrische Konstruktion o. Ä. vollzogen wurde, welche die Struktur einer möglichen Begründung des Merksatzes erkennen lässt." (Meyer, 2015, S. 44)

Dieses Zitat wird an einem Beispiel aus Meyer (2015, S. 44, 82–86) verdeutlicht. Angenommen ein*e Schüler*in löst die Aufgabe $5^2 \cdot 5^3$ wie folgt (ebd., S. 83):

$$5^2 \cdot 5^3 = \underbrace{5 \cdot 5}_{2-mal} \cdot \underbrace{5 \cdot 5 \cdot 5}_{3-mal} = 5^{2+3}$$

Dann kann an dieser Rechnung eine Potenzregel entdeckt werden: Multipliziert man zwei Potenzen mit gleicher Basis, so sind zur Bestimmung des Produkts die Exponenten zu addieren. Diese Entdeckung lässt sich als Abduktion rekonstruieren (s. Abb. 2.18).

Phänomen (Resultat):	$5^2 \cdot 5^3 = \underbrace{5 \cdot 5}_{2-mal} \cdot \underbrace{5 \cdot 5 \cdot 5}_{3-mal} = 5^{2+3}$
Gesetz:	Multipliziert man zwei Potenzen mit gleicher Basis, so sind zur Bestimmung des Produkts die Exponenten zu addieren.
Fall:	Bei $5^2 \cdot 5^3$ sind die Basiszahlen beide 5 und die Exponenten 2 und 3.

Abbildung 2.18 Multiplikation von Potenzen mit gleicher Basis – eine beispielhafte Entdeckung mit latenter Beweisidee, angelehnt an Meyer (2015, S. 85)

Das erzeugte Phänomen lässt bereits – wie Meyer (2015) im anfänglichen Zitat schreibt – „die Struktur einer möglichen Begründung des Merksatzes [hier: Gesetz der Abduktion, J. R.] erkennen" (S. 44). Die Begründungsidee muss den Lernenden nicht derart explizit vorliegen bzw. muss sich auch nicht derart explizit einstellen, weshalb Meyer (2015, S. 44, 84) auch von *latenter* Beweisidee spricht. Möglich wären weitergehende Prüfprozesse, wodurch sich auf Seiten der Schüler*innen ein subjektives Sicherheitsgefühl (vgl. Beweisstütze nach Pólya, 1954/1962) einstellen kann. Hinzu kommt, dass die Lernenden „mit der Entdeckung des Satzes gleichzeitig die Einsicht [haben können, J.R.], warum der Satz allgemeingültig ist" (Meyer, 2015, S. 45).

Die im Beispiel latenten Beweisideen zur Potenzregel der Multiplikation sollen hier expliziert und verallgemeinert werden (s. Abb. 2.19).

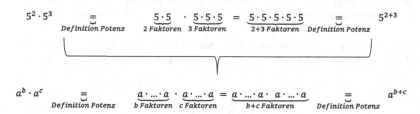

Abbildung 2.19 Verallgemeinerung des Potenzgesetzes der Multiplikation mit gleicher Basis

Zur Erzeugung des Phänomens (s. Abb. 2.18) lassen sich Deduktionen darlegen, nämlich in jedem Umformungsschritt (in Abb. 2.19 über die mehrfache Anwendung der *Definition „Potenz"*). Sobald Lernende die erste Zeile aus Abbildung 2.19 mit den genutzten Definitionen nach der Entdeckung mit latenter Beweisidee explizieren würden, so würde die Beweisidee an Beispielen manifestiert werden (vgl. inhaltlich-anschauliche Beweise, Abschnitt 2.1.2). Bei

Formulierung der zweiten Zeile hätten sie einen formalen Beweis expliziert (vgl. Abschnitt 2.1.2), der durch die latente Beweisidee bereits angelegt war.

Prüfen mit latenter Beweisidee:
Eine Prüfung einer latenten Beweisidee kann sich an einer Entdeckung mit latenter Beweisidee anschließen, indem deduktiv die Vorhersage getätigt wird, dass sich auch bei anderen gleichen Basen die Addition der Exponenten ergeben müsste (s. Abb. 2.20).

Fall:	Bei $8^1 \cdot 8^2$ sind die Basiszahlen beide 8 und die Exponenten 1 und 2.
Gesetz:	Multipliziert man zwei Potenzen mit gleicher Basis, so sind zur Bestimmung des Produkts die Exponenten zu addieren. (*hypothetisches Gesetz*)
Resultat (V):	Das Ergebnis müsste 8^{1+2} sein.

Abbildung 2.20 Deduktive Vorhersage zur Multiplikation von Potenzen mit gleicher Basis

Die anschließende Bestimmung des Resultates, um dies mit dem vorhergesagten Resultat abzugleichen, könnte dann deduktiv mittels der Regeln geschehen, die in Abbildung 2.19 bereits ausgeführt wurden (s. Abb. 2.21).

Fall:	Bei $8^1 \cdot 8^2$ sind die Basiszahlen beide 8 und die Exponenten 1 und 2.
Gesetz:	$a^b = \underbrace{a \cdot ... \cdot a}_{b-mal}$ mit $a, b \in \mathbb{Z}$ (Definition Potenz)
Resultat:	$8^1 \cdot 8^2 = 8 \cdot 8 \cdot 8$
Fall:	$8^1 \cdot 8^2 = 8 \cdot 8 \cdot 8$
Gesetz:	$\underbrace{a \cdot ... \cdot a}_{b-mal} = a^b$ mit $a, b \in \mathbb{Z}$ (Definition Potenz)
Resultat:	$8 \cdot 8 \cdot 8 = 8^{1+2}$

Abbildung 2.21 Deduktive Bestimmung des Resultates der Multiplikation von Potenzen mit gleicher Basis, angelehnt an Meyer (2015, S. 83)

Zur Prüfung wird das letzte Resultat mit dem vorhergesagten Resultat
(s. Abb. 2.20) verglichen. Die Bestimmung des Resultates in Abbildung 2.21
erinnert an Deduktionen in Begründungen (s. Abb. 2.11). Sie ist allerdings von
dieser Art zu unterscheiden, da bei Beweisen der Vergleich der Resultate aus-
bleibt. Dieser Vergleich von Resultaten ist für eine induktive Prüfung wesentlich.
Lakatos (1976/1979) spricht bei diesem Vergleich von einer *Rückübertragung
der Falschheit* (s. Abschnitt 2.1.2) bzw. in diesem Beispiel wird die Hypothese
durch eine Rückübertragung bestärkt. Der induktive Schluss könnte dann wie in
Abbildung 2.22 gestaltet sein.

Fall:	Bei $8^1 \cdot 8^2$ sind die Basiszahlen beide 8 und die Exponenten 1 und 2.
Resultat:	$8 \cdot 8 \cdot 8 = 8^{1+2}$.
Gesetz:	Multipliziert man zwei Potenzen mit gleicher Basis, so sind zur Bestimmung des Produkts die Exponenten zu addieren.

Abbildung 2.22 Induktive Prüfung des Potenzgesetzes zur Multiplikation mit gleicher
Basis – eine beispielhafte Prüfung mit latenter Beweisidee, angelehnt an Meyer (2015, S. 50)

Meyer (2015) stellt auch heraus, „wenn die deduktive Bestimmung des konkreten Resultates schon strukturell die Begründung des Satzes vorwegnimmt, ist der
Schritt von der Prüfung zur Begründung wesentlich erleichtert" (S. 50, vgl. dazu
auch Abb. 2.19). Die Prüfung mit latenter Beweisidee muss sich nicht notwendig
an einer Entdeckung mit latenter Beweisidee anschließen, sondern kann auch einer
Entdeckung ohne Beweisidee folgen. Eine Entdeckung ohne latente Beweisidee
könnte im Beispiel des Potenzgesetzes an Rechnungen mit dem Taschenrechner
generiert werden (ebd.), der Prüfprozess am Beispiel des Potenzgesetzes mit latenter Beweisidee könnte ähnlich gestaltet sein, wie in Abbildung 2.21 und 2.22
ausgeführt.

Relevanz für die vorliegende Arbeit
In diesem Abschnitt wurde thematisiert, dass mit dem Erklären oder Prüfen des
Phänomens mathematische Beziehungen aufgedeckt werden können, die eine mögliche Begründung bzw. einen Begründungsansatz erkennen lassen. In dieser Arbeit
wird u. a. untersucht, inwiefern Begründungselemente bereits in experimentellen
Prozessen integriert sind. Dazu kann die Betrachtung latenter Beweisideen hilfreich
sein, die sowohl in der Hypothesengenerierung als auch in der Prüfung angelegt sein
können. Bezogen auf naturwissenschaftliches Arbeiten wird sich zeigen, dass das
Prüfen mit latenter Beweisidee mit einem Gedankenexperiment (s. Abschnitt 3.3.4,
7.3) verglichen werden kann.

Naturwissenschaftliche Denk- und Arbeitsweisen und eine Ausdifferenzierung experimenteller Prozesse

3

Um Ausprägungen experimenteller Prozesse unterscheiden zu können, werden wissenschaftstheoretische Arbeiten, die Naturwissenschaften und ihre Didaktiken herangezogen. Beginnend mit einem kurzen geschichtlichen Umriss des Bedeutungswandels der experimentierenden Tätigkeit, werden anschließend Beschreibungen zentraler naturwissenschaftlicher Denk- und Arbeitsweisen präsentiert, die den Wechsel von Theorie und Empirie innerhalb experimenteller Prozesse charakterisieren. Anhand von Beispielen werden dann die unterschiedlichen experimentellen Prozesse vorgestellt.

In diesem Kapitel werden die unterschiedlichen Naturwissenschaften nicht verglichen, sondern vielmehr wird eine Metaperspektive auf die Herangehensweisen eingenommen. Zu betonen ist allerdings, dass die unterschiedlichen Fachrichtungen der Naturwissenschaften keineswegs einheitliche Begriffe nutzen (Reiners, Großschedl, Meyer, Schadschneider, Schäbitz & Struve, 2018). Allerdings wird in den Naturwissenschaftsdidaktiken im Rahmen der *Nature of Science*[1] unter anderem eine „Reflexion über naturwissenschaftliche Arbeits- und Denkweisen" (Reiners & Saborowski, 2017, S. 77) als ein Diskussionspunkt ausgeführt, um Übereinstimmungen der Naturwissenschaften – vor allem für einen naturwissenschaftlichen Unterricht – zu erarbeiten. Auf diese weitgehend übereinstimmenden Denk- und Arbeitsweisen sowie experimentellen Prozesse wird sich nachfolgend bezogen.

---

[1] Unter „Nature of Science" wird eine Metaperspektive auf naturwissenschaftliche Forschungsprozesse beschrieben, deren Forschungsrahmen definitorisch nicht einzuschränken ist (Reiners & Saborowski, 2017, S. 77). Eine Diskussion über diese Forschung und deren Inhalte soll an dieser Stelle nicht folgen. Hier sei auf entsprechende Literatur verwiesen (s. z. B. McComas, 1998; N. G. Lederman, 2007; Reiners & Saborowski, 2017, S. 77–90).

J. Rey, *Experimentieren und Begründen*, Kölner Beiträge zur Didaktik der Mathematik, https://doi.org/10.1007/978-3-658-35330-8_3

Erkenntnisprozesse verlaufen weder linear noch nach einem bestimmten Schema. In dieser Arbeit werden Prüf- und Adaptionsprozesse untersucht. Unter *Adaptionsprozesse* fallen die durch Experimente bedingten Erkenntnisprozesse, die Modifikationen oder Erweiterungen der Erkenntnisse durch den Abgleich von theoretischen Erklärungen und empirischen Daten erzwingen. Ziel ist eine Begriffsbestimmung naturwissenschaftlicher Denk- und Arbeitsweisen, die für die Analyse mathematischer experimenteller Prozesse praktikabel ist.

3.1 Geschichtlicher Umriss des Experimentierens

Nachfolgend werden geschichtliche ‚Stellschrauben' zur Bedeutung der experimentellen Prozesse vorgestellt, um bestimmte Fokussetzungen herauszustellen. Reiners und Saborowski (2017) skizzieren diesen Verlauf. Zusammentragend können zwei wesentliche Stränge hervorgehoben werden: (1) die Fokussierung ausgehend von zufälligen Erfahrungen im wissenschaftlichen Erkenntnisprozess hin zu mehr theoretischen Überlegungen und damit einhergehend (2) die zunehmende Strukturierung des Vorgehens (ebd., S. 37–41).

> „Das Wort [Experiment, J.R.] wird in der Scholastik und weiter bis zur Renaissance meist gleichbedeutend mit <Erfahrung> gebraucht (experimentum = experientia)" (Frey, 1972, S. 868).

Damit ist die erste Bedeutung von *Experiment* mit einer gewissen Zufälligkeit geladen, die vorerst als Ausgangspunkt wissenschaftlicher Forschung angesehen wurde und nicht methodisch in dieser Forschung etabliert war (Reiners & Saborowski, 2017, S. 38). Diese Zufälligkeit blieb auch in der Zeit Roger Bacons (im 13. Jahrhundert) bestehen. Von ihm erhielt das Experiment die Bedeutung, eine durch Instrumente erzeugte Erfahrung zu sein (Frey, 1972, S. 868).

Um gezielte Erfahrungen ging es zentral im 17. Jahrhundert. Das Ziel eines Experiments bestand zu dieser Zeit darin, Zusammenhänge zu erforschen, die Vorhersagen erlauben. Hiermit wurde eine eher theorieerzeugende Funktion thematisiert (Heidelberger, 1997, S. 2). Francis Bacon (1561–1626) führte dafür Beobachtungslisten ein, um Phänomene strukturiert zu erzeugen und Ergebnisse zu dokumentieren: „Es bleibt die reine Erfahrung, die, wenn sie zustößt, <Zufall>, wenn sie gesucht wird, <E.> [Experiment, J.R.] heißt" (Frey, 1972, S. 868, übersetzt aus dem Original von F. Bacon). Damit gewährleistete F. Bacon bereits eine Transparenz und Wiederholbarkeit der wissenschaftlichen Tätigkeiten (Reiners &

Saborowski, 2017, S. 38 f.). Vor allem ging es um die Verallgemeinerung experimentell erzeugter Daten (ebd.). Die Vorhersagekraft dieses Vorgehens war jedoch eingeschränkt, da sich die Natur nicht in der Gleichförmigkeit zeigt, wie sie in der Verallgemeinerung der Daten grundgelegt wird (ebd.).

Galileo Galilei (1564–1642) sorgte für eine weitere Bedeutungsverschiebung des Experiments: Die Experimente Galileis dienten zur Überprüfung theoretisch überlegter Ursachen (Dijksterhuis, 1950/1956, S. 263, 384). Damit legte er den Grundstein der naturwissenschaftlichen bzw. experimentellen Forschungsmethode (Schwarz, 2009, S. 17), die von Immanuel Kant (1724–1804) in seiner Vorrede zur ‚Kritik der reinen Vernunft‘ zusammengetragen wird:

> „Als *Galilei* seine Kugeln die schiefe Fläche mit einer von ihm selbst gewählten Schwere herabrollen, oder *Torricelli* die Luft ein Gewicht, was er sich zum voraus dem einer ihm bekannten Wassersäule gleich gedacht hatte, tragen ließ, oder in noch späterer Zeit *Stahl* Metalle in Kalk und diesen wiederum in Metall verwandelte, indem er ihnen etwas entzog und wiedergab[...]; so ging allen Naturforschern ein Licht auf. Sie begriffen, daß die Vernunft nur das einsieht, was sie selbst nach ihrem Entwurfe hervorbringt, daß sie mit Prinzipien ihrer Urteile nach beständigen Gesetzen vorangehen und die Natur nötigen müsse auf ihre Fragen zu antworten, nicht aber sich von ihr allein gleichsam am Leitbande gängeln lassen müsse[...]; denn sonst hängen zufällige, nach keinem vorher entworfenen Plane gemachte Beobachtungen gar nicht in einem notwendigen Gesetze zusammen, welches doch die Vernunft sucht und bedarf. Die Vernunft muß mit ihren Prinzipien, nach denen allein übereinkommende[...] Erscheinungen für Gesetze gelten können, in einer Hand, und mit dem Experiment, das sie nach jenen ausdachte, in der anderen, an die Natur gehen, zwar um von ihr belehrt zu werden, aber nicht in der Qualität eines Schülers, der sich alles vorsagen läßt, was der Lehrer will, sondern eines bestallten Richters, der die Zeugen nötigt, auf die Fragen zu antworten, die er ihnen vorlegt. Und so hat sogar Physik die so vorteilhafte Revolution ihrer Denkart lediglich dem Einfalle zu verdanken, demjenigen, was die Vernunft selbst in die Natur hineinlegt, gemäß, dasjenige in ihr zu suchen (nicht ihr anzudichten), was sie von dieser lernen muß, und wovon sie für sich selbst nichts wissen würde. Hierdurch ist die Naturwissenschaft allererst in den sicheren Gang einer Wissenschaft gebracht worden, da sie so viel Jahrhunderte durch nichts weiter als ein bloßes Herumtappen gewesen war." (Kant, KrV, B XIII bis B XIV, Hervorh. im Original)

Kant (KrV) beschreibt in dem obigen Zitat das Arbeiten der Naturwissenschaften als eine zielgerichtete, d. h. sowohl theoriegeleitete („in einer Hand" (ebd.)) als auch empirische („in der anderen" (ebd.)), Tätigkeit zur Beantwortung sich selbst gestellter Fragen an die Natur. Durch ein Aufstellen von Hypothesen („daß sie mit Prinzipien ihrer Urteile nach beständigen Gesetzen vorangehen" (ebd.)) und ein Einholen von Antworten zur Bewertung der gestellten Fragen an die Natur („und die Natur nötigen müsse auf ihre Fragen zu antworten" (ebd.)) scheinen die

Naturwissenschaften ihre Existenz und ihren Fortschritt zu sichern („Hierdurch ist die Naturwissenschaft allererst in den sicheren Gang einer Wissenschaft gebracht worden" (ebd.)). Das Verständnis von Experiment hat sich also zur empirischen Prüfung theoretischer Überlegungen entwickelt.

Heidelberger (1997) diskutiert heutzutage, ob diese Prüffunktion des Experiments ausreicht:

> „Ich vertrete also die Auffassung, daß zwar unser Experimentieren und Beobachten in einen begrifflichen und theoretischen, die Erwartungen steuernden Rahmen eingebettet ist, daß aber daraus nicht folgt, daß mit jedem Experiment eine ihm vorrangige Theorie überprüft wird, die erst die notwendige theoretische Interpretation des Ergebnisses liefert." (S. 8)

Experimente erfüllen nach Heidelberger (1997) nicht ausschließlich die Funktion einer Theorieprüfung, auch wenn jedes Experiment und jede Beobachtung theoretisch motiviert sind. Zur Erarbeitung des Unterschieds zwischen der Theorieprüfung und der im Zitat benannten theoretischen Rahmung, wird nachfolgend diskutiert, was unter theoretischen und empirischen Elementen verstanden werden kann und wie die damit verbundenen Begriffe Hypothese, Beobachtung und Deutung beschrieben werden können. Diese Beschreibungen verfolgen weniger den Anspruch vollständig diskutiert zu werden, sondern sie sollen brauchbar für die Rekonstruktion empirischer Phänomene sein und keinen Widerspruch zu naturwissenschaftlichen Beschreibungen zulassen. Für die Anwendung in der Mathematikdidaktik werden die Begriffe aus erkenntnistheoretischer und mathematikdidaktischer Perspektive konkretisiert (s. Abschnitt 5.2).

Aus der Beschreibung wird deutlich, dass das Experiment im wissenschaftlichen Sinne nicht gleichzusetzen ist mit zufälligen, sondern mit erzeugten, wiederholbaren Erfahrungen. Ebenso entwickelte sich, wie oben dargestellt, der Bedarf einer theoretischen Einbettung. Eine Beschäftigung mit der von Kant (KrV, B XIII bis B XIV) beschriebenen naturwissenschaftlichen Methode impliziert also einen Empirie-Theorie-Diskurs. Was aus dieser Skizze ebenfalls deutlich wird, ist, dass sich die Nutzbarkeit von Experimenten für eine wissenschaftliche Methode, wie sie heute existiert, erst im Laufe der Geschichte etabliert hat.

3.2 Naturwissenschaftliche Denk- und Arbeitsweisen im Wechselspiel von Theorie und Empirie

Theorie und Empirie sind zwei Begriffe, die weder eindeutig, noch exakt zu definieren sind. Aus diesem Grund werden in den ersten Abschnitten die für diese Arbeit relevanten Begriffsbedeutungen am Beispiel der Verbrennungsprozesse exemplifiziert und anschließend festgelegt. In dieses Wechselspiel von Theorie und Empirie werden im nachfolgenden zweiten Abschnitt die naturwissenschaftlichen Denk- und Arbeitsweisen eingeordnet.

3.2.1 Theoretische Elemente und empirische Daten

Theoretische Elemente und empirische Daten am Beispiel der Verbrennung: Ein Beispiel einer chemischen *Theorie* ist die *Phlogistontheorie*, die von Georg Ernst Stahl im 17./18. Jahrhundert zur Erklärung von Verbrennungsprozessen herangezogen wurde. Grundidee ist die Reduzierung von Eigenschaften des Ursprungsstoffes nach Verbrennungen (Marniok, 2018, S. 116–119). Konkret wurde von einer Abgabe eines Stoffes, dem sogenannte *Phlogiston*, ausgegangen (ebd.). Ein empirischer Beleg dieser Theorie wäre zum Beispiel brennendes Holz, das durch die Verbrennung an Farbe und Härte verliert (Marniok, 2018, S. 116). Um theoretische Elemente und empirische Daten klassifizieren zu können, wird eine Abduktion zu diesem Beispiel rekonstruiert (s. Abb. 3.1).

Resultat:	Warum brennt Holz?
Gesetz:	Wenn Stoffe Phlogiston enthalten, dann brennen diese Stoffe.
Fall:	Holz enthält Phlogiston.

Abbildung 3.1 Eine abduktive Erklärung der Verbrennungsprozesse mithilfe der Phlogistontheorie

Das konkret vorliegende brennende Holz erscheint erklärungsbedürftig (s. Resultat der Abduktion, Abb. 3.1). Es ist ein empirisches Phänomen, dass mittels theoretischer Elemente erklärt werden soll. Dabei wird nicht die Theorie in Gänze herangezogen, sondern ausschließlich Ausschnitte, die sich in Hypothesen manifestieren und mit dem Phänomen kompatibel sein müssen. Das Gesetz innerhalb der Abduktion (s. Abb. 3.1) eröffnet die hypothetische Erklärungsgrundlage.[2] Aus dieser theoretischen Erklärungsgrundlage ergibt sich direkt die konkrete Ursache (s. Fall der Abduktion, Abb. 3.1) für das vorliegende Phänomen. Betrachtet man den Fall der Abduktion (s. Abb. 3.1), so lässt sich hieran bereits eine Herausforderung feststellen: Problematisch an dieser Abduktion ist, dass Phlogiston (s. Fall der Abduktion) nicht als ein zu untersuchender Stoff festzustellen ist, sondern zur theoretischen Erklärung zählt (Ströker, 1982, S. 201). Diese Theorie kam an ihre Erklärungsgrenze, als es darum ging, die Massenzunahme (und eben nicht -abnahme) bei Verkalkungsprozessen zu erklären (Reiners, 1999, S. 71). Zum Beispiel hat Eisenoxid eine größere Masse als das Eisen selbst.

Anstelle der *Phlogistontheorie* werden Verbrennungsprozesse heute – aufgrund der Arbeiten von Antoine Lavoisier Ende des 18. Jahrhunderts – mit der *Oxidationstheorie* erklärt, da diese mit mehr beobachtbaren Phänomenen übereinstimmt und mit weniger Zusatzannahmen anwendbar ist (Marniok, 2018, S. 117–119). Anstelle einer Reduzierung von Eigenschaften, wird bei der Oxidationstheorie von einer Verbindung mit Sauerstoff ausgegangen. Ein empirischer Beleg zur Stärkung der Oxidationstheorie (und Schwächung der Phlogistontheorie) kann beispielsweise der Experimentalaufbau liefern, den Reiners und Saborowski (2017) beschreiben:

> „Eine Kerze wird auf einer Waage verbrannt und die Verbrennungsprodukte werden durch einen mit Natriumhydroxid befüllten Trichter aufgefangen" (S. 66).

Das Natriumhydroxid sorgt dafür, dass alle Verbrennungsprodukte im Trichter gebunden werden und nicht verloren gehen. Sichtbar wird, dass die Waage bei einer brennenden Kerze mehr Masse anzeigt (0,29 g) als bei der nicht brennenden Kerze (0,00 g), weshalb nicht von einer Reduzierung von Eigenschaften (wie bei

---

[2] Der Begriff „Gesetz" wird in den Naturwissenschaften diskutiert, was für diese Arbeit – da sie keine naturwissenschaftliche ist – nicht zielführend wäre. Es sei deshalb auf Marniok (2018) verwiesen, der die Bedeutung von naturwissenschaftlichen Gesetzen und Theorien diskutiert und abgrenzt (s. auch z. B. N. G. Lederman, 2007, S. 833). Der „Gesetzes"-Begriff in dieser Arbeit bezieht sich auf die philosophische Logik (s. Abschnitt 2.2): Die alleinige Forderung an das Gesetz ist, dass es die Kausalität zwischen Fall und Phänomen vermittelt (Meyer, 2015, S. 16). Insofern es um (naturwissenschaftliche) Lernprozesse geht, muss das Gesetz der Abduktion, der Deduktion und Induktion nicht einem naturwissenschaftlichen Gesetz (z. B. dem Gesetz zur Erhaltung der Masse) entsprechen, sondern kann sowohl – wie im hier ausgeführten Beispiel – theoretische Elemente als auch empirisch orientierte Zusammenhänge einschließen. Anders gesagt: Die Kausalität kann unterschiedlich theoretisch gestützt sein. Dieser Unterschied zwischen theoriegeleiteten und empirisch orientierten Gesetzen wird in dieser Arbeit untersucht (s. Abschnitt 5.2).

der Phlogistontheorie) ausgegangen werden kann (Reiners & Saborowski, 2017, S. 67). Die Massenzunahme kann unter anderem damit erklärt werden, dass eine Reaktion mit Sauerstoff stattfindet (u. a. reagieren Kohlenstoff und Sauerstoff zu Kohlenstoffdioxid).

Resultat:	Warum ist die Masse bei einer brennenden Kerze größer als bei einer nicht brennenden Kerze?
Gesetz:	Wenn ein Stoff mit Sauerstoff reagiert (und alle Oxidationsprodukte aufgefangen werden), dann ist die Masse des Oxidationsproduktes größer als die Masse des Ausgangsstoffes.
Fall:	Bei einer brennenden Kerze findet eine Reaktion mit Sauerstoff statt, sodass durch die Verbindung mit Sauerstoff Oxidationsprodukte entstehen (u. a. Kohlenstoffdioxid).

Abbildung 3.2   Eine abduktive Erklärung der Verbrennungsprozesse mithilfe der Oxidationstheorie

Das Resultat in Abbildung 3.2 hätte im Rahmen der Phlogistontheorie nicht erklärt werden können. Das zur Erklärung herangezogene Gesetz der Abduktion (s. Abb. 3.2) ist der Oxidationstheorie zuzuordnen. Mit diesem Gesetz ergibt sich auch eine konkrete Ursache für das erklärungsbedürftige Phänomen (hier: Massenunterschiede). Diese beispielhafte Beschreibung zweier konkurrierender Theorien eröffnet bereits, dass zur experimentellen Erarbeitung Theorien herangezogen werden, die sich an dem bisherigen Wissensstand anschließen und die das zu Erklärende (hier: Verbrennungsprozesse) in Übereinstimmung mit den Phänomenen erklärt (vgl. Reiners, 1999, S. 70 f.). Diese Beschreibung unterstreicht auch, dass sich Erklärungsgrundlagen für Phänomene verändern können.

Merkmale einer naturwissenschaftlichen Theorie:
Marniok (2018, S. 48–50) stellt nachfolgende Merkmale einer naturwissenschaftlichen Theorie heraus, die für den Chemieunterricht in der (Hoch-)Schule relevant sind: Theorien werden zur Erklärung und für Vorhersagen herangezogen. Theorien bewähren sich durch empirische Belege, können jedoch nicht direkt aus Beobachtungen aufgestellt werden, denn sie müssen mit vorherigen Kenntnissen übereinstimmen. Für die Theorieerweiterung anhand der Beobachtungen sind kreative Prozesse notwendig. Die Zuordnung von Theorien zu einem zu erklärenden Phänomen ist nicht eindeutig, weshalb Theorien nicht beweisbar sind. Auf diese Eigenschaften soll in den folgenden Abschnitten weiter eingegangen werden.

Marniok (2018) schreibt in einer Fußnote vereinfacht ausgedrückt: „Theorie ist meistens das, was im Chemieunterricht in Versuchsprotokollen unter ‚Deutung' steht" (S. 48). Hierunter ist die Theorieerweiterung oder -einbettung gemeint, die mittels eines Experiments erzielt werden sollte (vgl. Stork, 1979, S. 48). Wie bereits in Abschnitt 3.1 angedeutet, geben einzelne Resultate nicht den Anlass, ein über diese Resultate hinausgehendes Gesetz als sicher anzunehmen (ebd., S. 46 f.). In der Deutung sollten die im Experiment entstandenen Daten erklärt werden (Reiners, 2017, S. 25). Erklären bedeutet im naturwissenschaftlichen Kontext, auszuführen, warum die beobachtbare Konsequenz vorliegt und warum sich Ereignisse wiederholt zeigen werden (ebd., S. 26). Stork (1979) betont, dass „empirische Befunde ihre Erklärung nicht einfach mit sich führen" (S. 52). Das Schema zur Generierung einer Abduktion (s. Abb. 2.6) erfasst die hier beschriebene Ursachensuche ausgehend von einzelnen Phänomenen, die notwendigerweise auf Vorkenntnisse beruht (s. Abschnitt 2.2.1). Exemplarisch geht dies aus den abduktiven Erklärungen bezüglich der Fragen zu Verbrennungsprozessen hervor (s. Abb. 3.1, 3.2).

Merkmale empirischer Daten:
„Empirisch" wird im weiteren Verlauf als die Bindung an Sichtbarem und Messbarem verstanden, an Ort, Zeit, konkreten Handlungen und Beobachtenden (Reiners, 2017, S. 26). Inhaltlich besteht dieses Sichtbare in der Chemie beispielsweise aus „Stoffe[n], ihre[n] Eigenschaften und Umwandlungen" (Reiners, 2017, S. 25). Es sei darauf hingewiesen, dass in der vorliegenden Forschungsarbeit „das Empirische" differenziert betrachtet wird:

• Unter einem *empirischen Phänomen* wird gemäß der Abduktionstheorie das zu Erklärende gefasst, dass eine Hypothesengenerierung evoziert und sich aus den vorliegenden *Ausgangsdaten* ergibt (s. Abschnitt 2.2.1).
• Unter *empirische Testdaten* seien alle, aus einem Experiment ergebenen, potenziell zu beobachtenden Daten gefasst, aus denen noch keine Schlüsse gezogen sind (J. S. Lederman, N. G. Lederman, Bartos, Bartels, A. A. Meyer, Schwartz, 2014, S. 70).
• Ein *empirischer Befund* stellt die Prüfung der Hypothese mittels Daten dar (vgl. ebd., S. 70).

Werden beispielsweise Balletttänzer*innen betrachtet, so könnten Sportler*innen die beanspruchten Muskeln erforschen, Physiker*innen die Eigenschaften der

Drehung, Musiker*innen die Bewegung zum Takt. Obwohl alle genannten Personengruppen die Tänzer*innen sehen (die empirischen Daten), sind die fokussierten Bereiche des Hinsehens und damit auch die empirischen Befunde unterschiedlich.

Vermittlung von Theorie und Empirie:
Das anhand eines empirischen Phänomens generierte und experimentell verfolgte Gesetz benötigt theoretische Bestärkung, um es zu plausibilisieren. Hierfür sind die oben benannten kreativen Prozesse notwendig. Neben bekannten Theorien können zur Erklärung „*konstruktiv-setzende Elemente*" (Stork, 1979, S. 52, Hervorh. im Original) ergänzt werden. „Solche theoretisch gesetzten, eben nicht beobachteten Terme werden dann durch Zuordnungsregeln mit den empirischen Befunden verknüpft" (Stork, 1979, S. 52). Zum Beispiel sagt ein Zusammenhang aus der Chemie etwas „über die Volumenänderungen von Gasen in Abhängigkeit von Druck und Temperatur" (Ströker, 1973, S. 72) aus. Eine Theorie soll zur Erklärung dieses Zusammenhangs herangezogen werden. Diese beinhaltet Aussagen „von Molekülen, ihren Geschwindigkeiten resp. Geschwindigkeitsverteilungen, ihrer kinetischen Energie" (ebd.). Die Zuordnungsregeln sorgen beispielsweise dafür, dass „die ‚mittlere kinetische Energie der Moleküle‘ mit der ‚Temperatur‘" (ebd.) verknüpft werden kann. Es handelt sich hierbei nicht um eine Eins-zu-Eins Übersetzung, sondern um eine kreative Koordination von Beobachtungen und Theorie (ebd., S. 70). Die „mittlere kinetische Energie der Moleküle" (ebd., S. 72) könnte dabei ein nicht beobachteter Term sein, ein *konstruktiv-setzendes Element,* welches im Rahmen der kinetischen Gastheorie Bedeutung erhält. Durch diese Erklärungen passiert mit den vorherigen Zusammenhängen etwas Neues: „Denn es bildet nunmehr die verfügbare Theorie den Bezugsrahmen ihrer Deutung, und es sind die in ihnen ausgedrückten Tatbestände fortan nicht anders Tatbestände denn als *interpretierte* Tatbestände im *Lichte der vorausgesetzten Theorie*" (ebd., S. 73, Hervorh. im Original). Die Deutung liefert damit eine Koordination von empirischen Befunden und theoretischen Elementen. Diese Koordination ist notwendig, um die Zusammenhänge in eine nicht mehr empirische, deduktive Struktur bringen zu können, die allerdings durch die Zuordnungsregeln erneut empirisch überprüft werden können (ebd., S. 72).

Theorien dienen nicht ausschließlich der Erklärung experimenteller Befunde, sondern auch der Prognose weiterer empirischer Ausgänge, die sich zu bewähren haben: „Einerseits ermöglicht die Theorie die Deutung des empirischen Befundes, andererseits stützt der Befund die Theorie. Erst durch diese Vermittlung entsteht eine empirische Wissenschaft" (Stork, 1979, S. 48).

3.2.2 Zusammenspiel von Hypothese, experimenteller Beobachtung und Deutung

In der obigen Ausführung wird u. a. angedeutet, dass der Theorieerweiterung und -nutzung Beobachtungsprozesse vorausgehen. Was unter einer Beobachtung zu verstehen ist, wird an dem folgenden Zitat von Popper (1949) diskutiert.

„In der Wissenschaft spielt nicht so sehr die Wahrnehmung, wohl aber die B e o b a c h t u n g eine große Rolle. Eine Beobachtung aber ist ein Vorgang, in dem wir uns äußerst aktiv verhalten. In der Beobachtung haben wir es mit einer Wahrnehmung zu tun, die planmäßig vorbereitet ist, die wir nicht ‚haben‘, sondern ‚machen‘, wie die deutsche Sprache ganz richtig sagt. Der Beobachtung geht ein Interesse voraus; eine Frage, ein Problem – kurz, etwas Theoretisches[…]; können wir doch jede Frage in Form einer Hypothese formulieren, mit dem Zusatz: ‚Ist es so? Ja oder nein?‘ In diesem Sinne können wir geradezu behaupten, daß der Beobachtung die Frage, die Hypothese, oder wie wir es nennen mögen, aber jedenfalls ein Interesse, also etwas Theoretisches (oder Spekulatives), vorausgeht. Beobachtungen sind immer selektiv, setzen also etwas wie ein Selektionsprinzip voraus." (Popper, 1949, S. 44, Hervorh. im Original)

Popper (1949) schreibt zu Beginn dieses Zitates, dass eine Beobachtung in der Wissenschaft eine *große Rolle* spielt. Ströker (1973, S. 22–26) stellt sogar heraus, dass Beobachtungen die Grundlagen der Wissenschaften sind. Beobachtungen sind nach Ströker (1973, S. 22) wiederholte *Wahrnehmungen*, die sich in ihrer sprachlichen Veröffentlichung nicht von Wahrnehmungen unterscheiden, denn es handelt sich sowohl bei Wahrnehmungen als auch bei Beobachtungen um „singuläre Aussagen: dies-*jetzt-hier*; dies-*dann-dort*" (ebd., Hervorh. im Original). Der Unterschied zur einfachen Wahrnehmung liegt in der Zweckmäßigkeit; Beobachtungen verfolgen Gesetzmäßigkeiten (ebd., S. 22 f.). Das Zitat von Popper (1949) wird in den folgenden Abschnitten weiter diskutiert, um ausgehend von der hier beschriebenen experimentellen Beobachtung alle weiteren Denk- und Arbeitsweisen zu erarbeiten und in das Verhältnis von theoretischen Erklärungen und empirischen Daten zu integrieren.

Fragestellung, Hypothese und experimentelle Beobachtung:
Popper (1949) weist im initialen Zitat bereits darauf hin, dass Beobachtungen von einem Interesse bzw. einer *Fragestellung* geleitet werden. Dabei besitzen nicht alle Fragen den Charakter einer wissenschaftlichen Frage, sondern ausschließlich solche, die auf Regelmäßigkeiten zielen und eine Ordnung in die singulären Tatbestände einbringen möchten (Ströker, 1972, S. 299 f.). Ströker (1973, S. 24)

betont allerdings, dass Fragen nur von solchen Personen gestellt werden können, die schon etwas über das zu Erforschende wissen. Da prinzipiell neue Erkenntnisse aus dem Experiment gewonnen werden sollen, kann dies auch problematisch sein, wenn der entsprechende wissenschaftliche Bereich neu ist. Daher können auch vorwissenschaftliche Theorien verwendet werden: „Auch die vorwissenschaftliche Welt verfügt schon über Theorie, d. h. über eigene Erklärungs- und Verstehenszusammenhänge, damit sie Welt, statt nur Sinneschaos sein kann" (Ströker, 1973, S. 24).

In der Abbildung 3.3 ist die Heizspirale eines verkalkten Wasserkochers zu sehen. Eine wissenschaftliche Frage, die man sich diesbezüglich stellen könnte, wäre: (1) Was passiert mit Kalk im Wasserkocher, wenn Säure hinzugegeben wird? Andere mögliche Fragestellungen wären: (2) Was ist das für ein Gas, das bei Hinzufügen von Säure zum Kalk entsteht? (3) Wie kann Kalk im Wasserkocher entfernt werden? etc.

Abbildung 3.3
Verkalkung im
Wasserkocher

Die erste Frage gibt eine Ursache-Wirkungsbeziehung vor, die zu erkunden ist (was passiert damit?). Der*Die Fragende nutzt bereits Säure, um Kalk entfernen zu wollen. Das „was passiert" könnte auch auf eine chemische Erklärung des Zusammenhangs gerichtet sein. Frage zwei fokussiert die Eigenschaften des Gases, das entsteht. Dabei weiß die fragende Person bereits, dass ein Gas nachweisbar wird; die Frage ist aber, welches und warum genau dieses. Die letzte Frage fordert auf, Bedingungen zum Phänomen (Entfernen des Kalks) zu suchen.

Popper (1949) gibt im initialen Zitat auch an, dass Fragestellungen – sofern sie auf Gesetzmäßigkeiten aus sind – zu Hypothesen ergänzt werden können. Diese könnten damit Hypothesen für die Erklärungen von Zusammenhängen sein oder Hypothesen für einzelne Bedingungen der Zusammenhänge (vgl. Ströker, 1972, S. 298–308). Die Fragestellung, was mit Kalk im Wasserkocher passiert, wenn Säure hinzugegeben wird, könnte als Hypothese wie folgt formuliert sein: „Wenn Säure zu Kalk hinzugegeben wird, dann ist eine Reaktion beobachtbar. Ist es so?". „Was ist das für ein Gas, das bei Hinzufügen von Säure zum Kalk entsteht?" könnte ergänzt werden mit „Ist es Kohlenstoffdioxid?" und wird damit zur Hypothese. Bei der letzten Beispielfrage wird von der Möglichkeit ausgegangen, Kalk im Wasserkocher entfernen zu können. Damit können Bedingungen angenommen und variiert werden, um Wirkungen (hier z. B. Reduzierung des weißen Belags im Wasserkocher) beobachten zu können.

Hypothesen besitzen – so in der Abduktionstheorie (s. Abschnitt 2.2.1) – sowohl mindestens ein allgemeines Gesetz, als auch konkrete Ursachen zur Erklärung des Phänomens. Sie weisen folglich über den konkreten Tatbestand hinaus. Diese Hypothesen sollten – gemäß Peirce – „auch (mit möglichst geringem Aufwand) experimentell überprüfbar sein" (Meyer, 2007, S. 65). Das anfängliche Fragen evoziert nach obiger Ausführung eine Hypothesengenerierung, weshalb, bezogen auf die Abduktionstheorie, das zu erklärende Phänomen (s. Abb. 2.6) als Ausgangspunkt experimenteller Prozesse im Folgenden als Frage formuliert wird (vgl. Abb. 3.1 sowie 3.2)[3]. Die Fragen bzw. die Hypothesen schaffen den Rahmen wissenschaftlichen Handelns:

> „Die Fragestellung ist es in der Tat, welche alle wissenschaftliche Beobachtung dirigiert, und dies in zweifacher Hinsicht: Sie legt sowohl mit dem, was in ihr befragt wird, den zu beobachtenden Tatsachenbereich fest, wie sie andererseits auch durch die Art, in der sie formuliert ist, die Weise des Hinblickens auf ihn bestimmt. Nicht nur, *was* aus der Fülle des Beobachtbaren überhaupt ausgewählt, sondern auch, was an ihm selegierend *gesichtet* werden soll, ist durch sie vorentschieden." (Ströker, 1972, S. 297, Hervorh. im Original)

---

[3] Um die anfängliche Hypothese eines Prozesses von der letztendlichen hypothetischen Deutung der Beobachtung zu differenzieren, wird im Folgenden das Resultat einer Deutung nicht als Frage formuliert. Da die Deutung der Beobachtung ebenfalls hypothetischen Charakter aufweist, ist es gleichwohl möglich, diese als Frage zu formulieren. Diese Differenzierung dient vordergründig der Unterscheidung, ob ein neuer Prozess evoziert (Hypothesengenerierung) oder ob ein bereits stattgefundener Prozess reflektiert wird (Deutung).

Anders formuliert, gibt die Fragestellung bzw. eine Hypothese, sofern sie empirisch überprüfbare Vorhersagen erlaubt, eine selektierende und eine kategorisie-
rende Stoßrichtung für die Beobachtung an. Indem die Beobachtung nicht allem
Wahrnehmbaren Beachtung schenkt, besitzt sie bereits einen theoretischen Charakter, ohne direkt „Theorie" zu sein (Ströker, 1973, S. 25). Theoriegeleitet zum
einen, da nur der- bzw. diejenige beobachten kann, der*die schon etwas weiß und
zum anderen, da die Beobachtung auf eine Theorieerweiterung oder -anwendung
ausgerichtet ist. Bei den obigen Fragen zum Kalk im Wasserkocher liegt der Fokus
auf chemischen Reaktionen, auf zu identifizierten Eigenschaften von bestimmten Gasen oder einer Reduzierung des weißen Belags im Wasserkocher. Die
Beobachtung, gesteuert durch die Fragestellung, ist damit die Schraubstelle von
Theorie und Empirie: Einerseits ist das Ziel einer Beobachtung, singuläre Aussagen aus den empirischen Daten zu selektieren, andererseits ist sie auf eine Theorie
ausgerichtet.

Experimentelle Beobachtung und Deutung:
Im initialen Zitat gibt Popper (1949) an, Beobachtungen sollen *planmäßig* und
aktiv sein. Die *Planmäßigkeit* wird zum einen bereits durch die Hypothese und
ihre Überprüfbarkeit initiiert. Zum anderen muss auch gewährleistet werden, dass
keine Ungenauigkeiten oder Wahrnehmungstäuschungen vorliegen. Das Beob-
achtungssetting muss – zumindest im wissenschaftlichen Kontext – präpariert
sein (Chalmers, 1976/2007, S. 19–24). Es sollte gewährleistet sein, dass das
Wahrnehmbare auch andere so sehen würden, weshalb die Beobachtungsdaten
öffentlich gemacht werden sollten (ebd., S. 20–24).

Einerseits sind Beobachtungen durch die notwendige Planung *aktiv*, andererseits durch das aufmerksame Hinsehen, denn Beobachtungen *hat* eine Person
nicht, sondern sie werden aktiv *gemacht* (Popper, 1949, S. 44). Häufig ist das wissenschaftliche Interesse mit einer einfachen Beobachtung nicht befriedigt, sondern
das zu Beobachtende muss sich erst zeigen. Notwendig wird folglich ein Eingriff,
um Beobachtungen machen zu können; das bedeutet, ein Herbeiführen von Bedingungen, ein Isolieren von Variablen und ggf. ein Nutzen von Werkzeugen – kurz:
ein *Experiment* (Ströker, 1972, S. 308).Weiteren Aufschluss über die Rolle des
Experiments im Forschungsprozess gibt Stork (1979):

> „Seine [der forschende Wissenschaftler, J. R.] experimentelle Fragestellung ist von
> theoretischen Interessen motiviert und richtet sich auf bestimmte vermutete Zusam-
> menhänge; auf diese hin ist sein Experiment angelegt. Ob diese Zusammenhänge aber
> tatsächlich gegeben sind, entscheidet der Ausgang des Experiments, den man abwarten
> und akzeptieren muß." (Stork, 1979, S. 46)

In Kapitel 2 ist ein Experiment als planvoller Eingriff zum Zwecke einer Beobachtung beschrieben worden. Das Zitat verdeutlicht, dass eine Planung eines Experiments aus der Hypothese hergeleitet wird und auf eine Beobachtung ausgerichtet ist. Damit stellen sich die anfänglich aufgestellten Beschreibungsmerkmale eines Experiments als hinreichend heraus. Zu betonen ist erneut, dass das Experiment nicht „die Natur" zeigt, sondern die Antwort auf die gestellte (experimentelle) Frage gibt (vgl. Kant, KrV, B XIII bis B XIV, Abschnitt 3.1).[4] Die erkenntnisinteressengeleitete Beobachtung ist damit abhängig von dem Ausgang des Experiments. Popper (1949) führt im weiteren Verlauf seines Aufsatzes aus, dass die Beobachtung dazu dient, die anfängliche Hypothese „zu bestätigen oder zu korrigieren" (Popper, 1949, S. 46). Beobachtungen gelten also als Prüfinstanz.

Um diese Ausführungen zum Beobachten mit den Begrifflichkeiten aus Abschnitt 2.2 zusammenzubringen: Die experimentell gewonnene Beobachtung evoziert ein Stärken oder Schwächen der abduktiv generierten Hypothese – sie evoziert im Abgleich mit dem hypothetischen Gesetz die induktive Prüfung und geht damit über eine Wahrnehmung hinaus.

Popper (1949) und Ströker (1973) haben der Beobachtung eine *große Rolle* im experimentellen Prozess zugeschrieben, welche in der obigen Ausführung begründet ist: Sie ist geleitet von der Fragestellung bzw. Hypothese, ergibt sich aus dem Experiment und evoziert eine Prüfung. „Der wissenschaftlich bedeutungsvollste Schritt", so schreibt Pfeifer (2002), „besteht [...] in der Deutung des empirisch gefundenen Gesetzes durch eine Theorie" (S. 94). Wie bereits in Abschnitt 3.2.1 dargestellt, ermöglicht eine Deutung eine Eingliederung von empirisch bestärkten Hypothesen in eine Theorie und schafft daher eine Ordnung in die Einzelheiten.

Vermittlung naturwissenschaftlicher Denk- und Arbeitsweisen im Wechselspiel von Theorie und Empirie:
Bisher wurde das Verhältnis von Theorie und Empirie an Hypothese, Vorhersage, Experiment, Beobachtung, Prüfung und Deutung verdeutlicht. Die Abbildung 3.4 von Stork (1979) fasst dieses Verhältnis zusammen.

---

[4] Es ist sogar möglich, dass ein Experiment so organisiert ist, dass es im alltäglichen Leben in dieser Form nicht vorkommen wird, zum Beispiel aufgrund einer aufwendigen Apparatur, die Naturphänomene isoliert (Schwarz, 2009, S. 17). Es können auch andere Objekte für das Experiment verwendet werden, die den Eigenschaften der eigentlich befragten Objekte genügen. Schwarz (2009, S. 16) führt aus, dass beispielsweise bei der Sicherheitsforschung von Autos, Dummys verwendet werden, die ausreichend Eigenschaften eines Menschen besitzen, um die Sicherheitseinrichtung der Autos zu prüfen.

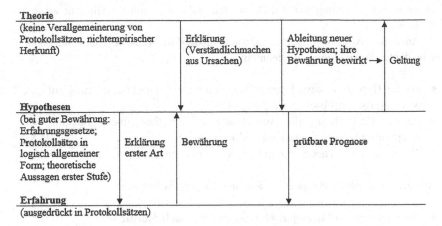

Abbildung 3.4 Verhältnis von Theorie und Empirie nach Stork (1979, S. 57)

Die Hypothesen werden im Modell (s. Abb. 3.4) zwischen Theorie und Empirie verortet und gelten damit als „Bindeglied" (ebd., S. 57):

„Diese Hypothesen gestatten Prognosen für konkrete Versuchsabläufe; treten die prognostizierten Ereignisse ein, so hat sich die Hypothese bewährt. Andererseits muß sich die Hypothese aus der Theorie erklären (das heißt: aus Ursachen verständlich machen) lassen" (ebd., S. 57).

Im Zitat wird die Funktion einer Hypothese angedeutet: Sie vermittelt zwischen theoretischen Elementen und empirischen Daten. Diese Mittlerfunktion wird im Folgenden ausgeführt. Hypothesen lassen sich als – so wird in der Abbildung 3.4 deutlich – „theoretische Aussagen erster Stufe" (ebd.) bezeichnen, da sie zum einen konkrete Phänomene erklären und zum anderen aufgrund des dahinterliegenden allgemeinen Zusammenhangs über diese hinausweisen. Letzteres gilt auch, insofern Hypothesen „ein Element der Begründung" (ebd., S. 57) aus der Theorie beinhalten können (ebd.). Stork (1979) verortet in seinem Modell (s. Abb. 3.4) zwar keine ‚theoretische Aussagen zweiter Stufe', dies könnte aber die Theorie an sich sein, die für experimentelle Settings nicht in Gänze freigelegt werden muss. Wenn in dieser Arbeit von *theoretischen Elementen* oder *Theoriegeladenheit* die Rede ist, dann sind das die Elemente theoretischen Ursprungs, die über die Hypothese vermittelt oder mit den Beobachtungsdaten über die Deutung koordiniert werden. Die in der Abbildung 3.4 bezeichnete Erfahrung kann im experimentellen Setting mit den Beobachtungsdaten zusammengebracht werden (Reiners, 2017, S. 26).

An dieser Ausarbeitung ist festzustellen, dass theoretische Elemente unterschiedliche Ausrichtungen einnehmen:

- bei der Hypothese bzw. Fragestellung die theoretische Fokussierung auf das, was empirisch beobachtet werden soll.
- bei der Beobachtung die Ausrichtung auf die theoretische Deutung, die Adaptionsprozesse von Theorie und Empirie.
- die Deutung zur Theorieanwendung und -erweiterung.

Aus der empirischen Perspektive lässt sich Folgendes festhalten:

- Die Hypothese sollte empirisch bzw. experimentell prüfbar sein.
- Das Experiment liefert empirische Daten, woraus die Beobachtung hervorgeht.
- Die Beobachtung liefert ausgewiesene Aussagen von dem Wahrgenommenen, um die Hypothese hieran zu prüfen. Ziel ist, die Theorie anschließend in der Deutung anzuwenden oder zu erweitern.
- Die Deutung liefert erklärte Gesetzmäßigkeiten, die möglicherweise einer erneuten empirischen Prüfung unterzogen werden müssen.

Relevanz für die vorliegende Arbeit
Es zeigt sich eine wechselseitige Abhängigkeit von Hypothese, Vorhersage (bzw. Prognose), Experiment, Beobachtung, Prüfung und Deutung. Damit wird der aufgestellte Zusammenhang aus Kapitel 2 unterstrichen: *Arbeitsweisen ohne Denkweisen bleiben leer und Denkweisen ohne Arbeitsweisen sind blind.* Eine Theorie muss empirische Vorhersagen ermöglichen (ausgehend von der Hypothese) und zum anderen muss eine Theorie die empirischen Befunde erklären können (in der Deutung). Bei wissenschaftlichen Vorgängen wird die Erklärung, die Hypothese und das Experiment so lange kritisiert und verändert, bis sich die Theorie wiederholt als Prognose und als Erklärung der gezeigten Phänomene eignet. Diese Adaptionsprozesse sollen in dieser Arbeit an mathematischen Lösungsprozessen untersucht werden. Ziel ist es, den Nutzen dieser Adaptionsprozesse herauszustellen. So kann nach Pólya (1954/1962, s. Abschnitt 2.1.2) zwar von Beweisstützen durch das Experiment gesprochen werden. Gleichwohl ist durch die Theorie-Empirie-Verbindung prinzipiell auch mehr als nur eine Beweisstütze möglich, denn die Anwendung von Theorie, im Zuge der Deutung etwa, bringt bereits Ansätze einer Begründung.

Nachfolgend wird der Fokus auf unterschiedliche Funktionen, die ein Experiment im Erkenntnisprozess einnehmen kann, gelegt. Es wird aufgezeigt, wie die bisher herausgestellten Denk- und Arbeitsweisen (wie Fragen bzw. eine Hypothese aufstellen und dadurch Vorhersagen treffen; Experimentieren; Beobachten; Deuten), die im Zusammenhang mit Empirie und Theorie relevant werden, in unterschiedliche experimentelle Prozesse einfließen.

3.3 Experimentelle Methode und deren Abweichungen

Wie in Abschnitt 3.1 beschrieben, wird in den Naturwissenschaften ein Forschungsvorhaben angestrebt, das sich an dem methodischen Vorgehen historischer Vorbilder wie Galilei, Torricelli und Stahl orientiert (Kant, KrV, B XIII bis B XIV). Dieses methodische Vorgehen wird als *experimentelle Methode* bezeichnet. Bezogen auf Kant (KrV, BXIII bis B XIV) kann die benannte Methode als ein Wechselspiel von Theorie und Empirie zusammengefasst werden, welches in Abschnitt 3.2 mittels der naturwissenschaftlichen Denk- und Arbeitsweisen konkretisiert wurde.

In Abschnitt 3.3.1 wird exemplarisch der Prozess Galileis vorgestellt, um daran die wesentlichen Eigenschaften der Methode herauszustellen. Neben der experimentellen Methode gibt es, wie Heidelberger (1997) beschreibt (s. Abschnitt 3.1), auch stark abweichende Prozesse, die nicht diesen Eigenschaften der Methode folgen. Um diese unterschiedlichen experimentellen Prozesse voneinander abzugrenzen, werden in den anschließenden Abschnitten Beispiele aus den Naturwissenschaften vorgestellt, die von dieser Methode abweichen. Anhand der Beispiele werden spezifische Eigenschaften der unterschiedlichen experimentellen Prozesse herausgearbeitet, die in vier Unterscheidungen münden. Auf die Notwendigkeit einer derartigen Unterscheidung verweist auch Medawar (1969, S. 35–37).

3.3.1 Experimentelle Methode

Beispiel 1 – Galileo Galilei und seine experimentellen Prozesse zur gleichmäßig beschleunigten Bewegung:
Galileo Galilei (1564–1642) erforschte u. a. die Beschreibung von Bewegungen, insbesondere von Fallbewegungen (Kuhn, 2016, S. 132, 136). Ausgehend von einem Gedankenexperiment konnte Galilei plausibilisieren, warum alle Körper unter idealisierten Voraussetzungen (nämlich in einem luftleeren Raum), unabhängig von ihrer Masse, gleichschnell fallen (Winter, 2016, S. 249–251).

Das berühmte Gedankenexperiment wird in Abschnitt 3.3.4 skizziert. Zur weiteren Analyse der Fallbewegungen griff er auf bereits bekannte Begriffe zurück, präzisierte diese für Fallbewegungen, mathematisierte diese und abduzierte und deduzierte daraus das Weg-Zeit-Gesetz (der Weg s verhält sich proportional zum Quadrat der Zeit t: $s \sim t^2$ bzw. $s = \frac{1}{2} a \cdot t^2$), welches er wiederum empirisch prüfte (Kuhn, 2016, S. 145 f.). Der Herleitungsprozess des Weg-Zeit-Gesetzes wird nachfolgend kurz skizziert. Die Skizze verfolgt nicht den Anspruch historischer Genauigkeit, sondern zielt auf die auf Galilei zurückgeführten Präsentationen der naturwissenschaftlichen Denk- und Arbeitsweisen.

Nachdem Galilei erkannt hatte, dass Körper im luftleeren Raum gleichschnell fallen, stellte sich die Frage, *wie* schnell diese Körper fallen (Winter, 2016, S. 249). Galilei ging von der Hypothese aus, dass die Geschwindigkeit proportional zur Fallzeit wächst: $v \sim t$ bzw. $v = a \cdot t$, dabei entspricht v der Geschwindigkeit, t der Zeit und a dem Proportionalitätsfaktor (Kuhn, 2016, S. 147). Bei dieser Hypothesengenerierung ließ er sich „von den Gewohnheiten der Natur selbst leiten" (Galilei zitiert nach Kuhn, 2016, S. 147), anders gesagt: Galilei abduzierte anscheinend eine Hypothese.

Seine für die Herleitungsprozesse relevante Regel baut auf dieser Hypothese auf und zwar wenn man der Frage nachgeht, *welche Strecke* ein gleichmäßig beschleunigter Körper in einer Zeiteinheit zurücklegt. Die zugrunde liegende Regel wurde bereits im 14. Jahrhundert von Nikolaus Oresme (nicht für Fallbewegungen) beschrieben, hier benannt als „Merton Regel" (Hischer, 2012):

> „Wird ein Körper in der Zeit t von der Anfangsgeschwindigkeit v_1 gleichmäßig auf die Endgeschwindigkeit v_2 beschleunigt, so gilt für den zurückgelegten Weg s: $s = \frac{v_1 + v_2}{2} t$" (ebd., S. 137)

Die Strecke s des gleichmäßig beschleunigten Körpers setzt sich zusammen aus dem arithmetischen Mittel der Anfangs- und Endgeschwindigkeit sowie der Zeit t.

Inwiefern Galilei womöglich auf diese Regel zurückgriff, wird nachfolgend verdeutlicht. Geometrisch stellte Galilei den Fallprozess wie in Abbildung 3.5 dar.

Kuhn (2016, S. 145–151) beschäftigt sich u. a. mit den historischen Arbeiten Galileis zur Fallbewegung. Der folgende Absatz stützt sich auf die Darstellung Kuhns (2016) bezüglich des in Abbildung 3.5 präsentierten Herleitungsprozesses von Galilei: Die Zeitspanne t wird in der Abbildung 3.5 durch die Strecke AB markiert. In der Abbildung illustriert die Strecke CD die in der Zeit t von

Abbildung 3.5
Geometrische Herleitung
der Merton Regel für
gleichmäßig beschleunigte
Fallbewegungen, angelehnt
an Galilei, nach Kuhn
(2016, S. 147)

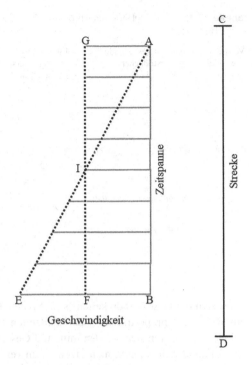

einem Körper zurückgelegt Strecke *s*. Die Strecke EB zeigt die Endgeschwindigkeit eines fallenden Körpers. Die jeweilige Geschwindigkeit *v* zum Zeitpunkt *t'* wird rechtwinklig zur Achse AB abgetragen. Galileis Regel besagt, dass der Körper unter gleichmäßig beschleunigter Bewegung (AE) dieselbe Strecke zurücklegt, wie ein Körper unter gleichförmiger Bewegung (GF), deren Geschwindigkeit dem Mittelwert von AE (hier: I) entspricht. Aufgrund der Deckungsgleichheit der Dreiecke EFI und IAG entspricht der Flächeninhalt des Dreiecks AEB dem des Rechtecks AGFB. Diese wiederum entsprechen zahlenmäßig der zurückgelegten Strecke *CD* (bzw. *s*), was auch die Merton Regel besagt. Anders formuliert: Galilei deduziert vermutlich aus für ihn bekannten Regeln.

Es schließen sich weitere geometrische Überlegungen von Galilei an, die im Folgenden algebraisch zusammengefasst werden. Dafür wird sich auf Winter (2016) bezogen.

Tabelle 3.1 Galileis Herleitungsprozess des Quadratgesetzes, angelehnt an Winter (2016, S. 253)

Verstrichene Zeit in Zeiteinheiten	Momentangeschwindigkeit nach verstrichener Zeiteinheit in $\frac{m}{s}$	Mittlere Geschwindigkeit in der zuletzt verstrichenen Zeiteinheit in $\frac{m}{s}$	Zurückgelegte Weglänge nach verstrichener Zeit in m
1	$1 \cdot a$	$\frac{1 \cdot a}{2}$	$\frac{1 \cdot a}{2}$
2	$2 \cdot a$	$\frac{3 \cdot a}{2}$	$\frac{4 \cdot a}{2}$
3	$3 \cdot a$	$\frac{5 \cdot a}{2}$	$\frac{9 \cdot a}{2}$
...	...	...	...
n	$\underbrace{n \cdot a}$ *Anwendung der Hypothese:* $v \sim t,$ a ist Proportionalitätsfaktor	$\underbrace{\frac{(2n-1) \cdot a}{2}}$ *Anwendung des arithemtischen Mittels:* $\frac{v_1+v_2}{2}$	$\underbrace{\frac{n^2 \cdot a}{2}}$ *Orientierung an der Merton Regel:* $s = \frac{v_1+v_2}{2}t$ *Resultat:* $s = \frac{t^2}{2}a$

Da sich die Geschwindigkeiten (s. 2. Spalte, Tab. 3.1) eines fallenden Körpers (aus Ruhelage) proportional zu den Fallzeiten (s. 1. Spalte, Tab. 3.1) verhalten und die Fallstrecken sich aus den mittleren Geschwindigkeiten $\frac{v_1+v_2}{2}$ (s. 3. Spalte, Tab. 3.1) und Zeiten zusammensetzen, kann vermutet werden, dass sich die Strecken wie das Quadrat der Zeiten verhalten (s. 4. Spalte, Tab. 3.1). Ein Beispiel: Die Momentangeschwindigkeit nach der 2. Zeiteinheit beträgt $2 \cdot a$, nach der 3. Zeiteinheit $3 \cdot a$ (s. Abb. 3.5). Die mittlere Geschwindigkeit in der 3. Zeiteinheit beträgt $\frac{5 \cdot a}{2}$. Die Wegstrecke, die bis zum Ende der 3. Zeiteinheit zurückgelegt wird, setzt sich aus der Summe der einzelnen mittleren Geschwindigkeiten pro Zeiteinheit zusammen, in diesem Fall $\frac{1 \cdot a}{2} + \frac{3 \cdot a}{2} + \frac{5 \cdot a}{2} = \frac{3^2 \cdot a}{2}$.

Zwischenfazit: „Insgesamt sehen wir, dass Galilei bis hierher in keiner Weise induktiv vorgeht, also verallgemeinernde Schlüsse aus Messreihen zöge" (Winter, 2016, S. 254). Bis hierhin hat Galilei also nicht experimentiert, geschweige denn seine Hypothesen überprüft.

Das Weg-Zeit-Gesetz wurde dann von Galilei an einer geneigten Ebene wiederholt überprüft. Bei diesen Wiederholungen variierte er die Parameter der Neigung der Ebene und die Länge der Strecke (Militschenko & Kraus, 2017, S. 24).

Im geschichtlichen Umriss (s. Abschnitt 3.1) ist bereits angedeutet, dass die wissenschaftliche Methode der Naturwissenschaften durch Galileis Arbeiten einen grundlegenden Wandel erfuhr. Seine obigen Arbeiten werden für die Physik als „Standardbeispiel für die experimentelle Methode" (Schwarz, 2009, S. 17) bezeichnet. Das verkürzt dargestellte Beispiel Galileis illustriert, wie wichtig Herleitungsprozesse für diese Methode sind. Die Formel $s = \frac{v_1+v_2}{2}t$ wurde in diesem Fall geometrisch hergeleitet. Hypothetisch ist dann u. a., dass die Geschwindigkeit proportional zur Fallzeit wächst. Aus den geometrischen Herleitungen ($s = \frac{v_1+v_2}{2}t$) und der Hypothese ($v \sim t$) kann erklärt werden, dass sich die Messungen der Fallstrecke proportional zum Quadrat der Fallzeit verhalten sollten. Damit liegen zwei Hypothesen vor: (1) $v \sim t$ und (2) $s \sim t^2$ (Winter, 2016, S. 252). Winter (2016) bezeichnet die Entwicklungsschritte (1) und (2) auch als „Hypothesenbildung" (S. 249). Auf Grundlage der in dieser Arbeit zugrunde liegenden Theorie können nicht nur Abduktionen, sondern vor allem auch Deduktionen in diesem Prozess kenntlich gemacht werden. Die Hypothesenbildung ist vornehmlich durch kreative Abduktionen geprägt, da hier Theorieelemente neu miteinander verknüpft werden ($v \sim t$ sowie die Merton Regel).

Eigenschaften einer experimentellen Methode:
Wesentliche Eigenschaften der Methode Galileis sind das Nutzen der Mathematik zur Quantifizierung und Herleitung naturwissenschaftlicher Zusammenhänge sowie das Experiment als konkreter Eingriff in die Natur, indem Bedingungen gezielt verändert und konstant gehalten werden (Vollmer, 2014, S. 15). Adaptionsprozesse von theoretischen Vorüberlegungen und empirisch erhobenen Daten kennzeichnen ebenfalls diese Methode (ebd.). Im Folgenden wird ein experimenteller Prozess als *experimentelle Methode* der Naturwissenschaften bezeichnet, sobald einem Experiment und der begleitenden Beobachtung Überlegungen aus dem Fach (Erklärungen bzw. Begründungen für einen Zusammenhang) vorgeschaltet und eine Deutung, im Sinne einer Adaption der Erklärung, nachgeschaltet werden (vgl. Kant, KrV, B XIII bis B XIV; Reiners & Saborowski, 2017, S. 41; Schwarz, 2009, S. 18; Vollmer, 2014, S. 15).

Zufällige Einflussfaktoren können durch die Vorüberlegungen minimiert werden. Die Beobachtungen werden aufgrund der theoretischen Überlegungen zugespitzt; wenn fallende Gegenstände untersucht werden sollen, benötigt es Vorüberlegungen, damit auf die Fallstrecke und das Quadrat der Fallzeit geachtet wird (Schwarz, 2009, S. 18). Wenn allein das Experiment darüber entscheiden würde, welches Gesetz verfolgt wird, so könnte es genauso heißen, dass $s \sim t^{1,99999}$ (anstelle von $s \sim t^2$) (ebd.). Damit ist auch die Richtung der Deutung vorgegeben, inwiefern die vorherigen theoretischen Überlegungen mit dem Sichtbaren übereinstimmen und inwiefern diese Erklärung ggf. modifiziert werden sollte (vgl. Abschnitt 3.2). Die empirischen Daten werden zur Prüfung relevant

und mittels der Theorie gehen die Aussagen über die einzelnen Daten hinaus.
Popper (1973) gibt diesbezüglich ein Beispiel:

> „Ich behaupte also: mit der Bewährung der Newtonschen Theorie und der Beschrei-
> bung der Erde als eines rotierenden Planeten steigt der Bewährungsgrad der Aussage
> *s* >>In Rom geht die Sonne alle 24 Stunden einmal auf und unter<< stark an. Denn für
> sich allein ist *s* nicht gut prüfbar, doch die Newtonsche Theorie und die Theorie der
> Erdrotation ist gut prüfbar. Und wenn diese wahr sind, ist auch s wahr." (S. 32)

Wie bereits erwähnt, wird die experimentelle Methode zwar als wissenschaftliche
Methode anerkannt, ihre Eindeutigkeit der Umsetzung wird hingegen vermehrt
kritisch betrachtet: „Wir halten fest: Ja, es gibt eine wissenschaftliche Methode;
sie ist allerdings nicht eindeutig und nicht für alle Zeiten festgelegt; sie kann
genauso verbessert werden wie unser Wissen über die Welt" (Vollmer, 2014,
S. 15). Ein Argument von Vollmer (2014, S. 15) bezieht sich auf Poppers Theorie
(1973) – die Inhalte sollten kritisch betrachtet werden und damit auch die Methoden. Vor allem wegen der möglichen Irrtümer innerhalb experimenteller Prozesse
und der Möglichkeiten des Umgangs mit den Irrtümern (vgl. Lakatos, 1976/1979,
Abschnitt 2.1.2) kann in den individuellen Forschungsprozessen nicht nach einer
eindeutigen Methode vorgegangen werden. Ein weiteres Argument wäre aber
auch, dass der Forschungsinhalt die Wahl der Methode bestimmt – schließlich
haben beispielsweise Astronom*innen häufig nicht die Möglichkeit, in die Natur
explizit einzugreifen – zu experimentieren (z. B. Untersuchungen an der Sonne)
oder Chemiker*innen nutzen zum Teil nicht die Mathematik zur Operationali-
sierung ihrer Zusammenhänge, sondern eigene Gesetzmäßigkeiten (zum Beispiel
Gesetze der stöchiometrischen Proportionen[5]). Auch Reiners (2013, S. 298) hebt
hervor, dass in Forschungsprozessen u. a. Kreativität und Vorwissen eine Rolle
spielen, wodurch die strikte Einhaltung einer vorgeschriebenen Methode eher
hinderlich sein kann.

Halten wir fest: An der idealen experimentellen Methode, gemäß Galilei, wird
sich in den Forschungsprozessen zwar orientiert, allerdings kann auch davon
abgewichen werden. Diese Abweichungen können den Hauptcharakteristika dieser Methode folgen, allerdings auch stärker davon differieren, sodass ihnen nicht
der Status einer experimentellen Methode zugeschrieben werden kann. Diese
größeren Abweichungen werden in den folgenden Abschnitten 3.3.2 und 3.3.3
gesondert fokussiert.

---

[5] Zum Vergleich zwischen Mathematik und Chemie seien exemplarisch auf die Bedeutungs-
unterschiede von *einer Gleichung* aus der Chemie und Mathematik von Reiners und Struve
(2011) verwiesen.

Erkenntnistheoretische Reflexion der experimentellen Methode:
Galileis Vorgehen wird nachfolgend mittels der unterschiedlichen Prüfprozesse
(hypothetisch-deduktiver Ansatz oder Bootstrap-Modell), wie sie gemäß Meyer
(2007) in Abschnitt 2.2.3 ausgeführt wurden, reflektiert. Zunächst werden die
von Carrier (2000) herangezogenen naturwissenschaftlichen Beispiele zu diesen Prüfprozessen vorgestellt, um die Berechtigung dieser Unterscheidung für
naturwissenschaftliche Vorgehensweisen zu illustrieren.

Prüfung mittels des hypothetisch-deduktiven Ansatzes: Die Hypothese, dass Licht
„eine elektromagnetische Welle" (Carrier, 2000, S. 44) ist, scheint vorerst schwer
empirisch überprüfbar zu sein, da Beobachtungen nicht angestellt werden können. „Demnach kommt nur eine indirekte Prüfung in Frage. Dazu unterstellt man
hypothetisch die Gültigkeit der theoretischen Annahme und untersucht deduktiv, welche Folgen sich für empirisch zugängliche Phänomene ergäben" (ebd.).
Es werden so lange deduktive Konsequenzen durch die Anwendung anderer
Gesetze gefolgert, bis man etwas Überprüfbares erreicht. Im genannten Beispiel
von Carrier (2000, S. 44) kann auf überprüfbare Welleneigenschaften zurückgegriffen werden. Die überprüfbare deduktive Vorhersage wird nicht *direkt* aus der
Hypothese gewonnen, sondern ausschließlich (wie es im Zitat heißt) *indirekt*.

Prüfung mittels des Bootstrap-Modells: Dieser Prüfprozess liegt vor, „wenn alle
Größen der Hypothese definite Werte annehmen" (Carrier, 2000, S. 44). „So liegt
ein Einzelfall des Ohmschen Gesetzes vor, wenn für einen konkreten Stromkreis
gemessene Werte für Widerstand, Stromstärke und Spannung eingesetzt werden"
(ebd.) und hiermit das Ohmsche Gesetz selbst überprüfbar wird. Die Hypothese
wird – wie in Abschnitt 2.2.3 beschrieben – *direkt* überprüft. Das, was im Gesetz
formuliert ist, kann konkret realisiert werden.

Bezieht man diese beiden Prüfprozesse auf das Vorgehen Galileis,
so lassen sich sowohl ein *indirekter* als auch *direkter* Prüfprozess rekonstruieren: Galilei verfolgt die Hypothese, dass $v = a \cdot t$ und erarbeitet daraus, dass
$s = \frac{1}{2} \cdot a \cdot t^2$. *Direkt* überprüft er mit seinem experimentellen Aufbau der schiefen Ebene das aufgestellte Quadratgesetz, *indirekt* seine Hypothese $v = a \cdot t$.
Allgemein formuliert: Sobald eine Hypothese in eine Theorie verortet und direkt
empirisch überprüft wird, werden neben dieser Hypothese auch die in Verbindung
stehenden Hypothesen innerhalb der Theorie (indirekt) überprüft, weshalb dann
auch von einer Theorieprüfung gesprochen werden kann (vgl. Abschnitt 3.1).

3.3.2 Exploratives Experiment

Beispiel 2 – Entdeckungen in der Wissenschaftsgeschichte:
Solche theoretischen Vorüberlegungen wie bei Galileis experimentellem Vorgehen müssen in experimentellen Settings nicht unbedingt vorliegen. Ein Beispiel ist die Entdeckung der Infrarotstrahlung durch Herschel im 18. Jahrhundert, die erst weitaus später theoretisch eingebettet wurde (Schwarz, 2009, S. 18 f.). Herschel hat mittels eines Prismas das Licht gebrochen und die Temperaturen der einzelnen Farbspektren gemessen (ebd., S. 19). Diese Messungen verfolgten eigentlich das Ziel, Hinweise über Möglichkeiten der Wärmereduktion bei Sonnenbeobachtungen zu liefern (ebd.). Oberhalb des roten Lichts ging die Temperatur in die Höhe, was für Herschel überraschend und weder vorhersagbar noch mit Theorie deutbar war (ebd.).

Ähnliches zeigte sich auch bei der Entdeckung des Penicillins. 1929 entdeckte der Bakteriologe Flemming zufällig einen Pilz auf seiner Petrischale mit gefährlichen Bakterien (Chain, 1949, S. 86). Er stellte fest, dass der Pilz wuchs, die Bakterienanzahl allerdings sank (ebd.). Er untersuchte das Phänomen, um mehr über den Pilz und seine Wirkungen zu erfahren (z. B. gleicher Effekt bei Verdünnung des Wirkstoffes) (ebd.). Da der wesentliche Wirkstoff des Pilzes von Flemming allerdings nicht isoliert werden konnte und der Pilz an sich für den menschlichen Körper gefährlich zu sein schien, wurden die Arbeiten eingestellt (ebd.). Die Trennung des Wirkstoffes gelang den Forschern Florey und Chain im Jahr 1938. Durch diese Trennung konnte der Wirkstoff weitergehend untersucht, theoretisch eingebettet und in der Pharmazie genutzt werden (ebd., S. 87 f.).

Bei den obigen Beispielen wird ersichtlich, dass eine Gesetzmäßigkeit zunächst an empirischen Phänomenen erarbeitet werden muss. Naturwissenschaftliche Forschungsarbeiten können also anfänglich auf das Suchen von Bedingungen (z. B. Unter welchen Bedingungen können die Bakterien minimiert werden?) und Eigenschaften der Begrifflichkeiten (Was sind das für Temperaturschwankungen oberhalb des roten Lichtspektrums? Was ist das für ein Pilz?) zielen.

Eigenschaften eines explorativen Experiments:
Man spricht von einem *explorativen Experiment*, wenn die wesentlichen Begrifflichkeiten zur Erklärung der Phänomene im Verlauf des Experiments erst erarbeitet werden müssen: Dieses experimentelle Vorgehen ist durch „Bestreben geleitet, empirische Regelmäßigkeiten aufzudecken und angemessene Klassifikationen und Begriffe zu finden, mit deren Hilfe sie sich formulieren lassen" (Steinle, 2005, S. 314). Fragen nach Bedingungen werden hierbei zentral. Dabei sollen

Abhängigkeiten entdeckt, Störfaktoren ausfindig gemacht und Beschreibungs-
möglichkeiten erarbeitet werden (ebd., S. 312, 315 f.). Ergebnis eines solchen
Experiments kann vorerst sein, eine Verallgemeinerung in Form von Gesetzmäßigkeit oder Gruppierungen von Gemeinsamkeiten und Unterschieden ausfindig
zu machen (Steinle, 2004). Der Ausgang des Experiments soll im Gegensatz
zur experimentellen Methode offengehalten werden, um Phänomene zu eröffnen,
an denen weitere Gesetzmäßigkeiten aufgestellt werden können (Steinle, 2005,
S. 315 f.). Ein exploratives Experiment kennzeichnet sich dadurch, „dass sich
Handeln und Konzeptualisieren zusammen entwickeln, sich in engem Kontakt
gegenseitig stabilisieren oder destabilisieren" (Steinle, 2004, S. 50).

Diese Prozesse lassen sich bereits früh in der Menschheitsgeschichte rekonstruieren. Schwarz (2009) führt ein Beispiel aus, das Charakteristika eines
explorativen Experiments aufweist:

> „Beim Betrachten von Werkzeugen oder Jagdwaffen aus der Steinzeit stellt man
> erstaunt fest, dass diese in vielfacher Hinsicht optimiert sind. Wie man in verschie-
> denen Studien herausgefunden hat, lassen sich etwa die Jagdpfeile unserer Vorfahren
> auch in heutiger Zeit aerodynamisch nicht wesentlich verbessern." (S. 17)

Vorstellbar ist, dass sich die Menschen dieser Zeit gefragt haben, unter welchen
Bedingungen der Pfeil mit der höchsten Geschwindigkeit und Weite fliegt. Hierbei ist der wiederholende Zweck dieser Werkzeuge sicherlich zentral gewesen, als
Ordnungsprinzip der Einzelfakten hat möglicherweise ein „geeignet" oder „unge-
eignet" ausgereicht. Heute liefern aerodynamische und mathematische Theorien
prinzipiell andere Erklärungsgrundlagen der Gesetzmäßigkeiten (Warum fliegen
Pfeile weiter bzw. höher als andere?). Bedeutsam an explorativen Experimenten
ist das ‚Ausfeilen' naturwissenschaftlicher Entdeckungen. Diese Entdeckungen
sind dann möglicherweise lohnenswert zu erklären.

Explorative Experimente können ebenfalls richtungsweisend für die Erklärungen der Gesetzmäßigkeiten sein. Auf das initiale Beispiel bezogen: Penicillin
muss pharmazeutisch nicht erklärt werden, wenn die Bedingungen nicht gefunden
werden, unter denen es dem Menschen nicht mehr schadet als die krankheitser-
regenden Bakterien. Weitere Eigenschaften des Wirkstoffes des Pilzes, wie zum
Beispiel die gleiche Wirkung bei geringerer Dosis, können für eine anschließende
theoretische Einbettung nützlich sein. Auch diese Prozesse sind damit theoretisch motiviert – d. h. auf bewährte Gesetzmäßigkeiten aus – auf eine Ordnung
in die einzelnen Fakten. Die Vorüberlegungen sind allerdings anderer Art als
bei der experimentellen Methode. Antworten auf die gestellten Fragen werden
vornehmlich anhand der vorliegenden Phänomene gesucht. Es soll kein linea-
rer Prozess von explorativem Experiment zu experimenteller Methode aufgezeigt

werden: „Wie im Einzelfall experimentiert wird, hängt stark, wenngleich nicht ausschließlich, von der spezifischen Erkenntnissituation ab, oft genug finden sich verschiedene Arbeitsweisen in raschem Wechsel bei ein und demselben Autor" (Steinle, 2004, S. 51).

Erkenntnistheoretische Reflexion des explorativen Experiments:
Carrier (2000, S. 45) fordert von beiden Prüfprozessen (dem hypothetisch-deduktiven Ansatz und dem Bootstrap-Modell) eine theoretische Einbettung. Diese ist beim explorativen Experiment noch tentativ und deren Erklärungskraft und Einordnung ist schwach. Explorative Experimente entsprechen ausschließlich *direkten* Prüfprozessen (Bootstrap-Modell), da der hypothetisch-deduktive Ansatz auf das Ordnungssystem der Theorie zur Deduktion von Konsequenzen zurückgreift. Auch bei explorativen Experimenten werden hauptsächlich kreative Abduktionen den Prozess leiten, da neue Erklärungsgrundlagen formiert werden müssen.

3.3.3 Demonstrationsexperiment und stabilisierendes Experiment

Beispiel 3 – Galileis Experiment zur gleichmäßig beschleunigten Bewegung in der Schule:
Galileis Experiment zur gleichmäßig beschleunigten Bewegung kann in der Schule unterschiedlich realisiert werden. Möglich wäre eine Luftkissenbahn aufzubauen und Messwerte zu protokollieren und auszuwerten (Berger, 2006, S. 150). Eine weitere Möglichkeit wäre, das Experiment wie Galilei durchzuführen: Über eine schiefe Ebene wird eine Metallkugel heruntergerollt (Militschenko & Kraus, 2017, S. 27 f.). Die Ebene sollte dabei glatt sein, damit sich keine Reibungsverluste ergeben (ebd., S. 28 f.). Auch hierbei wird Weg und Zeit protokolliert und ausgewertet (ebd.).

Diese apparative Anordnung ist herausfordernd, wenn die Schüler*innen zu diesem Zeitpunkt noch nicht das mathematische Grundwissen haben, um diesen fachlichen Zusammenhang herzuleiten (proportionale Funktionen, Flächenbeweise etc.) (vgl. Berger, 2006, S. 150). Wenn die Proportionalität von Weg und dem Quadrat der Zeit nicht hergeleitet oder vorgegeben wird, dann können an den entsprechenden Funktionsgraphen weitere Zusammenhänge erkannt werden, wie $s \sim t^{1,6}$ oder $s \sim t^{1,8}$ (Militschenko & Kraus, 2017, S. 29).

Eigenschaften eines Demonstrationsexperiments und eines stabilisierenden Experiments:
Falbe und Regitz (1995) beschreiben in einem Chemielexikon u. a. ein Experiment als „das wichtigste Anschauungsmittel nicht nur in Chemie-Unterricht u. -Studium, sondern auch bei Demonstrationen vor anderem Publikum" (S. 1281). In diesem Zitat werden zwei Sichtweisen eingenommen: auf Schule und Forschung. Bei Letzterem hat sich – beziehend auf die experimentelle Methode aus der Forschung – Theorie und Empirie soweit stabilisiert, dass die Durchführung ausschließlich als erneuter Test für die Forschung gilt, vor allem zur Veranschaulichung der Ergebnisse. Die Ergebnisse können von Experimentierenden vorerst ausreichend erklärt werden. Im Unterschied zur experimentellen Methode ist die Hypothese so theoriegeladen, dass sie nicht auf einen Adaptionsprozess von Theorie und Empirie zielt, sondern ausschließlich auf eine Bestärkung der erklärten Gesetzmäßigkeiten. In der Schule sollte unterschieden werden, für wen das Experiment eine Demonstration ist (für die Lehrkraft oder (einzelne) Schüler*innen), anders gesagt: Für wen ist es ein stabiler Erkenntnisprozess, für wen öffnet sich etwas Neues, noch zu Erforschendes (also eben kein Demonstrationsexperiment)?

Dieser demonstrierende Status des Experiments für den*die Experimentierende*n hat in den Naturwissenschaften und deren Didaktiken keine einheitliche Bezeichnung: Scharfenberg (2005) bezeichnet diese als „Unterrichtsexperimente" (S. 11): „Experimente sollen letztendlich zu den von dem Lehrer erwarteten Ergebnissen führen. Sie vollziehen somit bereits Bekanntes nach und bringen für den Lehrer keine neuen Erkenntnisse" (ebd., S. 13). Im Forschungskontext bedeutet dies, dass die stabilisierten Ergebnisse vor Publikum präsentiert werden. Im Kontext Schule wird auch die Bezeichnung ‚Versuch‘ verwendet. Bleichroth, Dahncke, Jung, Kuhn, Merzyn und Weltner (1999) verwenden die Bezeichnung *Versuch* für einen weiten Experimentbegriff, nämlich „als Sammelbegriff für alle im Unterricht eingesetzten apparativen Anordnungen" (S. 248). Dabei gilt nicht jeder Versuch als ein wissenschaftliches Experiment. „Wohl aber ist jedes im Zusammenhang der experimentellen Methode durchgeführte Experiment ein physikalischer Schulversuch" (ebd., S. 248). Das heißt, die oben beschriebenen apparativen Anordnungen zur gleichförmigen beschleunigten Bewegung (Beispiel 3) gelten als Versuche. Für die Schüler*innen kann es sich hierbei auch um einen neuen, noch nicht stabilen Zusammenhang handeln, dem noch nachgegangen werden sollte und der einer Erklärung bedarf. Damit müsste in explorative oder theoriegeleitete experimentelle Settings übergegangen werden, zumindest dann, wenn die Schüler*innen das Experiment selbst planen und durchführen. Versuch und Experiment wird häufig synonym verwendet, weshalb die Bezeichnung „Versuch" mehrdeutig ist. Um das Wort „Versuchen" nicht als etwas zu „Probierendes" herauszustellen (womit bei zielgerichteter Ausführung wieder die Nähe zur experimentellen Methode geschaffen werden würde), werden in dieser Arbeit die Bezeichnungen *Demonstrationsexperiment* und *stabilisierendes Experiment* verwendet. Ihnen ist gemeinsam, dass es ausschließlich um eine einmalige Testung des Zusammenhangs geht. Die differenzierte Namensnennung resultiert dagegen aus den unterschiedlichen Gründen eines ausbleibenden Adaptionsprozesses:

- Demonstrationsexperiment: Es fehlt (mathematisches) Fachwissen bei den Schüler*innen, es fehlt entsprechendes Material, es ist mit zu viel Aufwand verbunden, es bestehen Gefahren für die Schüler*innen etc., sodass ein Adaptionsprozess nicht angebahnt werden kann.
- Stabilisierendes Experiment: Es wurde im Vorfeld bereits ausreichend viel experimentiert, sodass sich die Ergebnisse bereits stabilisiert haben. Anders als bei den anderen beiden Prozessarten aus Abschnitt 3.3.1 und 3.3.2 leiten vor allem unter- oder übercodierte Abduktionen den Prozess (s. Abschnitt 2.2.1), da sich ein vermutetes, allerdings bereits geprüftes Gesetz erneut bewähren muss.

Eine Demonstration im Rahmen eines sich stabilisierenden Prozesses kann einer Informationsweitergabe bzw. kommunikativen Funktion für weitere Lehr- und Lernzwecke dienen.

3.3.4 Gedankenexperiment

Beispiel 4 – Galileis Gedankenexperiment zur Fallgeschwindigkeit eines Körpers:
Galilei nutzt ein Gedankenexperiment zur Widerlegung von Aristoteles' Theorie, dass ein schwerer Körper B eine schnellere Fallgeschwindigkeit V hat als ein leichterer Körper A (Gethmann, 2004, S. 712). Die nachfolgende Rekonstruktion orientiert sich an Girwidz (2015, S. 234 f.) und Gethmann (2004, S. 712): Angenommen es gelte $V(B) > V(A)$: Was passiert, wenn an den schnellfallenden Körper B ein langsamfallender Körper A gebunden wird? Dann müsste, nach dem Zusammenbinden der beiden Körper, $V(B)$ durch A gebremst werden. Also $V(B + A) < V(B)$. Da aber das Gewicht des Körpers A und B größer als das Gewicht des Körpers B ist, müsste $V(B + A) > V(B)$ gelten.

Galilei nutzt dieses hier kurz dargestellte Gedankenexperiment als Ausgangspunkt seiner Begründung, dass Körper gleich schnell fallen (vgl. Winter, 2016, S. 251). Dabei ähnelt die Struktur der eines Widerspruchsbeweises. Das hier dargestellte Gedankenexperiment ist eine Darstellung „des wohl berühmtesten Gedankenexperiments der Wissenschaftsgeschichte" (Kühne, 1997, S. 2).

Eigenschaften eines Gedankenexperiments:
Neben dem Aufzeigen eines Widerspruchs dienen Gedankenexperimente auch
dazu, sich Experimente vorzustellen, die nur schwer empirisch realisierbar sind
(Gethmann, 2004, S. 712; Vossen, 1979, S. 76). Bezogen auf die anfängliche
Beschreibung aus Kapitel 2 ist an dieser Stelle fragwürdig, inwiefern ein Gedankenexperiment überhaupt als Experiment gelten kann, da strenggenommen nicht
in die Natur eingegriffen wird und auch die Beobachtung der Naturphänomene
sowie die empirische Prüfung ausbleiben. Trotzdem gibt es – neben dem Beispiel
von Galilei – eine Vielzahl von prominenten Gedankenexperimenten in der Wissenschaftsgeschichte, die einen Fortschritt der Naturwissenschaften ermöglicht
haben (Kühne, 2007). Kühne (1997, S. 15) vertritt die These, dass Gedankenexperimente in der Forschung dazu dienen, die Grenzen des Möglichen auszuloten. Bei
der Erarbeitung vorhersagekräftiger Theorien spielen diese Gedankenexperimente
allerdings eher eine untergeordnete Rolle (ebd.). Wie sich die fallenden Objekte
real verhalten, kann mittels Galileis Gedankenexperiment nicht deutlich werden,
da Galilei zunächst einen Widerspruch in der Theorie Aristoteles' aufzeigt. Zur
Gewinnung neuer Theorien ist eine empirische Wissenschaft auf Realexperimente
angewiesen: „Naturwissenschaftliche Theorien sind keine Phantasieprodukte, sondern Aussagen über die Natur – oder sollten es nach ihren eigenen Ansprüchen
sein" (Kühne, 2007, S. 5). Ein Gedankenexperiment ähnelt einem Experiment
im Sinne einer sich vorgestellten Handlung und der Rechtfertigung des Aus-
gangs: Es entspricht einem plausiblen Argument für den Ausgang des wirklichen
Experiments (Kühne, 2007, S. 5, 11). Damit kann ein Gedankenexperiment sehr
wohl zielgerichtet und planvoll sein (vgl. Kapitel 2) und kann daher im Rahmen
von mathematischen Kontexten als Experiment gefasst werden. Bisher wurden
innerhalb der verschiedenen experimentellen Settings (s. Abschnitte 3.3.1–3.3.3)
ausschließlich Realexperimente, d. h. der Eingriff in die Natur, betrachtet. In
Abbildung 3.6 soll der Unterschied zwischen Real- und Gedankenexperiment
visualisiert werden.

Zu beachten ist, dass Abbildung 3.6 keinen vollständigen wissenschaftlichen
Prozess darstellt, sondern in die Art und Weise der Ausführung des Experiments
hineinzoomt. Bei (Real-)Experimenten ist – so wie Stork (1979) in den Ausführungen in Abschnitt 3.2 beschreibt – das Ergebnis des Experiments abzuwarten.
In Gedankenexperimenten wird das Resultat hergeleitet, wobei die Gesetze, die
hierbei angewendet werden, hypothetisch sein können (Kühne, 1997, S. 22).

Wie bereits erwähnt dient ein Gedankenexperiment der Vorstellung einer
experimentellen Tätigkeit, die möglicherweise aus verschiedenen Gründen noch
nicht realisiert werden kann (Gethmann, 2004, S. 712). Sofern allerdings das

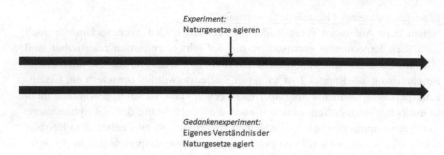

Abbildung 3.6 Unterschied zwischen Real- und Gedankenexperiment

Experiment real ausführbar ist und das beobachtbare Resultat mit dem experimentellen Resultat übereinstimmt, hat man mit dem Gedankenexperiment eine gute Deutungsgrundlage, denn schließlich kann auf das eigene Verständnis der Naturgesetze zurückgegriffen werden (s. Abb. 3.6). In der Wissenschaftsgeschichte wurde die Rolle des Gedankenexperiments diskutiert (Gethmann, 2004, S. 712). Dieser Diskurs soll an dieser Stelle nicht eröffnet werden.

Relevanz für die vorliegende Arbeit
Die Differenzierung von experimentellen Prozessen ist zunächst aus einer fachlichen Perspektive ausgeführt worden. In dieser Arbeit werden die experimentellen Prozesse von Lernenden analysiert, weshalb eine Differenzierung zwischen einer normativ-fachlichen Perspektive und einer kognitiven Perspektive sinnvoll erscheint:

- *Normativ-fachliche Perspektive:* Der*Die Forscher*in demonstriert seine*ihre stabilen experimentellen Ergebnisse, die in der Schule von Lehrpersonen eingesetzt und demonstriert werden können.
- *Kognitive Perspektive:* Für Zuhörer*innen hat sich dieser Stabilisationsprozess möglicherweise noch einzustellen (für sie wäre es kein Demonstrationsexperiment) oder die Demonstration wird als solche akzeptiert.

Eine fachliche und kognitive Perspektive auf das Experimentieren können sich also widersprechen, wodurch dieses auch einen anderen Status erhält: Überträgt man die Unterscheidung auf den Unterricht, so werden hier aus normativ-fachlicher Perspektive Demonstrationsexperimente eingesetzt. Werden allerdings die Prozesse der Schüler*innen betrachtet, so entdecken sie möglicherweise für sich neue Zusammenhänge und gehen diesen experimentell nach. Es können folgende experimentelle Ausführungen differenziert werden:

1. Verfolgt das Ausführen des Experiments das Prüfen der theoretischen Hypothese und die Erweiterung der eigenen Theorie (s. experimentelle Methode)?
2. Wird ein Experiment ausgeführt, das auf Bedingungen von Zusammenhängen zielt (s. exploratives Experiment)?
3. Dient das Experiment einer erneuten Testung der Hypothese, wobei sich der eigentliche experimentelle Prozess stabilisiert hat (s. Demonstrationsexperiment für Interaktionspartner oder stabilisierendes Experiment für die experimentierende Person)?
4. Findet ein gedanklicher Eingriff statt, der gute Argumente generiert, warum sich experimentelle Ergebnisse zeigen sollten (s. Gedankenexperiment)?

Neben der normativ-fachlichen Perspektive ist damit eine kognitive Perspektive für das forschende Handeln der Schüler*innen aufzuzeigen. Die Unterscheidung ist zentral für die Forschungsarbeit, um zu differenzieren, ob etwas für eine Person oder für das Fach neu ist. Welchen Status ein Experiment erhält, ist folglich *personenabhängig* bzw. *perspektivabhängig*.

Explizite Thematisierung des Experimentierens in der Mathematikdidaktik

4

In Kapitel 2 wurden bereits mathematikdidaktische Prinzipien diskutiert, um darzustellen, wie Grundzüge naturwissenschaftlicher Denk- und Arbeitsweisen bereits in der Mathematikdidaktik verankert sind, wenn auch oft unter Nutzung anderer Worte. Das nachfolgende Kapitel 4 strebt eine Aufspannung der Begriffsvielfalt zum *expliziten Experimentieren* in der Mathematikdidaktik an: Zuerst werden unterschiedliche Kategorien und Funktionen des Experimentierens vorgestellt (s. Abschnitt 4.1). Darunter werden bestehende Forschungsarbeiten eingeordnet, um die Vielfalt der Verwendung des Experimentbegriffs in der Mathematikdidaktik aufzuzeigen (s. Abschnitt 4.2). Anschließend werden zwei Forschungsarbeiten fokussiert, die sich eher dem Entdecken (s. Abschnitt 4.3.1) bzw. dem Begründen (s. Abschnitt 4.3.2) zuordnen lassen (Weiteres zu Entdecken und Begründen s. Kapitel 2) und einen expliziten Übertrag naturwissenschaftlicher Denk- und Arbeitsweisen vornehmen (Ausführung der naturwissenschaftlichen Denk- und Arbeitsweisen s. Abschnitt 3.2.2). Kern dieses Kapitels wird sein, die vorliegende Arbeit in die bestehende Forschungslandschaft einzuordnen.

4.1 Kategorien und Funktionen des Experimentierens

In diesem Abschnitt wird zuerst auf den Artikel von Ludwig und Oldenburg (2007) verwiesen. Sie beschreiben ein Experiment allgemein wie folgt:

© Der/die Autor(en), exklusiv lizenziert durch Springer Fachmedien Wiesbaden GmbH, ein Teil von Springer Nature 2021
J. Rey, *Experimentieren und Begründen*, Kölner Beiträge zur Didaktik der Mathematik, https://doi.org/10.1007/978-3-658-35330-8_4

„Ein Experiment ist durch Hypothesen geleitetes, planvolles und kontrolliertes Handeln mit Objekten zum Zweck der Erkenntnisgewinnung durch Beobachtung. Bei einem Experiment ist man sich über den Ausgang nie ganz sicher, sonst könnte man ja keinen Erkenntniszuwachs erzielen. Natürlich gibt es ‚Bestätigungsexperimente‘, mit denen man einen an sich geklärten Sachverhalt nochmals überprüft. Aber ohne zumindest minimalen Zweifel ginge der experimentelle Charakter verloren." (Ludwig & Oldenburg, 2007, S. 4)

Der erste Teil der Beschreibung ist ähnlich wie bereits in Kapitel 2 gefasst: Ein zentrales Charakteristikum eines Experiments ist eine planmäßige Herbeiführung mit dem Ziel einer Beobachtung. In dieser Beschreibung von Ludwig und Oldenburg (2007) kommt hinzu, dass die Beobachtung einen Erkenntnisgewinn ermöglichen sollte, d. h. entsprechend der Theoriegrundlage dieser Arbeit eine Abduktion (s. Abschnitt 2.2.1). Die Unsicherheit, von der im zweiten Satz die Rede ist, spricht für den hypothetischen Charakter einer Abduktion. Nach Popper (1949) aus Abschnitt 3.2.2 dient eine Beobachtung der Prüfung einer Hypothese. Diese Prüfung kann gegebenenfalls weiter (abduktiv) erklärt werden. Experimente, die eine Entdeckung verursachen, werden in obiger Beschreibung *Bestätigungsexperimente* gegenübergestellt (Ludwig & Oldenburg, 2007, S. 4). Einerseits könnten hierunter in Bezug auf Abschnitt 3.3 sowohl stabilisierende Experimente gefasst werden, bei denen nach einem ‚Ja‘ oder ‚Nein‘ keine weitere Erklärung folgt. Alternativ könnte es aber auch für eine experimentelle Methode sprechen, in der das Bestärkte mit weiterer Theorie angereichert wird. Die Bedeutung eines Experiments kann also mittels der Theorie aus Kapitel 3 differenziert betrachtet werden.

Die Autoren, Ludwig und Oldenburg (2007), benennen in ihrem Beitrag Prozessschritte einer experimentellen Methode: „Die Frage finden" (ebd., S. 4), „[e]ine Hypothese aufstellen" (ebd.), „[d]as Experiment planen" (ebd.), „[a]usführen, beobachten und dokumentieren" (ebd.), „Ergebnisse auswerten" (ebd.) und „Ergebnisse interpretieren" (ebd.), was bereits die Relevanz naturwissenschaftlicher Denk- und Arbeitsweisen in der Mathematikdidaktik unterstreicht. Weitergehend unterscheiden die Autoren Arten und Funktionen des Experimentierens im Mathematikunterricht, die in Tabelle 4.1 zusammengefasst werden.

Tabelle 4.1 Arten und Funktionen des Experimentierens an mathematischen Beispielen, zusammengestellt aus Ludwig und Oldenburg (2007, S. 5–10)

Arten und Funktionen des Experimentierens	Beispiele
Ein innermathematisches Experiment	Untersuchungen mit dem Taschenrechner zur Erarbeitung von Teilbarkeitsregeln
Ein simuliertes Experiment	Simulation von Bewegungsabläufen
Ein Experiment zur Modellbildung	Modellierung einer sich abkühlenden Tasse Kaffee
Ein Experiment zum Argumentieren	Wie oft erscheint ein Objekt, wenn man es zwischen zwei im Winkel aufgestellten Spiegeln betrachtet?
Ein Experiment zur Begriffsbildung	Balancieren von Dreiecken auf Kanten oder Spitzen zur Erarbeitung der Begriffe der Schwerlinien und des Schwerpunktes
Ein Experiment zur Problemlösung	Näherungsweise Erarbeitung des Flächeninhaltes einer Figur

Die von Ludwig und Oldenburg (2007) eröffneten Perspektiven (s. Tab. 4.1) zeigen bereits die vielfältige Nutzbarkeit von Experimenten im Mathematikunterricht – zusammenfassend differenziert

1. in der *Darstellung der* (mathematischen) *Untersuchungsgegenstände* und Fragen nach diesen, (z. B. Fragen nach Zahlen bei einem (inner-)mathematischen Experiment)
2. deren *Erarbeitungswege* (z. B. über Simulationen) und
3. deren *Lernziele* (z. B. das Begriffsbilden).

Barzel, Büchter und Leuders (2007) stellen das Experiment als eine Methode im Mathematikunterricht heraus und betonen – ähnlich wie Ludwig und Oldenburg (2007) – Unterschiede in den Funktionen des Experimentierens im Unterricht. Ihre zugrunde liegende Beschreibung eines Experimentierens lautet:

„Beim Experimentieren untersuchen Schülerinnen und Schüler mathematische Objekte bzw. Zusammenhänge oder reale Phänomene mit Blick auf eine vorgegebene oder erarbeitete Fragestellung (z. B. die Teilbarkeit ganzer Zahlen oder das Abkühlen eines Heißgetränks). Dabei planen sie die Untersuchung so, dass sie aufgrund von Beobachtungen Vermutungen aufstellen, konkretisieren oder schon überprüfen können." (Barzel, Büchter & Leuders, 2007, S. 70)

Diese Autor*innen fokussieren in ihrer Beschreibung zunächst, *was* experimentell untersucht wird: „mathematische Objekte bzw. Zusammenhänge oder reale Phänomene" (ebd.). Sie stellen ebenfalls heraus, dass die ausgehende Fragestellung bedeutsam ist (vgl. Abschnitt 3.2.2). Als beispielhaftes Unterscheidungsmerkmal stellen sie in ihrem Beitrag zum Experimentieren die „Rolle, die die Mathematik im Experiment spielt" (ebd., S. 73) heraus. Damit legen sie einen inhaltlichen Schwerpunkt. Sie unterscheiden drei Kategorien: *„Innermathematische Experimente"* (ebd., Hervorh. abweichend vom Original), *„Experimente mit Realisierungen mathematischer Objekte/Simulationen"* (ebd., Hervorh. abweichend vom Original) und *„Mathematik als Werkzeug des Erkenntnisgewinns"* (ebd., S. 74, Hervorh. abweichend vom Original). Ersteres und zweiteres lässt sich analog auch bei Ludwig und Oldenburg (2007) finden. Unter Letzterem fassen die Verfasser*innen außermathematisches Experimentieren und interdisziplinäres Experimentieren zusammen (vgl. dazu die erste Grunderfahrung nach Winter, 1995, S. 37). *Untersuchung* scheint in der obigen Beschreibung eines Experiments synonym zu einem durchgeführten Experiment verwendet zu werden. Die Autor*innen differenzieren das Ziel des Experiments hinsichtlich einer Entdeckung, Konkretisierung (z. B. Bedingungen festlegen) oder Prüfung.

Diese unterschiedlichen Ziele nutzt auch de Villiers (2010) als Funktion einer weiteren Begriffsbestimmung eines Experiments.

„By experimentation I mean very broadly all intuitive, inductive or analogical reasoning, specifically when it is employed in the following instances:

(a) Mathematical conjectures and/or statements are evaluated numerically, visually, graphically, diagrammatically, physically, kinaesthetically, analogically, etc.
(b) Conjectures, generalisations or conclusions are made on the basis of intuition or experience obtained through any of the above methods." (S. 205)

In diesem Zitat wird sowohl die Art und Weise, wie der Hypothese nachgegangen wird (s. (a): „numerically, visually, graphically, diagrammatically, physically, kinaesthetically, analogically, etc." (ebd.)), als auch die Art und Weise, wie die Hypothese generiert wird (s. (b): „Conjectures, generalisations or conclusions" (ebd.)), unterschieden. Anschließend diskutiert de Villiers (2010) „the most important functions of experimentation" (S. 205). Folgende Funktionen stellt er heraus:

1. „Conjecturing [vermuten, J.R.]" (ebd., S. 206): De Villiers (2010) zählt hierzu Beispiele, bei denen in der Fachmathematik Hypothesen über „intuition, numerical investigation and/or construction and measurement" (S. 206) gewonnen

wurden. Diese Zusammenhänge wurden offenbar teilweise von Fachmathe-matiker*innen ohne Beweis akzeptiert und für weitere Arbeiten verwendet (ebd., S. 206). Zugespitzt hat sich diese Funktion über das Generieren von Beispielen am Computer, der sogenannten *experimentellen Mathematik* (ebd., S. 207). Mit der Theorie aus Kapitel 2 ausgedrückt: In einen Beweis können auch hypothetische Gesetze eingehen, sodass der Beweis selber keine voll-ständige Sicherheit liefert. Sofern er allerdings zielführend ist, bestärkt sich indirekt auch die eingesetzte Hypothese (vgl. hypothetisch-deduktiver Ansatz, Abschnitt 2.2.3).

2. „Verification/Conviction [bestätigen/überzeugen, J.R.]" (ebd., S. 208): Neben einem Aufstellen von Vermutungen, geht diese Funktion einen Schritt weiter. Das Experimentieren kann zu einer Überzeugung einer Vermutung beitra-gen (ebd.). Denn sofern sich noch kein Vertrauen in den Zusammenhang eingestellt hat, werden meistens zuerst Gegenbeispiele gesucht, anstatt den Zusammenhang direkt zu beweisen (ebd.). Eine Überzeugung aufgrund von nicht gefundenen Gegenbeispielen lässt sich mit der Theorie aus Kapitel 2 unterschiedlich beschreiben: Insofern sich der Zusammenhang an Beispielen (insbesondere Spezialfällen) durch eine enumerative Induktion bestärkt, kann eine anschließende Beweissuche lohnenswert sein (vgl. Pólya, 1954/1962, Abschnitt 2.1.2). Zudem können die betrachteten Beispiele latente Beweis-ideen eröffnen (vgl. Meyer, 2015, Abschnitt 2.2.4), die im nachträglichen Beweis manifestiert werden können.

3. „Global Refutation [globale Widerlegung, J.R.]" (De Villiers, 2010, S. 210): Wie bereits im zweiten Punkt angesprochen, spielt das Suchen von Gegenbeispielen eine große Rolle in der Mathematik. De Villiers (2010) unterscheidet Gegenbeispiele, die falsifizieren, von Gegenbeispielen, die eine Veränderung des Zusammenhangs erfordern (s. die vierte Funktion). Im Falle einer globalen Widerlegung erzwingt der Ausgang der eliminativen Induktion, die Hypothese zu verwerfen (ebd., s. auch Abschnitt 2.1.2 sowie 2.2.3).

4. „Heuristic Refutation [heuristische Widerlegung, J.R.]" (ebd., S. 213): Diese Gegenbeispiele erzwingen ausschließlich Umformulierungen, sodass die Zusammenhänge oder deren Beweis präzisiert werden können (ebd., vgl. lokale Gegenbeispiele nach Lakatos, 1976/1979, s. Abschnitt 2.1.2). Mit der Theorie aus Abschnitt 2.2 ausgedrückt, folgen hierbei nach der eliminativen Induktion weitere Abduktionen. Stork (1979, Abschnitt 3.2) spricht hier aus naturwissenschaftlicher Perspektive davon, dass „sich die Hypothese aus der Theorie erklären" (S. 57) muss.

5. „Understanding [verstehen, J.R.]" (De Villiers, 2010, S. 206): Experimente können helfen, Definitionen, Zusammenhänge, Symbole und Beweise zu hin-terfragen und zu verstehen (ebd.). Kurz gesagt: Jedes Experiment ist auch

interessen- und theoriegeleitet (s. Kapitel 3) und durch die Verbindung von Theorie und Empirie kann ein Verstehen begünstigt werden.

Experimente dienen – so de Villiers (2010) – dazu Zusammenhänge aufzustellen, ihnen nachzugehen, sie zu modifizieren oder falsifizieren, Vertrauen in diese zu erlangen und sie zu verstehen. Im Zusammenhang zum Beweisen stellt de Villiers (2010) Folgendes heraus:

> „In everyday research mathematics experimentation and deduction complement rather than oppose each other. Generally, our mathematical certainty does not rest exclusively on either logico-deductive methods or experimentation but on a healthy combination of both." (S. 216 f.)

Zum einen deklariert er mit diesem Zitat, dass es neben experimentellen Methoden in der Mathematik und im Unterricht auch mindestens eine andere Methode gibt (*logico-deductive methods*). Zum anderen zeigt er auf, dass nicht nur die eine oder die andere Methode vorliegt, sondern dass es um eine Kombination aus beiden geht.

An dieser Ausführung haben sich unterschiedliche Kategorisierungsmöglichkeiten von Experimenten im Mathematikunterricht ergeben: Wohingegen Ludwig und Oldenburg (2007) u. a. unterschiedliche Fragestellungen eines Experiments klassifizieren, Barzel, Büchter und Leuders (2007) v. a. die unterschiedlichen Untersuchungsgegenstände innerhalb des Experiments hervorheben, unterscheidet de Villiers (2010) die Funktion des Experiments für einen möglichen Erkenntnisaufbau beim Experimentierenden.

Relevanz für die vorliegende Arbeit
In der hier vorliegenden Forschungsarbeit wird der mathematische Inhalt offengehalten – Proband*innen können die Fragestellungen sowohl stark innermathematisch, simulierend oder außermathematisch bearbeiten. Bedeutsam wird in dieser Arbeit, wie sich die Inhalte und Ziele in den Bearbeitungen verändern und wodurch sie sich verändern (vgl. Funktionen von de Villiers, 2010). Unterscheidungsmerkmale seien hier eher fokussierte Entdeckungsprozesse oder eher fokussierte Begründungsprozesse (vgl. Abschnitt 2.1), weshalb die ausführlich dargestellten Studien in Abschnitt 4.3.1 und 4.3.2 dahingehend untersucht werden.

4.2 Zur mathematikdidaktischen Forschung des Experimentierens

Mittels der Kategorisierungen aus Abschnitt 4.1 wird bereits deutlich, wie verschiedentlich das Experiment für das Mathematiklernen betrachtet werden kann. Bisher wurden Kategorien und Funktionen von Experimenten im Mathematikunterricht vorgestellt. Bevor nachfolgend exemplarisch zwei Studien diskutiert werden, wird zu Beginn ein pointierter Überblick über die mathematikdidaktische Forschung gegeben und in die obigen Kategorien von Ludwig und Oldenburg (2007) sowie von Barzel, Büchter und Leuders (2007) eingeordnet. Die Zuordnung ist keine eindeutige und vollständige, sondern dient der strukturierten Aufspannung der mathematikdidaktischen Forschungslandschaft.

Innermathematisches Experimentieren:
Eine in der Mathematikdidaktik herausgestellte Art des Experimentierens ist das *innermathematische Experimentieren*. Es heißt innermathematisch, sobald mathematische Zusammenhänge Ausgangspunkt und Ziel des Experiments sind und das Experiment selber auch mit mathematischen Objekten (u. a. mit Zahlen) ausgeführt wird (Philipp, 2013; Barzel, Büchter & Leuders, 2007, S. 73). Als ein Vorreiter eines innermathematischen Experimentierens kann Georg Pólya (1954/1962) genannt werden, der in erste Linie Mathematiker und nicht Mathematikdidaktiker gewesen ist, allerdings der Mathematikdidaktik als Vorbild dient. Das nachfolgende Beispiel demonstriert Pólyas innermathematisches Experimentieren: Er nähert sich über eine Liste an Beispielen einer Vermutung über ungerade Quadratzahlen an (ebd., S. 105–108).

„Es bezeichne u eine positive ungerade ganze Zahl. Man untersuche induktiv die Anzahl der Lösungen x, y, z und w der Gleichung

$$4u = x^2 + y^2 + z^2 + w^2$$

in positiven ungeraden ganzen Zahlen x, y, z, und w." (ebd., S. 105, Hervorh. im Original)

Nachdem Pólya (1954/1962, S. 106–108) erste Beispiele notiert, erstellt er eine Tabelle (ebd., S. 108), reduziert diese auf die für ihn zwei wesentlichen Spalten, die Spalte der ungeraden Zahlen u und die Spalte der „Gesamtanzahl der Darstellungen" (ebd., S. 108) und schreibt diese beiden Spalten untereinander (ebd.,

S. 109). In Tabelle 4.2 sind zwei charakteristische Zahlenpaare aufgeführt, um daran Pólyas Vermutungen zu verdeutlichen.

Tabelle 4.2 Dokumentation der experimentellen Erarbeitung eines Zusammenhanges von ungeraden Zahlen und deren Darstellungsmöglichkeiten durch Quadratzahlen, angelehnt an Pólya (1954/1962, S. 109)

u	[...]	13	15	[...]
Gesamtanzahl der Darstellungen	[...]	14	24	[...]

Anhand der tabellarischen Anordnung entdeckt er nachfolgenden Zusammenhang: Wenn in der ersten Zeile eine Primzahl steht, dann steht in der zweiten Zeile der Nachfolger dieser Primzahl (13 und 13 + 1, s. Tab. 4.2; ebd., S. 109 f.). Anschließend betrachtet er ausschließlich die für ihn noch nicht explizit in Zusammenhang stehenden Paare, wie zum Beispiel 15 und 24 (s. Tab. 4.2; ebd., S. 110–112). Er notiert diese Zahlenpaare wie folgt: $15 = 3 \cdot 5$, $24 = 4 \cdot 6$ und entdeckt daran, dass auch hier die Struktur der Primzahlen und der Nachfolger der Primzahlen aufzufinden sind (ebd., S. 111). Er transformiert die Rechnung, indem er die gefundene Struktur ausnutzt (ebd., S. 111). Am Beispiel: $24 = (3 + 1) \cdot (5 + 1) = 15 + 5 + 3 + 1$. Durch diese Transformation gelang ihm eine allgemeine Vermutung:

„Jeder Zahl in der ersten Zeile entspricht die Summe ihrer Teiler in der zweiten." (ebd., S. 112, Hervorh. im Original)

Nachdem er diese Vermutung erarbeitet hat, reflektiert er:

„Was haben wir erreicht? Nicht einen Beweis, nicht einmal den Schatten eines Beweises, sondern eine Vermutung: eine einfache Beschreibung des Tatbestandes innerhalb der Grenzen unseres experimentellen Materials und eine gewisse Hoffnung, daß diese Beschreibung auch über die Grenzen unseres experimentellen Materials hinaus zutrifft." (ebd., S. 112, Hervorh. im Original)

Pólya (1954/1962) betont in diesem Zitat die Bedeutung der erzeugten Beispiele zur Generierung eines Zusammenhangs. Diesem Zusammenhang wird so vertraut, dass er über dieses „experimentelle[.] Material[.]" (ebd.) hinausweisen könnte. Innermathematisches Experimentieren wird u. a. mit Pólya (1954/1962) als Grundlage von Kathleen Philipp und Timo Leuders erforscht (s. z. B. Leuders, Naccarella & Philipp, 2011; Philipp & Leuders, 2012; Philipp, 2013). In

Abschnitt 4.3.1 wird das Dissertationsprojekt von Kathleen Philipp (2013) zur Positionierung der vorliegenden Forschungsarbeit ausführlich vorgestellt.

Der Experimentbegriff wird auch im Rahmen der Wahrscheinlichkeitsrechnung eingeführt; hier unter der Bezeichnung *Zufallsexperiment*: Ein Zufallsexperiment ist ein zielgerichteter, ausgeführter Vorgang, mit unsicherem Ausgang (Büchter & Henn, 2007, S. 160). Der Ausgang stammt aus einem Pool von vorher festgelegten Ergebnissen (ebd.). Unter einem Zufallsexperiment werden sowohl wiederholbare als auch nicht wiederholbare Vorgänge gefasst (ebd.). Naturwissenschaftliche Experimente zielen jedoch auf wiederkehrende Naturgesetze. Sofern ein Zufallsexperiment wiederholbar ist, entspricht es strukturell einem naturwissenschaftlichen Experiment: Es ist planvoll, da es dann unter möglichst gleichbleibenden Bedingungen ausgeführt wird und zielt auf eine Beobachtung (ebd.). Ein Ziel eines solchen Zufallsexperiments ist es, Aussagen über Wahrscheinlichkeiten der unterschiedlichen Ausgänge treffen zu können (ebd.). In diesem Fall befindet man sich in einem sogenannten *frequentistischen* Zugang zur Wahrscheinlichkeit (ebd., S. 171; s. auch Eichler & Vogel, 2013, S. 147–164). Der Vorgang wird mehrfach wiederholt, um die sich stabilisierten relativen Häufigkeiten beobachten zu können, weshalb dieses Experiment vor allem unter der Kategorie *innermathematisches Experimentieren* zu subsumieren ist, wobei es auch verstärkt simulierend ausgeführt werden kann. Zugrunde liegt hier *das Gesetz der großen Zahlen*, dass – weil es nicht mathematisch beweisbar, sondern eben nur durch wiederholte Experimente erahnt wird – einem empirischen Naturgesetz gleicht, weshalb es auch als „**Empirisches Gesetz der großen Zahlen**"[1] (Büchter & Henn, 2007, S. 174, Hervorh. im Original) bezeichnet wird. Weitere Forschungsbeiträge zum innermathematischen Experimentieren seien hier nur exemplarisch genannt: Bei Baireuther (1986) wird das innermathematische Experimentieren (er nennt es „Experimentiermathematik" (ebd., S. 29)) z. T. von einem Computer zur Ausrechnung der Beispiele übernommen. Weitere Beiträge, die einem innermathematischen Experimentieren zugeordnet werden können, sind die von Hering (1991), Maier (1999) und Milicic (2019).

Experimentieren zum Argumentieren:
In Abschnitt 2.1.2 wurde herausgestellt, dass einem formalen Beweis oder einer inhaltlich-anschaulichen Begründung experimentelle Prozesse vorgeschaltet sein können, so wie es Heintz (2000) bei Mathematiker*innen, Pólya (1954/1962) oder auch De Villiers (2010) herausstellen: Mathematikbetreibende experimentieren

---

[1] „Mit wachsender Versuchszahl stabilisiert sich die relative Häufigkeit eines beobachteten Ereignisses" (Büchter & Henn, 2007, S. 174).

häufig erst, bevor sie einen Beweis erstellen. In Abschnitt 2.2 wurde diskutiert, dass induktive Prüfprozesse ausgehend von Beispielen andere Schlüsse erfordern als das (deduktive) Begründen ausgehend von gültigen Gesetzen. Folglich muss zwischen diesen beiden Prozessen ein Übergang geschaffen werden. Winter (1983) fordert passend dazu das Wecken eines *Beweisbedürfnisses* bei Lernenden. Darunter versteht er allgemein das Bedürfnis auf Seiten der Lernenden nach Ursachen zu suchen (Winter, 1983, S. 64). Um ein Beweisbedürfnis zu motivieren, sollten sich – so Winter (1983) – Empirie und das theoretische Einbetten gegenseitig bereichern: „Insofern bedeutet Beweisen nicht die Abkehr von der Empirie (Beobachten, Messen), sondern geradezu eine verstärkte Zuwendung" (Winter, 1983, S. 67; vgl. auch De Villiers, 2010). Damit könnte ein *Experimentieren zum Argumentieren* (s. Tab. 4.1) einem Beweisbedürfnis entgegenkommen. Die bereits in Abschnitt 2.2.3 beschriebene Forschungsarbeit von Jahnke (2009) kann dieser Art von Experimentieren zugeordnet werden. Jahnke (2009) bezieht sich auf naturwissenschaftliche Methoden, um geometrische Begründungsprozesse anzubahnen, bei denen, ausgehend von einer hypothetischen Setzung, deduktive Folgerungen gezogen und an empirischen Daten überprüft werden. Jahnke (2009, S. 26) greift zur Konzeption seines Unterrichts auf Wissen über die experimentelle Methode (speziell: den hypothetisch-deduktiven Ansatz) zurück. Lietzmann (1912/1985) fordert diese Methode explizit für den Mathematikunterricht:

> „Soll man nun aber in allen den Fällen, wo die unmittelbare Anschauung versagt, zur Methode der logischen Deduktion greifen? Ist man vielleicht gar dazu gezwungen, wenn anders man überhaupt auf Überzeugung Wert legt? Es gibt noch eine andere Art des Vorgehens, die derjenigen in den Naturwissenschaften genau entspricht, die e x p e r i m e n t e l l e M e t h o d e. Wir stellen Versuche an, und aus den dabei gemachten Beobachtungen abstrahieren wir das Gesetz." (S. 5, Hervor. im Original)

Wie Jahnke (2009) bezieht sich auch Lietzmann (1912/1985, S. 5 f.) im Anschluss dieser kurzen Beschreibung auf das Beispiel der Erarbeitung der Innenwinkelsumme im Dreieck, allerdings geschieht die experimentelle Erarbeitung des Unterrichtsinhalts an anderen gewählten Phänomenen als bei Jahnke (2009). Lietzmann (1912/1985, S. 6) stellt die experimentelle Methode als „Vermischung" (ebd.) von Anschauung und Beweis heraus. Im Zitat heißt es, dass *Beobachtungen abstrahiert* werden. Eine „Vermischung" (ebd.) kann dabei als weitaus mehr als ausschließlich ein Abstrahieren der Beobachtung gefasst werden. Es kommt den herausgestellten Hauptcharakteristika einer experimentellen Methode aus Abschnitt 3.3.1 nahe, der theoretischen Leitung und Reflexion der Experimente. Sowohl bei Jahnke (2009) als auch bei Lietzmann (1912/1985) wird die experimentelle Methode im Rahmen des Begründens gefasst, allerdings nicht zur

Analyse von Erarbeitungen von Lernenden verwendet, was den Schwerpunkt der vorliegenden Forschungsarbeit auszeichnet. In die Richtung von Experimentieren und Begründen forscht Jahnke auch gemeinsam mit Gila Hanna, Ysbrand DeBruyn und Dennis Lomas (2001). Neben dem Schwerpunkt des Begründens wird in dieser Studie auch eine interdisziplinäre Perspektive (Disziplin: Physik) eingenommen. Ihre Studie wird in Abschnitt 4.3.2 ausführlich vorgestellt, da sie neben der Studie von Philipp (2013) zum innermathematischen Experimentieren das Forschungsfeld absteckt, in das die vorliegende Arbeit eingeordnet werden soll – zwischen Entdecken und Begründen oder gemäß Lietzmann (1912/1985) zwischen Anschauung und Beweis.

In den hier aufgeführten Beiträgen wird der Inhaltsbereich Geometrie fokussiert. Im Rahmen von Geometrie und Experimentieren kann auch weniger der Schwerpunkt auf das Begründen gelegt werden. Bei Leuders, Ludwig und Oldenburg (2008) wird ein dem Modellierungskreislauf ähnliches Modell aufgestellt, ein sogenannter *Experimentalkreisel*, der die unterschiedlichen Kategorien zum Experimentieren im Bereich der Geometrie einfängt, was das nachfolgende Zitat unterstreicht:

> „Er [der Experimentalkreisel, J.R.] hat eine mathematische linke Seite und eine außermathematische rechte Seite. Außermathematisches umfasst dabei u. a. die Zeichnung auf einem Blatt Papier, den virtuellen Raum eines Geometrieprogramms oder die physikalische Wirklichkeit. Zwischen dieser außermathematischen Welt und der Mathematik gibt es ein Wechselspiel." (ebd., S. 4)

Dadurch werden hier bereits unterschiedliche Phasen im Umfeld des Experimentierens ausgezeichnet und eine Beziehung zwischen diesen Phasen angedeutet. Das Experimentieren ist dabei der außermathematischen Seite zugeordnet (ebd.).

Simuliertes Experimentieren:
Dem Modellierungskreislauf ähnliche Modelle finden sich auch im Bereich *Simulieren* (vgl. hierzu auch Greefrath & Siller, 2018, S. 12; Baum, J. Beck & Weigand, 2018, S. 93). Simulationen werden von Greefrath und Weigand (2012, S. 2 f.) als Experimente bezeichnet. Diese Experimente werden mit Modellen ausgeführt, mit dem Ziel über die in den Modellen zugrunde liegende Situation oder sogar über das Modell selbst Erkenntnisse zu gewinnen (ebd.). Das Experimentieren ist folglich bezogen auf das Kreislaufmodell sowohl auf der Seite der realen Welt, als auch auf der Seite der Mathematik unter dem Stichwort *Simulation* eingeordnet, sodass in dieser Kategorie vor allem ein Wechselspiel

zwischen verschiedenen Arten von Experimenten (simuliert und nicht simuliert) integriert ist. Roth (2014) unterscheidet das Experimentieren mit realen Objekten, Videos und Simulationen und bietet in Rahmen eines Mathematiklabors eine Kombination aus diesen Experimenten an (ebd.). Er beschreibt drei Teilschritte des Experimentierens, die sich an naturwissenschaftsdidaktischen Arbeiten orientieren. Er unterscheidet die Vorbereitung, in der Hypothesen aufgestellt, die Durchführung, in der die Hypothesen getestet und die Nachbereitung des Experimentierens, in der Abstraktions- und Integrationsprozesse der Erfahrung vollzogen werden (Roth, 2014, S. 1). Roth (2014) stellt damit drei bedeutende naturwissenschaftliche Denk- und Arbeitsweisen im Mathematikunterricht heraus (vgl. Abschnitt 3.2.2). Durch die benannte Vor- und Nachbereitung des Experiments werden vor allem die Eigenschaften eines Experiments wiederholend deutlich; es ist planvoll und zielgerichtet. Auf diese drei Teilschritte bezieht sich auch Lichti (2019). Sie verfolgt das Ziel einer Förderung funktionalen Denkens. Die Förderung wurde mittels gegenständlicher und simulativer Experimente durchgeführt und sowohl qualitativ als auch quantitativ ausgewertet. Bei der Aufgabe *„Kreise abwickeln"* (ebd., S. 146, Hervorh. im Original) wurden beispielsweise zum einen Holzkreise gedreht, um Umfang und Durchmesser in Abhängigkeit feststellen zu können, und zum anderen die drehende Scheibe am Computer simuliert (ebd., S. 146–150). Neben der simulierten Drehung gab es hierbei auch die Möglichkeit, sich direkt den Graphen anzeigen zu lassen. Die Untersuchung von Lichti (2019) zeigt auf, dass gegenständliche und simulative Experimente unterschiedliche Facetten des funktionalen Denkens anzuregen scheinen. Beide Herangehensweisen fördern nach dieser Untersuchung das funktionale Denken, wohingegen die Simulationen bezüglich der Förderung besser abschnitten.

Interdisziplinäres und außermathematisches Experimentieren:
Winter (2016) wurde in Abschnitt 3.3.1 bereits zur Rekonstruktion Galileis Fallbewegungen zitiert. Er rekonstruiert Galileis naturwissenschaftliche Vorgehen, um die Relevanz eines interdisziplinären Lernens im Mathematikunterricht hervorzuheben (s. dafür auch Winter, 1978, 1995). Er zeigt mit dieser paradigmatischen Rekonstruktion auf, wie „voraussetzungsvoll" (Winter, 2016, S. 248) ein solches „‚echtes' Mathematisieren ist" (ebd.). Er fordert:

> „Wenn man echtes Anwenden im Mathematikunterricht anstrebt, also Mathematisierungs- oder Modellbildungsprozesse entwickeln will, dann muss man sich ernsthaft auf außermathematisches Gebiet begeben." (Winter, 2016, S. 247)

Haas und Beckmann (2008) stellen ein Projekt vor, in dem mittels eher physikalischer Experimente der Erwerb des Funktionsbegriffes angeregt werden soll. Der Schwerpunkt dieser Arbeit liegt auf dem vernetzten Lernen von physikalischen und mathematischen Begriffen. Damit ist diese Arbeit in die Kategorie *„Mathematik als Werkzeug des Erkenntnisgewinns"* (Barzel, Büchter & Leuders, 2007, S. 74, Hervorh. abweichend vom Original) einzuordnen.[2]

Im Rahmen statistischer Datenerhebungen und -auswertungen werden im Mathematikunterricht auch die Methoden expliziert. Eichler und Vogel (2013) unterscheiden zwischen einer Befragung, bei der eine Veränderung der Merkmalsausprägung nicht erwartbar ist (ebd., S. 9; z. B. die Frage nach dem Lieblingsfußballverein), einem Experiment, bei dem die veränderbaren Merkmalsausprägungen unter Kontrolle zu halten sind (ebd., S. 7 f.; z. B. der Einfluss von Wasser und Lichtzufuhr auf das Wachstum von Kresse) und einer systematischen Beobachtung, bei der ausschließlich eine Dokumentation der Beobachtungsdaten vorgesehen ist (ebd., S. 11 f.; z. B. Wie viele Schüler kommen mit dem Fahrrad?). Alle drei Arten ermöglichen die Generierung von Daten und das Beantworten von Fragen. Ausgangspunkt von solchen statistischen Untersuchungen (sowohl Beobachtung, Befragung als auch Experiment) sind Fragestellungen, die sowohl naturwissenschaftlich, als auch (schul-)gesellschaftlich geprägt sein können (Eichler & Vogel, 2013, S. 8). Die Fragestellungen sind damit vor allem *außermathematisch*. Ziel ist es, diese Fragestellungen zu beantworten und die statistischen Methoden anzuwenden.

Ganter (2013) nutzt *außermathematische* Experimente zur Förderung des Funktionalen Denkens (Begriffsbildung) und vergleicht die Wirkung von selbstständigen Experimenten mit Demonstrationsexperimenten und Schulbucharbeiten. Ihre Forschungsziele sind u. a. das selbstständige Experimentieren in Kooperation mit dem Begriffslernen im Rahmen des Funktionalen Denkens sowie Komponenten wie Motivation, Interesse und Selbstwirksamkeitserwartung beim Experimentieren zu untersuchen. Dafür entwickelt sie explizite Lernumgebungen, die ebenfalls von ihr validiert werden. Aus den Naturwissenschaften stellt sie für ein Experiment u. a. das Identifizieren von Kausalzusammenhängen über einen aktiven Eingriff heraus (ebd., S. 25 f.). Ganter (2013) hebt aus dieser naturwissenschaftlichen Betrachtung die „wichtigsten Kennzeichen [...] beim Experimentieren" (S. 26) hervor: Das kontrollierte Vorgehen, indem Einflussfaktoren isoliert und Variablen variiert und konstant gehalten werden, um eine

---

[2] Auf weitere Arbeiten, die diesen interdisziplinär-naturwissenschaftlichen Schwerpunkt verfolgen, sei hier verwiesen: Krause, Struve und Witzke (2017), Krause und Witzke (2015), Militschenko und Dilling (2019) und Zell (2013).

Beobachtung von zu messenden Größen anzustellen (ebd.). Die genannten Charakteristika lassen sich unter der Forderung eines planmäßigen und zielgerichteten Eingriffs subsumieren (vgl. Definition zu Beginn des Kapitels 2). Wie auch in dieser Forschungsarbeit, so wird bei Ganter (2013) der Zweck einer Beobachtung hervorgehoben. Beim Experimentieren im Mathematikunterricht bezieht sie sich vor allem auf die oben bereits genannten Forschungsarbeiten (Philipp, 2013; Barzel, Büchter & Leuders, 2007; Ludwig & Oldenburg, 2007). Ähnlich wie Roth (2014) erarbeitet Ganter (2013) Phasen eines experimentellen Prozesses: Ausgehend von einem „Forschungsgegenstand bzw. Theorie" (Ganter, 2013, S. 47) werden um ein Phänomen Vermutungen aufgestellt. Es wird ein Experiment geplant und ausgeführt, ausgewertet und erneut eine Vermutung bezüglich des Phänomens generiert (ebd.). Anders als bei Roth (2014) werden in diesem Prozess die Planungsphase, der Forschungsgegenstand bzw. Theorie sowie das Phänomen gesondert betrachtet und in einen Zyklus integriert (Ganter, 2013, S. 47).

Sowohl die Planungsphase als auch eine Theorie sowie ein erklärungswürdiges Phänomen wurden ebenfalls in Abschnitt 3.2 als charakteristische Komponenten eines experimentellen Prozesses herausgestellt. Ihre Studie belegt erneut, dass naturwissenschaftliche Denk- und Arbeitsweisen bereits in der Mathematikdidaktik etabliert sind. Zusammengefasst zeigt sich aus ihrer Studie ein deutlich höherer Lerneffekt sowie eine stabile und höhere Motivation beim Schüler*innenexperiment als beim Demonstrationsexperiment (Ganter, 2013). Sowohl Schüler*innenexperimente als auch Demonstrationsexperimente erzielten einen höheren Erfolg als das nicht experimentelle Lernen (ebd., S. 239).

Betrachtet man alle hier skizzierten mathematikdidaktischen Arbeiten, scheinen zentrale Unterschiede die ausgehenden Fragestellungen in den Arbeitsaufträgen zu sein (grob unterschieden in inner- oder außermathematisch), die damit verbundenen Lernzielsetzungen (Entdecken, Begründen, Modellieren, Problemlösen, Begriffsbildung) und die unterschiedlichen Arten zur Ausführung der Experimente (unterschieden in die Hilfsmittel und Untersuchungsgegenstände).

Relevanz für die vorliegende Arbeit
Die hier skizzierten Beiträge stellen eine Verbindung zu naturwissenschaftlichen Begrifflichkeiten her, die sich je nach Forschungsschwerpunkt unterscheiden: Einzelne naturwissenschaftliche Denk- und Arbeitsweisen (s. z. B. Ganter, 2013; Lichti, 2019; Roth, 2014) aber auch unterschiedliche Prozesse (s. exemplarisch die Unterscheidung von Schüler*innen- und Demonstrationsexperiment bei Ganter, 2013) werden verwendet. Ein Theorie-Empirie-Verhältnis lässt sich bei den obigen Autor*innen ebenfalls finden: Seien es physikalische Experimente (eher Empirie) und mathematische Deutungen (eher Theorie) (s. Hass & Beckmann, 2008) oder

außermathematische Experimente (eher Empirie) und mathematische Begriffsbildung (eher Theorie) (Ganter, 2013) oder Zahlen (eher Empirie) und mathematische Vermutungen (eher Theorie) (Pólya, 1954/1962). In dieser Forschungsarbeit wird untersucht, wie sich empirische und theoretische Elemente innerhalb verschiedener experimenteller Prozesse beeinflussen und verändern, um vor allem die besondere Rolle der experimentellen Methode der Naturwissenschaften hervorzuheben (vgl. hierzu Jahnke, 2009; Lietzmann 1912/1985).

4.3   Diskussion ausgewählter Forschungsansätze zum Experimentieren

Im Weiteren folgt die Vorstellung von zwei exemplarischen Studien, die sich explizit auf naturwissenschaftliche Begrifflichkeiten stützen. Die erste Studie fokussiert die mathematische Tätigkeit des Entdeckens (s. Abschnitt 4.3.1), die zweite die des Begründens (s. Abschnitt 4.3.2). In dieses Spannungsfeld ist die vorliegende Forschungsarbeit einzuordnen. Bei der Darstellung der Studien wird betrachtet, was in der jeweiligen Studie als *Experimentieren* verstanden wird. Zudem werden die Studien mit den naturwissenschaftlichen Denk- und Arbeitsweisen sowie den experimentellen Prozessen aus Kapitel 3 verglichen.

4.3.1   Entdecken und Experimentieren

Kathleen Philipp[3] (2013) legt den Schwerpunkt ihrer Dissertation auf das innermathematische Experimentieren. Philipp (2013) betrachtet das innermathematische Experimentieren als ein Untersuchen von innermathematischen Zusammenhängen ausgehend von Beispielen und stellt vor allem den Zusammenhang zum Problemlösen heraus. *Innermathematisch* bedeutet, dass mit mathematischen Objekten gearbeitet wird, die repräsentativ in Beispielen veranschaulicht werden (z. B. in Zahlen).

> „Besonderes Kennzeichen dieser Arbeit ist die bewusste Eingrenzung auf Prozesse im Umgang mit innermathematischen Phänomenen. Ausgeklammert bleiben dabei

---

[3] Kathleen Philipp ist gemeinsam mit Sandra Ganter in einem interdisziplinären Promotionskolleg zum Experimentieren im mathematisch-naturwissenschaftlichen Unterricht (Bezeichnung: ExMNU) gewesen. Dessen Projekte sind in Rieß, Wirtz, Barzel und Schulz (2012) nachzulesen.

solche Prozesse, bei denen ein modellierender Bezug zu Phänomenen der zunächst unmathematisierten Welt eine Rolle spielt." (ebd., S. 1)

Philipp (2013) fasst unter *innermathematisches Experimentieren* sowohl Hypothesenbildungs- als auch Hypothesenprüfprozesse. Sie betrachtet dabei das Zyklische des Experimentierens, als Wechsel zwischen *Hypothesenraum*, in dem Zusammenhänge aufgestellt werden, *Beispielraum*, der die Beispiele für die Erarbeitung des Zusammenhangs liefert und dem Übergangsraum – dem *Strategieraum*, der die beiden Räume durch Strukturierung oder Überprüfung miteinander verbindet (ebd., S. 75, 92, sie orientiert sich hierbei u. a. an ein Prozessschema von Klahr & Dunbar, 1988). Sie stellt also unter anderem das Experimentieren als eine strategische Tätigkeit heraus. Weniger betrachtet sie die theoriegeleiteten Prozesse (vgl. Abschnitt 3.3.1) sowie ein (sich womöglich anschließendes) Begründen. Dies wird unter anderem daran deutlich, dass sie der Deduktion nach Peirce während des innermathematischen Experimentierens keine große Bedeutung zuschreibt:

„Beim Entstehen neuen mathematischen Wissens hingegen spielen Abduktion und Induktion eine gewichtigere Rolle und werden im Rahmen dieser Arbeit [in, J.R.] den Fokus genommen. Das Hypothesenbilden und Hypothesenprüfen auf der Basis von Beispielen – also die Prozesse der Abduktion und Induktion im Peirce'schen Sinne (Peirce et al., 1960b) – werden als *innermathematisches Experimentieren* bezeichnet und spielen auch für das Mathematiklernen eine zentrale Rolle." (Philipp, 2013, S. 2, Hervorh. im Original)

Anhand einer umfangreichen Kodierung in ihrer ersten Studie kategorisiert Philipp (2013) die Art von Hypothesen, Beispielen sowie deren Funktionen:

- z. B. „Spezifizierungshypothese" (S. 63) oder „Adhoc-Hypothese" (S. 64),
- z. B. „großes Beispiel" (S. 64), „allgemeines Beispiel" (S. 64) oder „kleinstes Beispiel" (S. 65),
- z. B. „Eine Funktion von Beispielen ist es, einen Phänomenbereich zu explorieren" (S. 67).

Denkweisen, die sie hierbei auszeichnet, bezeichnet sie als „experimentelles Denken" (ebd., S. 80). Sie analysiert nicht nur innermathematisches Experimentieren von Lernenden, sondern stellt dies auch als Kompetenz heraus, die es im Mathematikunterricht zu fördern gilt (Forschungsschwerpunkt ihrer zweiten Studie, s. Philipp, 2013).

Ein Beispiel: Eine Aufgabe ist das Untersuchen von *„Treppenzahlen"* (ebd., S. 54; s. auch S. 56, 179). Hierbei werden Summenbildungen aufeinanderfolgender Zahlen untersucht (ebd.). Zuerst gilt es die angegebene Treppe nachzubauen (z. B. mit Cent-Münzen) und zu ergänzen, bevor die Forscherfrage, mit welchen Zahlen Treppen konstruierbar bzw. nicht konstruierbar sind, beantwortet werden muss (ebd., S. 179). „Impuls-Schlüssel" (ebd., S. 113), die allgemeine Bearbeitungshilfen geben sollen (z. B. „Schreibe einige Beispiele auf." (ebd., S. 112)), werden bereitgestellt und deren Einsatz reflektiert (z. B. „Welche Schlüssel hast du benutzt?" (ebd., S. 179)).

Hervorzuheben ist, dass Philipp (2013) das Experimentieren im Mathematikunterricht legitimiert, indem sie sich auf Mathematiker*innen sowie Didaktiker*innen bezieht und experimentelle Tätigkeiten identifiziert:

- Auf die Schlussformen Abduktion, Deduktion und Induktion wird zur allgemeinen Beschreibung von experimentellen Denkprozessen referiert (ebd., S. 7–16).
- Pólyas induktive Phase wird mit den Schlussformen und einem mathematischen Experimentieren verglichen (ebd., S. 18–22).
- Mittels Euler, Lakatos und Heintz werden die quasi-empirischen Entstehungsprozesse in der Mathematik beschrieben.

Relevanz für die vorliegende Arbeit

Da sich Philipp (2013) auf das Hypothesenaufstellen und -prüfen konzentriert, scheint ihr Fokus beim Generieren von Entdeckungen (vgl. Abschnitt 2.1.1) zu liegen. Dies erinnert an das entdeckende Lernen (Aufstellen von Zusammenhängen) und das operative Prinzip (der aktive Eingriff in das Geschehen, um die Zusammenhänge aufzustellen, s. Abschnitt 2.1.1). In der vorliegenden Forschungsarbeit wird untersucht, ob und inwiefern sich das Experiment und die Funktion des Experiments in den Forschungsprozessen der Schüler*innen und Student*innen verändert: Unter anderem wird erforscht, inwiefern in Experimenten empirische Handlungen mit theoretischen Elementen angereichert werden (Stichwort: experimentelle Methode). Anders formuliert: Mathematisierungsprozesse werden relevant.

Philipp (2013) nutzt die Schlussformen nach Peirce zur allgemeinen Beschreibung der experimentellen Denkprozesse, während in dieser Forschungsarbeit explizit aufgezeigt wird, dass die Schlussformen das komplexe Zusammenspiel von Entdecken, Prüfen und Begründen innerhalb experimenteller Prozesse von Schüler*innen und Student*innen auffangen können. Hierzu müssen die Prozesse mit den Schlussformen rekonstruiert werden.

In Kapitel 3 dieser Arbeit wurden zentrale Denk- und Arbeitsweisen experimenteller Prozesse herausgestellt: Das Fragen und hypothetische Antworten, das Vorhersagen, das Beobachten von experimentell erzeugten Daten, das direkte oder indirekte Prüfen und das Deuten der Beobachtungen. Diese Stellschrauben werden im Modell von Philipp (2013) nicht explizit aufgegriffen. In der vorliegenden Forschungsarbeit werden mathematische Lernprozesse mittels dieser naturwissenschaftlichen Begrifflichkeiten analysiert. Eine analytische Trennung zwischen den „Räumen" gemäß Philipp (2013) wird nicht vorgenommen, da aus erkenntnistheoretischer Sicht eine solche Trennung zwischen Beispielen und Hypothesen nicht ratsam ist. Denn die Analyse des komplexen Zusammenspiels von Hypothese, Vorhersage, Experiment, Beobachtung, Prüfung und Deutung ist ein Kernpunkt der vorliegenden Arbeit.

Philipp (2013) gibt Medawars (1969) Arten von Experimenten wieder. Diese Arten wurden in Abschnitt 3.3 dieser Arbeit ausgeführt und werden in den Analysen (s. Kapitel 7) voneinander differenziert, um die unterschiedlichen Erkenntnisprozesse untersuchen zu können. Aus dieser Betrachtung rückt u. a. – im Gegensatz zu Philipp (2013) – auch das Deduktive in den Fokus: der Experimentierplan als deduktive Vorhersage, der hypothetisch-deduktive Prüfprozess und dessen Ausführung, Gedankenexperimente sowie auch die Beziehung zum Begründen. Letzteres bedeutet, dass untersucht wird, wann experimentelle Prozesse bereits Elemente einer Begründung beinhalten und wann Lernende aus experimentellen Prozessen ,ausbrechen'.

4.3.2 Begründen und Experimentieren

Nachfolgend werden Forschungsbeiträge zum Thema „Teaching mathematical proofs that rely on ideas from physics" vorgestellt (Hanna, Jahnke, DeBruyn & Lomas, 2001; vgl. auch z. B. Hanna & Jahnke, 2002a; Hanna & Jahnke, 2002b; Hanna & Jahnke, 2003). Die Autor*innen behandeln in dieser Studie physikalische Theoreme, die wie mathematische Sätze (hier geometrische Sätze) in Beweisen verwendet werden (Hanna & Jahnke, 2002b, S. 39). Sie grenzen ihre Arbeit gezielt von physikalischen Realisierungen mathematischer Konzepte ab (ebd.). Als Beispiel dafür nennen sie die rechteckige Anordnung von Steinen und die Drehung dieser Anordnung, um das Kommutativgesetz der Multiplikation zu begründen (ebd.).

Damit fokussiert die Studie die Deutungen der empirischen Daten und das Formen eines anschließenden Beweises und weniger das empirische Experiment. Hanna und Jahnke (2002a) legen folgendes Beweisverständnis dieser Studie zugrunde: „The very notion of proof is tied to the notion of theory (and here we use ‚theory,' of course, in the sense of ‚systematic structure')" (S. 2). Da in der Schule für die Lehrperson größtenteils ein vollständiges euklidisches System implizit zugrunde liegt, den Schüler*innen dieses System allerdings grundsätzlich nicht transparent ist, erscheint die „systematic structure"(ebd.) meist willkürlich für die Lernenden (ebd.). Hanna und Jahnke (2002a, S. 3) verfolgen deshalb eine Explizierung von Theorien im Sinne lokaler Ordnungen (s Abschnitt 2.1.2): „As we develop the notion of proof in the classroom, then, we must also develop the notion of a theory" (Hanna & Jahnke, 2002a, S. 2). Dabei legen sie den Fokus in dieser Studie eher auf physikalische als auf mathematische Argumente. Um den inhaltlichen Unterschied zwischen physikalischen und mathematischen Argumenten zu verdeutlichen, werden diese (und nicht die vollständigen Beweise) aus der Studie für den dort thematisierten Zusammenhang in Tabelle 4.3 gegenübergestellt.

Tabelle 4.3 Gegenüberstellung von physikalischen und geometrischen Aussagen, zusammengestellt aus Hanna & Jahnke (2002a, 2003)

Zusammenhang: Die Seitenhalbierenden im Dreieck schneiden sich in einem Punkt. Dieser Schnittpunkt teilt die Seitenhalbierende jeweils in einem Verhältnis 1:2 (Hanna & Jahnke, 2002a, S. 5).	
Physikalische Argumente zur Begründung des Zusammenhangs	**Geometrische Argumente zur Begründung des Zusammenhangs**
„*Postulate 1: In any system of masses, the position of the centre of gravity of the system depends on the [...] position of the masses; in particular the centre of gravity of a system of two masses lies on the straight line joining these masses and its distance from each mass is inversely proportional to that mass.* *Postulate 2: Any system of masses has only one centre of gravity.* *Postulate 3: In any system of masses, if any two individual masses are replaced by a single mass equal to the sum of the two masses and positioned at their centre of gravity, the location of the centre of gravity of the total system remains unchanged.*" (Hanna & Jahnke, 2003, S. 35, Hervorh. im Original)	„Using geometrical arguments, given Δ ABC with medians BE and CF intersecting at G. a) Prove EF:CB = 1:2 b) Prove EF ‖ CB c) Prove Δ EFG ~ Δ BCG d) Prove EG:GB = FG:GC = 1:2" (Hanna & Jahnke, 2002a, S. 5)

Begriffe wie *Schwerpunkt* (*centre of gravity*) oder *Massen* (*masses*) in der linken Spalte werden in der rechten Spalte nicht gewählt, sondern es wird auf mathematische Zeichen referiert, die eher Begriffe wie Parallelität (EF ∥ CB), Verhältnisse (EF:CB = 1:2) sowie Ähnlichkeiten (Δ EFG ~ Δ BCG) implizieren. Demnach wird im Kontext mathematischer Argumente ein anderes Begriffsnetz einbezogen, als bei den physikalischen Argumenten. Eine Besonderheit ist allerdings, dass die Autorenschaft den Aufbau einer Theorie bei Lernenden (hier vor allem im Bereich Geometrie) im Mathematikunterricht mit dem Aufbau physikalischer Theorien vergleicht, wodurch auch eine stärkere Fokussierung auf physikalische Argumente im Mathematikunterricht legitimiert wird:

> „For the students, the epistemological situation is similar to that of a physicist. No physicist will believe in a statement simply because it has been proved mathematically. He will test it by measuring, of course. Mathematical proofs are essential in physics nevertheless, because they connect the empirical statements. A theory of physics is a network of measurements and laws connected by proof. […] In educational terms, one could say that this method teaches geometry like a theory of physics." (Hanna & Jahnke, 2002a, S. 3)

Die genannte Studie zielt auf den Aufbau einer lokalen Theorie anhand von empirischen Prüfungen physikalischer Postulate (u. a. das Hebelgesetz, s. Tab. 4.3) und der Ordnung dieser zum Beweis mathematischer Zusammenhänge.

Welche Experiment-Definition legen Hanna und Jahnke (2002b) dieser Studie zugrunde?

> „[…] experimental mathematics does not stand in opposition to proof. On the contrary, it is closely aligned with it. If experimental work is aimed at real observation, it has to be intelligent. Therefore, it requires the building of models, the invention of arguments to the question 'why', the study of consequences from assumptions, etc." (Hanna & Jahnke, 2002b, S. 43)

Im Zitat wird herausgestellt, dass sich experimentelle Mathematik über ein Wechselspiel aus theoretischen Erklärungen (*why*) und empirischen Beobachtungen aus der realen Welt (*real observation*) auszeichnet (vergleichbar mit der experimentellen Methode aus Abschnitt 3.3.1). An anderen Stellen grenzen Hanna et. al. (2001, S. 185) und Hanna und Jahnke (2002b, S. 40) dieses Vorgehen auch von der experimentellen Mathematik ab, die anhand von Computerarbeiten auf allgemeine Zusammenhänge zielt. Im Gegensatz zu Philipp (2013) fokussiert die Autorenschaft hier einen stärkeren theoriegeleiteten und -integrierenden Experimentbegriff. Sie wenden die Physik in ihren konkreten Experimenten und Theorien an, damit Schüler*innen ihre Argumentationsbasis und Argumentationsausführungen erweitern und einen eleganten und möglichst inhaltlich verständlichen Beweis für sich finden (Hanna & Jahnke, 2002b, S. 40). In ihrer Studie wurden zwei Unterrichtseinheiten in einer 12. Klasse in Ontario (Kanada) mit 25 Schüler*innen zwischen 15 und 18 Jahren durchgeführt (Hanna et al., 2001, S. 185).

Zur Studie: In der ersten Einheit wurde ein Lineal von der Lehrperson mittig gestützt und darauf wurden Massen verschiedentlich lokalisiert (Hanna et al., 2001, S. 186). Die Lehrperson dokumentierte mit den Schüler*innen die Lagen und Massen (ebd.). Diese wurden tabellarisch festgehalten und daran das Hebelgesetz (Postulat 1, s. Tab. 4.3, linke Spalte) entdeckt (ebd.).

Im Fokus der zweiten Stunde standen das zweite und dritte physikalische Postulat zum Begriff des Schwerpunkts (s. Tab. 4.3, linke Spalte), welche von den Schüler*innen experimentell erarbeitet wurden (ebd., S. 186). Dafür erhielten sie Acryldreiecke mit Schlaufen an den Ecken und den Mittelpunkten der Seiten, einen abwaschbaren Stift, einen dünnen Stab und Massen, sodass der Ausgleichspunkt gefunden, variiert, geprüft und anschließend bewiesen werden konnte (Hanna et al., 2001, S. 187).

Nach der Sitzung sollten die Teilnehmenden u. a. einen mathematischen und einen physikalischen Beweis mit den Argumenten aus Tabelle 4.3 ausführen und beantworten, welche Argumente für sie leichter verständlich bzw. hilfreicher waren: Argumente aus der Physik (vgl. Tab. 4.3, linke Spalte) oder aus der Geometrie (vgl. Tab. 4.3, rechte Spalte).

Die Umfrage des Vergleichs von physikalischen und geometrischen Argumenten ergibt u. a. folgende Ergebnisse: Deutlich wird, dass die Beweise mit den physikalischen Postulaten inhaltlich verständlicher zu sein scheinen, als die geometrischen Beweise (Hanna et al., 2001, S. 188). Zu unterstreichen ist allerdings, dass die Verständlichkeit eines Beweises nicht unbedingt mit einem Einprägen des Beweises korreliert (ebd.). Die Auswertung der Vervollständigung der Beweise hat u. a. ergeben, dass Schüler*innen das Experiment (das Sichtbare) als Teil des Beweises ansahen und damit anscheinend der Unterschied eines Beweises mittels physikalischer Argumente und einer informellen Begründung nicht deutlich wurde: „many students felt that the experiments were *part* of the proof" (Hanna et al., 2001, S. 190, Hervorh. im Original). Festzuhalten ist aus dieser Studie, dass Experimente ein mathematisch-inhaltliches Verständnis liefern können, die Theoreme aus den Experimenten allerdings eher naiv und weniger formal verwendet werden.

Relevanz für die vorliegende Arbeit
In der vorgestellten Studie dienten Experimente vordergründig der Erarbeitung von theoretischen Elementen, um diese für einen Beweis nutzbar zu machen. Für die vorliegende Arbeit wird auf die Erkenntnis aus der obigen Studie zurückgegriffen, dass Experimente helfen können, inhaltliches Verständnis der theoretischen Elemente zu vermitteln, dass allerdings auch die Trennung zwischen Beweis und Experiment herausfordernd ist. Das Herausarbeiten der Verbindung von Beweis und Experiment wird Kern dieser Arbeit sein.

Zudem profitiert die vorliegende Forschungsarbeit von dem Zusammenhang zwischen Beweis und Theorie, der von Hanna und Jahnke (2002a) vorgestellt wird. In der Studie von Hanna et al. (2001) wurden explizit physikalische Theorien behandelt. Auch in dieser Forschungsarbeit werden die theoretischen Elemente einer Erklärung relevant, die für einen mathematischen Beweis verfestigt werden können (vgl. auch Entdeckung mit latenter Beweisidee, s. Abschnitt 2.2.4). Im Gegensatz zur oben beschriebenen Studie können dagegen die Teilnehmer*innen in diesem Fall auf ihre bisherigen Theorien zurückgreifen. Diese Theorien müssen nicht notwendig physikalische sein.

Der Aufbau der Experimente wurde von Hanna et al. (2001) vorgegeben. Bedeutsam ist für sie damit die Theorieerweiterung durch die festgelegten Experimente. In der vorliegenden Forschungsarbeit wird das Zusammenspiel von Theorie und Empirie zum Erkenntnisgewinn hervorgehoben. Hierbei wird der Fokus darauf liegen, wie die Teilnehmer*innen Theorie und Empirie nutzen und aufeinander beziehen und wie sich dadurch experimentelle Prozesse verändern.

Positionierung:
In diesem Kapitel wurde ein Spektrum an Betrachtungsweisen auf experimentelle Prozesse im Mathematikunterricht aufgezeigt. Vorgestellt wurden Arbeiten, die einen stark begriffsbildenden Schwerpunkt einnehmen, die einen inhaltlichen Schwerpunkt legen und die stark mathematische, außermathematische oder simulierende Experimente einsetzten. Einzelne Phasen des Experimentierens beim Mathematiklernen konnten herausgestellt werden (u. a. wie das Fragenaufstellen, Hypothesengenerierung, Planung und Ausführung, Beobachtung, Auswertung, Strukturierung der Daten). In den letzten beiden Abschnitten wurde vor allem das Entdecken (innermathematische Zusammenhänge aufstellen) und Begründen (Postulate aus Experimenten zum Begründen nutzen) fokussiert. In dieses Spannungsfeld wird die vorliegende Arbeit positioniert.

Es folgen nun Gründe für das in dieser Arbeit etablierte Begriffsnetz:

1. Die Verfasserin dieser Arbeit ist in die interpretative Unterrichtsforschung der Mathematikdidaktik sozialisiert. D. h. das Interesse liegt in der Rekonstruktion von Aushandlungsprozessen von Bedeutungen (mehr dazu s. Kapitel 6). Das erarbeitete Analyseinstrument sollte zur Rekonstruktion dieser Prozesse geeignet sein. In der interpretativen Unterrichtsforschung hat sich dazu die Anwendung der Schlussformen Abduktion, Deduktion und Induktion mehrfach bewährt (s. Abschnitt 2.2).

2. Da Lernende tendenziell andere Bedeutungen den Aufgaben zuschreiben, als von dem*der Aufgabensteller*in intendiert (s. ebenfalls Kapitel 6), sind die Aushandlungsprozesse offen. Das heißt auch, dass die Objekte ihre Bedeutung erst in der Interaktion erhalten, weshalb sich diese Arbeit nicht einer Kategorie wie innermathematischen-, simulierenden- oder außermathematischen Experimenten zuordnen kann. Vielmehr wird ein Analysewerkzeug gebraucht, das einen Wechsel zwischen den beschriebenen Kategorien erlaubt.

3. Auch in dieser Arbeit hat sich die Theorie durch die Empirie erweitert, angepasst und modifiziert (so wie die Naturwissenschaften auch auf Theorie angewiesen sind, die empirische Phänomene erklären sollen). Der ganze Theoriegenerierungsprozess dieser Forschungsarbeit ist von kleineren empirischen Erhebungen durchzogen, an denen sich das Theoriegerüst zu bewähren hatte. Die empirischen Phänomene haben damit Modifikationen der Theorie erzwungen, woraus das vorgestellte Begriffsnetz resultierte.

4. Als Theoriegrundlage zum Experimentieren soll sich stärker an den Naturwissenschaften orientiert werden als an der Mathematikdidaktik. Vor allem sollten die Beziehungen zwischen den Denk- und Arbeitsweisen in den unterschiedlichen Prozessen stärker herausgestellt werden, um deren Veränderungen rekonstruieren zu können. Maßgeblich werden folgende Veränderungen in den empirischen Daten ersichtlich: Es ergeben sich von der Theorie geformte und an empirischen Daten abgeglichene Prozesse. Sie verlaufen folglich gemäß der experimentellen Methode (s. Abschnitt 3.3.1). Die Betrachtung der Veränderungen der naturwissenschaftlichen Denk- und Arbeitsweisen ermöglicht es also, experimentelle Methoden zu rekonstruieren, denen bisher wenig Beachtung in der mathematikdidaktischen Forschungslandschaft zum Experimentieren zukam. Da naturwissenschaftsdidaktische Arbeiten sich mit genau dieser Methode beschäftigen (s. Kapitel 3), wird hier der Bezug zu den Naturwissenschaften zur Erarbeitung eines passenden Analysewerkzeugs unerlässlich. Die Fokussierung

einer experimentellen Methode stellt sich allein deshalb als gewinnbringend heraus, da damit der Prozess von einem Experimentieren zum Begründen fokussiert und sich somit in diese Forschungslücke positioniert werden kann.

Folgende Forschungsschwerpunkte lassen sich für diese Arbeit präzisieren: Zum einen wird das inhaltliche Zusammenspiel von Theorie und Empirie relevant. Fokussiert wird die Koordination der naturwissenschaftlichen Denk- und Arbeitsweisen, von Frage, Hypothese, Vorhersage, Experiment, Beobachtung, Prüfung und Deutung. Dabei wird analysiert, inwiefern sich theoretische Elemente einer möglichen Begründung auffinden lassen und wann aus einem solchen Experimentierprozess ‚ausgebrochen' wird. Darüber hinaus lassen sich dadurch unterschiedliche experimentelle Prozesse unterscheiden (s. Abschnitt 3.3). Relevant werden zum anderen Übergänge von explorativen, zu theoriegeleiteten, zu stabilisierenden Experimenten, die sowohl real als auch gedanklich ausgeführt werden können.

Entwicklung eines Analysewerkzeugs naturwissenschaftlicher Denk- und Arbeitsweisen beim Mathematiklernen

5

In diesem Kapitel wird ein Begriffsnetz erarbeitet, das zur Rekonstruktion von experimentellen Prozessen beim Mathematiklernen genutzt werden kann. Ein Ziel der Arbeit ist es, aus der Analyse mittels naturwissenschaftlicher Denk- und Arbeitsweisen, Erkenntnisse über mathematische Lernprozesse zu gewinnen. Hierzu werden zunächst Analogien zwischen den Schlussformen Abduktion, Deduktion und Induktion, den mathematikspezifischen Tätigkeiten und den naturwissenschaftlichen Denk- und Arbeitsweisen herausgestellt (s. Abschnitt 5.1). Diese werden anschließend anhand einer Analyse zweier, aus der Literatur entnommenen, Lösungsprozesse mathematischer Problemlöseaufgaben ausgeschärft, um Möglichkeiten und Grenzen experimentellen Arbeitens im Mathematikunterricht aufzuzeigen und das Analysewerkzeug dieser Forschungsarbeit zu präsentieren (s. Abschnitt 5.2). Wenn im weiteren Verlauf von einer *naturwissenschaftlichen Perspektive* die Rede ist, dann wird sich auf genau dieses Analysewerkzeug gestützt. Mit anderen Worten: Die Mathematik wird damit nicht ausgeschlossen.

Als Analysebeispiele aus der begleitenden Studie werden in Kapitel 7 vornehmlich geometrische Aufgaben dargestellt. Dass die Begriffe dieser Arbeit allerdings nicht an den inhaltlichen Schwerpunkt Geometrie gebunden sind, zeigt ebenfalls Abschnitt 5.2.

5.1 Mathematische Lernprozesse und deren Analogien zu naturwissenschaftlichen Denk- und Arbeitsweisen

Bei der Betrachtung von Analogien zwischen den Wissenschaften, könnte die Frage gestellt werden, in welchem Verhältnis diese zueinanderstehen: Kommen

© Der/die Autor(en), exklusiv lizenziert durch Springer Fachmedien Wiesbaden GmbH, ein Teil von Springer Nature 2021
J. Rey, *Experimentieren und Begründen*, Kölner Beiträge zur Didaktik der Mathematik, https://doi.org/10.1007/978-3-658-35330-8_5

in den Naturwissenschaften mathematische Konzepte zum Tragen oder werden in der Mathematik naturwissenschaftliche Repräsentationen verwendet? In dieser Arbeit soll keine Hierarchie zwischen Mathematik und Naturwissenschaft aufgestellt werden. Stattdessen werden auf der Grundlage von Veröffentlichungen aus der Mathematikdidaktik bzw. den Naturwissenschaften ‚ungerichtete' Analogien zwischen den mathematischen und naturwissenschaftlichen Erkenntnisprozessen beschrieben.

In der Schule wird Mathematik durch Handlungen mit empirischen Objekten (z. B. einer Menge an Plättchen zur unterrichtlichen Behandlung von Zahlen) und realen Zusammenhängen (z. B. in Form von Modellierungsaufgaben) erfahren. Damit kommt das Lernen mathematischer Inhalte den naturwissenschaftlichen Arbeitsweisen nahe (Struve, 1990). Es kann daher hilfreich sein, mathematische Lernprozesse mit naturwissenschaftlichen Denk- und Arbeitsweisen zu analysieren, wie es beispielsweise Philipp (2013) bereits vollzogen hat (vgl. Abschnitt 4.3.1). In Abschnitt 2.1 wurden mathematikdidaktische Prinzipien vorgestellt, die, ohne sie explizit zu benennen, mit naturwissenschaftlichen Methoden vergleichbar sind. Im nachfolgenden Abschnitt wird die in den letzten Kapiteln implizit beschriebene Ähnlichkeit zwischen (Schul-)Mathematik und den Naturwissenschaften, wie sie an der (Hoch-)Schule praktiziert werden, expliziert. Letzteres ist an einen weitgehenden Konsens über Erkenntniswege von Naturwissenschaftler*innen für den schulischen Kontext orientiert (s. Kapitel 3).

Im Folgenden wird eine Gegenüberstellung von exemplarischen Fragen aus dem Bereich der Mathematik und Chemie geleistet, welche bereits im Rahmen dieser Arbeit thematisiert wurden. Dieser direkte Vergleich dient der Erarbeitung von Analogien.

Tabelle 5.1 Gegenüberstellung von möglichen chemischen und mathematischen Fragen der Lernenden

Mathematische Frage	Chemische Frage
Können sich Mittelsenkrechten eines Dreiecks in einem Mittelpunkt einer Dreiecksseite schneiden? • Wenn Ja: Unter welchen Bedingungen? • Wenn Nein: Warum nicht?	Kann Kalk im Wasserkocher entfernt werden? • Wenn Ja: Unter welchen Bedingungen? • Wenn Nein: Warum nicht?
Warum schneiden sich Mittelsenkrechten bei rechtwinkligen Dreiecken im Mittelpunkt einer Dreiecksseite?	Warum entfernt Essigsäure Kalk im Wasserkocher?

5.1.1 Analogien in den Fragen und hypothetischen Erklärungen

Die Gegenüberstellung aus Tabelle 5.1 zeigt bereits, dass in der Mathematik sowie in den Naturwissenschaften (hier stellvertretend in der Chemie) ähnliche Fragen gestellt werden können. Die Fragen, im Rahmen eines experimentellen Settings, sollten *auf Erkenntniserweiterungen aus sein*, also nicht in der Art: „Hast du das Dreieck heute gezeichnet?" oder „Welche Farbe hat der Wasserkocher?", die eine Einmaligkeit intendieren.

In Kapitel 3 wurden Fragen nach Bedingungen von Warum-Fragen unterschieden. Die erste Frage in der Tabelle 5.1 zielt auf das Suchen nach Bedingungen der Zusammenhänge, die zweite nach deren Erklärungen. Werden im Mathematikunterricht Fragen nach Auffälligkeiten (z. B. bei dem schönen Päckchen aus Abschnitt 2.1.1) oder wie in Tabelle 5.1 nach Bedingungen gestellt, handelt es sich eher um Erkundungsfragen. Um die Zufälligkeit eines Ereignisses wie des Schnittpunktes auszuschließen (vgl. Abb. 2.1), wird im Mathematikunterricht wie auch in den Naturwissenschaften eine Erklärung gefordert.

Die aufgezeigten, den unterschiedlichen Arten des Fragens innewohnenden, Analogien bedeuten nicht, dass das Fragen der Wissenschaften und deren Didaktiken immer gleichgeartet ist: Im Mathematikunterricht wird beispielsweise häufig die Frage nach der Allgemeingültigkeit eines Zusammenhangs gestellt (Gilt der Zusammenhang immer?), was im naturwissenschaftlichen Unterricht unüblich ist (es sei denn, man möchte explizieren, dass naturwissenschaftliche Erkenntnisse vorläufig sind (vgl. N. G. Lederman, 2007, S. 834)).

Die Antworten auf die Fragen sind im empirisch-naturwissenschaftlichen Kontext ausschließlich hypothetischer Art. Im Mathematikunterricht kann beispielsweise eine Antwort auf die Frage „Was fällt dir auf?" ebenfalls hypothetisch sein (s. Abschnitt 2.1.1). Die Abduktionstheorie kann diese Art von Antworten einfangen, abhängig davon, welche Art von Gesetz herangezogen wird (s. Abschnitt 2.2.1). Es folgen nun direkte Vergleiche zwischen abduktiven Erklärungen zu dem aus der Chemie betrachteten Phänomen eines verkalkten Wasserkochers und dem Phänomen der Schnittpunktlage der Mittelsenkrechten im Dreieck (s. Tab. 5.1). Bei *unter- und übercodierten Abduktionen* gemäß Eco (1983/1985) liegen bereits Gesetze vor, die zur Erklärung herangezogen werden können, weshalb vor allem die Passung von Gesetz und Fall hypothetisch sein könnte. Diese Art von Hypothese wird in der vorliegenden Forschungsarbeit angelehnt an Meyer (2015) als *Passungshypothese* bezeichnet (s. Abschnitt 2.2.1).

Bezogen auf das chemische Beispiel in Tabelle 5.1 könnten dies z. B. Erkenntnisse über Eigenschaften verschiedener Salze wie die Löslichkeit oder Erkenntnisse über verschiedene Reaktionsarten sein. Bezogen auf das mathematische Beispiel (s. Tab. 5.1) könnten Erkenntnisse über verschiedene Dreiecke und den Ortslinien im Dreieck zur Erklärung herangezogen werden. Bei *untercodierten Abduktionen* wären potenziell mehrere Gesetze zur Erklärung der Phänomene möglich:

- Angenommen die Situation des verkalkten Wasserkochers liegt vor und die Frage ist, unter welchen Bedingungen der weiße Belag im Wasserkocher entfernt werden kann. Auf der Suche nach Möglichkeiten der Entfernung des Belages können sowohl basische Lösemittel (was zu falsifizieren wäre) als auch saure (was zu bestärken wäre) zur Testung infrage kommen.
- Angenommen im mathematischen Beispiel aus Tabelle 5.1 hätten die Lernenden zufällig die gesuchte Situation bei einem gleichschenkligen und rechtwinkligen Dreieck vorliegen. Nun könnten sie beispielsweise sowohl die Rechtwinkligkeit (was bestärkt werden könnte) als auch die Gleichschenkligkeit (was falsifiziert werden müsste) als Ursache für die Lage des Schnittpunktes annehmen.

Diese jeweils konkurrierenden Gesetze zur Klärung der Fragestellung können empirisch orientiert als auch theoriegeleitet herangezogen werden. Bei einer *übercodierten Abduktion* ergibt sich das Gesetz zur Klärung des Phänomens automatisch:

- Bezogen auf das chemische Beispiel könnte naheliegend sein, eine Reaktion mit einer Säure (und eine Nicht-Reaktion mit einer Lauge) als eine Säure-Base-Reaktion zu erklären.
- Im Beispiel des Dreiecks könnte naheliegend sein, die Lage des Schnittpunktes mit dem 90°-Winkel zu erklären.

Zu prüfen ist, ob die vorgenommene Verortung des Phänomens in die Theorie passt oder nicht. Bei einer *kreativen Abduktion* gemäß Eco (1983/1985) werden neue Gesetze gesucht. Das heißt, zu Beginn könnten dabei auch Fälle bzw. Ursachen von Phänomenen exploriert werden. Möglich wäre allerdings auch, innerhalb einer bestehenden Theorie neue Erklärungsgrundlagen zu generieren. Sobald neue Gesetze generiert werden, liegt es nahe, dass diese Gesetze vorerst generell hypothetisch sind und damit *Gesetzeshypothesen* darstellen (s. Abschnitt 2.2.1):

- Bekannt sein könnte, dass Zitronensäure den weißen Belag im Wasserkocher entfernt. Ein neu generiertes Gesetz wäre z. B. das Gesetz, dass alle stärkeren Säuren als Kohlensäure (die Säure des vorliegenden Salzes) zur Lösung des weißen Belags tendenziell verwendet werden können.
- Bezogen auf das mathematische Beispiel wäre eventuell der Satz des Thales bekannt. Neu entdeckt werden könnte, dass der Schnittpunkt der Mittelsenkrechten im Dreieck der Umkreismittelpunkt ist.

Ich möchte diesen Abschnitt pointiert zusammenfassen: *Hypothetische Antworten sind nicht alle auf gleiche Art hypothetisch, sondern sie können sowohl auf bewährte als auch neue Gesetze für Mathematiklernende oder Naturwissenschaftler*innen beruhen.*

5.1.2 Analogien in den Objekten und Handlungen

Wenn in der Chemie z. B. etwas über Kalk gelernt werden soll (s. Tab. 5.1), dann wird der Kalk im Wasserkocher ‚befragt‘ und nicht in erster Linie dessen symbolische ($CaCO_3$) oder modellhafte Abstrahierung (z. B. ein Modell des Ionengitters) (vgl. Johnstone, 1991, S. 78). Was ist allerdings „die Natur" der Mathematik? Dies ist eine philosophische Frage, zu der es unterschiedliche Antworten gibt. In dieser Arbeit wird folgende Perspektive verfolgt:

Die Fachmathematik gibt in Definitionen vor, wie sich Objekte zu verhalten haben, sodass eine deduktive Struktur aufgebaut werden kann, in der festgeschrieben ist, wie sich die Objekte unter weiteren Voraussetzungen verhalten (vgl. Abschnitt 2.1.2; Reiners et al., 2018). Die herangezogenen Phänomene dienen dann der Exemplifizierung der Verhaltensweisen der Objekte. Erscheint dem*der Fachmathematiker*in das Phänomen unpassend zur Exemplifizierung der Theorie, so muss dies nicht an der deduktiv aufgebauten Theorie liegen, sondern vorrangig an dem gewählten Phänomen (vgl. Schreiber, 1988, S. 165). Im Unterschied dazu können in den Naturwissenschaften Forschende nicht vorgeben, wie sich die Natur zu verhalten hat (vgl. Abschnitt 3.3.4). Sie sind darauf angewiesen, die Phänomene ernst zu nehmen, um ihre Theorie auf die Probe zu stellen und gegebenenfalls zu modifizieren. Vergleicht man das Verhältnis von Theorie und Empirie in der Fachmathematik mit dem in den Naturwissenschaften, so erkennt man folgenden Unterschied: *Naturwissenschaftler*innen benötigen Theorie, um ihre Phänomene zu verstehen. Fachmathematiker*innen benötigen Phänomene, um ihre Theorie womöglich verständlicher machen zu können.*

Im Mathematikunterricht bzw. im Mathematikbetreiben dagegen liegen Lernenden fachmathematische Definitionen nicht unbedingt explizit vor, sondern sie werden über Realitätsbezüge oder Handlungen mit passenden Repräsentanten angebahnt (vgl. Kapitel 1 und Abschnitt 2.1.2). Hier lässt sich eine Analogie zwischen Mathematiklernen und dem Aufbau einer Naturwissenschaft herausstellen: Sowohl Schüler*innen im Mathematikunterricht als auch Naturwissenschaftler*innen nutzen die vorliegenden Objekte, um etwas über ihr Fach bzw. ihre Wissenschaft zu lernen (vgl. Reiners & Struve, 2011). Objekte sind dabei nicht loszulösen von den Handlungen, die man mit diesen Objekten ausführen kann, denn durch Handlungen werden Eigenschaften vermittelt. Diese Eigenschaften konstituieren den Objektbegriff.

Sobald mathematische Definitionen und Begriffe verstanden und automatisiert sind, können Schüler*innen diese weitergehend anwenden (Deduktionen). Dann können sie auch in Zukunft sicher sein, dass sich die Regeln nicht ändern. Ein Zeitindex spielt in der Mathematik keine Rolle (ausgenommen Definitionen werden verändert): $2 + 2$ bleibt 4. In Naturwissenschaften können sich Naturphänomene potenziell ändern (Kircher, 2015, S. 813, 816), z. B. aufgrund klimatischer Veränderungen.

In Abschnitt 2.1.1 wurde explizit anhand des operativen Prinzips eine Handlungsorientierung im Mathematikunterricht herausgestellt. Diese Handlungen verlaufen ähnlich wie ein Experiment in den Naturwissenschaften: Sie sind von einer Fragestellung der Form ‚Was passiert mit den Objekten, wenn ...‘ geleitet. Die Fragestellung ist auf eine Beobachtung der Wirkung ausgerichtet. Sowohl im Mathematikunterricht als auch in den Naturwissenschaften werden Handlungen variiert, um (mathematische oder naturwissenschaftliche) Zusammenhänge zu ermitteln und anschließend mittels operativer Beweise (im Mathematikunterricht) bzw. Erklärungen der Wirkungen (in den Naturwissenschaften) zu belegen und somit zu bekräftigen. Ein Unterschied zwischen Mathematik(lernen) und empirischen Naturwissenschaften ist, dass (einzelne) Handlungsschritte während experimenteller Prozesse in der Mathematik deduzierend ausgeführt werden können. In den Naturwissenschaften sollte die theoretische Reflexion erst in der Deutung der Daten stattfinden (s. Abschnitt 3.2.2), also nach der Handlung. Sofern in den empirischen Naturwissenschaften ein Experiment gedanklich ausgeführt wird, so muss dieses noch in der Realität überprüft werden (s. Abschnitt 3.3.4). Am Beispiel aus Tabelle 5.1 expliziert: Wenn Essigsäure in den Wasserkocher mit Kalk gegeben wird, dann ergibt sich die Reaktion bzw. Wirkung durch das Experiment. Chemische Reaktionen spielen hierbei eine Rolle, die nicht von dem*der Experimentierenden deduziert werden. Stattdessen ‚antwortet‘ die ‚gefragte Natur‘ (vgl. Kant, KrV, s. Abschnitt 3.1).

Eine andere eher theoriegeleitete Herangehensweise wurde in den Naturwissenschaften in Abschnitt 3.3.1 als *experimentelle Methode* beschrieben. In der Mathematik(didaktik) kann dieses theoretische Herangehen mit Lakatos' (1976/1979) Vorgehen (s. Abschnitt 2.1.2) verglichen werden, der beschreibt, wie theoretische Prozesse durch geschickt eingesetzte Beispiele kritisiert werden, weshalb man in Zugzwang steht, seine Hypothesen anzupassen. Jahnke (2009) (s. Abschnitt 2.2.3) beschreibt ein theoretisch motiviertes, experimentelles Vorgehen für die Schule. Dass dieses Vorgehen in der Schule nicht immer derart explizit versprachlicht wird wie bei Jahnke (2009) oder Lakatos (1976/1979), plausibilisiert sich an den *Entdeckungen und Prüfungen mit latenten Beweisideen* nach Meyer (2015, s. Abschnitt 2.2.4).

5.1.3 Analogien in der Theorienutzung

In Abschnitt 2.1.2 wurde herausgestellt, dass bei publizierten Beweisen der Fachmathematik besonders auf den deduktiven Aufbau geachtet wird. Im Rahmen der vollständigen Induktion (s. Abschnitt 2.2.3) hat die Mathematik ihren Anfang festgelegt (z. B. bei 1). Sie kann sogar zeigen, dass eine Eigenschaft ausgehend von ihrem Anfang auf den jeweiligen Nachfolger ,vererbt' wird. Die Naturwissenschaften (sofern es nicht die rein theoretischen Naturwissenschaften sind) müssen jedes einzelne Experiment ernst nehmen und das zu Beobachtende muss sich einstellen, d. h. man hat die empirischen Daten abzuwarten (s. Abschnitt 3.2.2). Auf das Beispiel aus Tabelle 5.1 bezogen: Dass Säuren Kalk entfernen, hat sich auch an Verkalkungen einer Kaffeemaschine oder an Verkalkungen am Wasserhahn im Badezimmer zu bestärken. *Naturwissenschaftler*innen können daher die Erblichkeit auf den nächsten Fall mittels ihrer Theorie vorhersagen, allerdings nicht beweisen (s. Abschnitt 3.2.1).*

Schüler*innen im Mathematikunterricht lernen kein Axiomensystem, sondern sie haben ihre Zusammenhänge innerhalb bestimmter mathematischer Themen selber zu erarbeiten (s. Abschnitt 2.1.2). Wenn die betrachteten Phänomene sich anders verhalten als mittels theoretischer Elemente vorhergesagt, so sollte auch in mathematischen Lernprozessen die eigene Theorie modifiziert werden, d. h. auch hier finden Prüfprozesse statt. Innerhalb solcher mathematischen Lernprozesse könnte also ein *vergleichbarer Anpassungsprozess von Theorie und Empirie* stattfinden, wie in Kapitel 3 beschrieben.

Ziel ist, sowohl in der Mathematik als auch in den Naturwissenschaften, *eine Ordnung* (s. Abschnitt 4.3.2) einzubringen. Im Mathematikunterricht wird

dabei Wert auf eine *lokale Ordnung* gelegt (s. Abschnitt 2.1.2): Mathematiklernende können mathematische Zusammenhänge (in Form von für ihn*sie gültigen
Gesetzen) in einen deduktiven Aufbau ordnen. Diese Zusammenhänge werden
im Mathematikunterricht meist über empirische Bezüge gewonnen, sodass die
Ordnung von Mathematiklernenden auch mit der aus den empirischen Naturwissenschaften vergleichbar sein kann (vgl. Abschnitt 4.3.2). In den empirischen Naturwissenschaften werden um die Phänomene Theorien angeordnet, die
diese Phänomene erklären und wodurch Vorhersagen über Verhaltensweisen der
Objekte getätigt werden können. Wichtig wird in den Naturwissenschaften der
ständige Rückbezug von der Empirie auf die jeweilige Hypothese und die kritische Grundhaltung (quasi-empirisch, d. h. die Bereitschaft die Hypothesen zu
entkräften, s. Abschnitt 2.1.2 oder Abb. 3.4). In der Mathematik kann dieser
Rückbezug stattfinden, allerdings aufgrund der Ordnung der Gesetze auch ausbleiben (quasi-euklidisch, s. Abschnitt 2.1.2), Mathematikbetreibende können auch
ausschließlich begründen (vgl. Abschnitt 2.1.2).

Relevanz für die vorliegende Arbeit
Der obige Abschnitt hat die Gemeinsamkeiten und Unterschiede, die sich bereits
in den letzten Kapiteln angedeutet haben, kompakt zusammengefasst. Es konnten
Analogien zwischen dem Fragen und hypothetischen Antworten, dem Erarbeiten der
Objekte, dem Handeln sowie zwischen Prüf- und Anpassungsprozessen festgestellt
werden, auch wenn für Mathematiklernende die Möglichkeit zum ausschließlich
theoretischen Arbeiten zu jeder Zeit besteht. Da sich sowohl die Arten der Ausführung der Handlungen als auch die Reflexion der Handlungen ähneln können, werden
im Weiteren die Analogien genutzt, um ein Werkzeug zur Rekonstruktion der sich
in mathematischen Lernprozessen zeigenden naturwissenschaftlichen Denk- und
Arbeitsweisen zu erstellen.

5.2   Ein Prozessmodell zur Analyse naturwissenschaftlicher Denk- und Arbeitsweisen beim Mathematiklernen

Im Folgenden werden zwei Lösungsprozesse mathematischer Problemlöseaufgaben von Daniel Grieser (2017, S. 13–15; 138–145) betrachtet und vor dem
Hintergrund naturwissenschaftlicher Denk- und Arbeitsweisen sowie naturwissenschaftlicher Prozesse (s. Kapitel 3) diskutiert, um die Nutzung der Begrifflichkeiten in der Analyse zu verdeutlichen. Ebenfalls werden Abduktionen, Deduktionen

und Induktionen gemäß Meyer (2007, 2015) rekonstruiert, um zum einen empirische und theoretische Elemente des Prozesses zu behandeln und zum anderen das Zusammenspiel der Denk- und Arbeitsweisen zu unterstreichen. Zur kurzen Wiederholung aus Abschnitt 2.2:

- Das Finden von Ursache und Gesetz zu dem erklärungswürdigen Phänomen wird *Entdeckung* genannt. Die Entdeckung ist der kognitive Prozess, der Motor für Erkenntnisprozesse.
- Das an einer Entdeckung Vage wird als *Hypothese* bezeichnet. Dieses Vage kann das Gesetz an sich sein, die Passung von Gesetz und Fall zum erklärungswürdigen Phänomen oder der Fall selbst (Gesetzes-, Passungs- oder Fallhypothese). Das Gesetz der Hypothese kann in der Generierung kreativ neu erarbeitet werden, es kann eines unter mehreren zur Erklärung möglichen bekannten Gesetzen sein oder es kann zwar bekannt, allerdings noch nicht mit diesem Kontext verknüpft sein (übercodierte, untercodierte oder kreative Abduktion).
- Eine *Erklärung* wird als Veröffentlichung der hypothetischen Entdeckung verstanden. Naturwissenschaftlich kann sowohl die Hypothese, als auch die Deutung erklärenden Charakter haben, da diese sich auf die Empirie (das Phänomen, dass die Frage evoziert hat oder die Beobachtungsdaten) beziehen, aber auch gleichzeitig über die Empirie hinausweisen (Mittlerfunktion der Hypothese, s. Abschnitt 3.2.2).
- Deduktionen sind Anwendungen von entdeckten oder vorher bekannten Gesetzen. Durch die Anwendung *bekannter* Gesetze kann das Gesetz der Abduktion *bewiesen* werden. Durch die Anwendung *entdeckter* Gesetze kann eine *Vorhersage* eines möglichen oder notwendigen Resultates gemacht werden, unter der Annahme, dass das Gesetz gültig ist.
- Die *Prüfung als Schluss* (als *Bestärken* oder *Entkräften* des Gesetzes) kann kompakt zusammengefasst als Induktion beschrieben werden. Durch den Vergleich von Vorhersage und tatsächlichen Beobachtungen kann eine Prüfung (im Sinne eines ‚passt' oder ‚passt nicht') stattfinden. Sofern die Konsequenz eine notwendige gewesen wäre und nicht eingetreten ist, liegt eine Deduktion im *Modus tollens* vor. Die Hypothese ist nach logischen Gesichtspunkten falsifiziert.
- Die *Prüfung als Prozess* kann mittels der beiden empirischen Erkenntniswege beschrieben werden. Der eine Erkenntnisweg (Bootstrap-Modell) liefert einen *direkten* Prüfprozess der Hypothese, der andere (hypothetisch-deduktive Ansatz) liefert einen *indirekten* Prüfprozess der Hypothese.

5.2.1   Beispiel zur Verdeutlichung eines direkten Prüfprozesses

Das nachfolgende Beispiel von Grieser (2017) wurde gewählt, weil die hier verwendete präzise Sprache die Anwendung der Begrifflichkeiten erleichtert. Zudem
ist es ein kurzes Beispiel, das zu Beginn ein eher an der Empirie orientiertes
Herangehen beschreibt und zum Schluss theoriegeleitet vorgeht, sodass sich die
Anwendung der bedeutsamen Begriffe dieser Arbeit anbietet. Eigentlich ist die
Aufgabe eine Rechenaufgabe, die über eine Ausführung von Grundrechenarten
gelöst werden könnte. Grieser (2017) geht es hier aber um die inhärenten Strukturen, was wiederum unterstreicht, dass ein Experimentieren *personen-* und nicht
ausschließlich *aufgabenabhängig* ist. Zu betonen ist, dass nicht Griesers Intentionen und Gedanken rekonstruiert werden, sondern der mathematische Gehalt
seines Lösungsprozesses. Dabei wird schrittweise die Bearbeitung des Problems
aus diesem Werk betrachtet (im Kasten) und anschließend die für diese Arbeit
wichtigen Erkenntnisse zusammengefasst (außerhalb des Kastens).

Problem aus Grieser (2017):

> *„Mit wie vielen Nullen endet* $1 \cdot 2 \cdot 3 \cdots \cdot 99 \cdot 100$? Man schreibt abkürzend
> $100!$ (in Worten: Hundert **Fakultät**) für das Produkt $1 \cdot 2 \cdot 3 \cdots \cdot 99 \cdot 100$."
> (S. 13, Hervorh. im Original)

Grieser (2017) beginnt seinen Lösungsprozess wie folgt:

> „Ausrechnen können wir das Produkt nicht, das ist viel zu groß, auch für den
> Taschenrechner.[...] Wir brauchen daher andere Ideen. Im ersten Moment ist
> manch einer vielleicht geneigt zu denken, dass die Antwort zwei ist: Die beiden
> Nullen vom Faktor 100." (S. 13)

Mit der Anmerkung, dass das Produkt nicht ausrechenbar sei, scheint hier
ein Hinweis gegeben zu sein, dass dies zumindest mühselig ist. Es werden
andere Ideen gebraucht, sodass entweder alternative Gesetze herangezogen
werden müssten (unter- oder übercodierte Abduktionen, s. Abschnitt 2.2.1)
oder neue (kreative Abduktion, s. Abschnitt 2.2.1). Wäre das Ergebnis zu
berechnen, würden zur Beantwortung dieser Fragestellung keine experimentellen Prozesse initiiert, sondern ausschließlich Routinen angewendet
werden. Wird der Frage ohne direktes Ausrechnen nachgegangen, so können am konkret vorliegenden Produkt $(100!)$ Bedingungen für Endnullen

erarbeitet werden. Die Frage wäre also eine nach Gesetzmäßigkeiten und nicht nach einer einmaligen Ergebnissuche.

Grieser gibt eine spontane Antwort auf die gestellte Frage „*Mit wie vielen Nullen endet* $1 \cdot 2 \cdot 3 \cdots\cdots 99 \cdot 100$?"(ebd.) an: „[M]anch einer" (ebd.) ist „geneigt zu denken, dass die Antwort zwei ist" (ebd.). Angenommen dieser eine sei ein Drittklässler, also jemand, der oder die gerade Teilbarkeitsregeln erfährt. Die Annahme geschieht an dieser Stelle aus Theoriegründen, da Grieser die Gesetze bekannt sein werden. Die Antwort „zwei" (ebd.) auf die initiale Fragestellung kann als (zumindest Teil der) Hypothese gedeutet werden (s. Abb. 5.1). Die Abduktion in Abbildung 5.1 könnte rekonstruiert werden.

Resultat:	Wie lässt sich die Endnullenanzahl des Produkts 100! bestimmen?
Gesetz:	Wenn in Faktoren Endnullen sichtbar werden, dann besitzt das Produkt mindestens diese Anzahl an Endnullen. (*Hypothese 1*)
Fall:	Der Faktor 100 hat 2 Endnullen.

Abbildung 5.1 Abduktive Hypothese anlässlich der Frage „Wie lässt sich die Endnullenanzahl des Produkts 100! bestimmen?"

Da die bekannten Rechentechniken an ihre Grenzen zu scheinen stoßen, ist die Anzahl der Endnullen des Produkts 100! klärungsbedürftig bzw. fraglich (s. Resultat der Abduktion aus Abb. 5.1). Zur Erklärung dieses Resultates wird auf die Endnullen der einzelnen Faktoren geachtet (s. Gesetz der Abduktion aus Abb. 5.1). Wie allgemein das Gesetz ist, kann anhand der bisherigen Äußerungen nicht enthüllt werden. Das dahinterliegende Gesetz könnte an dieser Stelle auch allgemeiner betrachtet werden, z. B. in der fachlich fehlerhaften Form: Die Anzahl der Endnullen der multiplikativen Faktoren entspricht der Anzahl der Endnullen des Produkts. Ein Gesetz in allgemeinerer Form könnte allerdings mehr Erklärungsschritte benötigen als ein eng gefasstes. Bezogen auf das fehlerhafte Gesetz müsste neben der Erklärung, warum Endnullen im Produkt durch Endnullen in den Faktoren entstehen, auch erklärt werden, warum das die einzige Ursache für Endnullen im Produkt sein sollte. Genauso gut könnte das Gesetz innerhalb der Abduktion auch enger gefasst werden: „100" enthält die Anzahl der Endnullen im Produkt.

Ziel eines experimentellen Prozesses ist es, das Einzelne über das Allgemeine ‚einzufangen', d. h. die einzelnen Phänomene in eine Theorie einzuordnen. Wie in Abschnitt 3.2.2 erläutert, ist die Hypothese der Mittler zwischen Theorie und Empirie. Die Hypothese weist also über das konkrete Phänomen hinaus (s. Gesetz der Abduktion in Abb. 5.1), bezieht sich allerdings auch auf das empirisch vorliegende (s. Resultat der Abduktion in Abb. 5.1). Konkret werden bei der Ausgangsrechnung die beiden Endnullen des Faktors 100 sichtbar (s. Fall der Abduktion). Bei genauerem Betrachten der Abduktion scheint ihr Theoriegehalt (Erklärungskraft) gering zu sein, da nicht ausgeführt wird, warum auf die Endnullen der einzelnen Faktoren geachtet werden sollte; es wird *nicht explizit auf Begriffe, Definitionen oder Sätze zurückgegriffen.* Das spricht wiederum eher für eine kreative Abduktion bzw. Gesetzeshypothese. Hypothetisch könnte daran sein, ob Endnullen in den Faktoren überhaupt eine Ursache für Endnullen im Produkt sind. Da in der ersten Antwort des fiktiven Drittklässlers nicht explizit auf Vorwissen zurückgegriffen wird, scheint die Erklärung des Phänomens zunächst probehalber zur weiteren Erkundung zu sein.

Das „geneigt zu denken" (ebd.) kann ein Indiz sein, *das zu nutzen, was das Problem bereits offenbart.* Dieses Herangehen dient wohl dazu, den Rahmen des Problems abzustecken; wenn also überlegt werden soll, welche bekannten Gesetze herangezogen werden könnten (unter-/übercodierte Abduktion). Es handelt sich also vielmehr um eine übergeordnete Erkundungsfrage, also einen explorativen Ansatz. Anders formuliert: Die Verortung der Frage anlässlich eines Phänomens in eine Theorie ist noch zu finden.

Anmerkung: In Abschnitt 2.2.1 wurde ausgeführt, dass das Veröffentlichen der Hypothese eine Erklärung darstellt. Auch in Abbildung 5.1 kann die Hypothese als Erklärung veröffentlicht werden. Z. B. Weil 100 zwei Nullen hat, hat das Produkt 100! mindestens zwei Nullen. Diese Erklärung ist allerdings nicht mit Vorwissen reflektiert worden, daher wird in der vorliegenden Forschungsarbeit von einer weniger theoriegeleiteten bzw. rein empirisch orientierten Hypothese gesprochen.

Rückblickend auf die ersten Äußerungen lassen sich eine Frage und eine vage Antwort auf diese rekonstruieren. Es sollen im Folgenden Charakteristika gestellter Fragen als auch die darauf noch hypothetischen Antworten, die einen experimentellen Prozess evozieren können, zusammengefasst werden (orientiert an Abschnitt 3.2.2).

Fragen anlässlich eines Phänomens

Fragen, die einen experimentellen Prozess zur Folge haben können, sollten darauf zielen, konkrete Phänomene in Gesetze und Theorien zu subsumieren. Diese Fragen können sowohl nach Ursachen als auch nach der theoretischen Reflexion dieser Ursache-Wirkbeziehung gestellt sein.

Zur Analyse werden zwei Arten von veröffentlichten Erklärungen als vage Antwort auf wissenschaftliche Fragen unterschieden. Eine Art wurde in dieser Aushandlung bisher thematisiert und wird nachfolgend beschrieben (orientiert an Abschnitte 2.2.1, 3.3.2):

Abduktive Generierung und Veröffentlichung einer rein empirisch orientierten Hypothese (prä-erklären)

Zur Erkundung einer Antwort auf die Fragestellung werden einzelne Elemente aus dem vorliegenden Material (wie der Aufgabe/Frage) genutzt oder variiert (bezogen auf das Beispiel: Weil 100 zwei Nullen hat, hat das Produkt vielleicht auch zwei Nullen).

Diese Art von Hypothese exploriert nach einer passenden Theorie (vgl. das Beispiel zum Penicillin aus Abschnitt 3.3.2), in der die Frage anlässlich eines Phänomens verortet werden kann. Möglich ist auch, dass ausschließlich ein wiederholbarer Zweck verfolgt wird, wie z. B. die Jagdwaffen aus der Steinzeit in Abschnitt 3.3.2. Diese Hypothesen sind damit nicht theorielos, allerdings noch nicht ‚platziert' und damit vordergründig empirisch orientiert. Stork (1979) schreibt der Hypothese in Abbildung 3.4 das Charakteristikum zu, eine *Erklärung erster Art* zu sein. Da in dieser Arbeit, die initiale Hypothese von der nachträglichen Deutung differenziert werden soll und beides hypothetische Erklärungen sind, wird hier zwischen einer *Prä-* und *Post-Erklärung* unterschieden.

Das Modell zur Theorie der Forschungsarbeit soll anhand des Beispiels nach und nach erarbeitet und ergänzt werden. Fasst man das Bisherige als naturwissenschaftliche Denk- und Arbeitsweisen, so wurden die in Abbildung 5.2 dargestellten thematisiert.

Empirisch orientierte Hypothesen können ein exploratives Experiment initiieren (s. Abschnitt 3.3.2). Sofern kein Experiment folgt, kann auch nicht von einem experimentellen Prozess die Rede sein. Es sei an dieser Stelle bereits darauf hingewiesen, dass die Pfeile und später auch die gestrichelten Linien in der Abbildung

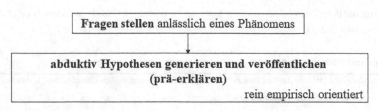

Abbildung 5.2 Hypothesen, evoziert durch Forschungsfragen

dazu dienen, das Zusammenspiel der Denk- und Arbeitsweisen auszeichnen zu können. Bezogen auf die ersten beiden Schritte in der Abbildung 5.2 bedeutet das, sofern ein experimenteller Prozess mit Fragen anlässlich eines Phänomens beginnt, dass es nicht bei diesen verbleibt, sondern vor allem nach Antworten gesucht wird. Diese Antworten können rein empirisch orientiert sein. Hervorzuheben ist hier bereits, dass das Modell keinen real ablaufenden Prozess darstellt, denn dieser ist – wie in Abschnitt 3.3.1 betont – nicht eindeutig.

Grieser (2017) schreibt weiter:

„Bei genauerem Hinsehen entdeckt er vielleicht, dass in dem Produkt noch der Faktor 10 steckt und damit eine weitere Null hinzukommt. Aber auch 20, 30, etc. tragen Nullen bei. Das ergibt insgesamt 11 Nullen." (S. 13)

Grieser (2017) kann auf das für ihn gültige Gesetz über das Anhängen von Nullen bei der Multiplikation mit Vielfachen von Zehn zurückgreifen und mittels dieser Grundlage auf elf Nullen schließen, was an dieser Stelle noch nicht begründet und damit noch hypothetisch ist. Es wird bisher auch noch keine empirische Prüfung evoziert. Wie könnte der fiktive Drittklässler „genauer[.] [h]insehen" (ebd.)?

Im Folgenden wird ein Lösungsprozess eines Drittklässlers vermutet, um den explorativen Ansatz von Grieser (2017) weiterzudenken und um die Begrifflichkeiten dieser Arbeit zu vervollständigen. Der fortgesetzte Lösungsprozess führt allerdings wieder zu Griesers Lösungsprozess zurück: Vorstellbar ist, dass ein Drittklässler die Multiplikation $(1 \cdot 2 \cdot 3 \cdot \cdots \cdot 99 \cdot 100)$ aus der Aufgabe mindestens bis Faktor 10 notiert:

$$1 \cdot 2 \cdot 3 \cdot 4 \cdot 5 \cdot 6 \cdot 7 \cdot 8 \cdot 9 \cdot 10$$

Die Multiplikation könnte fortgeführt werden, um sich dem Problem empirisch (hier: über die konkreten Faktoren) zu nähern. Die in Abbildung 5.3 dargestellte deduktive Vorhersage könnte der fortgeführten Multiplikation vorgeschaltet worden sein.

Fall:	Die ersten Faktoren von 100! werden ausgeschrieben und die Endnullen der Faktoren gezählt.
Gesetz:	Wenn in Faktoren Endnullen sichtbar werden, dann besitzt das Produkt mindestens diese Anzahl an Endnullen. (*Hypothese 1*)
Resultat (v):	Die Endnullenanzahl des Produkts müsste mindestens der Anzahl der Endnullen der Faktoren entsprechen.

Abbildung 5.3   Deduktive Vorhersage über die Endnullenanzahl von 100!

Um überhaupt noch weitere Endnullen beobachtbar machen zu können (s. Resultat (V) aus Abb. 5.3), müssten zunächst die Faktoren des Produkts ausgeschrieben werden (s. Fall der deduktiven Vorhersage aus Abb. 5.3). Das Resultat ist in der hier notierten deduktiven Vorhersage offen gestaltet, da es aus der Anwendung des vagen hypothetischen Gesetzes resultiert: Diese unspezifische Vorhersage spricht folglich für eine nicht theoriegeleitete Hypothese.

Deutlich wird, dass in dieser Ausführung die Idee der zusätzlichen Endnullen in den Faktoren nicht über bekannte Rechenregeln hergeleitet wird, *sondern über genaues Hinsehen,* „dass in dem Produkt noch der Faktor 10 steckt" (ebd.). Hierfür wird eine empirische Referenz, der Bedarf von etwas Sichtbarem (s. Abschnitt 3.2.1) wie den konkreten Endnullen im Produkt, benötigt, die im Resultat der Deduktion vorhergesagt wird.

Bei der deduktiven Vorhersage (s. Abschnitt 2.2.2) konzentriert sich diese Forschungsarbeit vor allem auf den Fall und das Resultat: Der Fall beinhaltet, was konkret auszuführen ist (Plan) und das Resultat gibt die Richtung der Beobachtung (Ziel) vor. Damit sind zwei Eigenschaften eines Experiments erfüllt: Es sollte *planmäßig* und *zielgerichtet* sein (s. Kapitel 2). Das Gesetz innerhalb der deduktiven Vorhersage, welches Fall und Resultat koordiniert, ist das der Abduktion (bzw. Hypothese) und wird in der Vorhersage auf seine empirische Prüfbarkeit untersucht. Es ergeben sich die in Abbildung 5.4 zusammengetragenen Denk- und Arbeitsweisen.

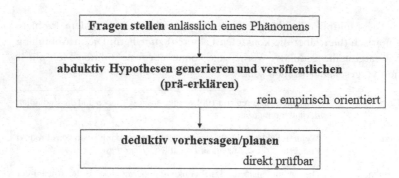

Abbildung 5.4 Deduktiv Vorhersagen und Planen als Bindeglied zwischen Hypothesenge-nerierung und -prüfung

Das *Experiment, als Eingriff mit dem Ziel die beobachteten Daten mit den deduktiv vorhergesagten Resultaten zu vergleichen und damit einer Beantwortung der Fragestellung näherzukommen,* kann nach der Vorhersage durchgeführt werden, sofern eine direkte Überprüfbarkeit der Hypothese möglich ist (s. Abb. 5.4, vgl. Bootstrap-Modell, Abschnitt 2.2.3).

Das Experiment des Drittklässlers könnte zum Beispiel wie folgt gestaltet sein[1]:

$$1 \cdot 2 \cdot 3 \cdot 4 \cdot 5 \cdot 6 \cdot 7 \cdot 8 \cdot 9 \cdot 10 = 3628800$$

Was ein Indiz für ein Experiment darstellt, ist, dass *Beobachtungsdaten öffentlich gemacht* werden. Für den Schüler kommen durch das Experiment mehr Daten hinzu. Er könnte die vorhergesagte Endnull des Produkts beobachten. Wenn er die Beobachtung nach dem vermuteten Gesetz macht, dann würde der Schüler die ersten Ziffern des Produkts nicht beachten. Anders gesagt: Er selektiert die Daten.

---

[1] Es sei erneut darauf hingewiesen, dass es sich hier um eine fiktive Situation handelt. Wenn man diese Aufgabe in der dritten Klasse ausführen möchte, müsste sie entsprechend der Kenntnisse über Zahlenräume und der Multiplikation angepasst werden.

Es wurden bereits Aspekte zu einem Experiment und einer Beobachtung öffentlich gemacht. Um ein Experiment passend zur Hypothese ausführen zu können, ist die deduktive Vorhersage notwendig, auch wenn sie von einem Lernenden nicht derart expliziert werden muss: Wenn keine deduktive Vorhersage gemacht wird, kann entsprechend der Theorie (s. Abschnitt 3.2.2) auch keine Beobachtung ausgeführt werden, da zumindest die Richtung vorgegeben werden muss, auf die das Experiment zielt. Diese Richtung kann eine Abduktion (bzw. Hypothesengenerierung) alleine nicht ausweisen, denn in ihr wird das vorliegende Phänomen erklärt, aber noch nichts über den zu experimentierenden Fall ausgesagt. Vorhersagen/Planen, Experimentieren und Beobachten werden nachfolgend kompakt zusammengefasst (orientiert an Abschnitte 2.2.2, 3.2.2):

Vorhersagen/Planen und Experimentieren	Beobachten
Ein Experiment ist ein Eingriff, der *zielgerichtet* und damit auch *planmäßig* ist.	Beobachtungen sind *selektierte* Einzelaussagen, die aus dem Ausgang des Experiments getroffen
Dabei werden empirische Daten generiert.	werden können, deren Fokus durch das Resultat
Planmäßig bedeutet, dass die Hypothese	der deduktiven Vorhersage vorgegeben ist
überprüfbar ist und gehandelt werden kann (Fall	(s. Abschnitt 3.2.2).
der deduktiven Vorhersage).	*(Potenziell) wiederholbar und reproduzierbar*
Zielgerichtet bedeutet, dass ein	bedeutet, dass die Beobachtung im Hinblick auf
Erkenntnisinteresse verfolgt wird (abduktive	die Hypothese (d. h. auf Gesetzmäßigkeiten und
Hypothese), auf das die Beobachtung der Daten	nicht auf singuläre Tatsachen) gemacht wird.
ausgerichtet ist (Resultat der deduktiven	Deshalb werden einzelne Parameter variiert,
Vorhersage).	andere konstant gehalten. Sie sind durch das
	Planvolle des Experiments potenziell
	wiederholbar.

Auch diese Denk- und Arbeitsweisen werden in dem Modell ergänzt (s. Abb. 5.5).

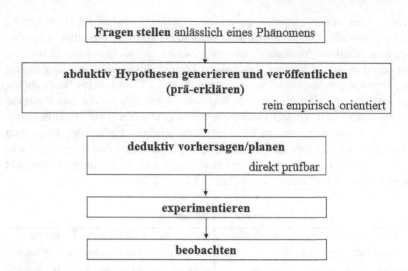

Abbildung 5.5 Experimentieren und Beobachten als Umsetzung des Plans aus der Hypothese

Die *Prüfung (s.* Abschnitt 2.2.3, 3.2.2 *) besteht im ersten Schritt darin, die beobachteten Daten aus dem Experiment mit den vorhergesagten Resultaten zu vergleichen.*

Durch einen Vergleich der Resultate könnte verneint werden, dass im Produkt 100! ausschließlich zwei Endnullen sein werden, wenn das Gesetz der Hypothese 1 eng gefasst wurde. Oder der Vergleich ergibt eine Bestärkung des Gesetzes, dass die Anzahl der Endnullen in den Faktoren die Anzahl der Endnullen des Produkts ergibt. Also entweder:

- Das in der Abduktion gefundene (bei unter- oder übercodierten) oder erfundene (bei kreativen) Gesetz kann durch eine eliminative Induktion (s. Abschnitt 2.2.3) falsifiziert werden, sofern die Konsequenz notwendig war: In den Faktoren lassen sich mehr als zwei Endnullen bzw. nicht nur zwei Endnullen finden.
- Oder: Das in der Abduktion gefundene/erfundene Gesetz kann durch eine enumerative Induktion (s. Abschnitt 2.2.3) bestärkt werden. Eine

mögliche enumerative Induktion wird in Abbildung 5.6 mit einem Vergleich der vorhergesagten Resultate mit den Beobachtungsdaten notiert.

Fall:	Der Faktor 10 hat eine Endnull.
Resultat:	Resultat der Vorhersage: Die Endnullenanzahl des Produkts müsste mindestens der Anzahl der Endnullen der Faktoren entsprechen.
	Beobachtungsdaten aus dem Experiment: 3628800 hat mindestens eine Endnull. *(vorhergesagtes Resultat und Beobachtung decken sich)*
Gesetz:	Wenn in Faktoren Endnullen sichtbar werden, dann besitzt das Produkt mindestens diese Anzahl an Endnullen. *(Hypothese 1 bestärkt sich)*

Abbildung 5.6 Vergleich der Beobachtungsdaten mit der Vorhersage zur induktiven Prüfung der Endnullenanzahl von 10!

Nach dieser Interpretation könnte das bisherige Vorgehen als ein *exploratives Experiment* bezeichnet werden: Eine empirisch orientierte Hypothese und ein anschließendes Experiment sind rekonstruierbar. Die Hypothese hat sich vorerst dahingehend durch ein Experiment bestärkt, dass ein Herangehen über eine Fokussierung der Endnullen in den multiplikativen Faktoren vielversprechend sein kann, um sich der Antwort auf die Frage nach der Anzahl der Endnullen von 100! zu nähern.

Die Prüfung könnte hier über den Vergleich der Resultate stattgefunden haben (s. Abb. 5.6). Der bisherige fiktive Prüfprozess kann als *direkte* Prüfung beschrieben werden (Bootstrap-Modell, s. Abschnitt 2.2.3): Das Gesetz der Abduktion wird direkt über das vorhergesagte Resultat und die Beobachtungsdaten geprüft.

In der Abbildung 5.7 wird der Vergleich der Resultate zur Prüfung mit der gestrichelten Verbindungslinie dargestellt. Diese gestrichelte Verbindungslinie repräsentiert das Hauptcharakteristikum quasi-empirischer Theorienutzung (s. Abschnitt 2.1.2): die *Rückübertragung der Falschheit* (Lakatos, 1976/1979). In dieser Forschungsarbeit wird – aufgrund der naturwissenschaftlichen Literaturbetrachtung (s. Abschnitt 3.2) sowie der Schlussformen (s. Abschnitt 2.2) – diese Rückübertragung als das Abgleichen der experimentell erzeugten Beobachtungsdaten mit der empirisch zu prüfenden Vorhersage aus der Hypothese gefasst. Denn: Wenn ein Fehler in den Folgerungen erkennbar wird, dann ist

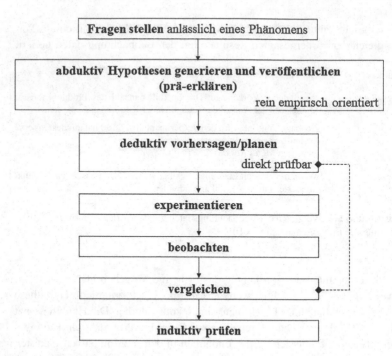

Abbildung 5.7 Vergleich von Beobachtungsdaten und vorhergesagten Resultaten zur Vollziehung einer induktiven Prüfung

die Hypothese zur Erklärung der Phänomene noch nicht geeignet gewesen (vgl. Abschnitte 2.1.2, 2.2.3, 3.2).

Der fiktive Drittklässler könnte nun seine Ursache und sein Phänomen verallgemeinern: Wenn der Faktor 10 und der Faktor 100 Endnullen zum Produkt hinzufügen, dann auch 20, 30, 40.... Nach dieser Interpretation wird *über die Daten hinweg entschieden*. Die Deutung weist über die Daten hinaus. Die festzumachende Erklärung ist: Weil 10 eine Endnull liefert, sind alle 10er zwischen 1 und 100 zur Anhängung der Endnullen relevant.

Es könnte sich allerdings auch eine weitere Frage aus den empirischen Daten generieren: Woher kommt die zweite Endnull im Produkt 3628800?

Hier gibt Grieser (2017) erneut Ansatzpunkte für weitere experimentelle Prozesse.

In Abschnitt 3.2.1 wurde ausgeführt, dass in der *Deutung* die Beobachtungsdaten mittels Theorie erklärt werden, indem über Zuordnungsregeln die Gesetze mittels konstruktiv-setzender Elemente theoretisiert werden, um sie dann in eine deduktive Struktur einbinden zu können. Betrachtet man die exemplarischen, explorativen Experimente aus Abschnitt 3.3.2, so kann eine solche theoretische Reflexion auch herausfordernd sein. Trotz alledem kann nach dem Suchen von Bedingungen und dem Suchen nach Eigenschaften der Begrifflichkeiten eine Theorieintegrierung gelingen (vgl. Abschnitt 3.3.2). Die explorativen Prozesse können demnach einer anschließenden theoretischen Deutung von Nutzen sein. In dieser Arbeit wird der „Deutungsbegriff" entsprechend weiter gefasst: *Es werden alle die Prozesse, die sich an den beobachteten Daten orientieren und anhand derer sich weitere Abduktionen anschließen, als Deutung gefasst.* Deutungen von explorativen Experimenten können auch zunächst die Beziehung zwischen *Ursache und Phänomen verallgemeinern* (auch wenn dies noch keine Theorieerweiterung sein muss, vgl. Abschnitt 3.3.2).

Die Deutung kann allerdings auch gänzlich anders gestaltet sein, sofern Prüfungen negativ ausfallen oder der Prozess stärker theoriegeleitet ist. Dies wird am Beispiel Griesers im nachfolgenden Abschnitt ausgeführt. Bisher wurde sich diesem Problem allerdings explorativ angenähert. Eine wirkliche *Theorieerweiterung (im Sinne von: Die Frage ist theoriegeleitet erklärbar und einordbar)* ist damit allerdings noch nicht gewonnen. An dieser Stelle wird zusammengetragen, was unter einer Prüfung verstanden wird (orientiert an Abschnitte 2.1.2, 2.2.3, 3.2.2):

Vergleichen und induktiv prüfen

Durch *den Vergleich* der Beobachtungsdaten mit dem Resultat der Vorhersage wird der Schluss der Induktion bzw. *Prüfung* initiiert.

Enumerative oder eliminative Induktion: Diese Arten beschreiben das Bestärken oder Entkräften (bis sogar Falsifizieren) des Gesetzes und damit ein Stärken oder Schwächen der Hypothese anhand der experimentell gewonnenen Daten.

Zurück zu Grieser: Seine bisherige Antwort auf die Forscherfrage ist ‚elf‘ (alle 10er zwischen 1 und 100). Die Frage, die sich für Grieser (2017) anschließt, lautet: „Sind damit alle [Endnullen im Produkt, J.R.] gefunden" (S. 13)? Anders formuliert: Sind damit alle Ursachen für das Anhängen von Endnullen im Produkt gefunden? Es geht weiterhin stärker um eine Ursachensuche der Endnullen. Möglicherweise könnten weitere experimentelle Prozesse folgen.

Zur Auswertung von experimentellen Prozessen wird das Wechselspiel zwischen Theorie (Erklärungen) und Empirie (Daten und Fakten) relevant; wie Stork (1979) schreibt: „Einerseits ermöglicht die Theorie die Deutung des empirischen Befundes, andererseits stützt der Befund die Theorie. Erst durch diese Vermittlung entsteht eine empirische Wissenschaft" (S. 48). Zur Veranschaulichung theoretischer und empirischer Elemente in mathematischen Lernprozessen wird die folgende Gegenüberstellung angefügt (orientiert an Abschnitt 3.2):

Eher empirische Elemente	Eher theoretische Elemente
Die Fragestellung wird in experimentellen Settings, anlässlich eines *empirischen Phänomens*, aus den vorliegenden Ausgangsdaten gestellt. Die Durchführung des Experiments ist ein Eingriff in das konkret Vorliegende und erzeugt *empirische Testdaten*, von denen einzelne Elemente selektiert werden (*Beobachtungsdaten*). Letzteres muss sich einstellen (z. B. 3628800 hat mindestens eine Endnull) und liefert damit eine Grundlage zur Prüfung. Dadurch werden die Beobachtungsdaten zu *empirischen Befunden bezüglich der Hypothese*.	Theoretische Elemente dienen den (hypothetischen) Erklärungen zur Generierung von Hypothese oder Deutung, die stark von bisherigen Erkenntnissen (z. B. Begriffe, Definitionen und Sätze) geleitet sein können oder vorerst probehalber als Erklärung herangezogen werden. Theorie selbst ist dabei die (meist nicht öffentliche) zusammenhängende Begründungsstruktur.

Grieser (2017) schreibt weiter:

> „Betrachten Sie das analoge Problem für kleinere Zahlen, um ein **Gefühl für das Problem zu bekommen,** also dafür, woher die Nullen am Ende kommen." (S. 13, Hervorh. im Original)

„[E]in **Gefühl für das Problem zu bekommen** [...] woher die Nullen am Ende kommen" (ebd.) spricht dafür, dass er eine Hypothese zum Problem generieren möchte. Grieser (2017) greift hierfür anscheinend auf eine allgemeine Heuristik (Problemreduzierung) zurück, um mit dieser etwas über den Zusammenhang zu erfahren: Er betrachtet kleine $n!$ (hier bis $n = 6$). Sowohl im fiktiven Schülerbeispiel als auch bei Grieser (2017) werden kleine Beispiele generiert. Die Funktionen der Beispiele unterscheiden sich allerdings: Bei Grieser (2017) sollen Ausgangsdaten gesammelt werden, um eine Hypothese zu generieren, bei dem fiktiven Drittklässler diente das Beispiel der Überprüfung der Hypothese.

Bei $n = 5$ wird die erste Endnull im Ergebnis sichtbar: „Die erste Null tritt bei 5! auf" (ebd., S. 13). Mittels dieser Strategie hat Grieser (2017) ein erklärungswürdiges Phänomen eröffnet. Er fragt: „**Woher kommt die Null am Ende des Ergebnisses 120**" (ebd., S. 13, Hervorh. im Original)? Das strategische Arbeiten ist in diesem Fall Initiator für weiteres experimentelles Vorgehen (vgl. Philipp, 2013, Abschnitt 4.3.1). Grieser führt aus:

> „Die Null bedeutet, dass 120 durch 10 teilbar ist. Die 10 wiederum kann man als $2 \cdot 5$ schreiben, und sowohl 2 als auch 5 treten in 5! auf." (ebd., S. 13–14)

Auffällig ist, dass Grieser (2017) anscheinend nachträglich auf die Beispiele zurückschaut: „sowohl 2 als auch 5 treten in 5! auf" (ebd.). Zu vermuten ist, dass hier eine Hypothese generiert wird. Wie allgemein diese ist, wird an seiner Äußerung nicht deutlich. Sie scheint allerdings nicht mehr rein empirisch orientiert zu sein, sondern auch *theoriegeleitet* (bezogen auf Teilbarkeitsregeln). Die Abduktion in Abbildung 5.8 wäre möglich.

Resultat:	Wie entsteht die Endnull bei (5!)?
Gesetz:	Wenn die Faktoren ein Vielfaches von 10 erzeugen, dann erzeugen sie Endnullen im Produkt. *(Hypothese 2)*
Fall:	$5! = 1 \cdot \mathbf{2} \cdot 3 \cdot 4 \cdot \mathbf{5} = (\mathbf{2} \cdot \mathbf{5}) \cdot 3 \cdot 4 = 10 \cdot 3 \cdot 4$

Abbildung 5.8 Theoriegeleitete abduktive Hypothese anlässlich der Frage „Wie entsteht die Endnull bei (5!)?"

Griesers angefügte Beispiele bis einschließlich $n = 6$ könnten damit als *Experimente* zur Beantwortung der Fragestellung gefasst werden. Sie sind planmäßig, weil Vielfache von 10 erzeugt werden und zielführend, weil auf die Endnull des Produkts geachtet wird. Letztendlich werden die Ergebnisse der Beobachtungen und Prüfung von ihm öffentlich gemacht:

> „Daher kommt also die Null. Bei $4! = 1 \cdot 2 \cdot 3 \cdot 4$ kommt keine fünf vor, daher hat es keine Null am Ende." (ebd., S. 14)

„Daher kommt also die Null" (ebd.) deutet auf eine bestärkende Prüfung hin, die stattgefunden haben muss. Daran anschließend werden auch exemplarisch Beobachtungsdaten veröffentlicht: 4! hat keine Null. Grieser (2017) *deutet* seine Beobachtungen:

> *„Wichtige Einsicht*: Eine Null am Ende einer Zahl bedeutet, dass die Zahl durch 2 und durch 5 teilbar ist." (ebd., S. 14, Hervorh. im Original)

Die *Deutung* gewährt hier eine Anreicherung der Daten mit mathematischen Erkenntnissen (Teilbarkeit). Dies hat auch zur Folge, dass eine Einschränkung der zu betrachteten Fälle vorgenommen werden kann, da eine stärkere Fokussetzung für das weitere Experimentieren zu den Endnullen vorliegt (s. *wichtige Einsicht*). Folglich kann im Weiteren ausschließlich auf Zweien und Fünfen geachtet werden.

Bisher wurde ausschließlich die Hypothesengenerierung und -veröffentlichung beschrieben, die empirisch orientiert ist. Nun sehen wir im letzten Abschnitt (s. Abb. 5.8) an Grieser (2017) exemplarisch eine theoriegeleitete Hypothese. Charakteristika dieser Art sollen nachfolgend aufgeführt werden (orientiert an Abschnitte 2.2.1, 3.3.1):

Abduktive Generierung und Veröffentlichung einer theoriegeleiteten Hypothese
(prä-erklären)

Zur theoretischen Beantwortung der Fragestellung wird auf Begriffe, Definitionen oder Sätze zurückgegriffen bzw. werden die hypothetischen Ursachen in Vorwissen eingeordnet. Es wird also auf Elemente außerhalb der übergeordneten Aufgabe/Frage zurückgegriffen (z. B. Teilbarkeitsregeln). Der Fokus der Bearbeitung wird eingeengt.

Bei einer theoriegeleiteten Hypothese ist die Verortung der Fragestellung anlässlich eines Phänomens innerhalb einer Theorie noch fraglich, die Theorie an sich akzeptiert. Zu prüfen ist allerdings, ob die Hypothese in die Theorie eingebunden werden kann, ob also die Theorie die Phänomene erklären kann bzw. aus ihr heraus Vorhersagen über den Ausgang der Experimente getätigt werden können (s. Abschnitt 3.2). Diese Art von Hypothese wird im Modell ergänzt (s. Abb. 5.9).

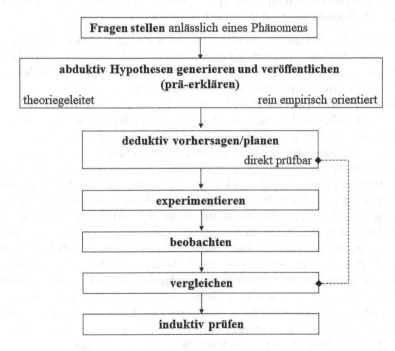

Abbildung 5.9   Prozessleitung durch empirisch orientierte oder theoriegeleitete Hypothesen

Die theoriegeleitete Hypothese scheint sich im Beispiel Griesers bestärkt zu haben, sodass nun weiter theoriegeleitet vorgegangen werden kann: Man könnte sagen, dass er sich nun in einer *experimentellen Methode* befindet, auch wenn seine theoretischen Vorüberlegungen nicht derart ausführlich sind, wie im Beispiel Galileis zum freien Fall (s. Abschnitt 3.3.1). Doch können hier theoretische Überlegungen zur Teilbarkeit bereits in der Generierung der Hypothese identifiziert werden.

Eine Deutung, die über die Beobachtungsdaten hinausweist, wird von Grieser (2017) angeführt: „*Wichtige Einsicht:* Eine Null am Ende einer Zahl bedeutet, dass die Zahl durch 2 und durch 5 teilbar ist" (ebd., Hervorh. im Original).

Wie verschiedentlich ein *Deuten* ausfallen kann, wird nun diskutiert: In der fiktiven Fortführung des zu Beginn empirisch orientierten Vorgehens können Verallgemeinerungen von *Ursache* und *Phänomen* vermutet werden, bisher ohne weiteren expliziten Verweis auf theoretische Elemente. Die Verallgemeinerung kann auch als Abduktion rekonstruiert werden, die empirisch orientiert ist. Dies ist eine erste Möglichkeit der Deutung. In den letzten Ausführungen verallgemeinert Grieser zwar auch Ursache und Phänomen, doch werden diese mittels theoretischer Elemente gestützt (hier der Teilbarkeit) und damit *theoretisch reflektiert*.

Die Erkenntnisse könnten in einer Deutung auch *geordnet* werden: sowohl im Sinne einer Ordnung theoretischer Erklärungen, als auch im Sinne von Ordnen nach Gemeinsamkeiten und Unterschieden (z. B. um Bedingungen zu erarbeiten wie bei explorativen Experimenten, s. Abschnitt 3.3.2).

Nun geht aus Lakatos (1976/1979, Abschnitt 2.1.2) hervor, dass ein negativer Ausgang einer Prüfung nicht bedeutet, die Hypothese gänzlich fallen zu lassen und zu kapitulieren, vor allem dann nicht, wenn der Ausgang des Experiments keine notwendige Konsequenz der Hypothese gewesen ist. Auch Stork (1979) betont, dass eine Theorie den negativen Ausgang erklären kann. Möglich wäre also, den negativen Ausgang mittels Theorie zu erklären oder verschiedentlich Modifikationen der Hypothese, speziell der Voraussetzungen oder Begriffe, vorzunehmen. Letztere Deutungsart soll in dieser Forschungsarbeit als *modifizieren* bezeichnet werden.

Dadurch, dass sich an die Deutung neue experimentelle Prozesse anschließen können, aber nicht müssen, kann eine solche Deutung auch ausbleiben, zum Beispiel, wenn eine Prüfung in Form eines ‚bestärkt' für den*die Experimentierende*n ausreichend ist. Da die Charakteristika eines Experiments dann erfüllt sind (planvoll und zielgerichtet), kann der Prozess als ein experimenteller bezeichnet werden. An vorheriger Stelle ist ein Ausstieg auch möglich, nur dann kann der Prozess nicht als experimenteller Prozess bezeichnet werden, denn: Um ein Experiment als *planvoll* und *zielgerichtet* bezeichnen zu können, müssen vor dem Experiment *Denkweisen* stattgefunden haben, die das Planvolle gewähren. Außerdem muss sich nach dem Experiment zumindest ein *Ziel* einstellen, *eine*

Beobachtung, um die Hypothese bewerten zu können (vgl. Abschnitt 3.2.2). Ein Ausstieg vor der Deutung würde also entweder das Planvolle, den Eingriff selbst oder das Zielgerichtete missachten.

Die Deutung könnte mögliche anschließende Fragen evozieren. Die Deutungsarten sollen nun zusammengefasst und anschließend im Modell (s. Abb. 5.10) dargestellt werden:

Abduktiv deuten (post-erklären)

Es werden alle die Denkweisen, die sich an den beobachteten und in der Prüfung involvierten Daten (d. h. an empirischen Befunden) orientieren und anhand derer sich weitere Abduktionen anschließen, als Deutung gefasst.

Im Falle der Stärkung können

- Ursache und Phänomen verallgemeinert werden (im Beispiel: Weil 10 eine Endnull liefert, liefern auch $20, 30$ ... Endnullen).

- Beobachtungen theoretisch reflektiert werden (im Beispiel: Weil die Zahl durch 2 und durch 5 teilbar ist, wird eine Endnull im Produkt erzeugt).

- Erkenntnisse geordnet werden (im Beispiel: Fakultäten, die im Produkt Endnullen besitzen und Fakultäten, die keine Endnullen besitzen).

- experimentelle Prozesse beendet werden, da z. B. die Erklärung vorneweg ausreichend gewesen ist (eine Deutung bleibt aus).

Im Falle der Schwächung können

- sich theoriegeleitete Reflexionen anschließen, warum die Hypothese noch tragfähig ist (vgl. STORK, 1979).

- Modifikationen der Erklärung anschließen (sowohl theoriegeleitet als auch an den empirischen Daten orientiert).

- experimentelle Prozesse beendet werden, da beispielsweise gemäß LAKATOS (1976/1979) kapituliert wird (eine Deutung bleibt aus).

Das Deuten und Generieren einer Hypothese sind logisch betrachtet Abduktionen, die sich allerdings in einem experimentellen Prozess inhaltlich unterscheiden: Eine Deutung bezieht sich auf die Beobachtung und den Ausgang der Prüfung, also rückblickend auf den Prozess, wohingegen eine Prä-Erklärung, eine Hypothese, dem kommenden Prozess vorausgeht. In der abduktiv generierten Hypothese wird in dieser Arbeit das empirische Phänomen als Frage notiert, die den Prozess leitet. In der abduktiven Deutung sollen die Beobachtungsdaten nicht als Frage notiert werden, um die Verschiedenheit zwischen Deutung und Hypothese zu unterstreichen: Die Deutung erklärt die empirischen Befunde aus dem Prozess, die Hypothese erklärt eine Frage, die noch einen Prüfprozess anregt. Eine Post-Erklärung kann auch zu einer neuen Prä-Erklärung werden und damit einen neuen experimentellen Prozess evozieren.

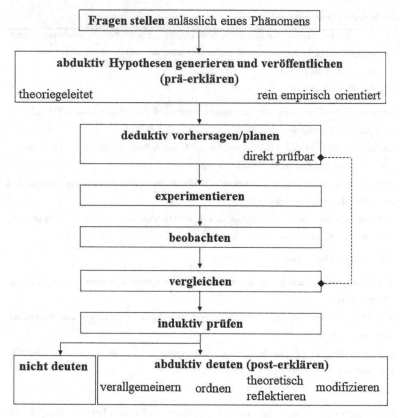

Abbildung 5.10 Deuten bzw. Nicht-Deuten der experimentell hergestellten Beobachtung

Anmerkung: Ein real ablaufender experimenteller Prozess findet nicht derart linear statt wie in Abbildung 5.10 abgebildet. Z. B. können mehrere Daten hintereinander erarbeitet, beobachtet und geprüft werden. Doch wenn nun von einem experimentellen Prozess die Rede ist, sollte zumindest ein Zusammenspiel dieser

Denk- und Arbeitsweisen rekonstruierbar sein. Wenn beispielsweise eine Prüfung veröffentlicht wird, müsste auch eine Vorhersage stattgefunden haben, auch wenn diese vielleicht nicht derart expliziert wurde. Um überhaupt das zu Prüfende auszeichnen zu können, ist die Beziehung zur Vorhersage allerdings notwendig. Die Pfeile und gestrichelten Linien dienen in der Abbildung dazu, das Zusammenspiel der Denk- und Arbeitsweisen auszeichnen zu können.

Grieser (2017) gibt im Folgenden eine stärker theoriegeleitete Tätigkeit an.

„Wie steht's mit zwei Nullen am Ende? Die Zahl muss durch 100 teilbar sein, also durch $10 \cdot 10 = 2 \cdot 5 \cdot 2 \cdot 5 = 2^2 \cdot 5^2$. Wir brauchen dafür zwei Faktoren 5 und zwei Faktoren 2." (S. 14)

Diese Einsicht wird aus der vorherigen Hypothese generiert: $2 \cdot 5$ liefert eine Null, dann liefert $2^2 \cdot 5^2$ zwei Nullen. Damit ist die Hypothese theoriegeleitet (allerdings noch nicht deduktiv begründet). Die Frage ist also nun, welche Teilprodukte in 100! zwei Nullen erzeugen. An „Wir brauchen dafür zwei Faktoren 5 und zwei Faktoren 2" (ebd.) lässt sich eine deduktive Vorhersage vermuten: Wenn die Faktoren $2^2 \cdot 5^2$ ausgeschrieben werden, dann müsste dies zwei Nullen am Ende des Produkts von 100! bewirken.

Die Tabelle der weiteren Fakultäten wird von Grieser diesmal nicht schriftlich gefordert. Er gibt an:

„Lassen Sie uns die Tabelle in Gedanken fortsetzen. Dabei brauchen wir nichts auszurechnen, **wir müssen nur auf die Fünfen und die Zweien achten.**" (ebd., S. 14, Hervorh. im Original)

Folgende zwei Anschlussmöglichkeiten an dieser Äußerung wären möglich:

Erste Interpretation: Es könnte ein Gedankenexperiment ausgeführt werden (Anwendung von *entdeckten* Gesetzen). Dies wäre in den empirischen Naturwissenschaften alleine nicht ausreichend, um eine naturwissenschaftliche Theorie zu bestärken, da sich ihre Hypothesen an der Natur zu bewähren haben (s. Abschnitt 3.3.4). Wenn Grieser (2017) im Anschluss analog zu einem naturwissenschaftlichen Gedankenexperiment vorgehen würde, so müsste er seine gedanklich identifizierten Endnullen zumindest überprüfen (z. B. an einer Rechnung).

Zweite Interpretation: Das gedankliche Ausführen an dieser Stelle kann ein Anwenden von *bekannten* Gesetzen sein (hier: Fakultätbildung und das Suchen nach Zweien und Fünfen zur Erzeugung der Endnullen). Grieser (2017) müsste nicht mehr experimentell vorgehen, sondern könnte an dieser Stelle in ein Deduzieren und Begründen übergehen.

Die gedanklich erzeugten Daten werden anschließend von Grieser (2017) öffentlich gemacht:

> „Wann tritt der nächste Faktor 5 auf? Bei 6, 7, 8, 9 nicht, aber bei 10, denn $10 = 2 \cdot 5$. Faktoren 2 gibt es im Überfluss, sie stecken in jeder der Zahlen 2, 4, 6, ... Zwei Zweien würden schon reichen. Also hat 10! zwei Nullen am Ende." (S. 14)

Diese Äußerung bestärkt die zweite Interpretation. Die zwei Nullen in 10! scheinen deduktiv erschlossen zu sein und vor allem nicht hypothetisch. Dass im Produkt 10! = 3628800 zwei Nullen beobachtbar wären, scheint nicht mehr erarbeitet werden zu müssen.

Würde sich allerdings nun noch eine Prüfung anschließen, so könnte diese Veröffentlichung auch als *Gedankenexperiment* bezeichnet werden. Da die Prüfung positiv ausfallen würde, würde das Gedankenexperiment von Grieser (2017) die Erklärung der Endnullenanzahl von 10! bereits mitliefern.

Grieser (2017) fordert den*die Leser*in auf, die Aufgabe zu Ende zu denken. Diese*r kann sowohl experimentell vorgehen, als auch die weiteren Endnullen herleiten. Die letztendliche Antwort liefert Grieser (2017) anschließend, indem er angibt, wann k Endnullen gefunden werden; nämlich dann, wenn „die Zahl durch $10^k = 2^k \cdot 5^k$ teilbar ist" (S. 14). Er zählt anschließend die Zweien und Fünfen aus 100! zusammen, sodass er insgesamt auf 24 Fünfen in 100! kommt (ebd., S. 15). Damit ist das Gesetz sowohl allgemein aufgestellt und theoretisch reflektiert worden und es hat sich empirisch bewährt. Weitere Visualisierungen des Experiments könnten daher als stabilisierende Experimente oder als Demonstration für andere Forscher*innen gedeutet werden.

Mittels dieses Erarbeitungsprozesses können das explorative Experiment (der tentative Anfang von Grieser, 2017), die experimentelle Methode[2] (die Theoriegeleitetheit durch Teilbarkeitsregeln) und das stabilisierende Experiment (zum Ende der Bearbeitung) aus *kognitiver Perspektive* (s. Abschnitt 3.3) konkretisiert werden, wodurch ein Spektrum an experimentellen Prozessarten aufgezeigt wird, in das die Analysen eingeordnet werden können:

Experimentelle Methode	Stabilisierendes Experiment	Exploratives Experiment
Eine theoriegeleitete hypothetische und prüfbare Prä-Erklärung leitet das Experiment und die Beobachtung, welche wiederum Grundlage für theoriegeleitete hypothetische Post-Erklärungen liefert.	Hierunter fallen Experimente, die ausschließlich als Bestärkung der Prä-Erklärung dienen, nicht aber zu ihrer Erweiterung. Sie können auch als Demonstration vor einem Publikum genutzt werden (Demonstrationsexperiment).	Eine empirisch-orientierte und prüfbare Prä-Erklärung leitet das Experiment. Die Beobachtungen werden wiederum (theoriegeleitet oder nicht theoriegeleitet) post-erklärt.
Ziel: Weitere Phänomene mittels etablierter Theorien erklären und in diese Theorien einordnen.	*Ziel:* Bestärkung der Erklärung.	*Ziel:* Eine erste Erklärungsrichtung finden (bzw. eine Verortung in eine Theorie) oder ausschließlich einen Zweck erfüllen.

Gedankenexperiment: Handlungen werden ausschließlich gedanklich ausgeführt.

Jede experimentelle Prozessart könnte auch gedanklich ausgeführt werden, da die gedanklich angewendeten Gesetze sowohl probeweise angewendet als auch theoriegeleitet sein könnten. Im weiteren Verlauf dieser Arbeit werden experimentelle Methode, exploratives Experiment und stabilisierendes Experiment als *Prozessarten* benannt (s. Abb. 5.11). Ein Gedankenexperiment kann dann als eine bestimmte Ausführung einer dieser Prozessarten differenziert werden. Um es als ein Gedankenexperiment bezeichnen zu können, muss ein Prozess rekonstruiert werden, der potenzielle Gesetze sucht (z. B. orientiert an Kontextmerkmalen),

---

[2] Es sei erneut darauf hingewiesen, dass die Prozesse in der vorliegenden Arbeit als „experimentelle Methoden" bezeichnet werden, die die Hauptcharakteristika des methodischen Ideals aufweisen. Die benannten Hauptcharakteristika orientieren sich an historischen Vorbildern (s. Abschnitt 3.3.1).

die zu dem vorhergesagten Resultat tendenziell hinführen könnten. Jeder einzelne Schritt innerhalb dieses Gedankenexperiments könnte dann allerdings, wie im Beispiel Lakatos' (1976/1979), einer Prüfung unterzogen werden.

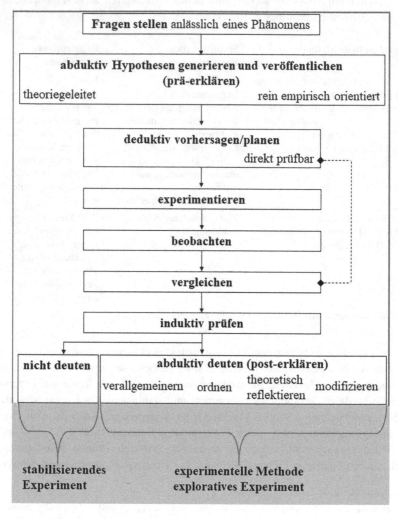

Abbildung 5.11 Modell direkter Prüfprozesse

Die unterschiedlichen Herangehensweisen in Abbildung 5.11 betonen, dass ein experimentelles Vorgehen nicht eindeutig und vor allem *personenabhängig* ist (s. Abschnitt 3.3): Ein Experiment ist nicht das, was man ausschließlich vorgemacht bekommt, sondern es ist das, was man daraus macht. Hervorzuheben ist an dieser Stelle, dass sich an diesem Prozess weitere Prozesse anschließen können. Demnach wäre es ein Prozess innerhalb einer hier benannten *experimentellen Reihe* (angelehnt an den in den Naturwissenschaften etablierten Begriff der *Versuchsreihen* (Girwidz, 2015, S. 235)).

Schlussendlich präsentiert Grieser (2017) einen Beweis dieser Aufgabe. Dieser soll im Weiteren ebenfalls vorgestellt werden, um die obigen experimentellen Vorgehensweisen von einem rein deduktiven Vorgehen zu trennen:

„Die Anzahl der Nullen, mit denen 100! endet, ist die größte ganze Zahl k, für die 100! durch 10^k teilbar ist. Weil $10 = 2 \cdot 5$ gilt, ist das gleich der größten ganzen Zahl k, für die 100! durch $2^k \cdot 5^k$, also durch 2^k und durch 5^k teilbar ist.

Die 5 tritt als Faktor in den 20 Zahlen $5, 10, 15, \ldots, 100$ auf und dabei in den 4 Zahlen $25, 50, 75, 100$ doppelt. Also tritt sie in 100! genau $20 + 4 = 24$ mal auf, d. h. $k = 24$ ist das größte k, für das 100! durch 5^k teilbar ist.

Die 2 tritt als Faktor in den 50 Zahlen $2, 4, \ldots, 100$ auf, in einigen davon mehrfach. Also tritt sie in 100! mindestens 50 mal auf. Die genaue Zahl ist unwichtig, wir verwenden nur, dass die Anzahl mindestens 24 ist.

Daher ist die größte Zahl k, für die 100! durch 2^k *und* durch 5^k teilbar ist, gleich 24. Somit endet 100! mit genau 24 Nullen." (ebd., S. 15, Hervorh. im Original)

Betrachtet man diesen Beweis, so wird Folgendes deutlich: Eine Aussage wird als gültig angenommen: „Weil $10 = 2 \cdot 5$ gilt, ist das gleich der größten ganzen Zahl k, für die 100! durch $2^k \cdot 5^k$, also durch 2^k und 5^k teilbar ist" (ebd.). Es wird beispielsweise nicht begründet, warum ausschließlich die Teilbarkeit der Potenzen von 2 und 5 betrachtet werden. Es wird nicht explizit auf Primfaktorzerlegungen eingegangen, diese wird vorausgesetzt. Wenn ausschließlich die obige Herleitung betrachtet wird, so kann von einer quasi-euklidischen Theorienutzung gesprochen werden, da u. a. Multiplikations- und Teilbarkeitsregeln vorausgesetzt und angewendet werden. Es sind keine quasi-empirischen Theorienutzungen mehr enthalten, da keine Hypothese mittels Daten kritisch geprüft werden muss.

Quasi-euklidisch

Die genannte Bezeichnung beschreibt eine Theorienutzung, die ausschließlich von als gültig angenommenen Aussagen ausgeht und von denen aus deduziert wird. Eine empirische Prüfung wird nicht gegeben (Zeichnungen und Beispiele werden nur zur Illustration der Deduktionen verwendet).

5.2.2 Beispiel zur Verdeutlichung eines indirekten Prüfprozesses

In den letzten Kapiteln konnte herausgestellt werden, dass ein hypothetisch-deduktiver Ansatz bzw. ein indirekter Prüfprozess in den Naturwissenschaften ausgeführt (Carrier, 2000, Abschnitt 3.3.1), im Mathematikunterricht eingesetzt (Jahnke, 2009, Abschnitt 2.2.3) und erkenntnistheoretisch beschrieben werden kann (Meyer, 2007, Abschnitt 2.2.3). Bisher verlief der Prüfprozess in Abschnitt 5.2.1 nach dem Bootstrap-Modell bzw. direkt. An anderer Stelle führt Grieser (2017) einen beispielhaften Lösungsprozess an, der den hypothetisch-deduktiven Ansatz im mathematischen Lösungsprozess erkennen lässt. Dieser Lösungsprozess soll im Folgenden nicht vollständig dargestellt werden. Es soll ausschließlich der hypothetisch-deduktive Prüfprozess fokussiert werden, um auch diesen im entwickelten Modell verorten zu können:

Die initiale Frage von Grieser (2017) lautet: *„Welche natürlichen Zahlen n lassen sich als Summe mehrerer aufeinanderfolgender natürlicher Zahlen darstellen"* (S. 138, Hervorh. im Original)? Die Zahlen, für die dies gilt,

heißen *Trapezzahlen* (vgl. Treppenzahlen bei Philipp 2013, Abschnitt 4.3.1),
da deren Darstellung als Trapez möglich ist. In Abbildung 5.12 wird die
Trapezzahl 14 als $2 + 3 + 4 + 5$ dargestellt.

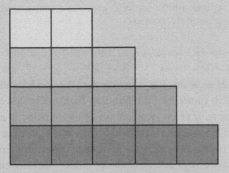

Abbildung 5.12   Visualisierung einer Trapezzahl

Grieser (2017) geht auch an dieses Problem zunächst explorativ heran,
indem er eine Tabelle mit kleinen n anfertigt und deren mögliche Darstellung als Trapezzahl ergänzt. Er stellt an dieser Tabelle eine *Hypothese* auf,
die lautet:

„Alle Zahlen außer den Potenzen von 2 sind als Trapezzahl darstellbar."
(Grieser, 2017, S. 138) *(Hypothese)*

Er gibt an, dass diese Vermutung vage (aus der Terminologie dieser Arbeit:
nicht theoriegeleitet) sei, da noch nicht angegeben wurde, „warum Trapezzahlen etwas mit Zweierpotenzen zu tun haben sollten" (Grieser, 2017,
S. 139). Dass sich ungerade Zahlen immer als Trapezzahlen darstellen lassen, braucht Grieser (2017) nicht mehr experimentell nachzugehen. Für
diesen Fall fügt er direkt einen Beweis an (Grieser, 2017, S. 139).
   Was ist allerdings mit allen weiteren Zahlen, die keine Potenzen von
zwei sind? Hier wird ein hypothetisch-deduktiver Ansatz relevant. Grieser
(2017) formuliert die Frage um: „Was bedeutet es, dass n keine Zweierpotenz ist" (S. 140)? Wenn ‚das Zweierpotenz-Sein' vermieden werden
sollte, lässt sich eine (in diesem Fall äquivalente) Eigenschaft der Zahlen deduzieren, die keine Zweierpotenzen sind: „Es bedeutet, dass n einen
ungeraden Teiler (außer 1) hat" (Grieser, 2017, S. 140). Diese Eigenschaft
wird ausgenutzt, um der ursprünglichen Hypothese („Alle Zahlen außer den

Potenzen von 2 sind als Trapezzahl darstellbar." (Grieser, 2017, S. 138))
nachzugehen. Folgendes ist nun *indirekt* zu prüfen:

> Wenn „n einen ungeraden Teiler (außer 1) hat" (ebd.), dann ist *n* als Trapezzahl
> darstellbar. (*‚verschobene' Hypothese*)

Das *Experiment* von Grieser (2017, S. 140) wird ausgeführt: $50 = 5 \cdot 10 =$
$10 + 10 + 10 + 10 + 10 = 8 + 9 + 10 + 11 + 12$ (ebd.). Die letzte
Umformung ergibt sich durch systematisches Verkleinern und Vergrößern
ausgehend von dem mittleren Summanden. Es handelt sich hierbei um ein
Experiment, da es zum einen *planvoll* ist. Dieses Planvolle ergibt sich erst
durch das ‚Verschieben' der Hypothese: „Alle Zahlen außer den Potenzen
von 2" (ebd., S. 138) stellen sich als schwer realisierbar heraus. Empirisch
realisierbar sind allerdings alle Zahlen mit einem „ungeraden Teiler (außer
1)" (ebd., S. 140), was einer Eigenschaft von allen Zahlen außer den Potenzen von zwei entspricht. Der Eingriff ist allerdings auch *zielführend*, da nur
Trapezzahlen von Interesse sind (‚Verschobene' Hypothese: Wenn n einen
ungeraden Teiler (außer 1) hat, **dann ist n als Trapezzahl darstellbar**.).

Grieser äußert nach seiner ‚Hypothesenverschiebung' und experimentellem Herangehen: „Dies ist ein vielversprechender Ansatz" (ebd., S. 140)!
Eine positive Prüfung der ursprünglichen Hypothese könnte also stattgefunden haben. Der weitere Lösungsprozess des Problems ist bei Grieser (2017)
nachzulesen.

Ich möchte mich hier weitergehend auf *den indirekten Prüfprozess* über
Experimente konzentrieren. Hypothetisch ist im Beispiel folgendes Gesetz (im
Anschluss steht *A* für Antezedens und *K* für Konsequenz[3]), welches den Anfang
von Griesers (2017) Lösungsansatz bildet.

A	*n ist eine Zahl außer den Potenzen von 2*
$\Downarrow$	daraus folgt hypothetisch
K	*n ist als Trapezzahl darstellbar.*

---

[3] An dieser Stelle hätte auch auf die Gesetzesstruktur der Abduktion zurückgegriffen werden
können: $\forall i : F(x_i) \Rightarrow R(x_i)$. Mit dieser hier gewählten Form soll die Struktur eines indirekten
Prüfprozesses verdeutlicht und die Darstellung möglichst einfach gehalten werden.

Eine Möglichkeit dieses Gesetz empirisch zu überprüfen, wäre eine alternative Aussage zu A zu nutzen:

A'	*n hat einen ungeraden Teiler (außer 1)*
⇕	ist äquivalent zu
A	*n ist eine Zahl außer den Potenzen von 2*

Experimentell überprüfbar ist nun die Hypothese:

A'	*n hat einen ungeraden Teiler (außer 1)*
⇓	daraus folgt hypothetisch
K	*n ist als Trapezzahl darstellbar*

Jetzt könnte man eine Zahl konstruieren, die einen ungeraden Teiler (außer 1) hat und beobachten, ob sie als Trapezzahl darstellbar ist. Über dieses Beispiel hinaus wird bei einer *indirekten* Prüfung die ursprüngliche Hypothese auf theoretischer Basis verändert, um eine grundsätzliche Prüfung zu gewähren. Die Hypothese wird in ein Theoriegerüst verortet und zur Überprüfbarmachung werden Antezedens (A) und/oder Konsequenz (K) der Hypothese ‚verschoben'. In diesem *indirekten* Prüfprozess bzw. dem ‚Verschieben' der Hypothese wird die Transitivität der Folgerungsbeziehung ausgenutzt (z. B. $\left(\left(A' \Rightarrow A \right) \wedge (A \Rightarrow K) \right) \Rightarrow (A' \Rightarrow K))$. Der Prüfprozess sollte eigentlich die Hypothese „Aussage A $\Rightarrow$ Aussage K" auf die Probe stellen. Da die ursprüngliche Hypothese ‚verschoben' wurde, ist eine Falsifikation nicht selbstverständlich. Denn nun kann der Fehler auch in der ‚verschobenen' Aussage liegen. Naturwissenschaftliche Theorien können sich zwar bewähren, allerdings können sie nicht bewiesen werden (s. Abschnitt 3.2.1). Ihre Aussagen (hier A'$\Rightarrow$ A und K $\Rightarrow$ K') sind ebenfalls hypothetisch. Das heißt ebenfalls falsifizierbar, da es Theorien über empirische Phänomene sind. Sofern Mathematiklernende auf eine solche Theorie zurückgreifen, können auch die herangezogenen Gesetze fehlerhaft sein. Anders gesagt: Ein Nichteintreten einer Vorhersage heißt nicht unmittelbar ein vollständiges Aufgeben der Hypothese.

Die bisher betrachteten Beispiele zum hypothetisch-deduktiven Ansatz verdeutlichen den Nutzen eines solchen Prüfprozesses:

- Bei Carrier (2000) ist das Licht als eine elektromagnetische Welle empirisch schwer zugänglich, weshalb die Hypothese innerhalb zugänglicher und gültiger Theorie ‚verschoben' wird; zu Aussagen über Welleneigenschaften (s. Abschnitt 3.3.1, s. dafür auch das Beispiel Galileis).
- Bei Meyer (2007), bezogen auf Fermats Hypothese ($2^{2^n} + 1$ ist für $n \in \mathbb{N}_0$ stets prim), sind es die Primzahlen, die empirisch schwieriger überprüfbar sind als die ungeraden Zahlen ($2^{2^n} + 1$ ist für $n \in \mathbb{N}_0$ stets ungerade, Abschnitt 2.2.3).
- Jahnke (2009) setzt die Hypothese vom Wechselwinkel begründungslos voraus (s. Abschnitt 2.2.3). Durch ‚Verschieben' dieser Hypothese zur Innenwinkelsumme im Dreieck und einer positiven Prüfung dieser, bestärkt sich die vorausgesetzte Aussage über die Größe der Wechselwinkel.
- In dem obigen Beispiel bei Grieser (2017) sind die natürlichen Zahlen, die keiner Zweierpotenz entsprechen, empirisch schwer zugänglich, weshalb Zahlen mit mindestens einem ungeraden Teiler (außer 1) betrachtet werden.

Wenn man die Arbeiten von Meyer (2007) und Carrier (2000) grundlegt und zusätzlich die mathematischen Tätigkeiten Griesers (2017) oder auch Jahnkes (2009) einordnet, lassen sich folgende Möglichkeiten des Prüfprozesses auszeichnen:

| Indirekter Prüfprozess | Direkter Prüfprozess |
(hypothetisch-deduktiv)	(Bootstrap)
Ein indirekter Prüfprozess wird ausgeführt, sobald das hypothetische Gesetz „Aussage A (Antezedens) ⇒ Aussage K (Konsequenz)" über die Anwendung anderer Gesetze ,verschoben' wird. Es kann sowohl bezogen *auf* Aussage A als auch *aus* Aussage K eine deduktive Folgerung gezogen werden:	Das geprüfte Gesetz entspricht dem generierten Gesetz innerhalb der Hypothese. In diesem Fall muss es nicht zugunsten einer Prüfung ,verschoben' werden, sondern es können weitere Einzelfälle aus dem Gesetz zur Prüfung herangezogen werden.

Aussage A'
⇓

Aussage A ⇒ Aussage K

⇓
Aussage K'

Der direkte Prüfprozess kann als Spezialfall der indirekten Prüfung betrachtet werden, sofern die Hypothese „Aussage A ⇒ Aussage K" in ein Theoriegerüst integriert ist.

Eine direkte Falsifikation der Hypothese ist möglich, wenn die geprüfte Konsequenz bei diesem Prozess notwendig ist.

Durch die ,Verschiebung' der Hypothese (A ⇒ K) können an unterschiedlichen Stellen Fehlschlüsse passieren. Eine Falsifikation im Modus tollens könnte daher nur noch dann möglich sein, wenn das hypothetische Gesetz zu äquivalenten Aussagen ,verschoben' wird und die Konsequenz vorher bereits eine notwendige gewesen ist. Die ursprüngliche Hypothese kann dabei auch durch äquivalente Aussagen verändert werden:

Aussage A'
⇕

Aussage A ⇒ Aussage K

⇕
Aussage K'

Beide Prozesse prüfen Konsequenzen aus der anfänglichen Hypothese: Bei dem direkten Prüfprozess bilden weitere Einzelfälle, die dem Gesetz zu subsumieren sind, die Konsequenz, bei dem indirekten wird die Konsequenz über die Anwendung anderer Gesetze gezogen, weshalb im Folgenden auch von ‚Verschieben' gesprochen wird. Eine besondere Beziehung zwischen einer indirekten und direkten Prüfung sei an dieser Stelle erneut hervorgehoben: Sobald eine Hypothese auf eine neue, prüfbare Hypothese ‚verschoben' wird, so wird im anschließenden Prüfprozess die neue Hypothese direkt, die ursprüngliche Hypothese indirekt geprüft. Das Modell in Abbildung 5.11 wird um diesen *indirekten* Prüfprozess ergänzt (in der anschließenden Abbildung grau unterlegt). In der nachfolgenden Abbildung 5.13 wird ebenfalls ergänzt, dass ein ‚Verschieben' mehrfach stattfinden kann, bis eine überprüfbare Form gefunden wird. Dieser mögliche Prozess wird nachfolgend mit dem rücklaufenden Pfeil von der Vorhersage auf die deduktiven Folgerungen innerhalb des grau unterlegten Kastens angedeutet.

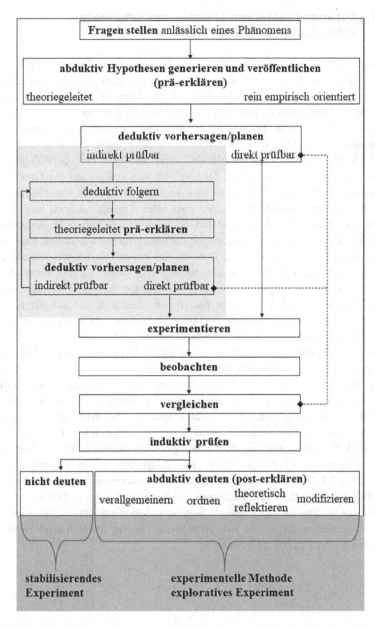

Abbildung 5.13 Vollständig erarbeitetes Modell eines experimentellen Prozesses innerhalb experimenteller Reihen

5.2.3 Zusammenspiel von Theorie und Empirie im entwickelten Prozessmodell

Naturwissenschaftliche Erkenntnisse erwachsen aus einem Zusammenspiel von Theorie und Empirie (s. Abschnitt 3.2.1). Implizit geht das Zusammenspiel von Theorie und Empirie in das Modell aus Abbildung 5.13 ein. Dies möchte ich pointiert herausstellen: Das empirische Phänomen motiviert eine wissenschaftliche Fragestellung. **Fragen** kann allerdings nur, wer schon etwas weiß (s. Abschnitt 3.2.2). Fragen werden also durch theoretische Elemente formiert. Antworten (in Abb. 5.13: **prä-erklären**) kann auch nur der- oder diejenige, der*die schon über Wissen verfügt. Da eine Antwort sowohl auf der Grundlage einer bestimmten Theorie getätigt werden kann (in Abb. 5.13: **theoriegeleitet**) als auch noch im Zustand, nach einer passenden Theorie suchend und dabei sich an den empirischen Ausgangsdaten orientierend (in Abb. 5.13: **empirisch orientiert**), kann der Grad des Theoriegehalts unterschiedlich ausfallen. Die Antwort ist im naturwissenschaftlichen Kontext eine hypothetische, weshalb sie auf die zu überprüfenden Phänomene ausgerichtet sein sollte. Ist dies nicht *direkt* möglich, so sollte die Antwort so transformiert werden, dass die Überprüfbarkeit an der Empirie möglich ist (s. grau hinterlegter Abschnitt zur indirekten Prüfung, Abb. 5.13). Die hypothetische und überprüfbare Prä-Erklärung der initialen Fragestellung ist damit ein Mittler zwischen Theorie und Empirie.

Das nachfolgende Experiment ist nach dieser Hypothese ausgerichtet. Die natürlichen Vorgänge laufen hier nicht wie bisher ab, außer es liegt ein Gedankenexperiment vor. Bei einem Realexperiment wird in die Natur eingegriffen – planvoll und zielgerichtet. Das Erzeugen eines Eingriffs ist eher theoretisch motiviert, die Wirkung dagegen ist eher empirisch. Die Wirkung des Experiments hat man mit der vorhergesagten Wirkung abzugleichen (in Abb. 5.13 die gestrichelte Linie zwischen Beobachtung und Vorhersage). Dieser Abgleich ist das wesentliche Charakteristikum einer quasi-empirischen Theorienutzung (s. Abschnitt 2.1.2). Die Deutung weist über die konkreten Daten hinaus, ist aber genau mit diesen durch die beobachteten und geprüften Daten verbunden.

Damit ist die Theorie der zugrunde liegenden Arbeit präsentiert und in einem Modell dargestellt worden. Wie jede empirische Theorie, hat sich auch diese im Folgenden an der Empirie zu bewähren.

Methodologie und Methode

6

Das bisher aus den Naturwissenschaften heraus generierte Begriffsnetz (s. Kapitel 3), welches in Kapitel 5 für die Mathematikdidaktik nutzbar gemacht und mit bereits etablierten Begriffen aus der Mathematikdidaktik (s. Kapitel 2, 4) diskutiert wurde, wird nun für die Analyse von Lehr- und Lernprozessen verwendet und überprüft. Dafür werden im folgenden Kapitel zuerst die methodologischen und methodischen Grundlagen zur Durchführung der Studie sowie der Analyse dargestellt.

Ausgangspunkte einer jeden Forschung sind das Forschungsinteresse sowie die Forschungsfragen, welche für diese Arbeit im ersten Abschnitt des Kapitels vorgestellt werden. Wie bei einem Experiment innerhalb einer experimentellen Methode in den Naturwissenschaften, dürfen Theorien zur Umsetzung einer gezielten Studie und Analyse nicht fehlen. Im zweiten Teil des Kapitels werden deshalb methodologische Grundlagen aufgestellt, die aufzeigen, welche Perspektive auf Bedeutungsaushandlungen zwischen Lernenden eingenommen wird. Die etablierten methodologischen Grundlagen der interpretativen Unterrichtsforschung der Mathematikdidaktik (vgl. Voigt, 1984; Jungwirth, 2003) orientieren diese Perspektive. Das konkrete Vorgehen der Untersuchung sowie die Gestaltungen der Interviewsitzungen und Auswertungsmethoden werden Schwerpunkt des dritten Abschnitts sein. Inwiefern auch das methodische Vorgehen Analogien zu experimentellen Prozessen aufweist, wird anschließend diskutiert. Außerdem werden Herausforderungen der Interpretation skizziert. Eine abschließende

Elektronisches Zusatzmaterial Die elektronische Version dieses Kapitels enthält Zusatzmaterial, das berechtigten Benutzern zur Verfügung steht https://doi.org/10.1007/978-3-658-35330-8_6.

Beschreibung der Ergebnisdarstellung ebnet den Übergang in das nachfolgende
Kapitel, indem ausgewählte Analysebeispiele vorgestellt werden.

6.1   Forschungsinteresse und Forschungsfragen

Drei Fragen begleiten das Forschungsvorhaben. Anhand der Fragestellungen
werden die methodischen Auswertungsverfahren begründet, die in den Folge-
abschnitten ausgeführt werden. Die erste Forschungsfrage zielt auf die Anwen-
dungsmöglichkeit der aufgestellten Theorie zur Beschreibung und Erklärung
mathematischer Lernprozesse. Die Zweite fokussiert die Veränderungen der experimentellen Prozesse. Die letzte Frage geht auf die Grenzen und Möglichkeiten
experimentellen Arbeitens beim Mathematiklernen ein und welche Erkenntnisse
daraus für ein mathematisches Entdecken, Prüfen und Begründen gezogen werden
können.

*1. Forschungsfrage: Welche experimentellen Prozesse sind für das Mathematikler-
nen unterscheidbar?*

a. Welche experimentellen Prozesse können für das Mathematiklernen
   unterschieden werden und *wie* können diese begrifflich präzisiert werden?
b. Zeigen sich diese Differenzierungen in realen mathematischen Lehr- und
   Lernsituationen?

Die erste ist eine theoretische Frage nach der Konkretisierung der experimentellen
Prozesse. Die Differenzierungen und Präzisierungen sind in Abschnitt 5.2 vorge-
stellt worden. In der Analyse haben sich die begrifflichen Differenzierungen aus
Abschnitt 5.2 zu bewähren:

- Führen Mathematiklernende Experimente aus?
- Lassen sich naturwissenschaftliche Denk- und Arbeitsweisen und deren
  Zusammenhänge ausweisen, die im Modell in Abbildung 5.13 zusammenge-
  fasst sind?

- Welchen prozessualen Charakter erhält das experimentelle Vorgehen aufgrund der identifizierten Denk- und Arbeitsweisen? Zielt es auf eine Theorieerweiterung und/oder -prüfung (eher experimentelle Methode), eine Suche nach reproduzierbaren Bedingungen oder einer Theorieverortung (eher exploratives Experiment) oder einen erneuten Test (Demonstrationsexperiment/stabilisierendes Experiment)? Wird der Prozess gedanklich oder real ausgeführt (Gedankenexperiment)?

Um diese experimentellen Prozesse sowie die darin genutzten Denk- und Arbeitsweisen ausweisen zu können, werden Abduktionen, Deduktionen und Induktionen rekonstruiert (s. Abschnitt 2.2).

Bei der theoretischen Erarbeitung der naturwissenschaftlichen Begrifflichkeiten hat sich herausgestellt, dass die Koordination der naturwissenschaftlichen Denk- und Arbeitsweisen als ein Wechselspiel von Theorie und Empirie zusammengefasst werden kann. Die nächste Forschungsfrage zielt auf eine detaillierte Untersuchung dieses Wechselspiels.

2. Forschungsfrage: Wie beeinflussen und verändern sich theoretische und empirische Elemente innerhalb experimenteller Reihen zu einer Aufgabe?

> a. *Inwiefern* verändert sich ein Experimentieren durch ein theoretisches Deuten und Hypothesenaufstellen und vice versa?
> b. *Inwiefern* verändert sich die Bedeutung des Untersuchungsgegenstandes für die Lernenden in mathematischen experimentellen Reihen?
> c. *Inwiefern* beeinflussen Ergebnisse eines experimentellen Prozesses die sich anschließenden experimentellen Prozesse?

Wie sich durch Experimente bedingte Erkenntnisprozesse sowie die Untersuchungsgegenstände verändern, stellt den Kern des Forschungsinteresses dar. Die eingesetzten Aufgaben in der zugrunde liegenden Studie werden deshalb so gestellt, dass sie individuelle Lösungsprozesse anregen. Sie sind so formuliert, dass sie noch keinen Hinweis über die Art und Weise zur Beantwortung der Fragestellung integrieren. Es wird kein konkreter (experimenteller) Aufbau bzw. Lösungsweg vorgegeben, sodass sowohl der Erarbeitungsprozess als auch die Untersuchungsgegenstände frei wählbar sind (Weiteres dazu s. Abschnitt 6.3.2).

Zur Erarbeitung dieser Forschungsfragen werden passende Methoden zur Auswertung benötigt: „Wird die Bedeutung von ‚Dingen' als interaktiv konstruiert angesehen, so werden hermeneutische Methoden zur Analyse der Unterrichtsgespräche herangezogen" (Meyer, 2007, S. 106). Die hermeneutischen Methoden zur Auswertung werden in Abschnitt 6.3.3 vorgestellt.

3. Forschungsfrage: Welche Erkenntnisse lassen sich für ein Entdecken, Prüfen und Begründen ziehen?

> a. Welche *Möglichkeiten* des Experimentierens ergeben sich beim Mathematiklernen vor allem für ein Entdecken, Prüfen und Begründen?
> b. Welche *Herausforderungen* ergeben sich beim Experimentieren im Zuge des Mathematiklernens vor allem für ein Entdecken, Prüfen und Begründen?

Aus der Prüfung der naturwissenschaftlichen Begrifflichkeiten zur Analyse von mathematischen Lernprozessen (Forschungsfrage 1) sowie der Untersuchung von Veränderungen innerhalb dieser Prozesse (Forschungsfrage 2) sollen Erkenntnisse über das Mathematiklernen gewonnen werden, die ohne diese Terminologie nicht hätten erarbeitet werden können. Da das Entdecken (Hypothesen generieren) und Prüfen bereits explizit über die einzelnen Phasen im Modell integriert sind (s. Abschnitt 5.2), können sich über die Anwendung des Modells bereits Erkenntnisse ergeben. Darüber hinaus wird schwerpunktmäßig analysiert, inwiefern sich innerhalb experimenteller Prozesse auch Erkenntnisse über das Begründen ziehen lassen.

Aus der Studie von Hanna et al. (2001, Abschnitt 4.3.2) wird deutlich, dass ein Beweis aus experimentell erzeugten Theoremen verständlich sein kann. Die Autor*innen zeigen allerdings auch auf, dass z. T. Schüler*innen das Experiment zu stark gewichten, indem sie diesem einen Wahrheitsanspruch zuweisen. Damit sind bereits erste Grenzen und Möglichkeiten eines Experimentierens im Mathematikunterricht aufgezeigt. Durch die Analysen der experimentellen Prozesse werden weitere Möglichkeiten und Herausforderungen solcher Prozesse vor allem für die hier benannten Tätigkeiten beim Mathematiklernen herausgearbeitet.

Die obigen Forschungsrichtungen zielen auf das *Wie* des Ablaufes experimenteller Lernprozesse und nehmen keine Quantifizierungen in den Blick. Es liegt daher ein qualitatives Forschungsanliegen vor. Da Lernprozesse durch die Lehrpersonen, Mitschüler*innen und auch Aufgabenstellungen beeinflusst werden, wird eine interaktionistische qualitative Forschung betrieben, deren methodologische Grundlagen im Weiteren vorgestellt werden.

6.2   Methodologische Grundlagen interpretativer Unterrichtsforschung

„Für die qualitative Forschung ist die Einsicht wesentlich, dass die Wahl der Forschungsmethoden von der grundlagentheoretischen Perspektive auf den zu erforschenden Gegenstand abhängt" (Meyer, 2007, S. 99). Anders gesagt: Die grundlegende Perspektive auf Lernen und Lehren – und damit auf den Forschungsgegenstand – bestimmt die Forschungsmethode. Wenn Schüler*innen Mathematik über empirische Referenzen und reale Kontexte lernen, so ist naheliegend, die Methoden empirischer Wissenschaften zur Beschreibung von mathematischen Lehr- und Lernprozessen zu nutzen. Diese Perspektive des Lernens an und mit empirischen Referenzen über naturwissenschaftliche Methoden ist bisher stark in das Theoriegerüst dieser Arbeit eingegangen. Perspektiven der interpretativen Unterrichtsforschung, die den Aushandlungsprozess von Bedeutungen fokussieren, werden ebenfalls für diese Forschungsarbeit relevant. Im deutschsprachigen Raum ist Heinrich Bauersfeld Gründungsvater eines interpretativen Zweigs in der Mathematikdidaktik, den er Ende der 1970er Jahre parallel und gemeinsam mit dem amerikanischen Gründer Paul Cobb begründete (Jungwirth, 2014, S. 14). Ab den 1980er Jahren festigte sich der interpretative Forschungsstrang innerhalb der mathematikdidaktischen Forschung im deutschsprachigen Raum und wurde von der Arbeitsgruppe Bauersfelds ausdifferenziert (ebd.).

Die grundlegende interpretative Weltsicht orientiert sich u. a. an den beiden soziologischen Grundgedanken des symbolischen Interaktionismus (1) und der Ethnomethodologie (2): (1) „[D]as Interpretieren der Dinge bzw. das Sich-Orientieren an den Interpretationen Anderer" (Jungwirth, 2014, S. 15) entspricht dem Grundgedanken des symbolischen Interaktionismus. Die Ethnomethodologie untersucht die allgemein-gesellschaftlichen Strukturen und Methoden. Dies kommt dem zweiten Schwerpunkt der interpretativen Forschung nahe, nämlich (2) „[w]as gegeben ist, entsteht im Handeln der Gesellschaftsmitglieder: Die soziale Welt wird stets vollzogen" (ebd.). Gemein ist diesen beiden soziologischen Perspektiven die Beschreibung der Entstehung von Intersubjektivität zwischen Interaktionspartnern (Meyer, 2007, S. 99). Bezogen auf das Forschungsthema ist zu untersuchen, wie experimentelle Vorgehen interaktiv ausgehandelt werden. Schließlich – so könnte angenommen werden – experimentieren (rational) Handelnde entsprechend ihrer Fächer, die wiederum an Konventionen und Akzeptanz der Community bzw. der Lehrpersonen gebunden sind (vgl. Abschnitt 2.1.2 zum Beweisen im Mathematikunterricht; vgl. Abschnitt 3.3.3 Demonstrationsexperimente vor Publikum).

6.2.1   Symbolischer Interaktionismus

Der *symbolische Interaktionismus* ist ursprünglich u. a. von George Herbert Mead geprägt (Blumer, 1981, S. 80). Die anschließende methodologische Deutung erfolgte von Herbert Blumer (1981). Auf diese Deutung wird sich nachfolgend bezogen, da aufgrund dieser Methodologie Interaktionen beschrieben werden können. Kern des symbolischen Interaktionismus sind drei Prämissen:

> 1 „Die erste Prämisse besagt, dass Menschen ‚Dingen' gegenüber auf der Grundlage der Bedeutungen handeln, die diese Dinge für sie besitzen." (ebd., S. 81)

Unter *Dingen* versteht Blumer (1981) generell Wahrnehmbares: wie Materielles, Strukturen, Emotionen oder Beziehungen; also all das, „auf das man hinweisen oder auf das man sich beziehen kann" (ebd., S. 90). Blumer (1981) teilt diese Objekte in drei Kategorien:

1. „[P]hysikalische Objekte" (ebd.) wie Tisch und Stuhl,
2. „[S]oziale Objekte" (ebd.) wie Mutter und Vater,
3. „[A]bstrakte Objekte" (ebd.) wie Gerechtigkeit.

Wenn in Prämisse eins von *besitzen* die Rede ist, meint dies nicht einen starren, unveränderlichen Zustand, was mit den folgenden Prämissen unterstrichen wird.

> 2 „Die zweite Prämisse besagt, dass die Bedeutung solcher Dinge aus der sozialen Interaktion, die man mit seinen Mitmenschen eingeht, abgeleitet ist oder aus ihr entsteht." (ebd., S. 81)

Damit bestimmt die eigene Bedeutung der Dinge die eigene Handlung (1) und die Handlung bestimmt wiederum die Bedeutung, die Interaktionspartner*innen den Dingen gegenüber zuschreiben (2), sodass es letztendlich um den Umgang mit dieser bedeutungsgeladenen Handlung geht. Zu unterstreichen ist nach dieser Sichtweise, dass dem Ding an sich keine Bedeutung innewohnt, sondern dass die Bedeutungszuschreibung „ein sich formender *Prozeß* ist" (Voigt, 1984, S. 6, Hervorh. im Original): Ein Glas ist nicht per se ein Getränkebehälter, sondern es erhält die Bedeutung im Handeln mit ihm, z. B. als Blumenvase oder als Schablone für einen Kreis.

> 3 „Die dritte Prämisse besagt, dass diese Bedeutungen in einem interpretativen Prozess, den die Person in ihrer Auseinandersetzung mit den ihr begegnenden Dingen benutzt, gehandhabt und abgeändert werden." (Blumer, 1981, S. 81)

Es folgt ein Anpassungsprozess der eigenen Bedeutung mit der öffentlichen, bedeutungsgeladenen Handlung. Zusammentragend fokussiert Prämisse eins die bedeutungsgeladene Handlung mit Objekten, Prämisse zwei beschreibt die durch Handlung gewonnene Bedeutung der Objekte, und Prämisse drei unterstreicht die Bedeutungsanpassung.

Bezogen auf das Experimentieren beim Mathematiklernen kann herausgestellt werden, dass mathematischen Objekten entsprechend dieser Perspektive kein ontologischer Status zugeschrieben werden kann, sondern dass der Umgang mit ihnen rekonstruiert werden muss. Diese Bedeutung lässt sich in der Praxis des Handelns, hier dem Experimentieren, erschließen. Mittels dieser Perspektive ist es möglich, durch den Umgang mit den Untersuchungsgegenständen im Experiment nicht explizit veröffentlichte Hypothesen zu rekonstruieren (vgl. Prämisse 1) und ebenfalls ist es möglich, an einer Veränderung des Umgangs auf eine Veränderung der Hypothese zu schließen (vgl. Prämissen 2, 3).

6.2.2   Ethnomethodologie

Die *Ethnomethodologie* ist ein von Harold Garfinkel (1967) geformter Wissenschaftszweig. Sie untersucht Methoden zum Umgang mit alltäglichen Informationen aus Interaktionen (Voigt, 1984, S. 12). Eine Grundhaltung der Ethnomethodolog*innen ist, dass die Art und Weise der öffentlichen Äußerungen der Interaktionsteilnehmer*innen Auskunft über das Verstehen dieser liefern (ebd., S. 13). Interaktionsprozesse verlaufen – aufgrund ihrer „räumlich-zeitlich-personelle[n] Situationsabhängigkeit" (ebd., S. 18) – sprachlich verkürzt und damit prinzipiell mehrdeutig und vage ab. Deiktische Äußerungen wie ‚das da‘, ‚hier dieses Dings‘, aber auch Gestik und Mimik sind „Gelegenheitsausdrücke" (ebd., S. 17). Garfinkel (1981, S. 210 f.) bezeichnet diese verkürzte, kontextgebundene Sprache als eine *indexikale*. Aufgabe der interagierenden Parteien sowie der forschenden Person ist, diese Indexikalität zu entindexikalisieren. Darunter wird das Ersetzen des Indexes durch inhaltliche Ausdrücke verstanden (Voigt, 1984, S. 18). Neben der Sprache besitzen auch weitere Kontextmerkmale indexikalen Charakter wie zum Beispiel Einstellungen oder Gefühle des Gegenübers.

Eine Methode zur Entindexikalisierung ist, Äußerungen in Interaktionen in Beziehung zu Kontextmerkmalen zu setzen (sogenannte *Reflexivität*, Garfinkel, 1967, zitiert nach Voigt, 1984, S. 19). Ethnomethodolog*innen gehen davon aus, dass Interaktionsteilnehmer*innen Regeln zur Entindexikalisierung befolgen. Darunter gehört z. B. die Regel der „R e z i p r o z i t ä t   d e r   P e r s p e k t i v e n" (Cicourel, 1981, S. 176, Hervorh. im Original). Cicourel (1981) bezieht sich hierbei auf Schütz, der diese Regel zweiteilt: Beide Interagierenden gehen davon aus, „dass ihre wechselseitigen Erfahrungen aus der Interaktionsszene dieselben sind" (ebd., S. 176) und, dass zweitens jegliche Unterschiede unbeachtet bleiben (ebd., S. 176 f.). Anders ausgedrückt, könnten sich durch diese Regel Interpretationen der Teilnehmer*innen einander anpassen. Merkbare Differenzen in der Interaktion werden minimiert, damit ein gemeinsames Arbeiten möglich wird. Krummheuer (1983) spricht dann von einem *Arbeitsinterim*. Schwarzkopf (2000) fügt hier hinzu, dass ein „koordiniertes Handeln" (S. 187) möglich wird, auch wenn die Bedeutung der Interaktionspartner*innen dabei nicht identisch sein muss; sie agieren so, als sei dies der Fall. Inhaltlich pendeln sich Themen in der Interaktion ein, die nicht mit dem fachlich intendierten Thema der aufgabenstellenden Person übereinstimmen müssen (Neth & Voigt, 1991, S. 84 f.): Das Thema bezeichnet, „was zwischen den Teilnehmern als gemeinsamer Gesprächsgegenstand gilt" (Neth & Voigt, 1991, S. 84). Innerhalb dieser Themen werden die Deutungen ausgehandelt. Bezogen auf Gespräche im Mathematikunterricht bedeutet dies Folgendes: Die für die Interaktionspartner*innen ausgehandelten mathematischen Inhalte müssen für den Einzelnen nicht identisch sein, sondern gelten vielmehr als Konsens über solche Inhalte (Streeck, 1979 zitiert nach Voigt, 1991, S. 163). Damit wird sowohl der Gegenstand, die Handlung als auch die Bedeutung der Handlung und des Gegenstandes ausgehandelt – kurz: Der „Prozess der Bedeutungsaushandlung" (Meyer, 2007, S. 103) bzw. der Prozess zu einer Intersubjektivität.

Als eine weitere Regel gibt Cicourel (1981, S. 177) die *et-cetera-Regel* an. „Beim Auftreten eines bestimmten lexikalischen Items setzt man voraus, dass der Sprecher einen umfassenderen Zusammenhang im Sinn hatte und man geht davon aus, dass der Zuhörer diesen Zusammenhang ‚ausfüllt', wenn er eine Entscheidung über die Bedeutung der Items trifft" (Cicourel, 1981, S. 177). Zur Entindexikalisierung wird damit zwischen den Zeilen gelesen. Möglich ist auch abzuwarten, ob weitere Informationen zur Entindexikalisierung in der Interaktion öffentlich gemacht werden oder nicht, sodass eine Entscheidung über die Bedeutung des Items gefällt werden kann (ebd.).

Ethnomethodolog*innen gehen davon aus, unvoreingenommen in eine zu beforschende alltägliche Situation zu gehen, um die allgemein-gesellschaftlichen

Strukturen untersuchen zu können (Meyer, 2007, S. 105). Dies ist vor allem aus drei Gründen in dieser Arbeit nicht umsetzbar: Erstens herrscht eine bestimmte Erwartungshaltung an das Mathematiklernen (vgl. Kapitel 2), zweitens hat die Forscherin ein Theoriegerüst erstellt (s. Abschnitt 5.2), das geprüft werden soll (s. Forschungsfragen in Abschnitt 6.1) und drittens wurden Interviewsituationen durchgeführt, die nicht dem Alltag der Schüler*innen und Studierenden entsprechen. Die ethnomethodologischen Grundlagen dienen in dieser Arbeit vornehmlich dazu, im ersten Schritt der Interpretation eine Offenheit gegenüber den Äußerungen und Handlungen aufrechtzuerhalten und diese Interaktion zuerst im Sinne der Ethnomethodolog*innen auf alltägliche Methoden und Regeln zu untersuchen. Erst im letzten Schritt der Interpretation der Forscherin wird das Theoriegerüst aus Abschnitt 5.2 hinzugezogen. Die erstmalige Distanzierung von den Einstellungen und Deutungen der Forscherin gegenüber den Szenen verlangt ein kontrolliertes Vorgehen – vor allem die Kontrolle der Erwartungshaltungen und theoretischen Perspektiven. Dieses kontrollierte Vorgehen wird explizit in Abschnitt 6.3.3 vorgestellt. Es sei darauf hingewiesen, dass im weiteren Verlauf gemäß der interpretativen Unterrichtsforschung und zugunsten einer einheitlichen Sprache in dieser Forschungsarbeit von „interpretieren" anstelle von „entindexikalisieren" gesprochen wird.

6.3 Methodisches Vorhaben

Bisher wurde diskutiert, wie sich Intersubjektivität zwischen Personen einstellt, anpasst und ändert (symbolischer Interaktionismus, s. Abschnitt 6.2.1) und welche Methoden zur Deutung der Interaktion verwendet werden (Ethnomethodologie, s. Abschnitt 6.2.2).

Nach der theoretischen und methodologischen Einbettung des Forschungsinteresses folgt nun die Beschreibung der konkret durchgeführten Studie. Zur Begründung der Studien- und Auswertungsgestaltung wird auf methodologische und theoretische Aspekte erneut hingewiesen. Zuerst wird der allgemeine Ablauf der Studie vorgestellt (s. Abschnitt 6.3.1). Dann folgen die Aufgabenbegründungen (s. Abschnitt 6.3.2) sowie die Beschreibung der Dokumentation der Studie (s. Abschnitt 6.3.3). Die sich anschließenden Auswertungsverfahren werden ebenfalls in Abschnitt 6.3.3 vorgestellt. Darunter fallen eine begründete Auswahl der Szenen sowie Regeln der Transkription. Das Interpretationsvorgehen orientiert sich an der interpretativen Unterrichtsforschung und integriert zusätzlich die methodologischen (s. Abschnitt 6.2) und theoretischen (s. Abschnitt 5.2) Überlegungen. Der Vergleich zwischen der Auswertungsmethode und der experimentellen Methode schließt sich in Abschnitt 6.3.4 an. Mögliche Herausforderungen, die sich während der methodischen Umsetzung ergaben, werden in Abschnitt 6.3.5 zusammengefasst.

6.3.1 Ablauf der Studie und Erhebung der Daten

Als Vorbereitung der Erhebung wurden mathematische Fragestellungen gesammelt, die entweder das Generieren neuer Zusammenhänge oder das Finden von Bedingungen für vorgegebene Zusammenhänge aus dem Bereich Geometrie[1] und Algebra thematisieren. Daraus konnte ein Aufgabenpool erstellt werden, der nach seiner Evaluation mit Schüler*innen sowie Lehramtsstudent*innen eingesetzt wurde. Mit insgesamt

1. 24 Lehramtsstudierende des dritten Bachelorfachsemesters der Universität zu Köln begleitend zur Geometrievorlesung,
2. elf Schüler*innen der neunten und zehnten Klasse einer Gesamtschule
3. sowie mit zwölf hochbegabten Schüler*innen der „Kölner Mathe AG"

wurde die Hauptstudie von der Autorin als Interviewerin und Lehrperson durchgeführt. Da das Ziel der Arbeit ist, experimentelle Prozesse zu rekonstruieren, wurde sich zur Erhebung für halbstrukturierte Interviewsettings (Döring & Bortz, 2016, S. 358) entschieden. Aufgrund der unterschiedlichen Zielgruppen, variieren die Durchführungen der Studie leicht. Die Erstellung von „‚teilstandardisierten' Interviewleitfäden" (ebd.) gewährt einen einheitlichen Forschungsrahmen. Hier wurden Fragen (sowohl aufgabenspezifische, als auch allgemeine Fragen nach der Begründung oder dem Grad der Sicherheit einer Antwort), Anmerkungen (z. B. laut zu denken), Definitionen (z. B. Definition Mittelsenkrechte), mögliche Lösungswege und die generelle Struktur der Sitzungen festgehalten. Den Teilnehmenden wurden Materialien zur Planung und Durchführung ihres Lösungsprozesses vorgelegt: sowohl digital (Tablet mit *GeoGebra*, einer dynamischen Geometriesoftware, entwickelt und evaluiert von Hohenwarter, 2006) als

---

[1] Es sei darauf hingewiesen, dass die euklidische Geometrie den theoretischen Überbau der in dieser Arbeit herangezogenen geometrischen Fragestellungen bildet.

auch analoge Werkzeuge (wie Zirkel und Lineal). Zum Teil wurde die Verwendung eines Experimentierkastens mit u. a. Styropor, Fäden, Nägel, Knete und Pfeifenputzer freigestellt.

Eine Einweisung in die experimentelle Methode der Naturwissenschaften oder in andere Aspekte der Nutzung naturwissenschaftlicher Denk- und Arbeitsweisen erfolgte nicht, da dies das Handeln der Schüler*innen und Student*innen hätte beeinflussen können.

Setting 1, Studierende: Über einen Zeitraum von acht Wochen (Mai/Juni) im Sommersemester 2018, begleitend zur Geometriefachvorlesung, konnten sich Teams von je zwei Lehramtsstudierenden zu zwei Interviewslots pro Woche (jeweilige Dauer von eine Stunde) anmelden. Sie erhielten mindestens eine, bei schneller Bearbeitung bis zu drei Aufgaben aus dem Aufgabenpool. In diesen acht Wochen wurden insgesamt acht unterschiedliche Aufgaben – vorwiegend aus dem Bereich Geometrie – aus dem Aufgabenpool bearbeitet.[2] Zur Dokumentation der Interviewsituationen wurden Bild- und Tonaufzeichnungen angefertigt. Regeln der Videographie wurden beachtet: Alle Interviewteilnehmer*innen und der Arbeitsbereich sollten von der Kamera erfasst werden, was bei einer spontanen Tabletnutzung nicht vollständig gewährleistet werden konnte. Die Kamera sollte vom Fenster abgewandt und alle Fenster geschlossen sein, um eine gute Aufnahmequalität (durch Lichteinstrahlung und getilgte Geräuschkulissen) zu gewähren. Die Teilnehmer*innen saßen so am Tisch, dass die Gesichter von der Kamera erfasst werden konnten und sich zusätzlich über die Aufgabenbearbeitung ausgetauscht werden konnte. Die Interviewerin war ebenfalls Betreuerin der begleitenden Vorlesung und daher den Student*innen im Vorfeld bekannt. Dies hatte sowohl Vorteile (z. B., dass es für die Studierenden ein vertrautes Setting war) als auch Nachteile (z. B. die Studierenden versuchten möglicherweise Erwartungshaltungen aus der Vorlesung gerecht zu werden). Die Nachteile wurden durch eine Einführung in das Setting (keine Bewertung der Leistung, sondern Testung der Aufgaben) minimiert.

Setting 2, Schüler*innen der Gesamtschule: Dieser Teil der Studie hat über vier Schulstunden an einer Schule in einer Stadt mit ca. 64.000 Einwohner*innen im Juni 2018 stattgefunden. Pro Schulstunde (ca. 45 Minuten) haben ein bis vier Gesamtschüler*innen der neunten und zehnten Jahrgangsstufe ein bis zwei Aufgaben aus dem Aufgabenpool gelöst. Die Aufgaben aus dem Bereich Algebra und Geometrie

---

[2] Einige Aufgaben wurden nur einmalig verwendet, z. B. wenn sie sich nicht bewährt hatten oder wenn sie in der begleitenden Vorlesung thematisiert wurden. Aufgaben kamen mehrfach vor, wenn sie sich bewährt hatten oder es Herausforderungen bei der Videografie gab.

wurden in Einzel- oder Partnerarbeit bearbeitet und audio- sowie videografiert. Im Vorfeld fand ein Austausch mit der Lehrperson statt, um Informationen über die Lerngruppe zu erhalten und die geplante Studie vorzustellen. Die Kamera wurde analog zu Setting 1) positioniert. Im Unterschied zu den Studierendenbearbeitungen konnten die Schüler*innen ein Lexikon mit Definitionen zu ausgewählten Begriffen aus den Aufgaben nutzen.

Setting 3, hochbegabte Schüler*innen: Eine Gruppe von Schüler*innen ab der fünften Klasse kommen einmal monatlich an die Universität, um Mathematikaufgaben zu lösen. Zur Studie im Juni 2018 haben zwölf Schüler*innen ein Dokumentationsheft mit sechs Aufgaben (drei aus dem Bereich Geometrie und drei aus dem Bereich Algebra) sowie drei Zusatzaufgaben erhalten, für deren Bearbeitung sie zwei Stunden Zeit hatten. Die Bearbeitungen wurden audiografiert (pro Schüler*in ein Audiogerät) und z. T. videografiert.

Alle Teilnehmer*innen an der Studie wurden unmittelbar anonymisiert. Das Aufnahmematerial musste aus forschungsökonomischer Sicht gekürzt werden. Einige Aufgaben und ihre Bearbeitungen fielen unter anderem aufgrund ihres einmaligen Einsatzes oder ihrer Aufnahmequalität bereits raus.

6.3.2 Aufgabenkriterien und -analysen

Die theoretische Ausarbeitung aus Kapitel 3 unterstreicht die Relevanz einer Fragestellung beim Experimentieren. Wie bereits erwähnt, zielten die eingesetzten Aufgaben auf das Generieren neuer Zusammenhänge oder das Finden von Bedingungen für vorgegebene Zusammenhänge, was in der Studie in unterschiedlichen Formen realisiert wurde:

1. Beispiel einer Frage nach Bedingungen eines Zusammenhangs:

Aufgabe 1) Schnittpunkt der Mittelsenkrechten/Winkelhalbierenden:

a)   Unter welchen Bedingungen schneiden sich die Mittelsenkrechten eines Dreiecks in dem
     Mittelpunkt einer Dreiecksseite?

b)   Wie sieht das bei dem Schnittpunkt der Winkelhalbierenden aus – funktioniert es dort?

Abbildung 6.1 Aufgabe „Schnittpunkt der Mittelsenkrechten/Winkelhalbierenden"

Im Folgenden wird eine Aufgabenanalyse, bezogen auf die Klassifizierung der Aufgabe, vorgenommen. Daneben soll zumindest der Kern einer Begründung zu jeder Aufgabe genannt werden. Der Aufgabenteil a) aus Abbildung 6.1 zielt auf die Umkehrung des Satz des Thales. Sobald dieser Satz bekannt und zur Lösung angewendet wird, könnte die notwendige sowie hinreichende Bedingung unmittelbar angegeben werden: die Rechtwinkligkeit des Dreiecks. Durch die deduktive Anwendung der Umkehrung des Satz des Thales würde ein Experimentieren überflüssig werden. Nachfolgend werden weitere Bedingungen genannt, die bei der Bearbeitung dieser Aufgabe noch betrachtet werden könnten: Äquivalent zu der Rechtwinkligkeit des Dreiecks ist die Aussage, dass die Mittelsenkrechte einer Kathete jeweils parallel zur anderen Kathete liegt. Somit ist auch die hier genannte Beziehung zwischen Katheten und Mittelsenkrechten eine Formulierung der notwendigen sowie hinreichenden Bedingung für die geforderte Lage des Schnittpunktes der Mittelsenkrechten. Eine ausschließlich notwendige Bedingung für diese Lage wäre, dass sich die Mittelsenkrechten im Dreieck in genau einem Punkt schneiden, der Umkreismittelpunkt ist. Da sich in jedem Dreieck die Mittelsenkrechten in genau einem Punkt schneiden, wäre diese Bedingung keine ausreichende, um eine Aussage über die besondere Lage des Schnittpunktes treffen zu können. Eine hinreichende, allerdings nicht notwendige Bedingung wäre, dass die Mittelsenkrechten der Katheten und die Katheten selbst ein Quadrat einschließen. Ein Quadrat wäre eine mögliche Beobachtung an einem gleichschenkligen, rechtwinkligen Dreieck – einem Spezialfall der Aufgabe.

Betrachtet man nun den zweiten Aufgabenteil (s. Abb. 6.1) und sei ein Dreieck definiert als drei nicht kollineare Punkte, so existiert die Situation nicht, dass sich alle Winkelhalbierenden im Mittelpunkt einer Dreiecksseite schneiden. Dies ist aufgrund der Definition einer Winkelhalbierenden als Symmetrieachse des Winkels nicht möglich. Daher können auch keine Bedingungen für die besondere Lage gefunden werden.

2. Beispiele von Fragen, zur Prüfung eines vorgegebenen Zusammenhanges:

Aufgabe 2) Geschlossene Variante – Schnittpunkt der Mittelsenkrechten:
Überprüfe: In einem rechtwinkligen Dreieck schneiden sich die Mittelsenkrechten aller Dreiecksseiten in dem Mittelpunkt der Hypotenuse.

Abbildung 6.2 Geschlossene Variante der Aufgabe „Schnittpunkt der Mittelsenkrechten"

Aufgabe 2 (s. Abb. 6.2) unterscheidet sich von Aufgabe 1a) (s. Abb. 6.1) dahingehend, dass der Zusammenhang und damit auch die Bedingung angegeben ist. Dieser Zusammenhang kann nun sowohl überprüft als auch begründet werden. Im Falle einer Prüfung könnte diskutiert werden, ob die Rechtwinkligkeit des Dreiecks überhaupt eine hinreichende Bedingung für die Lage des Schnittpunktes ist. Eine weitere eingesetzte „Überprüfaufgabe" ist Abbildung 6.3 zu entnehmen.

Aufgabe 3) Immer 19:

Überprüft und verändert gegebenenfalls die Aussage: Addiert man zwei zweistellige Zahlen a und b zur Summe 100, so ist die Summe der Ziffern von a und b immer 19.

Abbildung 6.3   Aufgabe „Immer 19"

Für den in Aufgabe 3) angegebenen Zusammenhang (s. Abb. 6.3) können viele Beispiele angegeben werden, die diesen bestärken könnten:

$$11 + 89 = 100 \text{ und } 1 + 1 + 8 + 9 = 19$$

$$12 + 88 = 100 \text{ und } 1 + 2 + 8 + 8 = 19$$

$$13 + 87 = 100 \text{ und } 1 + 3 + 8 + 7 = 19$$

usw.

Allerdings ist der Zusammenhang in der hier formulierten Allgemeinheit nicht gültig. So ist

$$10 + 90 = 100, \text{ allerdings } 1 + 9 \neq 19$$

$$20 + 80 = 100, \text{ allerdings } 2 + 8 \neq 19$$

$$30 + 70 = 100, \text{ allerdings } 3 + 7 \neq 19$$

usw.

Vergleicht man die Gegenbeispiele, so kann entdeckt werden, dass der Zusammenhang zu einem gültigen modifiziert werden könnte: Addiert man zwei zweistellige Zahlen a und b zur Summe 100, so ist die Summe der Ziffern von a und b 19 oder 10. Eine mögliche Begründung wäre folgende:

$$\underbrace{(c \cdot 10 + d)}_{\textit{zweistellige Zahl a}} + \underbrace{(e \cdot 10 + f)}_{\textit{zweistellige Zahl b}} = 100 \text{ mit } c, d, e, f \in \{0, 1, 2, 3, 4, 5, 6, 7, 8, 9\}$$

Da das Ergebnis 100 sein muss, gibt es zwei Fälle, wie sich die Ziffern der Einer verhalten können:

Fall 1: $d + f = 10$, dann müssten $c + e = 9$, aufgrund des Übertrags durch die Summierung der Einer. Die Summe der Ziffern ergibt 19.

Fall 2: $d + f = 0$, dann müssten $c + e = 10$. Die Summe der Ziffern ergibt 10.

3. Beispiel einer Frage, zur Generierung neuer Zusammenhänge:

Aufgabe 4) Rundgang:

Stelle dir eine Fläche ohne Einbuchtungen vor. Die Fläche habe einen Umfang L, das heißt bei einem Rundgang längs der Randlinie müsstest Du einen Weg der Länge L zurücklegen. Wenn nun aber der Rundgang außerhalb der Fläche im immer konstant bleibenden Abstand a von dem Rand der Fläche verläuft, so entsteht ein Mehrweg. Wovon hängt dieser Mehrweg ab?

(angelehnt an SCHREIBER, 1988, S. 156)

Abbildung 6.4   Aufgabe „Rundgang"

Bevor nachfolgend angegeben wird, welche neuen Zusammenhänge bei Bearbeitung der Aufgabe aus Abbildung 6.4 generiert werden könnten, wird zuerst offengelegt, inwiefern die eingesetzte Aufgabe vom Original abweicht. Schreiber (1988) klassifiziert diese Aufgabe als ein „heuristische[s] Experiment[.]" (S. 155). Darunter versteht er die Experimente, die auch eine Einsicht darin geben, warum das experimentelle Ergebnis gilt (ebd.).

In der Tabelle 6.1 ist das Original der eingesetzten Aufgabe gegenübergestellt. Die kleinen Ziffern im eingesetzten Text dienen zur Orientierung. Im Original (rechte Tabellenspalte) sind die für die eingesetzte Aufgabe vorgenommenen Abänderungen markiert.

Tabelle 6.1 Vergleich von originaler und eingesetzter Rundgangsaufgabe

Eingesetzte Aufgabe	Original nach SCHREIBER (1988, S. 156)
₁Stelle dir eine Fläche ohne Einbuchtungen vor. ₂Die Fläche habe einen Umfang L, das heißt bei einem Rundgang längs der Randlinie müsstest Du einen Weg der Länge L zurücklegen. ₃Wenn nun aber der Rundgang außerhalb der Fläche im immer konstant bleibenden Abstand a von dem Rand der Fläche verläuft, so entsteht ein Mehrweg. ₄Wovon hängt dieser Mehrweg ab?	Stellen Sie sich im ebenen Gelände eine konvexe (d. h. einbuchtungsfreie) Fläche vor. Die Fläche habe einen Umfang L, d. h. bei einem Rundgang längs der Randlinie müßten Sie einen Weg der Länge L zurücklegen. Wenn nun aber der Rundgang außerhalb der Fläche im genauen Abstand a von ihrem Rand verläuft, so entsteht ein Mehrweg. – Wovon hängt dieser Mehrweg ab: von der Gestalt der Fläche, von ihrem Umfang L, vom Abstand a?

Der Anfang der Aufgabe wurde in der eingesetzten verkürzt. Es fehlt der Hinweis des „ebenen Gelände[s]" (ebd.). Dadurch wird das Fachwort „eben" reduziert. Ein weiterer Einflussfaktor kann variiert werden, nämlich der der Wölbung.

Der zweite Satz (s. Tab. 6.1) setzt eine variable Länge des Rundgangs voraus (Länge L). Die Lösung der Aufgabe erfordert nicht das Aufstellen eines konkreten Rundgangs, sondern vielmehr einen allgemeinen Zusammenhang. Zudem impliziert die Aufgabe eine mögliche Handlung: das Zurücklegen der Strecke entlang der Randlinie (was nicht bedeutet, dass die Teilnehmer*innen auch wirklich in dieser Art handeln, vgl. Abschnitt 6.2.2). Nun wird im dritten Satz ein Zusammenhang angegeben. In der eingesetzten Aufgabe heißt dieser: „Wenn nun aber der Rundgang außerhalb der Fläche im immer konstant bleibenden Abstand a von dem Rand der Fläche verläuft, so entsteht ein Mehrweg." Das zentrale Augenmerk liegt hierbei in der konstanten Einhaltung des Abstands, weshalb die Änderung „konstant bleibenden Abstand" anstelle von „genauen Abstand" vorgenommen wurde (s. Tab. 6.1). Am Ende des Originals werden mögliche Einflussfaktoren vorgestellt. Diese wurden in der eingesetzten Variante gestrichen, damit sich die Teilnehmer*innen selbstständig überlegen können, was Einflussfaktoren sein könnten: die Gestalt der Fläche, die Umfänge der Fläche, der Abstand a, die Lage im Raum etc. Die Aufgabenstellung ist offen gestellt und erlaubt das Variieren von unterschiedlichen Variablen. Folgende Zusammenhänge könnten sich ergeben:

1. Bei einem Rundgang im konstanten Abstand a um ein konvexes ebenes n-Eck entsteht der Mehrweg ausschließlich an den Ecken der Grundfigur.
2. Bei einem Rundgang im konstanten Abstand a um einen Kreis ergibt sich der Mehrweg durch die Differenz der Radien.
3. Der Mehrweg entspricht dem Umfang eines Kreises mit Radius a.

Eine fachliche Reflexion dieser Aufgabe wird vor dem ersten Analysebeispiel vorgestellt (s. Abschnitt 7.1), um diese durch die Reflexion vorzubereiten. Zur Plausibilisierung des letzten Zusammenhangs sei an dieser Stelle auf ein Vorgehen verwiesen, das analog auch in Schulbüchern eingesetzt wird, um die Innenwinkelsumme im Dreieck nachvollziehen zu können.

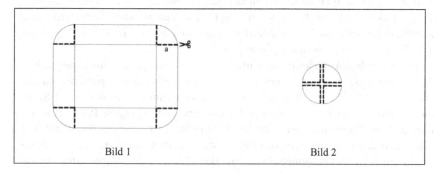

Bild 1   Bild 2

Abbildung 6.5 Experimenteller Lösungsansatz zur Rundgangsaufgabe

Die Kreissektoren an den Ecken des Rundgangs können ausgeschnitten (s. Abb. 6.5, Bild 1) und lückenlos und überlappungsfrei aneinandergelegt werden (s. Abb. 6.5, Bild 2). Es entsteht also ein Kreis mit Radius a.

6.3.3 Auswertungsmethode der primär gedanklichen Vergleiche

Auswahl der Szenen und Transkription:
Zu Beginn der Auswertung wurde das Datenmaterial weiter reduziert. Krummheuer (1992, S. 55) und Voigt (1984, S. 111), zwei Gründer der mathematikdidaktischen interpretativen Unterrichtsforschung, stellen vor allem zwei Auswahlkriterien von Szenen zur Analyse heraus, an denen sich auch für diese

Analyse bedient wurde: 1. *Offensichtliche Relevanz zur Fragestellung* sowie 2. Die *Krisenhaftigkeit des Abschnitts*. Bezogen auf das erste Auswahlkriterium wird für diese Forschungsarbeit wichtig, wo sich experimentelle Prozesse vermuten lassen. Bezogen auf das Zweite wird relevant, wo es der Forscherin auf den ersten Blick schwerfällt, experimentelle Prozesse auszuweisen oder wo die experimentellen Prozesse beim Mathematiklernen unterschätzt oder überschätzt werden. Besonders in den krisenhaften Szenen können sich Grenzen der experimentellen Vorgehensweisen aufzeigen. Eine Vorauswahl an Szenen verlief also unter einer forschungspraktischen Perspektive.

Zur Entschlüsselung und Entschleunigung der Äußerungen wurden die ausgewählten Aufnahmen transkribiert. Diese Textdokumente haben folgende Form: In der Spalte „Turn" werden die Äußerungen fortlaufend nummeriert. Die anonymisierten Namen werden abgekürzt in der Spalte „Name" notiert. Die Zeitangabe steht in der „Zeit"-Spalte, um ggf. zügig auf Video- oder Audioaufnahmen zurückgreifen zu können. In der letzten Spalte stehen die – nach den Regeln aus Tabelle 6.2 – transkribierten Äußerungen.

Neben verbalen Äußerungen wurden – sofern möglich – auch nonverbale Tätigkeiten (wie z. B. Zeigegesten auf Zeichnungen) sowie paralinguistische Merkmale (z. B. Pausen, Betonungen) festgehalten, um das Verstehen der Szene zu gewähren. Eine Konsequenz aus der ethnomethodologischen Perspektive ist, dass der*die Transkribierende eine Einführung in den Kontext erhält, damit eine Entindexikalisierung und ein späteres Lesen des Transkripts möglich wird: Es macht einen Bedeutungsunterschied – in Beziehung zu den eingesetzten Aufgaben – ob beispielsweise „mehr Weg" oder „Mehrweg" oder „um Kreis" oder „Umkreis" transkribiert wird (vgl. Voigt, 1984, S. 101). Aus diesem und weiteren Gründen ist zu beachten, dass Transkriptionen bereits Interpretationen der wirklichen Lernsituationen sind. Voigt (1984, S. 101) zählt daneben noch forschungsökonomische Vorteile von Transkriptionen auf: Sie reduzieren die komplexe Situation und verfremden diese aufgrund der Anonymisierung. So fallen z. B. Sympathien aufgrund des Stimmklangs weg. Damit bietet das schriftliche Dokument eine Argumentationsbasis für den*die Leser*in. Diese Zuspitzung und Interpretation der Wirklichkeit ist damit nicht negativ zu bewerten, schließlich geht es bei einem wissenschaftlichen Experiment innerhalb der experimentellen Methode auch nicht darum, die vollständige Natur widerzuspiegeln. Die Vollständigkeit ist auch nicht Anspruch einer Beobachtung, sondern es wird eben genau das fokussiert, was für die Fragestellung und unter der zugrunde liegenden Theorie relevant erscheint.

Tabelle 6.2   Transkriptionsregeln, angelehnt an Voigt (1984) und Meyer (2007)

Transkriptionsregeln	
Linguistische Zeichen	
Identifizierung des Sprechers:	
Abkürzung	*Sprecher*
L	Lehrkraft
Anfangsbuchstabe des anonymisierten Schülers z. B.	Name des Schülers:
K	z. B. Karl
Charakterisierung der Äußerungsfolge	
Charakterisierung	*Beispiel*
Ein Strich vor mehreren Äußerungen:	M aber dann
Untereinander Geschriebenes wurde jeweils	F | wieso denn
gleichzeitig gesagt	
Eine Zeile beginnt genau nach dem letzten Wort aus	M aber dann
der vorigen Äußerung:	F wieso denn
auffällig schneller Anschluss	
Paralinguistische Zeichen	
Zeichen	*Erklärung*
ﾠʼ	Kurzes Absetzen innerhalb einer Äußerung, max. eine Sekunde
..	Kurze Pause, max. zwei Sekunden
…	Mittlere Pause, max. drei Sekunden
(4 sec), (5 sec), (6 sec), …	Sprechpause, Länge in Sekunden
genau.	Senken der Stimme am Ende eines Wortes oder einer Äußerung.
und du–	Stimme in der Schwebe am Ende eines Wortes oder einer Äußerung
wasʼ	Heben der Stimme, Angabe am Ende des entsprechenden Wortes
sicher	Auffällige Betonung
dreißig	Gedehnte Aussprache
Weitere Charakterisierungen	
Die Charakterisierung steht vor der entsprechenden Stelle und gilt bis zum Äußerungsende, zu einer neuen Charakterisierung oder bis zu einem „+"	
(lauter), (leiser), (schnell) u. ä.	Charakterisierung von Tonfall und Sprechweise
(zeigen auf …), (lachen), u. ä.	Charakterisierung von Mimik und Gestik
(Gemurmel), (Ruhe), u. ä.	Charakterisierung von atmosphärischen Anteilen
(..), (…), (? 4 sec)	Undeutliche Äußerungen von zwei, drei oder mehr Sekunden
(mal?)	Undeutliche, aber vermutete Äußerung

Interpretationsgegenstände und -methode:
Für die konkreten Interpretationen wird als grundlegende Haltung erfasst, dass „[d]er Wissenschaftler [...] ,Interpretationen von immer schon interpretierten Wirklichkeiten'" (Voigt, 1984, S. 80 f.) vollzieht oder wie Meyer (2007) beschreibt: „,Abduktionen über Abduktionen'" (S. 109) oder „,Abduktionen zweiten Grades'" (ebd.). Das bedeutet, dass sich die Interaktionspartner*innen gegenseitig ihre Deutungen anzeigen, die damit gleichzeitig auch der Forscherin angezeigt werden. Die kontrollierten Interpretationen sind unsicher und haben sich durch Folgeäußerungen im weiteren Transkriptverlauf zu erhärten und werden dann erst mit der Theorie der Arbeit reflektiert (benannt werden könnte dies auch als *empirischer Erkenntnisweg zweiten Grades* (Meyer, 2007, S. 122)). Das heißt aber auch, dass prinzipiell mehrere verschiedene Hypothesen zur Erklärung der Äußerungen möglich wären (ebd., S. 110).

Die interpretative Unterrichtsforschung bietet ein Analyseverfahren an, bei dem es darum geht, möglichst verschiedene Hypothesen über die Erklärung einer Äußerung zu generieren und bewusst zu notieren, die bei schrittweisen Analysen der Folgeäußerungen reduziert werden. Dieses Analysewerkzeug von Voigt ist „die Methode der primär gedanklichen Vergleiche" (Jungwirth, 2003, S. 193). Diese Methode dient als Orientierung der Analyse, kann allerdings bei komplexen Szenen nicht in der nachfolgend vorgestellten idealen Abfolge realisiert werden (Voigt, 1984, S. 110). Sie orientiert sich u. a. an der „objektiven Hermeneutik" nach Oevermann, Allert, Konau und Krambeck (1979). Die objektive Hermeneutik beschreibt eine Methode zur Entschlüsselung der Bedeutungsstrukturen, die in dieser Studie in Form von Transkripten vorliegen. Zur Entschlüsselung ist für die vorliegende Arbeit festzulegen, 1) *was* entschlüsselt wird und 2) *wie* entschlüsselt wird. Die erste Frage wird im Folgenden mit Bezug auf Oevermann selbst beantwortet. Dafür werden die *latenten Sinnstrukturen* sowie die *objektiven Bedeutungsstrukturen* fokussiert. Zur Beantwortung der zweiten Frage wird sich auf Voigt in Anlehnung an Oevermann bezogen und *die Methode der primär gedanklichen Vergleiche* vorgestellt. Grundannahme der objektiven Hermeneutik ist, dass ein soziales Handeln regelgeleitet, also nicht willkürlich ist (Meyerhöfer, 2004, S. 58). Die Regeln sind vergleichbar mit einem Algorithmus, „der wie ein ,Naturgesetz im Kopf' des regelbefolgenden Handlungsobjekts operiert" (Oevermann, 1993, S. 115).

Was wird entschlüsselt?
Die objektive Hermeneutik verfolgt den Grundgedanken, dass u. a. Denkprozesse und Intentionen der Beteiligten einer Interaktion über die sogenannten „Ausdrucksgestalten" (Oevermann, 2002, S. 2) realisiert werden, d. h. über die Art

und Weise wie etwas von den Interaktionsteilnehmer*innen veröffentlicht wird. Wie bereits erwähnt, geht die objektive Hermeneutik ebenfalls davon aus, dass diese Ausdrucksgestalten Regeln unterliegen, Oevermann (2002) selbst spricht von „objektiven Bedeutungen" (S. 1):

> „Damit soll gesagt sein, daß die sprachlich erzeugten objektiven Bedeutungen den subjektiven Intentionen konstitutionslogisch vorausliegen und nicht umgekehrt der je subjektiv gemeinte bzw. intendierte Sinn die objektive Bedeutung von Ausdrücken erzeugt." (ebd.)

Anders gesagt: Regeln erzeugen den Interaktionsverlauf. Er liegt in dieser Studie in Form von Transkripten vor. Zur Entschlüsselung der inhärenten Regeln ist ein Begriff der objektiven Hermeneutik hervorzuheben: der Begriff der „latenten Sinnstrukturen" (Oevermann et al., 1979, S. 380). Prinzipiell ist eine Äußerung in einem bestimmten Kontext eingebettet und kann isoliert betrachtet verschiedene „Lesarten" (ebd.) zulassen, von denen nur eine Teilmenge subjektiv intendiert war (ebd.). Die latenten Sinnstrukturen umfassen diese verschiedenen Lesarten. Die verschiedenen Lesarten beruhen auf *objektiven Bedeutungsstrukturen*, die wiederum rekonstruiert werden können.

Ein Beispiel: Wenn ein Schüler anmerkt „3+2 und 2+3 ergeben fünf", dann ist eine Lesart der Äußerung, dass der Schüler Tauschaufgaben erkennt. Dieser Lesart des Tauschens von Summanden liegen Regeln (also objektive Bedeutungsstrukturen) zugrunde, wie z. B. die Struktur der Addition und die Grammatik der Äußerung. Es sei darauf hingewiesen, dass diese oder andere objektiven Bedeutungsstrukturen auch der Erzeugung der Äußerung zugrunde gelegen haben.

In dieser Arbeit wird untersucht, inwiefern die rekonstruierten Lesarten mit naturwissenschaftlichen Denk- und Arbeitsweisen (als objektive Bedeutungsstrukturen) vereinbar sind.

Folgende Beschreibung Oevermanns soll die Nutzbarkeit der Begriffe *latente Sinnstrukturen* und *objektive Bedeutungsstrukturen* zusammenfassen:

> „Latente Sinnstrukturen und objektive Bedeutungsstrukturen sind also jene abstrakten, d.h. selbst sinnlich nicht wahrnehmbaren Konfigurationen und Zusammenhänge, die wir alle mehr oder weniger gut und genau ‚verstehen' und ‚lesen', wenn wir uns verständigen, Texte lesen, Bilder und Handlungsabläufe sehen, Ton- und Klangsequenzen hören und alle denkbaren Begleitumstände menschlicher Praxis wahrnehmen, die in ihrem objektiven Sinn durch bedeutungsgenerierende Regeln erzeugt werden und unabhängig von unserer je subjektiven Interpretation objektiv gelten." (Oevermann, 2002, S. 2)

Die objektive Hermeneutik bietet eine Möglichkeit zur systematischen Entschlüsselung der Sinnstrukturen – die *Sequenzanalyse* (Oevermann, 2002, S. 6–9), auf die sich Voigt (1984) u. a. für seine Methode der primär gedanklichen Vergleiche bezieht. Im nachfolgenden Abschnitt wird also der Frage nachgegangen *wie* Transkripte entschlüsselt werden.

Wie wird entschlüsselt?

Bevor die detaillierte Methode beschrieben wird, soll der Kern sowohl der Sequenzanalyse nach Oevermann (2002) als auch der Methode der primär gedanklichen Vergleiche nach Voigt (1984) präsentiert werden: Da einzelne Äußerungen, wie oben bereits erwähnt, verschiedene Lesarten eröffnen, werden Äußerungen zuerst daraufhin betrachtet, welche unterschiedlichen Anschlussmöglichkeiten sie haben. Daraufhin wird geprüft, welcher Anschluss ausgeführt wurde. Dieses Forschungsvorhaben ist eine strenge Form der Falsifikation, da kleinschrittig alle nicht ergebenen Vorhersagen falsifiziert werden (Oevermann, 2002, S. 9). Dabei ist das Ergebnis dieser Analyse nicht das Entschlüsseln eines einmaligen Interaktionsverlaufs, sondern diese Analyse geht durch die Regelgeleitetheit über die Einmaligkeit hinaus.

Voigt (1984) unterteilt seine Methode in einzelne Schritte: Zuerst beschreibt der*die Forscher*in die Szene, in diesem Fall den zu analysierenden Bearbeitungsprozess, vollständig mit „gesunde[m] Menschenverstand" (Voigt, 1984, S. 111), damit er*sie sich bewusst von diesen Erinnerungen und Interpretationen distanziert. Mit einer solchen expliziten Distanzierung folgt Voigt (1984) einer ethnomethodologischen Perspektive. Das nachfolgende Zitat begründet diesen ersten Forschungsschritt: „Subjektives Wissen und persönliche Erfahrung lassen sich auch im wissenschaftlichen Deuten nicht eliminieren, aber sie lassen sich kontrollieren" (Jungwirth, 2014, S. 31). Nach der Beschreibung wird die Szene in Abschnitte eingeteilt, bei denen die Interaktionsteilnehmer*innen eine Abgeschlossenheit markieren (Voigt, 1984, S. 112).

Die erste Äußerung (im Transkript der erste Turn) des Abschnitts wird dann im Sinne der objektiven Hermeneutik nach Oevermann et al. (1979) extensiv interpretiert, d. h. der*die Interpret*in versucht „die Handlungen mit den Augen eines Fremden zu sehen" (Voigt, 1984, S. 112) also „möglichst viele Alternativen zu der beobachteten Handlung, die unabhängig von dem situativen Kontext möglich wären, d. h. unabhängig von der Institution Schule, der Vorgeschichte, den unterstellten Absichten und unabhängig von der Sachlogik des behandelten Themas" (ebd., S. 112) aufzuzeigen, um die unterschiedlichen Lesarten zu entfalten. Dabei findet jedes Wort der Äußerung Beachtung (Jungwirth, 2014, S. 31). Anders gesagt: Der*Die Forscher*in vollzieht eine Vielzahl von Abduktionen zweiten Grades zur

Erklärung der Äußerung (s. Abschnitt 2.2.1), indem er*sie latente Sinnstrukturen des Textes öffentlich macht und nach ethnomethodologischer Perspektive den Text entindexikalisiert. Die Vielzahl an Abduktionen zweiten Grades ermöglichen deduktive Vorhersagen (s. Abschnitt 2.2.2) über den weiteren Interaktionsverlauf. Wesentlich wird hierbei die nachträglich zugeschriebene, anstatt der tatsächlich gemeinten Bedeutung der Einzelhandlung. Das Ziel dieser extensiven Interpretation ist bei Voigt ein anderes als bei Oevermann: Oevermann zielt auf genau eine Lesart des Textabschnitts, wohingegen Voigt verschiedene Deutungen beabsichtigt (ebd.).

Nach den Vorhersagen wird die Folgeäußerung aufgedeckt und ausgewertet. Es wird überprüft, welche der extensiv generierten Vermutungen mit der Folgeäußerung übereinstimmen bzw. sich bekräftigen lassen, da z. B. der*die Interaktionspartner*in die unterstellte Bedeutung ebenfalls unterstellt (vgl. auch symbolischer Interaktionismus Abschnitt 6.2.1). Bei negativ ausfallender Prüfung werden diese verworfen, weshalb sich die Anzahl der Hypothesen reduziert. Da diese Analyse äußerungsweise verläuft, indem Paare von aufeinander bezogenen Turns betrachtet werden, wird sie auch als „*turn-by-turn*'-Analyse" (Voigt, 1984, S. 113, Hervorh. im Original) bezeichnet. Diese Analyseschritte (1. extensive Analyse, 2. Vorhersage und 3. Prüfung) wiederholen sich für die Folgeäußerungen, bis der vollständige Abschnitt erfasst ist.

Am Ende des Abschnitts gibt es mehrere Deutungsmöglichkeiten für den Text. „Diejenige Interpretation wird dann als *Deutungshypothese* ausgezeichnet, die möglichst umfassend die gesamte Unterrichtsepisode verstehen läßt und einen Erkenntnisgewinn für die Fragestellung der Untersuchung verspricht" (Voigt, 1984, S. 114, Hervorh. im Original).

Theorieanspruch:
Interpretationsprodukte der interpretativen Unterrichtsforschung sind also *Deutungshypothesen*, die Verstehensgrundlagen von mathematischen Lehr- und Lernprozessen liefern können. Diese Deutungshypothesen werden mit der zugrunde liegenden Theorie angereichert und mit ihnen als Lesarten werden Textabschnitte erneut gelesen (vgl. Voigt, 1984, S. 114). Diese theoriegeladene Deutungshypothesen wiederum werden auf weitere Textabschnitte mit denselben Kontextbedingungen angewendet und damit „bestätigt, verworfen, differenziert, geändert, verallgemeinert usw." (ebd., S. 115). Nun konkret bezogen auf diese Forschungsarbeit bedeutet dies, dass über den Einbezug der Deutungshypothesen die Schlussformen rekonstruiert, die naturwissenschaftlichen Denk- und Arbeitsweisen diskutiert, ggf. klassifiziert sowie der prozessuale Charakter dokumentiert werden. Jeder der Textabschnitte wird folglich mittels der Deutungshypothesen und naturwissenschaftlicher Grundlagen theoretisch reflektiert. Damit ergibt sich durch wiederholte

Analysen eine „*gedankliche Konzeption*, mit der ein mehr oder weniger großer Wirklichkeitsbereich *einheitlich und systematisch beschrieben oder umfassend und differenziert verstanden* wird" (Maier & C. Beck, 2001, S. 43, Hervorh. im Original), eine interpretativ gewonnene Theorie (ebd.). Aus diesem Vorgehen resultiert aber auch, dass andere Theorien, die zugrunde gelegt werden, andere Erkenntnisse aus den Szenen ziehen (vgl. Maier & Steinbring, 1998).

Die Ergebnisse der interpretativen Forschung erheben nicht den Anspruch bestimmte Auftretungshäufigkeiten anzugeben (C. Beck & Jungwirth, 1999, S. 242).

> „Das Allgemeine ist angelegt in den theoretisch-begrifflichen Rekonstruktionen des Geschehens selbst: Es geht in den Deutungshypothesen nicht darum, Personen und ihre Vorstellungen, Handlungen oder Handlungsgeflechte in ihrer konkreten Einmaligkeit zu erfassen. […] Die Darstellung des jeweiligen Geschehens versteht sich zugleich als Darstellung einer Grundform, die sich in diversen konkreten Fällen realisieren kann, und dies eben in den analysierten getan hat. Die Deutungshypothesen passen auf die Daten, anhand derer sie entwickelt wurden, aber sie weisen durch diesen Umstand auch darüber hinaus." (ebd., S. 242 f.)

Damit wird auch der Theorieanspruch der Interpretationen unterstrichen: Es ist eben genau der Anspruch, den naturwissenschaftliche Theorien erfüllen sollen, „Einerseits ermöglicht die Theorie die Deutung des empirischen Befundes, andererseits stützt der Befund die Theorie. Erst durch diese Vermittlung entsteht eine empirische Wissenschaft" (Stork, 1979, S. 48).

Voigt (1984) stellt pointiert heraus: „Die abduktiv erzielten Hypothesen können deduktiv exemplifiziert werden, können induktiv auf ihre Anwendbarkeit hin untersucht werden, ihre intersubjektive Gültigkeit, besser gesagt, ihre Geltung erwerben sie aber erst im *argumentativen Dialog*" (S. 87, Hervorh. im Original). Die Theorie hat sich neben den eigenen konkreten Szenen auch vor anderen, wie den Leser*innen, Wissenschaftler*innen und Lehrer*innen, zu bewähren und sie müssen diese ebenfalls in ihren Beispielen erkennen. Aus naturwissenschaftlicher Perspektive werden also in der vorliegenden Forschungsarbeit Demonstrationsexperimente präsentiert. Im Folgenden werden die naturwissenschaftlichen Denk- und Arbeitsweisen dem methodischen Vorgehen gegenübergestellt.

6.3.4 Das methodische Vorgehen der primär gedanklichen Vergleiche und deren Analogien zu naturwissenschaftlichen Denk- und Arbeitsweisen

Inwiefern sich in den einzelnen Schritten der Methode der primär gedanklichen Vergleiche Analogien zu den naturwissenschaftlichen Begrifflichkeiten zeigen, wird in diesem Abschnitt diskutiert.

Eine Gemeinsamkeit ist, dass die Methode der primär gedanklichen Vergleiche sowie die einzelnen experimentellen Prozessarten empirischer Wissenschaften zu subsumieren sind (Sozialwissenschaften und Naturwissenschaften, vgl. Weidlich, 2016, S. 4). Beide Methoden verfolgen ein ähnliches Ziel: Vorliegende Phänomene sollen dechiffriert werden. Mit anderen Worten: Sowohl das naturwissenschaftliche Vorgehen, als auch das hier beschriebene methodische Vorgehen der interpretativen Unterrichtsforschung zielen auf einen Erkenntnisgewinn über unterschiedliche Phänomenbereiche in der Wirklichkeit. Die vorliegenden Untersuchungsgegenstände sowie die Art und Weise, wie diese vorliegen, können also unterschieden werden. Bei der Methode der primär gedanklichen Vergleiche werden latente Sinnstrukturen relevant bzw. die potenziellen Regelmäßigkeiten bei Bedeutungsaushandlungsprozessen, die in den protokollierten Ausdrucksgestalten (hier den Transkripten) vorliegen. Naturwissenschaften dagegen sind auf Regelmäßigkeiten bei Naturphänomenen aus, die erst in eine solche protokollierte Form gebracht werden müssen. Aufgrund der Verschiedenheit der Phänomene differieren die methodischen Vorgehensweisen der Naturwissenschaften und der interpretativen Unterrichtsforschung. Neben diesen Unterschieden lassen sich weitere Gemeinsamkeiten identifizieren, welche die angewandte Auswertungsmethode wiederholend bestärkt und die Brauchbarkeit für diese Forschungsarbeit rechtfertigt:

Gemäß der interpretativen Unterrichtsforschung wird eine Vorauswahl an Szenen vorgenommen. Das hat forschungsökonomische Gründe. Aus naturwissenschaftlicher Perspektive kann dies ebenfalls legitimiert werden, da diese Szenen erklärt werden sollen. Sie passen zu den gestellten wissenschaftlichen Fragen. Nach der interpretativen Unterrichtsforschung wird für die Analyse der Einzelhandlung und des Folgeturns explizit nicht auf die vorher erarbeitete Theorie referiert: Die Phänomene sollen aus den Augen eines Fremden betrachtet werden. Das Vorgehen dient einer Offenlegung von Bedingungen: Wenn sich nicht von den eigenen Deutungen distanziert wird, erforscht der*die Forscher*in die eigenen Interpretationen.

Bezogen auf die Forschungsfrage kann eine Loslösung der eigenen Interpretationen mit einem explorativen Experiment verglichen werden. Es soll sich von den subjektiven Deutungen der Szene gelöst werden, um reproduzierbare Bedingungen, bezogen auf die Forschungsfrage, zu erarbeiten. In der Methode der primär gedanklichen Vergleiche geht die forschende Person nach der Distanzierung theoriegeladen vor – nach soziologischen, kulturellen, sprachwissenschaftlichen Theorien, um die Äußerungen der Interaktionsteilnehmer*innen zu verstehen. Im „Kleinen" finden also experimentelle Methoden statt, allerdings noch nicht bezogen auf die Fragen der Forschungsarbeit, sondern auf die Fragen, die sich anlässlich der Äußerung ergeben. Extensiv werden Hypothesen generiert und an Folgeäußerungen geprüft. Jede Einzeläußerung dient also als Experiment zur Aufstellung neuer Hypothesen oder zur Prüfung der vorherigen. Die empirischen Daten sind also die, die sich in der Interaktion zeigen.

An dieser Stelle sei ausführlich diskutiert, inwiefern ein Folgeturn mit der Bedeutung eines naturwissenschaftlichen *Experiments* verglichen werden kann: Ein Folgeturn ist planvoll vorbereitet, insofern eine Vielzahl unterschiedlicher Lesarten (latente Sinnstrukturen) vermutet werden und jede dieser Lesarten Anschlussmöglichkeiten eröffnen. Zielführend ist der Folgeturn, da der*die Forscher*in vorab extensiv Vorhersagen generiert hat, die zu falsifizieren oder zu bestärken sind. Der*Die Forscher*in zielt also auf eine Beobachtung, um die Vorhersagen mit dem Folgeturn zu vergleichen. Der Experimentbegriff stößt an seine Grenzen, wenn der Folgeturn als Eingriff des Forschenden gefasst wird, denn schließlich kann er*sie die Richtung der bereits ausgeführten Interaktion nicht verändern: Dieser Eingriff kann hier ausschließlich als ein gedanklicher Eingriff ausgelegt werden. Möchte man dieses Experiment reproduzieren, kann erneut bei den vorherigen Turns des Transkripts begonnen werden.

Die Schritte der Methode der primär gedanklichen Vergleiche erinnern an das *Experimentum crucis* (s. Abschnitt 2.2.3). Wenn alle möglichen Hypothesen generiert und alle bis auf eine falsifiziert werden könnten, so hätte man über die Prüfprozesse ein echtes Verstehen der Episode ermöglichen können. Die Generierung der Hypothesen kann in einem solchen interpretativen Prozess nicht vollständig sein, da allein aus Ökonomiegründen nicht alle möglichen Lesarten einer Äußerung zu erarbeiten sind und da sich bei der Prüfung auch nicht unbedingt alle Hypothesen bis auf eine ausschließen. Die letztendliche Deutungshypothese wird damit umso relevanter, um mittels der aufgestellten Theorie (in dieser Arbeit: naturwissenschaftliche Begrifflichkeiten) Legitimation für die Hypothese zu gewinnen und gleichzeitig die Theorie mittels der konkreten Szenen zu stärken. Die theoriegeladenen Deutungshypothesen haben sich dann auch an weiteren Szenen zu bewähren, werden durch diese angereichert, modifiziert, ggf. auch verworfen – eine experimentelle Methode dient damit der Theorieerweiterung der Ausgangsfrage über naturwissenschaftliche Denk- und Arbeitsweisen beim Mathematiklernen. Dadurch werden die Ausgangsfragen zugleich auch zugespitzt. Die interpretative Unterrichtsforschung zielt auf vergleichbare Szenen mit vergleichbaren Hypothesen. Ebenso geht es in naturwissenschaftlicher Forschung um die allgemeine Einordnung der Phänomene in eine Theorie.

Um die Gemeinsamkeiten zwischen naturwissenschaftlichen Vorgehensweisen und der Methode der primär gedanklichen Vergleiche zusammenzufassen, wird die Analogie zum Modell von Stork (1979, Abb. 3.4) herausgestellt:

- **Erfahrung:** Auf der *Ebene der Erfahrung* finden sich hier die Ausdrucksgestalten in Transkripten, die zu interpretieren sind.
- **Theorie:** Auf der *Ebene der Theorie* wird gemäß der objektiven Hermeneutik auf *objektive Bedeutungsstrukturen* zurückgegriffen. In den ersten Schritten der Analyse wird zugunsten einer vorläufigen Distanzierung von den eigenen Interpretationen bewusst auf Bedeutungsstrukturen zurückgegriffen, die nicht der entwickelten Theorie entsprechen.
- **Hypothese:** Die Theorieebene ist, genau wie in den Naturwissenschaften auch, nicht unmittelbar aus den empirischen Daten zu entnehmen, sondern bedarf *einem Mittler*, in diesem Fall benannt als *latente Sinnstrukturen*. Diese latenten Sinnstrukturen sind allerdings nichts anderes als *Hypothesen* zur Interpretation der Äußerung. Die Bildung dieser Hypothesen wird durch Äußerungen angeregt und über objektive Bedeutungsstrukturen ermöglicht. Die Sinnstrukturen sind zwar an den Text gebunden, allerdings weisen sie auch gleichzeitig über diesen hinaus, insofern bestimmte Gesetzmäßigkeiten in der Textgestaltung unterstellt werden. Die sich an den Turns bewährten latenten Sinnstrukturen (sog. *Deutungshypothesen*) können dann mittels Theorie bzw. objektiven Bedeutungsstrukturen (in dieser Arbeit naturwissenschaftlicher Begrifflichkeiten) eingeordnet werden. Aus der Theorie können sich dann Lesarten ergeben, die in Transkripten als Vorhersagen dienen können. Sofern sich eine solche Vorhersage bestärkt, erhält die entwickelte Theorie Geltung.

6.3.5   Herausforderungen der Interpretationen

Der folgende Abschnitt macht die Umgangsweisen mit herausfordernden Interpretationen transparent. Zur Rekonstruktion wird sich auf die Äußerungen der Interviewteilnehmer*innen bezogen, die gemäß der Methode der primär gedanklichen Vergleiche extensiv entschlüsselt werden. Um eine solche extensive Entschlüsselung der Äußerungen zu ermöglichen, ist es hilfreich, die Transkripte nicht alleine zu interpretieren, sondern gemeinsam in verschiedenen Interpretationsgruppen.

Dies hat u. a. zwei Vorteile: Die Interpretationen distanzieren sich automatisch von den subjektiven Einstellungen der Forscherin zur Szene. Zudem ergeben sich – gemäß dem Ziel der extensiven Interpretation – eine Vielzahl an Lesarten.[3] Angestrebt wird die Rekonstruktion experimenteller Prozesse und deren Denk- und Arbeitsweisen mittels Abduktionen, Deduktionen und Induktionen. In Abschnitt 2.2.1 wurde bereits ausgeführt, dass Entdeckungen bzw. Hypothesen (Abduktionen) meist kausal veröffentlicht werden („Das Wasser verdunstet, weil es heiß war" (Pfister, 2015, S. 108), „Die Mittelsenkrechten schneiden sich in dem Dreieck, weil es rechtwinklig ist."). Kausale Satzverbindungen wie „weil" erleichtern einerseits die Rekonstruktion von Fall, Resultat und Gesetz der Abduktion (Meyer, 2008, S. 65), doch können folgende Aspekte hierbei auch problematisch sein: Der*die Schüler*in oder Student*in könnte selbst keine Wirkung-Ursache-Beziehung mit dieser Konjunktion intendiert haben. Zweitens können im Falle eines explorativen Vorgehens möglicherweise Theorien und Sprache fehlen, um die Entdeckung zu formulieren. Auf Seiten des oder der Interpretierenden könnte zudem schwierig festzustellen sein, ob die Lernenden eine Deduktion oder Abduktion vollzogen haben, da eine vorherige Entdeckung zum Beispiel nicht verbalisiert wurde (Meyer, 2007, S. 127).

Weniger problematisch sind hingegen im Konjunktiv formulierte deduktive Vorhersagen (z. B. ‚Wenn ich das Wasser erwärme, dann müsste es verdunsten.'; ‚Wenn ich den Winkel variiere, dann müssten sich die Mittelsenkrechten im Mittelpunkt einer Dreiecksseite schneiden.'). Bei einem Experiment, als reine Handlung ausgeführt, werden die Regeln nicht vom Individuum angewendet, sondern von der „Natur" – die Wirkung muss sich zeigen. Dass die Beobachtung erst nach der Handlung veröffentlicht wird, erleichtert die Interpretation. Die eher gedankliche Ausführung eines Experiments kann dagegen Schwierigkeiten in der Trennung von Abduktion und Deduktion mit sich bringen. Meyer (2007) gibt an, dass sich diese Schlüsse etwa daran differenzieren lassen, ob die Teilnehmer*innen „von der Ursache auf die Wirkung (Deduktion) oder von der Wirkung auf die Ursache (Abduktion)" (S. 127) schließen, mit der Ausnahme, dass eine

---

[3] Die Interpretationssitzungen haben im Rahmen der Arbeitskreissitzungen der Interpretativen Unterrichtsforschung, der Mitarbeiterseminare des Instituts für Mathematikdidaktik der Universität zu Köln und der Arbeitsgruppensitzungen von Michael Meyer stattgefunden. Mein Dank geht an dieser Stelle an alle, die mich hier unterstützt haben, verschiedene Lesarten der Transkripte zu generieren. Besonders sind Michael Meyer, Martin Rathgeb und Christoph Körner hervorzuheben, mit denen die Verbindungen zwischen den latenten Sinnstrukturen und den naturwissenschaftlichen Denk- und Arbeitsweisen diskutiert wurden.

Äquivalenzaussage vorliegt (z. B. Genau dann, wenn der Schnittpunkt der Mittelsenkrechten auf einer Dreiecksseite liegt, ist das Dreieck rechtwinklig). Hier kann
es helfen, den Kontext, d. h. den bisherigen Prozess, miteinzubeziehen.

Zu unterstreichen ist auch, dass in einer Lehr-Lernsituation, in der ein geteiltes
Wissen unterstellt wird, die zugrunde liegenden Gesetze meist nicht öffentlich
gemacht werden, weshalb über die Gestalt des Gesetzes und vor allem der Grad
der Allgemeinheit nur vermutet werden kann (vgl. Schwarzkopf, 2000, S. 102).

Ziel dieser Forschungsarbeit ist es, die inhärenten Strukturen der Erarbeitungsprozesse mit den naturwissenschaftlichen Denk- und Arbeitsweisen zu
reflektieren. Die Teilnehmer*innen bekamen weder eine Einweisung in experimentelle Prozesse noch wurden sie aufgefordert zu experimentieren und ihre
experimentellen Schritte zu verbalisieren. Denkbar wäre deshalb, dass die experimentellen Prozesse und Denk- und Arbeitsweisen der Naturwissenschaften nicht
als solche von den Lernenden verbalisiert und damit nicht explizit werden. Die
nicht expliziten Denk- und Arbeitsweisen müssen sich durch die Folgeäußerungen erhärten: Z. B. Wenn eine Beobachtung der Handlung anschließend erklärt
und weitergehend verwendet wird, kann dies für eine positive Prüfung sprechen.
Diese nicht explizierten Denk- und Arbeitsweisen können rekonstruiert werden,
da den Lernenden grundsätzlich ein rationales Handeln unterstellt wird, auch
wenn sie nicht immer nach einer solchen rationalen Interpretation vorgehen.
Dies hat zum einen den Vorteil das „argumentative Potential des Unterrichts"
zu veröffentlichen (Meyer, 2007, S. 126), d. h. der*die andere Interaktionspartner*in kann aus der Äußerung etwas Produktives machen. Zum anderen
können aus forschungspraktischen Gründen nicht alle denkbaren nicht-rationalen
Vorgehensweisen rekonstruiert werden.

6.4 Darstellung der Ergebnisse

In der Darstellung der Ergebnisse werden die stabilisierten Interpretationen der
Szenen vorgestellt und begründet. Sie konzentrieren sich auf das für die Theorie dieser Arbeit Wesentliche. Relevant wird, die Nachvollziehbarkeit für den*die
Leser*in zu gewähren, damit er*sie für sich bekannte Fälle darin wiederfinden
und subsumieren kann. Das bedeutet auch, dass von allen analysierten Szenen
ausschließlich ausgewählte und charakteristische Interviewszenen vorgestellt werden. In diesen Szenen wird das Spektrum an unterschiedlichen experimentellen
Prozessen und auch deren Übergänge deutlich: ein exploratives Experiment, ein
stark theoriegeladenes Experiment gemäß der experimentellen Methode, ein stabilisierendes Experiment sowie eine eher reale oder eher gedankliche Ausführung

der Prozesse. Zudem wurden diese Szenen gewählt, da darin das Zusammenspiel der Denk- und Arbeitsweisen erkennbar wird: Wie die Hypothesen das Hinsehen beeinflussen und wie das neu Beobachtete die weiteren Hypothesen lenken kann. Zum einen werden die Entdeckungs- und Prüfprozesse sowie Begründungsprozesse als Indikatoren der genutzten experimentellen Prozessarten gewertet, zum anderen können aus diesen naturwissenschaftlichen Perspektiven Aussagen über selbige typische mathematikdidaktische Themen gemacht werden.

Die vollständige Szene wurde vorweg analysiert. In der Darstellung der Ergebnisse werden die Schlüsselsequenzen fokussiert, welche identifiziert wurden, weil sie einen maximalen Erkenntnisgewinn relativ zu den Forschungsfragen ermöglichen. Aus selbigem Grunde werden in der Darstellung der Ergebnisse nicht alle Sprechakte gleich gewichtet. Die in der Bearbeitung entstandenen Konstruktionen werden zur besseren Lesbarkeit auf den Stand der Bearbeitung gebracht. Zum Teil wurden einzelne Linien verstärkt. Dies dient ebenfalls der Lesbarkeit. Die vollständigen Bearbeitungen der Lernenden befinden sich im Anhang. Zudem werden – sofern nicht für die Erläuterung notwendig – ausschließlich Teile der Schlussformen Abduktion, Deduktion und Induktion dargestellt. Dabei handelt es sich um die Teile der Schlussformen, die zentral zur Beschreibung der naturwissenschaftlichen Denk- und Arbeitsweisen sind. Dies sei an dieser Stelle explizit ausgeführt: Eine hypothetische Antwort ergibt sich anlässlich einer Frage. Diese Antwort wird in vorliegender Arbeit als Abduktion rekonstruiert. Als ein Bestandteil der Hypothese kann ausschließlich das Gesetz notiert werden, da dieses Fall und Resultat koordiniert und in der Vorhersage Anwendung finden soll. In der Dokumentation der Ergebnisse wird deshalb zum Teil ausschließlich das Gesetz der Abduktion als Hypothese notiert. Eine deduktive Vorhersage liefert zum einen die empirische Überprüfbarkeit der Hypothese, zum anderen beinhaltet diese das Planvolle und Zielgerichtete für das anschließende Experiment. Der Fall der Vorhersage gibt das Planvolle an. Hierdurch zeigt sich, was ausgeführt werden kann. Das Resultat verdeutlicht das Zielgerichtete. Es gibt die Richtung vor, was sich durch das Experiment ergeben sollte. In der deduktiven Vorhersage werden also Fall und Resultat bedeutsam, weshalb in den Analysen z. T. diese verkürzt dargestellt werden. Aus dem Experiment sollten sich dann Beobachtungsdaten ergeben, die mit dem vorhergesagten Resultat zur Prüfung verglichen werden. Für die induktive Prüfung ist folglich der Vergleich zwischen dem vorhergesagten Resultat und den beobachteten Daten zu fokussieren. Eine anschließende Deutung wird als Abduktion rekonstruiert, weil anlässlich der Beobachtung nach einer Erklärung dieser gesucht wird. Um die Deutung (als Rückschau auf den Prozess) von einer Hypothese (als Ausgangspunkt für einen neuen Prozess) zu unterscheiden, wird in der vollständigen Notation der Abduktion das Resultat der Deutung nicht als Frage formuliert, sondern als Aussagesatz. In den Ergebnisdarstellungen wird zum Teil auch bei der Deutung verkürzt das Gesetz notiert, da dieses bereits Fall und Resultat koordiniert. Aus einem Vergleich der Gesetze aus Prä- und Post-Erklärung können dann von Seiten der Forscherin Vermutungen über die Veränderung durch den experimentellen Prozess getätigt werden: Wird das Gesetz der Deutung im Vergleich zur Hypothese weiter theoretisch reflektiert, wird es verallgemeinert, modifiziert oder es finden zunächst Ordnungsprozesse statt. Auf das Modell der Arbeit (s. Abb. 5.13) wird an relevanten Stellen explizit verwiesen. Die rekonstruierten und zentralen naturwissenschaftlichen Denk- und Arbeitsweisen werden pro Absatz kursiv hervorgehoben, sodass dadurch eine ständige Verortung im Modell gewährleistet wird. Es sei darauf hingewiesen, dass in die Konzeption des Modells die Literaturbetrachtung der Theorieabschnitte eingegangen ist (s. Abschnitt 5.2).

Als Konsequenz aus der theoretischen Erarbeitung (v. a. Kapitel 3) ergibt sich, dass naturwissenschaftliche experimentelle Prozesse als ein ‚Hand in Hand gehen‘ von Theorie und Empirie zusammengefasst werden können. Deshalb werden sich ergebende und aufeinander bezogene theoretische und empirische Aspekte abschnittsweise zusammengefasst. Dies dient zum einen der Lesbarkeit, zum anderen wird dadurch der Verlauf der experimentellen Reihe veröffentlicht. Hierbei wird sich an einem von Voigt (2013) erstellten alternativen Analyseinstrument von Modellierungsprozessen orientiert, das zur Rekonstruktion von aufeinander bezogenen Sachverhalten (eher empirische Elemente) und mathematischen Eigenschaften (eher theoretische Elemente) herangezogen wurde. Wie in Abschnitt 3.2 bereits ausgeführt, ergeben sich empirische und theoretische Elemente aufgrund wissenschaftlicher Fragestellungen, d. h. Fragestellungen, die auf Gesetzmäßigkeiten ausgerichtet sind (s. Abb. 6.6).

(Wissenschaftliche) Fragestellung A

Empirisches Element A aus Experiment und Beobachtung, bezogen auf die Fragestellung

Theoretisches Element A aus der Hypothese und Deutung, bezogen auf die Fragestellung

---

Abbildung 6.6 Rekonstruktionsschema von theoretischen und empirischen Elementen bezüglich einer Forschungsfrage

Die im folgenden Kapitel ausgewählten Szenen wurden in Abschnitte unterteilt. Sobald Interaktionsteilnehmer*innen eine Abgeschlossenheit markieren (z. B. indem sie einen neuen Untersuchungsgegenstand betrachten; das Medium wechseln; eine Idee verwerfen; ein Teilproblem abschließen etc.), beginnt ein neuer Abschnitt. Diese Strukturierung in Abschnitte dient der Lesbarkeit sowie der Nachvollziehbarkeit des Zusammenspiels von Denk- und Arbeitsweisen. Zudem kann jeder Abschnitt für sich als ein Beispiel experimenteller Prozesse betrachtet werden. Um Veränderungen der Prozesse verfolgen zu können, werden die vollständigen Bearbeitungsprozesse dargestellt. Zu betonen ist erneut, dass diese Analyse nicht das Ziel verfolgt, das Denken und Arbeiten der Schüler*innen oder Student*innen in ihrer Vollständigkeit und Einmaligkeit zu verstehen, sondern dass aus diesen Denk- und Arbeitsweisen und seinen Potenzialen etwas über das Mathematiklernen ausgesagt werden soll.

Ausgewählte Analysebeispiele 7

Die Tabelle 7.1 dient als Übersicht und Orientierung der Analysebeispiele und -schwerpunkte. Sie zeigt wesentliche Merkmale der Szenen auf.

Tabelle 7.1 Analysebeispiele und -schwerpunkte

Analyse-Nr.	Pseudonyme	Aufgabe	Analyseschwerpunkte
I	Gustav und Samuel (Sek. II-Schüler)	Rundgang	7.1.1 Das Zusammenspiel der naturwissenschaftlichen Denk- und Arbeitsweisen
			7.1.2–7.1.3 Arten von Theorienutzungen
			7.1.4 Das Zusammenspiel von Entdeckungs- und Begründungsprozessen
II	Silvia und Janna (Lehramtsstudentin-nen)	Rundgang	7.2.1–7.2.3: Das Zusammenspiel unterschiedlicher experimenteller Prozessarten
			7.2.1–7.2.3 Arten zu Experimentieren

(Fortsetzung)

Elektronisches Zusatzmaterial Die elektronische Version dieses Kapitels enthält Zusatzmaterial, das berechtigten Benutzern zur Verfügung steht https://doi.org/10.1007/978-3-658-35330-8_7.

J. Rey, *Experimentieren und Begründen*, Kölner Beiträge zur Didaktik der Mathematik, https://doi.org/10.1007/978-3-658-35330-8_7

Tabelle 7.1 (Fortsetzung)

Analyse-Nr.	Pseudonyme	Aufgabe	Analyseschwerpunkte
III (1)	Finja und Kim (Lehramtsstudentinnen)	Schnittpunkt Mittelsenkrechten	7.3.1–7.3.6 Passungsprozesse von Theorie und Empirie – entdecken, prüfen und begründen
III (2)	Zacharias (Sek. I-Schüler)	Schnittpunkt Mittelsenkrechten	Quasi-euklidische Haltung

7.1 Analyse I: Koordination von naturwissenschaftlichen Denk- und Arbeitsweisen

Die Schüler Gustav und Samuel (anonymisierte Namen) arbeiten gemeinsam an der Rundgangsaufgabe (s. Abb. 6.4). Die nachfolgende Bearbeitung der beiden Schüler bietet sich zur näheren Analyse an, da ihr Vorgehen auf den ersten Blick häufig zwischen theoretischen und empirischen Elementen zu wechseln scheint, sodass in dieser Ausarbeitung das Zusammenspiel zwischen den *naturwissenschaftlichen Denk- und Arbeitsweisen* und des mathematischen *Entdeckens und Begründens* beleuchtet werden kann. Dafür werden die relevanten Abduktionen, Deduktionen und Induktionen rekonstruiert, um die Denk- und Arbeitsweisen aus dem Modell (s. Abb. 5.13) auszeichnen zu können. Da die folgende Analyse unter anderem die Frage verfolgt, inwiefern innerhalb einer experimentellen Bearbeitung der Schüler Begründungselemente aufzufinden sind, wird zuerst ein Lösungsansatz vorgestellt, dessen Kern sich teilweise in der Schülerlösung finden lässt. Es wird also ein möglicher Ansatz für einen späteren Beweis vorgestellt, der dann anschließend als Vergleichsmaßstab fungieren kann.

Zur Analyse der Rundgangsaufgabe wird diese in Teilfragen gegliedert. Die nachfolgende Lösung, verfolgt nicht den Anspruch einer Musterlösung, sondern sie zeigt mögliche relevante Begründungselemente eines Lösungsprozesses auf. Da sich die Schüler (und auch anschließend die Studentinnen in Abschnitt 7.2) ausschließlich auf konvexe ebene n-Ecke beziehen, werden jene auch im Folgenden fokussiert. Zudem wird zur besseren Lesbarkeit auf die Adjektive „eben" und „konvex" verzichtet und ausschließlich von n-Ecken bzw. Figuren oder Flächen die Rede sein.

In der Aufgabenstellung ist die Bedingung vorgegeben, im immer konstant bleibenden Abstand a um die Figur zu gehen. Geometrisch ist ein Kreis definiert, als die Menge aller Punkte einer Ebene, die zu einem Punkt in der Ebene denselben Abstand haben. Nun ist eine Strecke bzw. eine Seite

Wie sieht der Rundgang aus und wo entsteht der Mehrweg?

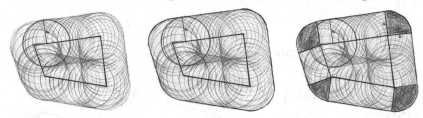

Abbildung 7.1 Wie sieht der Rundgang aus und wo entsteht der Mehrweg? – Ein orientierender Lösungsansatz für die Analyse (1/2)

einer Figur geometrisch gleichbedeutend mit einer Menge von Punkten. Diese geometrischen Eigenschaften leiten die Erstellung der ersten Zeichnung aus Abbildung 7.1, um den Rundgang außerhalb der Figur[1] zu realisieren. In der Skizze (s. Abb. 7.1) sind nur um einige der Punkte auf den Linien Kreise mit gleichem Radius konstruiert. Der Radius der Kreise entspricht dem in der Aufgabe geforderten konstanten Abstand a.

In der Zeichnung 2 aus Abbildung 7.1 ist der Rundgang außerhalb der Figur nachgezeichnet, der sich durch die Kreiskonstruktionen ergibt. Die Frage, wie der Rundgang aussieht, ist damit zumindest für dieses vorliegende Viereck beantwortet: Es fällt möglicherweise zuerst auf, dass der Rundgang an den *Ecken* abgerundet ist, was aus seiner Konstruktion resultiert. Betrachtet man dagegen den Rundgang an einer *Seite* der Figur, so berührt die nachgezeichnete Linie jeden der konstruierten Kreise. Die nachgezeichnete Berührungslinie könnte als Tangente der Kreise identifiziert werden bzw. als die Parallele zur Grundseite (weil die senkrecht zur Tangente stehenden Radien die kürzesten Abstände zwischen Tangente und Grundseite markieren). Es liegt nahe, die Betrachtung des Rundgangs in Bezug auf *Seiten* und *Ecken* der Grundfigur (s. Zeichnung 3, Abb. 7.1) zu separieren.

An jedem Eckpunkt der Grundfigur existieren zwei Radien, die je senkrecht zu einer der Tangenten stehen. Zwei solcher ausgezeichneten Radien an benachbarten Eckpunkten markieren gleiche Teilstrecken von Grundfigur und Rundgang (s. Abb. 7.1). Durch diese Konstruktion wird ersichtlich, dass an den, im Prinzip nur verschobenen, Seiten der Grundfigur kein Mehrweg entsteht. Der Mehrweg

---

[1] Wenn im Folgenden von „Rundgang" die Rede ist, so wird darunter die Konstruktion außerhalb der Ausgangsfigur verstanden und nicht der Rundgang entlang der Randlinie der Ausgangsfigur. Dies dient ebenfalls der besseren Lesbarkeit.

entsteht folglich nur an den Ecken. Nun schließt sich die Frage aus Abbildung 7.2 an.

Wie groß ist der Mehrweg?

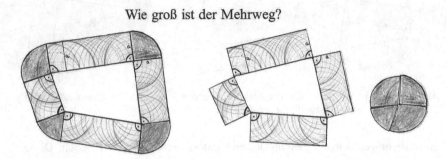

Abbildung 7.2 Wie groß ist der Mehrweg? – Ein orientierender Lösungsansatz für die Analyse (2/2)

Um jede der vier Ecken wurde in der exemplarischen Konstruktion ein Vollkreis erstellt (s. Abb. 7.1). Wenn nun die Größe der schraffierten Kreissektoren angegeben werden soll (s. Abb. 7.2), so müssen von diesen konstruierten Vollkreisen die jeweils ausgezeichneten zwei Mal 90° pro Ecke abgezogen werden. Nun ergibt sich die Frage, wie groß der innere Winkel der Grundfigur ist, der noch vom Vollkreis abzuziehen ist. Werden nicht nur eine, sondern alle Ecken des Vierecks betrachtet, so kann das Wissen über die Innenwinkelsumme eines Vierecks zur theoretischen Reflexion verwendet werden. Insgesamt ergibt sich also folgende Gleichung:

$$\underbrace{360^\circ \cdot 4}_{Kreise\,an\,Ecken} - \underbrace{4 \cdot \left(2 \cdot 90^\circ\right)}_{2\,rechte\,Winkel\,pro\,Ecke} - \underbrace{360^\circ}_{Innenwinkelsmme\,im\,4-Eck} = 360^\circ$$

Der Mehrweg entspricht demnach einer Volldrehung. Anders gesagt: Der Mehrweg entspricht dem Umfang eines Kreises mit Radius a.

Es folgt die Analyse der Schülerlösung. Zu betonen ist vorneweg, dass die Analyse nicht das Denken und Arbeiten von Gustav und Samuel aufdecken soll. Ziel ist aus den rekonstruierten Denk- und Arbeitsweisen und deren Potenzialen, Erkenntnisse über das Mathematiklernen zu gewinnen. In der Analyse werden die Deutungshypothesen der Szene vorgestellt und mittels des Theoriegerüsts der Arbeit begründet.

Zu Beginn veranschaulicht sich Samuel die Situation an einem Rechteck. Damit konkretisiert er die beschriebene Situation der Aufgabe. Dieser Zeichnung stimmt Gustav zunächst zu. Der erste Abschnitt beginnt mit der Skizzierung des Rundgangs um das gezeichnete Rechteck.

7.1.1   Exemplarische Rekonstruktion der naturwissenschaftlichen Denk- und Arbeitsweisen

In diesem Abschnitt werden Zeichnungen angefertigt, um den zu klärenden Phänomenenbereich zu eröffnen.

Während Samuel den Rundgang um das Rechteck zeichnet, merkt Gustav an:[2]

---

[2] Die Skizzen der Schüler wurden von der Forscherin auf den Stand der Äußerung angepasst, damit nachvollziehbar ist, wie viel die Lernenden zum Zeitpunkt der Äußerung vorliegen hatten. Die vollständigen Skizzen (Kopien der Originale) finden sich im Anhang. Ebenfalls wurden schwer sichtbare Linien oder schwer lesbare Texte der Lernenden von der Forscherin zur Lesbarkeit nachgezeichnet und einzelne Erarbeitungsschritte kenntlich gemacht (hier: die Nummerierung im Bild).

2	G	1:18:13	[...] sicher', sicher' dass das so am- am Rand aussehen würde' *(zeigt auf S Skizze während S noch zeichnet, Richtung rechter oberer Ecke²)*
3	S	1:18:21	nein.
4	G	1:18:22	da wär doch eher son Kreis .. wenn wir von Abständen reden.
5	S	1:18:25	mmmhhhh', jein. es wäre wahrscheinlich son, sowas hier, sone Ellipse. *(zeichnet eine Ellipse unter seiner ersten Konstruktion)*
6	G	1:18:32	hier am Rand' *(zeigt auf S Rechteck-Skizze)* da wär doch eher son Kreis direkt. *(zeichnet in die rechte obere Ecke von S Rechteck einen Bogen)*
7	S	1:18:35	jaja-, ah ja, klar. und hier so wär ja sowas, ja es wär-, genau. *(4 sec, rundet seine Ecken ab)* genau sowas wär das. *(streicht seine Ellipse durch)*
8	G	1:18:47	*(lacht)* Ellipse. johoho.
9	S	1:18:48	yooo, aber wie-, das kannste nicht beschreiben.

Zuerst wird eine Interpretation des Transkriptausschnitts ohne Nutzung naturwissenschaftlicher Begrifflichkeiten vorgestellt, bevor diese Begrifflichkeiten ergänzt werden, um die erhärteten latenten Sinnstrukturen des Textes exemplarisch offenzulegen (s. Abschnitt 6.3.3).

Mit „sicher', sicher'" (Turn 2) legt Gustav mehrfach Einspruch (womöglich) gegen die Realisierung des Rundgangs von Samuel ein. Mehrdeutig ist die Bedeutung des „Rand[s]" (Turn 2) – damit können sowohl der ganze Rundgang als auch nur Teile des Rundgangs intendiert sein. Die Frage, die sich anscheinend für beide Schüler stellt ist, wie der Rundgang „aussehen würde" (Turn 2), es geht also um eine empirische Vorstellung der Situation.

Samuel gibt in Turn 3 an, dass er unsicher sei, wie der Rundgang auszusehen habe. Daraufhin schlägt Gustav „son Kreis" (Turn 4) vor. Die Kreisidee wird offenbar gestützt mit „wenn wir von Abständen reden" (Turn 4). Es kann vermutet werden, dass Gustav sich hierbei auf die *Kreisdefinition als Menge aller Punkte im gleichen Abstand zu einem gegebenen Mittelpunkt* stützt, auch wenn die Definition nicht derart explizit genannt wird. Unter „son Kreis" (Turn 4) könnte auch eine kreisähnliche Figur wie eine Ellipse verstanden werden. Mit dem Einbringen eines Kreises könnte Gustav sowohl die Grundfigur (das Rechteck) von Samuel als auch den gesamten Rundgang oder ausschließlich die Ecken des Rundgangs in Frage stellen. Die Kreisidee ist folglich noch unvermittelt. Samuel fügt daraufhin ein langgezogenes „ jein" (Turn 5) an. Zum Teil scheint er Gustav zuzustimmen, zum Teil allerdings nicht. Er zeichnet separat eine Ellipse in ungefähr der gleichen Größe wie der Rundgang um sein Rechteck. In Turn 6 spezifiziert Gustav, was er in Turn 4 begonnen hat, indem er die eine Ecke des gezeichneten Rundgangs von Samuel abrundet. Damit wird sowohl der „Rand" (Turn 2, 6) als auch „son Kreis" (Turn 4, 6) von Gustav ausgeführt. Dieser Spezifizierung stimmt Samuel in Turn 7 doppelt zu: Er rundet alle Rundgangsecken ab und streicht seine Ellipse durch.

Sprachlich wird in diesen ersten Turns ein Diskurs an der Zeichnung gestaltet („jaja", „jein", „nein", „genau"). Dieser Transkriptausschnitt endet damit, dass Samuel angibt: „yooo, aber wie-, das kannste nicht beschreiben" (Turn 9). Zu vermuten wäre, dass er Schwierigkeiten hat, den Rundgang des Rechtecks mathematisch zu berechnen oder mit mathematischen Begriffen zu analysieren. Dies ist damit eine Proposition eines neuen Sinnabschnitts und möglicherweise eine neue bzw. weiterführende Frage, der nachzugehen sein sollte.

Aus naturwissenschaftlicher Perspektive kann in diesem Ausschnitt bereits ein Verhältnis von theoretischen und empirischen Elementen beschrieben werden. Die empirische Referenz – hier die erste Zeichnung des Rechtecks und des Rundgangs (Turn 2) – scheint für die Schüler ein Phänomen zu sein, das *Fragen veranlasst*. Orientiert an Turn 2–3 könnte die Frage dazu lauten: Wie kann ein Rundgang unter den geforderten Bedingungen aus der Aufgabe realisiert werden?

Diese Frage ist noch keine nach einer Erklärung eines Zusammenhanges, sondern vielmehr nach Bedingungen zur Umsetzung eines Lösungsprozesses bzw. der Ausgangssituation dessen. Diese Art von Fragen ist auch in einem experimentellen Setting unerlässlich, um vorerst die Reproduzierbarkeit der Phänomene zu ermöglichen (vgl. Abschnitte 3.2, 3.3.2). Zur Klärung dieser Frage scheint Gustav eher theoriegeleitet vorzugehen (s. das Zusammendenken von Kreisen und Abständen, Turn 4). Samuel hingegen orientiert sich stärker an der empirischen Ausgangssituation: Obwohl er auf eine „Ellipse" hinweist (Turn 5), scheint er weniger die theoretischen Eigenschaften dieser Form ausnutzen zu wollen, sondern sich vielmehr an der äußerlichen Gestalt dieser zu orientieren („sowas hier", Turn 5). Das Gesetz der *empirisch orientierten Hypothese* von Samuel, beeinflusst von Gustavs Kreisidee, könnte wie folgt gestaltet sein:

Wenn die Grundfigur ein Rechteck ist, dann ist der Rundgang oval (Hypothese 1).

Bezogen auf das Modell aus Abbildung 5.13 lassen sich Samuels Denk- und Arbeitsweisen bisher wie in Abbildung 7.3 einordnen.

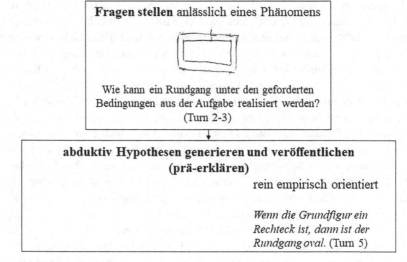

Abbildung 7.3 Eine empirisch orientierte Hypothese zur Beantwortung einer Frage anlässlich der ersten Rechteckzeichnung

Wenn Samuel naturwissenschaftlich vorgehen sollte, so müsste im weiteren Verlauf (nach Turn 5) ein Prüfprozess folgen, der ein Experiment integriert. Der anschließende Eingriff (Turn 6) wird von Gustav ausgeführt: Er rundet die Ecken der Rundgangsfigur zum Rechteck ab. Bezogen auf den weiteren Transkriptverlauf hat sich folgende Interpretation erhärtet: Der Eingriff verfolgt unterschiedliche Funktionen in den jeweiligen Erkenntnisprozessen der Schüler. Für Gustav könnte er lediglich zur *Demonstration* seiner Überlegungen aus Turn 4 dienen, für Samuel dagegen als *Experiment zur Prüfung* seiner empirisch orientierten Hypothese. Der Eingriff kann hier als Experiment für Samuel gewertet werden, da er zum einen *planmäßig* ist, denn jener schließt an Samuels Skizze zum Rechteck an. Daneben ist er *zielgerichtet*, da er Beobachtungen erlaubt, ob der Rundgang oval-förmig aussieht oder nicht. Indizien für eine *Prüfung* auf Seiten von Samuel sind das nachträgliche Durchstreichen seiner „Ellipse", die zustimmenden Worte zu Gustav („jaja-, ah ja, klar.") und das Fortführen der Handlung von Gustav (Turn 7). Der *Vergleich von Vorhersage und Beobachtungsdaten* kann daran festgemacht werden, dass der Rundgang um das Rechteck mit der gezeichneten Ellipse verglichen wird. Durch diese unterschiedlichen Funktionen des Eingriffs bestärkt sich für diese Forschungsarbeit: *Ein Experimentieren ist personenabhängig: Die Art und Weise wie es ausgeführt wird, ist für beide Schüler dieselbe, die Denkweisen scheinen allerdings unterschiedlich zu sein.*

Samuels Denk- und Arbeitsweisen können folglich im Modell ergänzt werden (s. Abb. 7.4).

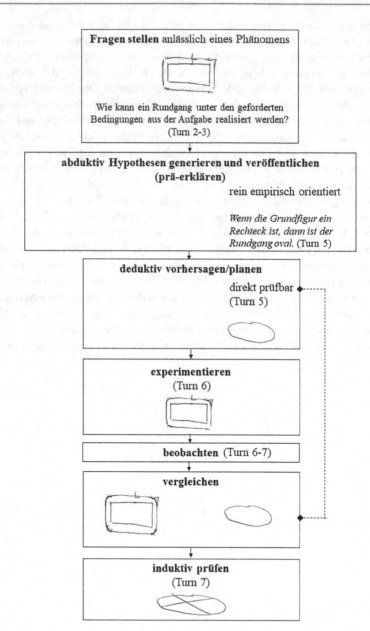

Abbildung 7.4 Zusammenspiel der naturwissenschaftlichen Denk- und Arbeitsweisen von Samuel

In den weiteren Analysen werden auf die einzelnen Zusammenhänge zwischen den Denk- und Arbeitsweisen, die durch das Modell verdeutlicht werden, verwiesen.

Die Zeichnung des Rechtecks mit abgerundetem Rundgang scheint für Samuel als ein *exploratives Experiment* zu fungieren. Um den explorativen Charakter zu unterstreichen, wird im Folgenden eine Meta-Perspektive auf die Erarbeitung von Samuel und der Abfolge der Denk- und Arbeitsweisen eingenommen, indem sein Herangehen schrittweise mit der Entdeckung des Penicillins (s. Abschnitt 3.3.2) verglichen wird: Samuels Zeichnung eröffnet die Herausforderung, den empirisch realisierten Rundgang zu beschreiben (s. Abb. 7.3). Der Rundgang scheint nicht eckig zu sein. Der Schüler beginnt mit dem möglicherweise empirisch orientierten und hypothetischen Zusammenhang (Hypothese 1, s. Abb. 7.3), um Bedingungen zur Realisierung eines Rundgangs zu erarbeiten. Dieser Zusammenhang scheint zwar von Gustavs Kreisidee beeinflusst zu sein, bezieht sich allerdings ausschließlich auf Elemente aus der Rechteckzeichnung und nicht explizit auf mathematische Definitionen und Sätze. Es wird ein durch ein *Experiment beding-ter Erkenntnisprozess* angeregt (s. Abb. 7.4). Bei der Entdeckung des Penicillins hatte Flemming zunächst lediglich eine Petrischale mit gefährlichen Bakterien vorliegen, die er untersuchen wollte (s. Abschnitt 3.3.2). Die Intention ein neues Medikament zu erschaffen, hatte er zunächst nicht. Flemming entdeckte zufällig einen Pilz auf seiner Petrischale und er stellte fest, dass dieser Pilz wuchs und die Bakterienkultur um diesen Pilz zurückging. Auch er begann seine Arbeiten vermutlich zuerst mit der Erkundung von Bedingungen, unter denen er diese Situation reproduzieren kann.

Die vollständige Erklärung des Wirkstoffes, d. h. die theoretische Einbettung, gelang erst zehn Jahre nach der Entdeckung. Bezogen auf die Schüler, versuchen auch sie ihre Entdeckung theoretisch einzubetten. Als theoretischer Aspekt wird von Gustav die Idee der Kreise eingebaut. Inwiefern diese Kreisidee in die *Post-Erklärung* bzw. *Deutung* der experimentellen Situation für Samuel einfließt, ist an dieser Stelle des Transkripts noch unklar (ob der Kreis den ganzen Rundgang beschreibt; ob alle vier Ecken zusammen einen Kreis ergeben; ob an jeder Ecke ein Kreis vorliegt oder ob der Kreis als Grundfigur betrachtet werden sollte). Beide Schüler sind nach der Kreisidee von Gustav und seiner Demonstration (Turn 6) offensichtlich überzeugt (Turn 4, 7), dass dieser Rundgang abgerundet ist. Diese Idee könnte für Samuel als Erklärung der Beobachtungsdaten dienen. Folgende Deutung wäre an dieser Stelle möglich:

Wenn eine Figur mit einem Rundgang im konstanten Abstand a gezeichnet wird, dann ist der Rundgang an den Ecken der Ausgangsfigur kreisförmig (Deutung).

Der experimentelle Prozess evoziert auf Seiten Samuels eine weitere *Forschungs-frage* anlässlich der nun vorliegenden Rundgangskonfiguration: „aber wie-, das kannste nicht beschreiben." (Turn 9)

Bisher wurden die Denk- und Arbeitsweisen sowie die Prozesse klassi-fiziert. Die sich bislang ergebenen theoretischen und empirischen Elemente werden in Abbildung 7.5, bezogen auf die von den Schülern gestellten Fragen, zusammengefasst.

Frage 1: Wie kann ein Rundgang unter den geforderten Bedingungen aus der Aufgabe realisiert werden?

Empirisch:

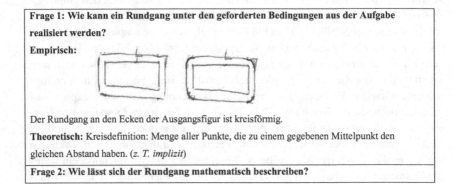

Der Rundgang an den Ecken der Ausgangsfigur ist kreisförmig.

Theoretisch: Kreisdefinition: Menge aller Punkte, die zu einem gegebenen Mittelpunkt den gleichen Abstand haben. (*z. T. implizit*)

Frage 2: Wie lässt sich der Rundgang mathematisch beschreiben?

Abbildung 7.5 Zusammenfassung der empirischen und theoretischen Elemente aus Abschnitt 7.1.1

7.1.2 Theorieelemente zur Erklärung der empirischen Daten

Das experimentelle Vorgehen in diesem Abschnitt ist zu Beginn noch empi-risch orientiert. Kern dieses Abschnitts ist, dass das Erklären der empirischen Daten durch die vage Theorieeinbettung aus Abschnitt 7.1.1 (Deutung) gelingt: Die Kreisidee geht im weiteren Verlauf nicht nur in die Wahl des Objektes ein, sondern hilft vor allem, die Beobachtungen zu erklären.

Gustav und Samuel besprechen anschließend, wovon der Mehrweg abhängen kann. Konkret werden Parameter diskutiert. Im Gespräch nennen sie sowohl den Umfang L, den Abstand a als auch die Fläche bzw. die Form der Fläche. Anders formuliert: Es werden abhängige und unabhängige Variablen entfaltet.

10	G	1:18:51	wovon hängt <u>dieser</u> Mehrweg ab.
11	S	1:18:54	ja von *a*.
12	G	1:18:55	die Fragestellung ist natürlich mal wieder- *(lacht)*
13	S	1:18:58	von *a* und von *L*-
14	G	1:18:59	*(lacht)* von *a*
15	S	1:19:00	von *a* und von *L*, hä'. sollen wir die Frage ist wie'
16	G	1:19:04	ja und von der <u>Fläche</u>. natürlich. also ja.
17	S	1:19:05	ja, äh, <u>nee</u>. von der Fläche ist doch egal.
18	G	1:19:07	ja von der <u>Form</u> der Fläche'

Im Vergleich zum vorherigen Abschnitt scheint ein anderes Wechselspiel in der Interaktion vorzuliegen. Nicht mehr Gustav ist der Gesprächsführende, sondern Samuel. Er scheint die Variablen vorzugeben (Turn 11, 13, 15) und damit Gustav zu beeinflussen (Turn 14, 18).

Es wird deutlich, dass ein experimenteller Prozess auch einen Wechsel der Repräsentationsformen initiieren kann: Eine Diskussion über geometrische Zeichnungen wechselt zu einer Diskussion über Variablen.

Samuel könnte die *Hypothese* verfolgen (Turn 13), dass in die Mehrwegsberechnung die Einflussfaktoren Abstand *a* und Umfang der Länge *L* eingehen. Gustav könnte (zusätzlich) die „Form der Fläche" (Turn 18) fokussieren, weshalb er im nachfolgenden Transkriptausschnitt (in Turn 24) eine neue Grundfigur vorschlägt: einen Kreis. Mit „Form der Fläche" (Turn 18) könnte er sich allerdings auch auf das „*L*" aus der Aufgabe beziehen, das auch Samuel als einen Einflussfaktor sieht (Turn 13). Möglich wäre auch, dass Gustav im Folgenden den Kreis als Grundfigur vorschlägt, um seine Kreisidee aus Turn 4 weiter zu verfolgen. Ob und wie die thematisierten Einflussfaktoren in die Berechnung des Mehrwegs Einfluss nehmen, ist noch zu erforschen: Sind die vermuteten Einflussfaktoren überhaupt sinnvoll zur Erklärung des Phänomens? Die Erarbeitung orientiert sich folglich weiterhin stärker an der Aufgabe und der ersten Zeichnung und weniger an theoretischen Elementen.

Von Samuel besteht der Wunsch, den Mehrweg zu formalisieren (bezogen auf das Modell aus Abbildung 5.13: *die Frage anlässlich eines Phänomens*). Dies wird im anschließenden Turn deutlich:

23	S	1:19:31	hä aber du könntest darauf echt antworten von a und L aber die Frage ist <u>wie</u>' *(5 sec)* ich versteh nur nicht ganz-, wie würdest du jetzt die Fläche-, wie würdest du das berechnen' *(hebt sein Blatt hoch, zeigt mit dem Stift auf die Fläche um sein Rechteck, die vom Rundgang und dem Rechteckrand eingegrenzt wird)*
24	G	1:19:45	warte. lass mal erstmal, den kleinst<u>en</u>, den kleinstmöglich, also ich würd erstmal vom Kreis ausgehen. weil der Kreis ist einfach <u>die</u>- *(beide zeichnen einen Kreis, S ergänzt L an seinem Kreis; beide hier eingefügten Kreise sind nicht die Originalkreise)*
25	S	1:19:53	weil der Kreis <u>easy</u> ist, ja. L *(schreibt „L=")*
26	G	1:19:54	die beste Form, ne', dann wäre *(G zeichnet einen größeren Kreisbogen um den Kreis)*
27	S	1:19:55	äh, dann hast du a. *(zeichnet eine größere Kreislinie um seinen Kreis)*
28	G	1:19:57	da wäre, da wäre der <u>Mehr</u>weg, ja einfach-, äh, $L - $ *(S schreibt „L" neben seine Zeichnung)*

29	S	1:20:02	oh, jetzt hau mal die Umfangsformel raus.
30	G	1:20:04	das wäre sozusa, nee. hä. das wäre einfach. $\underline{R}$ von $\underline{L}$', plus a. *(schreibt „$R_L + a$")* wäre gleich- $$R_L + a$$
31	S	1:20:11	ja. okay *(streicht sein „L=" durch)* $\bcancel{}$
32	G	1:20:12	R von M *(schreibt)*.. ne'. der Radius von- *(schreibt „L" in in seinen Kreis und „M" außerhalb des Kreises)*
33	S	1:20:16	ja gut. du hast jetzt keinen Bock die Umfangsformel auszurechnen. du könntest genau berechnen wie-, in Abhängigkeit von $\underline{L}$-, ja ok gut. da ist-, das ist-
34	G	1:20:23	das geht bei Kreisen, ne'
35	S	1:20:26	ja genau. also der <u>Radius</u> von $\underline{L}$, plus, der von $\underline{a}$ *(schreibt und guckt wiederholt auf die Formel von G)*
36	G	1:20:32	plus die Strecke a.
37	S	1:20:33	genau.
38	G	1:20:36	ach so genau und dann könnten wir das jetzt noch verallgemeinern indem wir bestimmte- Winkel von Halbkreisen nur nehmen. also sagen wir m m so zwanzig- Grad *(zeichnet den Winkel in den Kreis)*.. dann hamm wir, eins- <u>Zehn</u>tel R von L *(schreib $\frac{1}{10}$ vor seine Formel)* plus a-, ne *(streicht $\frac{1}{10}$ durch)* .
			Die Schüler betrachten den Kreissektor und bestätigen auch hier ihre Formel. (Turn 39-45)
46	G	1:21:10	das heißt für alle kreisförmigen Figuren hamm wir, das ist relativ easy.

In diesem Transkriptausschnitt findet ein Übergang von der Betrachtung des Rechtecks zum Kreis statt, obwohl die Situation am Rechteck bisher noch nicht ausreichend erarbeitet ist. Es werden im Folgenden Abduktionen, Deduktionen und Induktionen rekonstruiert, um naturwissenschaftliche Denk- und Arbeitsweisen in diesem Übergang von Rechteck zum Kreis auszeichnen zu können. Die in Abbildung 7.6 dargestellte *abduktiv generierte Hypothese* bezogen *auf die Frage anlässlich der vorliegenden Rundgangskonfiguration* kann aus Turn 23 anhand Samuels Äußerungen rekonstruiert werden.

Betrachtet man das Gesetz der Abduktion (s. Abb. 7.6) genauer, so bezieht es sich auf Elemente aus der Aufgabenstellung (*a, L* und Mehrweg). Es eröffnet noch keinen Hinweis, warum *a* und *L* Einflussfaktoren sind, sondern vermutet, dass es Einflussfaktoren sein könnten. Das Gesetz scheint ein für Samuel *kreativ* neues und hypothetisches Gesetz zur Beantwortung der Fragestellung zu sein. Es scheint also eine *Gesetzeshypothese* vorzuliegen (s. Abschnitt 2.2.1).

Resultat:	Wie lässt sich der Mehrweg beim Rechteck berechnen?
Gesetz:	Wenn *a* und *L* geschickt miteinander verrechnet werden, dann kann der Mehrweg berechnet werden. (*Hypothese 2*)
Fall:	Den Abstand *a* und Umfang *L* beim Rechteck als Grundfigur verrechnen.

Abbildung 7.6 Abduktive Hypothese anlässlich der Frage „Wie lässt sich der Mehrweg beim Rechteck berechnen?"

Gustav ergänzt, „warte. lass mal erstmal, den kleinsten, , den kleinstmöglich, also ich würd erstmal vom Kreis ausgehen. weil der Kreis ist einfach die-" (Turn 24). Samuel greift anscheinend das „einfach die" (Turn 24) von Gustav auf und interpretiert es als ein inhaltliches „einfach" im Sinne von „leicht", statt ein „einfach" im Sinne von „zunächst". Damit wird das Problem „einfach" und „klein" gehalten. Es zeigt sich ein *strategisches Experimentieren* – was auch Philipp (2013) hervorhebt (s. Abschnitt 4.3.1). Warum der Kreis „easy" oder „klein[.]" ist, wird nicht explizit begründet, möglicherweise weil die Seiten minimal gehalten werden oder weil Kreislinien an den Ecken des Rechtecks entstanden sind oder weil bei Kreisen die gleichen Abstände eingehalten werden können.

Während Samuels Ansatz stärker explorativ betrachtet werden kann, verbirgt sich bei Gustav ein stärkerer Theoriegehalt, da er das Problem mit seiner Kreisidee einengt. Samuel akzeptiert Gustavs Herangehen (Turn 25), sodass hier vermutlich ein Arbeitsinterim bzw. ein gemeinsames Handeln (s. Abschnitt 6.2.2) ermöglicht ist. Aus naturwissenschaftlicher Perspektive scheint der *Plan des Experiments* akzeptiert zu werden. Eine mögliche *deduktive Vorhersage,* vor allem von Samuel, könnte lauten wie in Abbildung 7.7.

Fall:	Den Abstand a und Umfang L beim Kreis als Grundfigur verrechnen.
Gesetz:	Wenn a und L geschickt miteinander verrechnet werden, dann kann der Mehrweg berechnet werden. (*Hypothese 2*)
Resultat (v):	Der Mehrweg sollte beim Kreis als Grundfigur auszurechnen sein.

Abbildung 7.7 Plan und deduktive Vorhersage für die Untersuchung des Mehrwegs am Kreis

Diese *deduktive Vorhersage* (s. Abb. 7.7) eröffnet, ob die Hypothese *direkt überprüfbar* ist (s. Bootstrap-Modell, s. Abschnitt 2.2.3). Falls eine Prüfung anschließbar ist, evoziert die Vorhersage ein Experiment zur Prüfung (s. Abschnitt 5.2) und bringt damit auch das Planvolle in das Experiment. Betrachtet man diese deduktive Vorhersage genauer (s. Abb. 7.7), scheint das Planvolle noch unspezifisch, da der genaue Eingriff (wie a und L zu berechnen sind) noch nicht deutlich ist (Fall der deduktiven Vorhersage, s. Abb. 7.7).

Beide Schüler zeichnen anschließend einen Kreis (Turn 24). Sie beginnen folglich ein *Experiment,* um mehr sehen zu können als vorher. *Es kann unterstrichen werden, dass ein Experiment in einem interaktiven mathematischen Lernprozess folgen kann, ohne zuvor besprochen zu haben, wie konkret vorgegangen werden soll.* Samuel markiert das „L" an seiner Kreislinie (Turn 24). Dies kann zum einen bedeuten, dass er anzeigt, eine neue Grundfigur zu betrachten. Zum anderen veröffentlicht er die zu fokussierenden Parameter (s. Fall der deduktiven Vorhersage, Abb. 7.7). In Turn 25 beginnt er mit „$L =$". Dies könnte ein Indiz sein, dass er den Umfang der Figur angeben möchte. Beide Schüler zeichnen dann den Rundgang um den Kreis. Sie stocken bei der Beschreibung, was zu sehen ist. Die Verrechnung (die weitere Umsetzung des Experiments) und damit einhergehend die Beobachtung des Mehrwegs scheint nicht so einfach zu sein, wie anfangs vermutet (s. Resultat der deduktiven Vorhersage, Abb. 7.7): „äh, dann hast du a" (Turn 27), „da wäre, da wäre der Mehrweg, ja einfach-, äh, L" (Turn 28), „das wäre sozusa-, nee. hä." (Turn 30). Dieses Stottern erhärtet die Vermutung, dass die Zeichnungen als Experimente genutzt werden: Die Schüler mussten abwarten, was sich aus der Zeichnung ergibt. Es wird auf a und L geachtet, allerdings fallen die Verrechnung und die Beobachtung und damit auch die Auslösung der

Prüfung und Deutung offenbar schwer. Die obige Rekonstruktion der deduktiven Vorhersage bestätigt sich in ihrer Vagheit (s. Abb. 7.7).

Gustav *beobachtet* dann anscheinend, dass der Abstand *a* auf den Ursprungsradius (kurz: R_L) addiert wird (Turn 30). Diese Beobachtung könnte von ihm aufgrund des Zusammenhangs zwischen Kreisen und Abständen (Turn 4) entstehen, was erneut darauf hindeutet, dass sein Vorgehen theoriegeleiteter zu sein scheint als das von Samuel. Die Beobachtung ist verwunderlich, denn schließlich ist der Radius sowie *a* in die Zeichnungen nicht explizit eingetragen, dieser muss mitgedacht werden bzw. ist durch die Lücke zwischen den Kreisen angedeutet. Es kann an dieser Stelle vermerkt werden, dass vermutlich untergeordnete Abduktionen oder sogar gedankliche experimentelle Prozesse generiert werden, um die Beobachtung und den anschließenden Vergleich mit der Vorhersage an dieser Stelle tätigen zu können. *Zwei Aspekte, die in der Theorie der Arbeit herausgestellt wurden, werden damit unterstrichen: Beobachtungen sind aktiv und theoriegeleitet und experimentelle Prozesse verlaufen weder eindeutig noch linear ab.* Mit dieser Beobachtung ergibt sich der gewünschte Einfluss von *L* und *a* auf den Mehrweg (vgl. Abb. 7.7): $R_L + a = R_M$ (Turn 30, 32). In Turn 33 merkt Samuel an, dass Gustav nur keine Lust habe die Umfangsformel auszurechnen. Anscheinend wird die Gleichung dann allerdings als ausreichend zur Angabe des Umfangs akzeptiert.

Samuel schreibt die Gleichung ebenfalls auf und unterstreicht sie sogar (s. Abb. 7.8).

Abbildung 7.8 Prüfung des Kreis-Experiments

$$\underline{R_L + a = R_M}$$

(Turn 35)

Damit könnte er zum einen Zustimmung zeigen, zum anderen könnte er die Lösung des Problems markieren. Samuel scheint für sich *die Beobachtungsdaten* mit dem *vorhergesagten zu vergleichen* und damit die *Prüfung* (in diesem Fall eine *enumerative Induktion*) des Zusammenhangs zu vollziehen. Der Vergleich wird im Induktions-Schema mit „$\approx$" angedeutet (s. Abb. 7.9).

Fall:	Den Abstand *a* und Umfang *L* bei einem Kreis als Grundfigur verrechnen.
Resultat:	Der Mehrweg sollte beim Kreis als Grundfigur auszurechnen sein. $\approx$ $R_L + a = R_M$ (*Vergleichen*)
Gesetz:	Wenn *a* und *L* geschickt miteinander verrechnet werden, dann kann der Mehrweg berechnet werden. (*Hypothese 2 bestärkt sich*)

Abbildung 7.9 Vergleich und induktive Prüfung der Einflussfaktoren *a* und *L* auf den Mehrweg

Da nicht weiter die Umfangsformel verfolgt wird, sondern die Angabe der Differenz der Radien zur Prüfung ausreicht (Turn 33–35, s. Abb. 7.9), kann implizit das *theoretische Element* vermutet werden, dass *der Umfang eines Kreises durch den Radius festgelegt* ist. Dieses implizite Element kann als Erklärung der Beobachtungsdaten gewertet werden und damit als (implizite) *Deutung* fungieren.

Das Experiment aus Turn 24–32 hat die Schüler womöglich mehr sehen lassen als vorher, nämlich dass alleine der veränderte Radius den Mehrweg beeinflusst (Turn 35). Diese Erkenntnis wird im Folgenden nicht weiter explizit von den Schülern erklärt oder begründet (Turn 38–45), sondern sie wird ausschließlich in der Deutung von Gustav auf alle kreisförmigen Grundfiguren verallgemeinert (Turn 46). Es scheint ein *stabilisierendes Experiment* für die Schüler zu sein. Die Schüler könnten damit für sich ein Teilproblem experimentell beantwortet haben. Auffällig ist, dass wenige Beispiele dafür ausgereicht haben. Auch die Art der Beispiele ist für die Schüler kein Diskussionspunkt gewesen. Es interessiert sie wenig, wie groß die Grundfigur gezeichnet wird, ob die Kreislinie ungenau gezeichnet ist oder welche Lage sie auf dem Papier einnimmt. In der Art der Zeichnung ist eine Mathematisierung des Gegenstandes bereits angelegt. Dies wird auch an der Formel ersichtlich (s. Abb. 7.8): Der Radius des Kreises R_L sowie *a* sind variabel, der Zusammenhang $R_L + a = R_M$ scheint für die Schüler allgemeingültig. Dieser Zusammenhang wird durch die Zeichnung initiiert; die Schüler mussten anscheinend abwarten, welche Wirkung sich zeigt (Turn 27–30).

Der Abschnitt endet mit der Äußerung von Gustav „das heißt für alle kreisförmigen Figuren hamm wir, das ist relativ easy." (Turn 46). Das Problem am Rechteck scheint damit noch nicht gelöst zu sein. Die ursprüngliche Fragestellung nach der Beschreibbarkeit der Rundgangsfigur des Rechtecks hat sich auf die Beschreibbarkeit kreisförmiger Figuren verschoben. Die in Abbildung 7.10 zusammengefassten empirischen und theoretischen Elemente haben sich dabei ergeben.

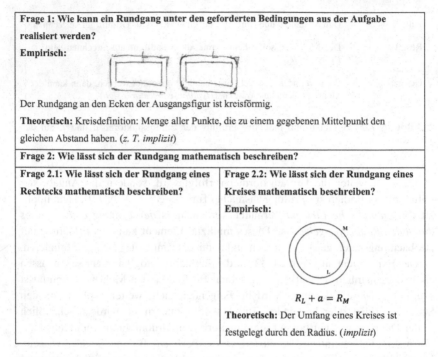

Frage 1: Wie kann ein Rundgang unter den geforderten Bedingungen aus der Aufgabe

realisiert werden?

Empirisch:

Der Rundgang an den Ecken der Ausgangsfigur ist kreisförmig.

Theoretisch: Kreisdefinition: Menge aller Punkte, die zu einem gegebenen Mittelpunkt den

gleichen Abstand haben. (z. T. *implizit*)

Frage 2: Wie lässt sich der Rundgang mathematisch beschreiben?

Frage 2.1: Wie lässt sich der Rundgang eines Rechtecks mathematisch beschreiben?	Frage 2.2: Wie lässt sich der Rundgang eines Kreises mathematisch beschreiben?
	Empirisch:
	$$R_L + a = R_M$$
	Theoretisch: Der Umfang eines Kreises ist festgelegt durch den Radius. (*implizit*)

Abbildung 7.10 Zusammenfassung der empirischen und theoretischen Elemente bis Abschnitt 7.1.2

7.1.3 Wiederkehrende Theorieelemente in der experimentellen Reihe

In diesem Abschnitt wird die Kreisidee nicht nur zur nachträglichen Erklärung der empirischen Daten genutzt. Die theoretischen Elemente aus den vorherigen Szenen beeinflussen den empirischen Eingriff.

Für Samuel ist durch das Kreis-Experiment seine Ausgangsfrage nicht beantwortet worden (s. Abb. 7.10, Frage 2.1). Er geht zurück auf die Rechtecksituation:

47	S	1:21:14	ja. *(10 sec)* fürn Rechteck ist es ja auch teilweise easy. du hast hier Strecken- *(setzt Markierungen wie unten im Bild: Zuerst auf der Parallelen zu der oberen Rechteckseite, dann auf den Parallelen rechts und links. Die Lehrperson teilt der gesamten Klasse mit, dass sie noch 10 Minuten Arbeitszeit hat)*, die sind ganz einfach.
		⌐	
48	G	1:21:34	n Rechteck ist auch easy *(8 sec)* was ist denn bei Parabeln' .. da hast du ja so Brennpunkte.
G gibt an, dass auch Parabeln betrachtet werden könnten. Er zeichnet Beispiele, die betrachtet werden könnten. Von 1:21:47 bis 1:22:59. (s. Anhang)

Auffällig ist, dass Samuel die Rechtecksituation nun „teilweise easy" (Turn 47) findet. Dies hat sich anscheinend erst durch das *Experiment am Kreis* ergeben, denn vorher merkt er an, dass der Rechteck-Rundgang nicht beschreibbar ist: „yooo, aber wie-, das kannste nicht beschreiben" (Turn 9). „Easy" waren in Turn 46 „die kreisförmigen Figuren". Samuel scheint aus dem Experiment am Kreis Erkenntnisse gesammelt zu haben, die nun die Beantwortung der Fragestellung am Rechteck erleichtern können. Er geht anscheinend mit einem stärkeren *theoriegeleiteten* Blick an sein *Rechteck-Experiment*: Er achtet auf die Einflussfaktoren a und L, der Rundgang des Rechtecks ist für ihn möglicherweise zum Teil kreisförmig und bei einem Kreis-Mehrweg wird nur der veränderte Radius relevant, der um die Strecke a verlängert wird. *Möglich ist, dass die durch Experimente bedingte Erkenntnis zum Kreis für weitere durch Experimente bedingte Erkenntnisse am Rechteck brauchbar gemacht wird.*

Samuel führt aus, dass die Strecken „ganz einfach" sind (Turn 47). Die Grundfigur scheint in Teilfiguren zerlegt zu werden (Strecken und Ecken). Gustav stimmt kurz zu, dass ein Rechteck „auch easy" ist und geht über zu „Parabeln" (Turn 48), vermutlich um die Möglichkeiten der Grundfiguren auszureizen bzw. um die Form der Flächen zu variieren (vgl. Turn 18). Damit wird Samuels empirisches Vorgehen unterbrochen, doch letztendlich verbleibt Samuel auch während der Ausführungen von Gustav bei seinem Rechteck und führt weitergehend aus:

49	S	1:23:09	[...] aber ich muss sagen bei dem Rechteck ist es ziemlich cool *(zeigt mit dem linken Zeigefinger auf sein Rechteck, s. Bild)*. weil ich weiß nicht, ist es en Kreis *(geht mit seinem Stift in der rechten Hand in die rechte obere Ecke)'*, trotzdem'
50	G	1:23:16	am Rand ist es en Kreis, ja.
51	S	1:23:19	weil, im Endeffekt, hier *(tippt in die Mitte der oberen Rechteckseite und in die Mitte der dazu parallelen Seite)*, bleiben die Strecken ja alle gleich. *(beschriftet die Seiten des Rechtecks, die langen mit a, die kurzen mit b)*
52	G	1:23:23	mhm.
53	S	1:23:24	weil, da ist es ja egal ob die um *a* versetzt sind *(zeigt auf die zwei linken parallelen Seiten der Rechteckseite und des Rundgangs)*. nur das hier' *(malt das obere linke Winkelfeld des Rundgangs und dann alle restlichen aus)*.. ist das was im Endeffekt zählt.
54	G	1:23:31	die Frage ist-
55	S	1:23:32	und vielleicht kannst du das auch zum Kreis legen.

GUSTAV vervollständigt anschließend seine Frage, welche Figuren bei „Fläche ohne Einbuchtungen" erlaubt sind. SAMUEL und GUSTAV schließen Parabeln aus der Betrachtung aus.

64	G	1:23:48	mmh, ok. was ist denn wenn der Winkel spitzer ist'

Es folgt zwar kein neuer offensichtlicher Eingriff in diesem Ausschnitt, allerdings ein neues ,Hinsehen' auf Seiten Samuels geleitet von der gestellten Frage (2.1, s. Abb. 7.10) und den bisher gesammelten Erkenntnissen, weshalb hier auch von einer Veränderung seines *Experiments* zum Rechteck gesprochen werden kann: Samuel verändert sein Rechteck-Experiment, indem er Seiten und Ecken separat betrachtet: Wie kann der Mehrweg an den Seiten beschrieben werden? Wie kann der Mehrweg an den Ecken beschrieben werden? Beim Rundgang „bleiben die Strecken ja alle gleich" (Turn 51), „weil, da ist es ja egal ob die um *a* versetzt sind" (Turn 53). Anders formuliert: die Länge L bleibt erhalten, da die Seiten der Figur ausschließlich um a (als eine Art Verschiebungsvektor, der jeden Punkt auf der Seite der Figur um diesen Vektor verschiebt) versetzt sind. Möglich ist, dass Samuel hier erneut auf seine Parameter achtet (s. Hypothese 2), um den Mehrweg *beobachten* zu können. An der Zeichnung kann beobachtet werden, dass kein Mehrweg an den Seiten entsteht. Das „um a versetzt"-Sein scheint eine Erklärung der gleichen Strecken zu sein und damit ein theoretisches Element. Ob das theoretische Element vor (zur *Prä-Erklärung*) oder ausschließlich nach (zur *Post-Erklärung*) dem gedanklichen Einteilen der Konfiguration in Seiten und Ecken stattgefunden hat, kann an dieser Stelle nicht identifiziert werden. Ein neues Gesetz scheint allerdings damit an empirischen Daten entdeckt worden zu sein:

Bei paralleler Verschiebung einer Strecke um die Länge a, bleibt die Streckenlänge erhalten (Hypothese 3).

Durch das Markieren der Parameter a und L kann Samuel anscheinend an empirischen Daten *Beobachtungen* zum Mehrweg anstellen. Das, was für ihn „im Endeffekt zählt" (Turn 53) sind die Kreissektoren an den Ecken, die man „vielleicht […] zum Kreis legen" kann (Turn 55). „Vielleicht" deutet darauf hin, dass für ihn noch fraglich ist, ob die Sektoren an den Ecken zusammen einen Kreis ergeben. Aus der Einteilung der Figur in Seiten und Ecken ergibt sich ein neues, zu klärendes Phänomen: Ergeben die Ecken zusammengelegt einen Vollkreis?

Das Wort „Kreis" von Samuel in Turn 49 scheint eine andere Bedeutung zu haben als von Gustav in Turn 50. Samuel könnte in Turn 49 bereits das Zusammenlegen der Kreissektoren beabsichtigen, so wie es in Turn 53 angedeutet und in Turn 55 angesprochen wird. Gustav greift in Turn 50 („am Rand ist es en Kreis, ja.") die Formulierung aus Turn 6 auf „hier am Rand' […] da wär doch eher son Kreis direkt *(zeichnet in die rechte obere Ecke von S Rechteck einen Bogen)*". Gustav könnte also Kreise um die einzelnen Eckpunkte beabsichtigen. Zu betonen ist allerdings, dass er die Variation der Figuren fokussiert (vermutlich: da Kreis und Rechteck „easy" sind, Turn 46, 47), wohingegen Samuel seiner Beschreibung des Mehrwegs (vor allem am Rechteck) nachzugehen scheint und hierbei die Idee der Kreise verfolgt und dabei besonders auf die Parameter a und L achtet. Beide Schüler arbeiten offensichtlich an *verschiedenen Fragestellungen*.

Fasst man das Vorgehen von Samuel zusammen, so geht er den Fragen aus Abbildung 7.11 empirisch sowie theoretisch nach. Sein theoriegeleiteter Prozess kann nun als *experimentelle Methode* bezeichnet werden.

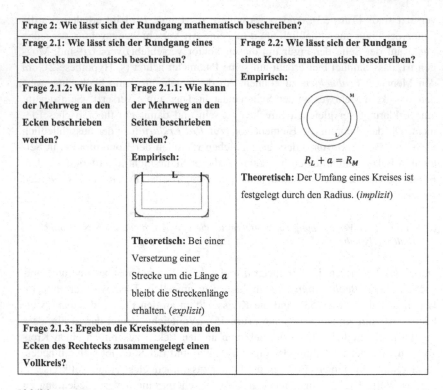

Abbildung 7.11 Zusammenfassung der empirischen und theoretischen Elemente bis Abschnitt 7.1.3

7.1.4 Von konträren Hypothesen zur Begründung

In diesem Abschnitt schlagen die Schüler unterschiedliche experimentelle Wege ein, sodass sich letztendlich zwei sich widersprechende Hypothesen zur Erklärung der Phänomene eröffnen. Die Schüler sind aufgrund der sich widersprechenden Erklärungen der Phänomene gezwungen, ihre theoretischen Aspekte zu überarbeiten.

Die letzte Frage von Gustav aus dem vorangegangenen Abschnitt („was ist denn wenn der Winkel spitzer ist" (Turn 64)) evoziert bei Samuel einen Wechsel der Grundfigur. Er zeichnet anschließend ein Dreieck.

65	S	1:23:54	von nem Dreieck', *(zeichnet ein Dreieck)* en Dreieck kriegst du auch hin. ist einfach nur-, obwohl ne. *(streicht es wieder durch)*
66	G	1:23:59	hast du da en Kreis immer noch', ist es dann immer noch en Kreis', ja ne'
67	S	1:24:02	warte. *(zeichnet erneut ein Dreieck)*
68	G	1:24:03	ja ist auf jeden Fall en Kreis.
69	S	1:24:04	du hast, du hast die Parallelen, *(zeichnet)* und du hast hier-
70	G	1:24:09	halt nicht mehr neunzig Grad sondern-
71	S	1:24:11	die Frage ist, weil man, das ist jetzt sehr grob. aber-, kann man das hier *(markiert die Winkelfelder wie im Bild)* immer zu nem Kreis legen'
72	G	1:24:19	ist halt die Frage ob das hier immer Kreise sind. aber ich würde sagen schon .. naja klar sind das Kreise. weil das ist ja die Definition von Abständen.
73	S	1:24:27	ja.
74	G	1:24:28	dass wenn du en Abstand, der gleiche Abstand um en Punkt, endet immer in nem Kreis. *(10 sec)*

Samuel zeichnet zuerst die „Parallelen" (Turn 69) und anschließend die abgerundeten Ecken des Rundgangs. „Parallelen" (Turn 69) kann hier als gleichbedeutend mit „um *a* versetzt"-sein (Turn 53) interpretiert werden. Damit wird das theoretische Element aus dem vorherigen Experiment am Rechteck auch am Dreieck angewendet. Dieses strukturierte Vorgehen weist bereits auf einen starken *Theoriegehalt* hin, insofern keine tentative Zeichnung festzumachen ist. Demzufolge bestätigt sich, dass Samuel nun nicht mehr explorativ vorgeht.

Diesmal ist Gustav derjenige, der während der Dreieckskonstruktion fragt: „hast du da en Kreis immer noch', ist es dann immer noch en Kreis', ja ne'" (Turn 66). Er beantwortet seine Frage selbst: „ja ist auf jeden Fall en Kreis." (Turn 68). Der Unterschied zu den vorherigen Zeichnungen scheinen die Winkel zu sein, auf die Gustav achtet „halt nicht mehr neunzig Grad sondern" (Turn 70). Diese Perspektive passt zu der Eingangsfrage von Gustav: „mmh, ok. was ist denn wenn der Winkel spitzer ist'" (Turn 64). Es wird deutlich, dass beide Schüler an einer Zeichnung arbeiten und beide erneut das Thema „Kreis" als Mehrweg verfolgen. Der Kontext der Kreisnutzung scheint allerdings weiterhin unterschiedlich zu sein: Samuel möchte die äußeren markierten Sektoren zu einem Kreis zusammenlegen (Turn 71), Gustav betrachtet mehrere „Kreise" (Turn 72) um Punkte (Turn 74), wahrscheinlich die Kreise um die Eckpunkte. Diese Kreise werden von Gustav auch begründet: „dass wenn du en Abstand, der gleiche Abstand um en Punkt, endet immer in nem Kreis. *(10 sec)*" (Turn 74).

Aus naturwissenschaftlicher Perspektive kann zunächst die Aktivität von Samuel als *Experiment* bewertet werden: Er zeichnet Dreiecke, um bestimmte Erkenntnisse über den Mehrweg zu gewinnen. Das Experiment wird so ausgeführt, dass das, was sich ergibt, von den Schülern zuvor nicht als bekannt geäußert und damit abgewartet wird. Wiederholbar ist seine Durchführung: Es wird zwar keine Konstruktionsbeschreibung bzw. kein expliziter Versuchsaufbau angegeben, doch verbalisiert Samuel, wie er gezeichnet hat (z. B. über Parallelen). Im Vergleich zu den vorherigen Zeichnungen wurden Eckenanzahl und Winkel variiert. Es fällt auch auf, dass die Figuren, die betrachtet werden, regelmäßige Figuren sind: Die Winkel der Figur sind einheitlich. Das von Samuel durchgeführte Experiment verfolgt unterschiedliche Nutzen. Die Äußerungen von Gustav und Samuel lassen sich so interpretieren, dass sie sich mit diesem Experiment *unterschiedlichen Hypothesen* annähern. Um diese Unterschiedlichkeit zu unterstreichen, werden in Abbildung 7.12 die Abduktionen der beiden Schüler rekonstruiert.

Gustav: **Abduktion**		Samuel: **Abduktion:**	
Resultat:	Sind das Kreisbögen an den Ecken des gleichseitigen Dreiecks?	Resultat:	Ergeben die Kreissektoren an den Ecken des gleichseitigen Dreiecks zusammengelegt einen Vollkreis?
Gesetz:	Wenn der konstante Abstand um die Figuren eingehalten wird, dann entstehen an den Ecken Kreise. (*Hypothese 4.1*)	Gesetz:	Wenn die Kreissektoren an den Ecken geschlossen aneinandergelegt werden können, dann entspricht der Mehrweg dem Umfang des Vollkreises. (*Hypothese 4.2*)
Fall:	Der konstante Abstand wird in der Zeichnung eingehalten.	Fall:	Die Kreissektoren an den Ecken des gleichseitigen Dreiecks können geschlossen aneinandergelegt werden.

Abbildung 7.12   Gegenüberstellung der abduktiven Hypothesen von Gustav und Samuel

Als *deduktive Vorhersage* aus Gustavs Abduktion (s. Abb. 7.12) ergibt sich Folgendes: Wenn der gleiche Abstand eingehalten wird, dann müssten an den Ecken Kreise entstehen. In Turn 72 scheint eine *positive Prüfung* anhand der Zeichnung stattzufinden: „ich würde sagen s<u>chon</u>". Diese positive Prüfung wird von Gustav *gedeutet*, indem erneut eine Definition zur Erklärung herangezogen wird (diesmal explizit): „weil das ist ja die Definition von Abständen. [...] dass wenn du en Abstand, der gleiche Abstand um en Punkt, endet immer in nem Kreis" (Turn 72, 74). Fachlich ist die hier benannte „Definition von Abständen" eher die Definition eines Kreises. Gustavs anfängliche Frage scheint mit einer nachträglichen Erklärung (einer Deutung) beantwortet zu sein.

Betrachtet man Samuels Abduktion genauer (s. Abb. 7.12), hat er die Idee des Vollkreises womöglich aus dem Vorschlag von Kreisen an den Ecken erschlossen (s. Abschnitt 7.1.1). Damit wird Samuels Vorgehen, von einem anfänglichen Theoriegehalt geleitet. Mit seinem hypothetischen Gesetz innerhalb der Abduktion könnte Folgendes *vorhergesagt* werden:

Wenn die drei Kreissektoren geschlossen aneinandergelegt werden, dann müsste die Fläche insgesamt einem Vollkreis entsprechen. (Vorhersage)

Mit dieser Vorhersage wird Samuels Hypothese empirisch überprüfbar. Während Gustav anscheinend für sich das von Samuel ausgeführte Experiment (die schraffierten Ecken als Kreise) gedeutet hat (Turn 72, 74), scheint Samuel noch nach einer *Deutung* zu suchen: „die Frage ist, weil man, das ist jetzt sehr grob. aber-, kann man <u>das</u> hier *(markiert die Winkelfelder wie im Bild)* immer zu nem Kreis legen" (Turn 71). Eine Deutung im naturwissenschaftlichen Sinne weist über die konkreten Daten hinaus – und genauso fragt Samuel nun, ob die Kreissektoren „immer" zu einem Kreis zusammengelegt werden können. Samuel scheint sich nun innerhalb einer *experimentellen Methode* zu befinden, da theoretische Elemente das Experiment leiten (die Kreisdefinition) und die empirischen Daten theoretisch erklärt werden sollen (Kann man das immer zum Kreis legen?).

75	S	1:24:41	das <u>könnte</u> sein dass, es unabhängig von der Form immer der gleiche…das könnte, also es könnte wirklich unabhängig von der Form sein. <u>obwohl</u>, bei nem Kreis ist es halt so ne Fläche. ne *(malt zuerst einen Kreisausschnitt des äußeren Kreises aus (1))'. …* obwohl jein du hast ja, das hier ja eigentlich. … *(markiert dann die Differenzfläche zwischen Außen- und Innenkreisbogen vom Kreis (2))* (1) (2)
76	G	1:25:04	ich würd sagen auf jeden Fall, du hast hier nur sechzig Grad oder *(zeigt mit seinem Stiftende über die obere Dreiecksecke von S)'*
77	S	1:25:09	genau. hier hast du halt immer nur sechzig sechzig sechzig *(tippt in die Markierungen des Dreiecks, unbestimmt).* und hier hast du neunzig neunzig neunzig- *(schreibt in die Ecken des Rechtecks „90"),* von dem Kreis.
78	G	1:25:16	das heißt das entspricht immer dem Innenwinkel. *(zeigt auf dem Blatt von G über das Dreieck)*

79	S	1:25:19	mhm .. richtig... schreib ich einmal dran. *(schreibt „entspricht dem Innenwinkel", 4 sec)* ehhh ich wüsste jetzt nur nicht wie ich das als Formel aufschreibe. *(6 sec)* schreib trotzdem mal auf, unabhängig von der Fläche- *(schreibt, 15 sec, das Geschriebene der Schüler wurde von der Autorin als Lesehilfe markiert)* aber, steht, entsteht immer ein Kreis mit der gleichen Fläche'
80	G	1:25:57	mh' wie meinst du das.
81	S	1:26:00	also. das hier ist ja das *(zeichnet den inneren Kreis aus)*... obwo, jei, jein hm', ich weiß nicht, es entsteht immer ein Kreis. das könnten wir sagen. aber es entsteht nicht mehr der Kreis, ist die Fläche *(zeigt auf die abgerundeten Ecken des Dreiecks)* die dabei entsteht gleich der' *(zeigt auf die abgerundeten Ecken des Rechtecks)* oder gleich dem Kreis *(zeigt auf seinen Kreis)*. hier entsteht ja ein Kreis, als die Zusatzfläche *(zeigt auf sein Dreieck)*, da auch *(zeigt auf sein Rechteck)*. aber ist die Fläche *(zeigt auf das Rechteck)* gleich der *(zeigt auf das Dreieck und guckt zu G)*.
82	G	1:26:26	bei gleichem a'
83	S	1:26:28	mhm. denke ja, oder'
84	G	1:26:31	wie kommst du darauf' dass es gleich sein könnte'
85	S	1:26:35	weil .. hier hättest du als Radius a *(schreibt a in die obere Ecke des Dreiecks)* und da auch. *(zeigt auf den oberen linken Außenwinkel des Rechtecks und notiert dort und anschließend an der Ecke rechts oben „a".)*
86	G	1:26:41	nja aber du hast ne geringere-, geringeren Kreisbogen.
87	S	1:26:46	nein. aber hier hast du ja vier mal neunzig *(zeigt auf die linke obere Ecke des Rechtecks)*.
88	G	1:26:49	ja.. und da hast du drei mal sechzig. *(zeigt auf die Skizze von S auf sein Dreieck, 4 sec)* ist kleiner.
89	S	1:26:57	is en Halbkreis, echt'

Dieser Transkriptausschnitt könnte wie folgt naturwissenschaftlich interpretiert werden: Alle vorher erhaltenen empirischen Befunde (Rechteck, Kreis und gleichseitiges Dreieck) werden erneut aufgegriffen. Es scheint ein allgemeineres Hinsehen zu sein, als in Hypothese 4.2 (s. Abb. 7.12). Samuel scheint eine *Hypothese* für alle (bisher regelmäßigen) Figuren ohne Einbuchtungen zu verfolgen und dabei ausschließlich auf den Parameter *a* als Radius des Kreises zu achten (Turn 85). Hervorzuheben ist, dass nun nicht mehr auf die Länge *L* geachtet wird. Zu vermuten ist, dass der Einfluss von *L* im Experiment zur Frage 2.1.1 (s. Abb. 7.11) erarbeitet wurde: An den Seiten einer Figur entsteht kein Mehrweg. Das Gesetz der Hypothese könnte nun wie folgt lauten:

Für alle regelmäßigen ebenen Figuren ohne Einbuchtungen und deren Rundgang im konstanten Abstand a gilt: Der Mehrweg entspricht dem Umfang des Vollkreises mit Radius a. (Turn 75, 79) (Hypothese 5).

Damit wird der *Beobachtungsfokus* auf die markierten Felder der Figuren gelegt (s. Abb. 7.13).

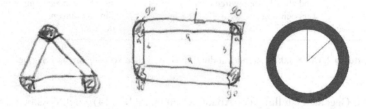

Abbildung 7.13 Zusammenführung der experimentellen Befunde als neue, zu erforschende Phänomene

Zudem wird deutlich, dass hier bereits die vorherigen herausgearbeiteten theoretischen Aspekte Einfluss nehmen, wie zum Beispiel in Turn 85 der Radius *a* (vom Kreis-Experiment). Die *Hypothese 5* scheint zunächst von beiden Schülern bekräftigt zu werden, indem sie sich in Turn 76 bis Turn 79 auf die Größe der Innenwinkel als theoretisches Element beziehen. An den Nachfragen von Gustav in Turn 80 und 84 bestärkt sich allerdings, dass Gustav und Samuel unterschiedlichen Fragen nachgegangen sind. Dadurch wird die anfänglich anscheinend bestärkte Hypothese 5 doch angezweifelt: „da hast du drei mal sechzig. [...] ist kleiner." (Turn 88). Von Gustav wird also eine *Alternativhypothese* eingebracht, die sich auf die Innenwinkelsumme bezieht. Um die Unterschiede in den Hypothesen zu verdeutlichen, werden beide Abduktionen in Abbildung 7.14 gegenübergestellt.

Gustav: **Abduktion**		Samuel: **Abduktion:**	
Resultat:	Wovon hängt die Größe des gesamten Mehrwegs bei allen betrachteten Figuren ab?	Resultat:	Ergeben die schraffierten Kreissektoren bei allen betrachteten Figuren einen Vollkreis?
Gesetz:	Für alle regelmäßigen ebenen Figuren ohne Einbuchtungen und deren Rundgang im konstanten Abstand *a* hängt der Mehrweg von der Innenwinkelsumme der Figur ab. (*Hypothese 5A*)	Gesetz:	Für alle regelmäßigen ebenen Figuren ohne Einbuchtungen und deren Rundgang im konstanten Abstand *a* gilt: Der Mehrweg entspricht dem Umfang des Vollkreises mit Radius *a*. (*Hypothese 5*)
Fall:	Das Rechteck, der Kreis und das gleichseitige Dreieck sind alles ebene Figuren ohne Einbuchtungen (s. Abb. 7.1-13).	Fall:	Das Rechteck, der Kreis und das gleichseitige Dreieck sind alles ebene Figuren ohne Einbuchtungen. (s. Abb. 7.1-13)

Abbildung 7.14 Konkurrierende, abduktive Hypothesen von Gustav und Samuel

Die Gegenüberstellung der Abduktionen (s. Abb. 7.14) zeigt, dass beide Schüler dieselben Fälle (Rechteck, Kreis und gleichseitiges Dreieck) betrachten, dass sie allerdings unterschiedlichen Fragen nachgehen und unterschiedliche Gesetze vermuten. Gustav betont einen rechnerischen Aspekt auf Grundlage der fehlerhaft angenommenen Winkelgrößen der schraffierten Sektoren, die eventuell aus der Annahme resultieren, dass die Innenwinkel den Winkel außen zwischen der Kreisradien entsprechen (also 60° pro Winkelfeld). Samuel fokussiert weniger den rechnerischen Aspekt, sondern vielmehr die insgesamt schraffierte Fläche und das Zusammenlegen dieser. Theoretischer Aspekt in Gustavs Abduktion ist das Wissen über Innenwinkel. Samuel bezieht sich womöglich auf die gleichen Radien, die dadurch den gleichen Kreis festlegen. Diese *konkurrierenden Hypothesen* unterscheiden sich von der letzten Gegenüberstellung (s. Abb. 7.12): Hier bestand vermutlich ein weitgehender Konsens über die betrachteten Kreise. Die Fälle, Fragen und Gesetze waren allerdings unterschiedlich.

Die Schüler könnten im Nachhinein entweder die jeweils eigene Hypothese *bekräftigen* (s. *enumerative Induktion*, Abschnitt 2.2.3) oder die jeweils andere versuchen zu *falsifizieren* (s. *eliminative Induktion*, Abschnitt 2.2.3). Aus den Hypothesen ergäben sich zwei unterschiedliche *vorhergesagte Resultate*:

Die Winkelfelder entsprechen der Innenwinkelsumme (bzw. einem Halbkreis, s. Abb. 7.14, *Vorhersage* aus *Hypothese 5 A*) oder einem Vollkreis mit Radius *a* (s. Abb. 7.14, *Vorhersage* aus *Hypothese 5*).

Was in diesem Abschnitt deutlich wird, ist die kritische Betrachtung der Hypothesen – eine *quasi-empirische Theorienutzung*. Zudem führen die Schüler aufgrund der theoretischen Erklärungsnot die Handlungen theoriegeleitet aus. Sie benötigen Theorie, um das empirisch Sichtbare zu stärken. Während der Anfang von Samuel stark explorativ (s. Abschnitt 7.1.1), offen und probeweise geschehen ist, ist er nun in einer *experimentellen Methode* verwickelt: Die Prozesse werden enger gefasst und es werden fortlaufend mehr Erklärungselemente ergänzt. Damit befinden sich die Schüler auf einem Weg zu einer Erklärungserweiterung bzw. Theorieerweiterung. Das Anzweifeln der bisherigen Erklärungen sorgt auch für ein Aufschieben der Frage nach der Flächengleichheit der Mehrwegs-Kreise (Turn 75, 81).

| 91 | S | 1:27:00 | ne. mh mh. du hast wahrscheinlich nich den Innenwinkel. sondern den Außenwinkel. guck doch mal an wie das hier aussieht. ist doch hundertzwanzig *(zeigt auf den Außenwinkel der oberen Ecke des Dreiecks)* Grad.. ich würd sagen is hundertzwanzig. das würd nämlich mehr Sinn ergeben *(schreibt „120")*. als wenn du unten nur en Halbkreis hättest. ich würd sagen das ist hundertzwanzig- |

„[G]uck doch mal an wie das hier aussieht" (Turn 91) zeigt eine (nicht beliebige) *Beobachtung* von Samuel an. Mit dieser Äußerung kann unterstrichen werden, dass nur das beobachtet wird, was in den Vorhersagen bereits angelegt ist: Hier sind es die drei (gleich großen) schraffierten Winkelfelder, die vermutlich größer aussehen als die Innenwinkel. Samuel scheint die Hypothese (5 A, s. Abb. 7.14) von Gustav falsifizieren zu wollen und damit gleichzeitig seine Hypothese (5) zu stärken. Dies wird daran deutlich, dass er vermehrt auf die konkrete Größe der Winkelfelder achtet (also dem theoretischen Element aus Gustavs Hypothese 5 A), um seine Hypothese zu bestärken. Bei seiner Beobachtung geht es nicht um eine vollständige Erfassung der Realität, sondern ausschließlich um einen Ausschnitt, um die theoretisch motivierte Frage zu beantworten. Das Hingucken ist eher mathematisch eingeengt als empirisch offen gestaltet, um entweder den Umfang eines Voll- oder Halbkreises als Mehrweg zu bestärken.

Samuel *prüft (enumerative Induktion)* in Turn 91 womöglich seine Hypothese 5, dass auch beim Dreieck ein Vollkreis als Mehrweg entsteht und *schwächt* die Hypothese 5 A, dass ein Halbkreis entsteht (*eliminative Induktion*). „[D]as würd nämlich mehr Sinn ergeben" (Turn 91) könnte darauf bezogen sein, dass Samuel bereits Vertrauen in die Vollkreisidee hat (vgl. sog. Beweisstütze, nach Pólya, 1954/1962, Abschnitt 2.1.2).

Er scheint dazu in Turn 91 eine neue Entdeckung zu machen, die als hypothetische *Deutung* für die Vollkreisidee spricht, nämlich die Fokussierung des „Außenwinkel[s]"[3]. Samuel wiederholt „das ist hundertzwanzig" (Turn 91). Zu betonen ist an dieser Stelle, dass die Außenwinkel nur in einem gleichseitigen Dreieck alle 120° betragen. Es wird hier also dieser Spezialfall betrachtet. Die Fokussierung des „Außenwinkel[s]" anstelle des Innenwinkels wird an empirischen Daten bestärkt und nicht öffentlich theoretisch reflektiert. Besonders hervorzuheben ist, dass Samuel anscheinend seine Hypothese mit den theoretischen Aspekten von Gustav anreichert, um damit eine Prüfung, konkret die Stärkung der eigenen Hypothese und die Schwächung der anderen, zu gewähren. Die Gegenüberstellung aus Abbildung 7.14 wird durch seine angepasste *Post-Erklärung* (in Turn 91) in Abbildung 7.15 ergänzt, um den Einfluss der *Alternativhypothese* in die Modifikation der *Hypothese 5* festzustellen.

---

[3] Fachlich ist ein Außenwinkel α' als Nebenwinkel eines Innenwinkels α definiert. Die Bedeutung des in der Interaktion verwendeten „Außenwinkel[s]" (Turn 91) ist an dieser Stelle noch nicht transparent. Das hier gesuchte Winkelfeld wird fachlich auch als „Polarwinkel" bezeichnet (Schreiber, 1988, S. 156).

Gustav:		Samuel:	
Abduktion:		**Abduktion:**	
Resultat:	Wovon hängt die Größe des gesamten Mehrwegs bei allen betrachteten Figuren ab?	Resultat:	Ergeben die schraffierten Kreissektoren bei allen betrachteten Figuren einen Vollkreis?
Gesetz:	Für alle regelmäßigen ebenen Figuren ohne Einbuchtungen und deren Rundgang im konstanten Abstand a hängt der Mehrweg von der Innenwinkelsumme der Figur ab. (*Hypothese 5A*)	Gesetz:	Für alle regelmäßigen ebenen Figuren ohne Einbuchtungen und deren Rundgang im konstanten Abstand a gilt: Der Mehrweg entspricht dem Umfang des Vollkreises mit Radius a. (*Hypothese 5*)
Fall:	Das Rechteck, der Kreis und das gleichseitige Dreieck sind alles ebene Figuren ohne Einbuchtungen. (s. Abb. 7.1-13)	Fall:	Das Rechteck, der Kreis und das gleichseitige Dreieck sind alles ebene Figuren ohne Einbuchtungen. (s. Abb. 7.1-13)

Angepasste Abduktion von SAMUEL an Gustavs Frage und theoretischen Aspekt:

Resultat: ⟋⟍ 'Das schraffierte Winkelfeld sieht aus wie 120°. (*Beobachtung*)

Gesetz: Für alle regelmäßigen ebenen Figuren ohne Einbuchtungen und deren Rundgang im konstanten Abstand a gilt: Der Mehrweg hängt von den „Außenwinkeln" der Figur ab. (*Deutung der Beobachtung*)

Fall: Das gleichseitige Dreieck ist eine Figur ohne Einbuchtungen.

Abbildung 7.15   Der Einfluss von Hypothese und Alternativhypothese auf die Deutung der Beobachtungsdaten

Zwischen Prä-Erklärung (Hypothese 5) und der Post-Erklärung (Deutung, s. Abb. 7.15) kann ein *indirekter Prüfprozess* bzw. hypothetisch-deduktiver Ansatz vermutet werden: Dass das Winkelfeld 120° beträgt, wird von Samuel in Turn 91 nicht gemessen, sondern vermutlich aus der Vollkreisidee deduktiv gefolgert. Sein Hinsehen hat sich folglich verändert, weshalb auch vermutet werden kann, dass sich seine Hypothese verändert hat (s. die Abhängigkeit zwischen Hypothese und Beobachtung, Abschnitt 3.2). Wenn man den Schülern eine mathematische Rationalität unterstellt, könnte der hypothetisch-deduktive Ansatz derart erfolgt sein:

A	*Es liegen ebene und regelmäßige Figuren ohne Einbuchtungen und Rundgang im konstanten Abstand a um diese Figuren vor*
⇓	daraus folgt hypothetisch
K	*der Mehrweg entspricht dem Umfang des Vollkreises mit Radius a.*

Nun könnte Samuel die Winkelgrößen aus Gustavs *Hypothese* in seine Hypothesengenerierung miteinbeziehen. Zur Vergleichbarkeit der *Hypothesen* kann die Vollkreisidee in eine äquivalente Aussage über Winkel überführt werden.

K	*Der Mehrweg entspricht dem Umfang des Vollkreises mit Radius a.*
⇕	ist äquivalent zu
K'	*der Mehrweg entspricht dem Kreisbogen mit Winkel* $\alpha = 360°\,(Kreisbogenlänge : \frac{\alpha}{360°}\,2\pi a)$.

Aus der Menge aller Figuren ohne Einbuchtungen betrachten die Schüler regelmäßige *n*-Ecke. Sie wissen bereits, dass der Mehrweg nur an den Ecken entsteht, sodass Samuel sich den vermuteten Kreisbogen mit 360° gleichmäßig an die Ecken verteilt vorstellen könnte.

K'	*Der Mehrweg entspricht dem Kreisbogen mit Winkel* $\alpha = 360°\,(Kreisbogenlänge : \frac{\alpha}{360°}\,2\pi a)$
⇓	daraus folgt
K''	*der Mehrweg entspricht der Summe aller Kreisbögen an den Ecken. Der Mehrwegsanteil an einer Ecke entspricht dem Kreisbogen mit Winkel* $\frac{\alpha}{n} = \frac{360°}{n}\,(n\;entspricht\;der\;Eckenanzahl\;der\;Figur)$

Die letzten beiden Deduktionen führen zu der Konsequenz, die durch Samuels Äußerung in Turn 91 veröffentlicht wird.

Aus dieser angenommenen mathematischen Rationalität könnte folgende, *'verschobene' Hypothese* geprüft werden:

A	*Es liegen ebene und regelmäßige Figuren ohne Einbuchtungen und Rundgang im konstanten Abstand a um diese Figuren vor*
⇓	daraus folgt hypothetisch
K″	*der Mehrweg entspricht der Summe aller Kreisbögen an den Ecken. Der Mehrwegsanteil an einer Ecke entspricht dem Kreisbogen mit Winkel* $\frac{\alpha}{n} = \frac{360°}{n}$ *(n entspricht der Eckenanzahl der Figur)*

Konkret würde die zu prüfende *Vorhersage* aus der ‚verschobenen' Hypothese lauten:

Bei einem regelmäßigen Dreieck ohne Einbuchtungen und Rundgang im konstanten Abstand a um diese Figur ist zu prüfen, ob die markierten Winkelfelder $\frac{360°}{3} =$ 120° entsprechen. (Vorhersage)

Gemäß dieser Interpretation könnte Folgendes herausgestellt werden: Aus anfänglicher Hypothese und deren theoretischen Aspekten (*Hypothese 5*) wird eine *deduktive* Konsequenz über die Anwendung weiterer Gesetze gezogen (Jedes schraffierte Winkelfeld des gezeichneten Dreiecks beträgt 120°). Diese Konsequenz wird dann in Turn 91 *geprüft* und als „Außenwinkel" der Figur *gedeutet* (die von Samuel veröffentlichte Erklärung, Turn 91).

Die Bedeutung der rekonstruierten Deduktionen im Rahmen der Hypothesengenerierung kann mittels der Theorie dieser Arbeit untermauert werden: Zum einen könnte der Vollkreis für alle *n*-Ecke für die Schüler (vor allem für Samuel) schwer überprüfbar gewesen sein. Dieses Vorgehen ist vergleichbar mit dem Beispiel, das Carrier (2000, s. Abschnitt 3.3.1) beschreibt: Erkenntnisse über Welleneigenschaften helfen, um die schwer überprüfbare elektromagnetische Welle beobachten zu können. Ähnliches findet sich auch bei den Schülern wieder: Die Überprüfbarkeit der Vollkreisidee erhält Samuel möglicherweise über die Größe der Winkelfelder. Zum anderen kann sein Vorgehen strukturell mit dem Gedankenexperiment von Galilei verglichen werden (s. Abschnitt 3.3.4). Galilei bezieht sich auf die Theorie Aristoteles' um Schwächen dieser aufzudecken. Auch Samuel bezieht die Theorieelemente von Gustav explizit in seine Überlegungen ein, um deren Schwachstellen aufzuzeigen. Diese, wenn auch zugespitzte, Interpretation hebt ein forschungsähnliches Handeln auf Seiten der Schüler hervor. Sie unterstreicht, dass eine Umformulierung in eine fachlich adäquate Hypothese zugunsten einer Prüfung nicht selbstverständlich ist.

96	G	1:27:28	stimmt. je <u>größer</u> dieser Winkel wird- *(zeigt erst auf die Zeichnung von S; setzt seine Hände wie in Bild 1 aneinander und bewegt seine obere Hand nach innen und außen)*, stimmt. je größer dieser Winkel wird, desto kleiner der-*(zeigt mit seiner rechten Hand wie in Bild 2 an die Handoberfläche der linken Hand)*
			1
			2

In Turn 96 schwächt auch Gustav die Idee eines Halbkreises und bestärkt die Idee eines Vollkreises. Neben der Bestärkung liefert er auch eine *Post-Erklärung* für die 120°. Gustav bringt einen neuen *Beobachtungsschwerpunkt* ins Gespräch (ebenfalls bezogen auf die Fragestellung). Er fokussiert Innen- und Außenwinkel, wohingegen Samuel anscheinend ausschließlich das schraffierte Winkelfeld beobachtet. Die Schüler vollziehen Koordinationen von empirischen Befunden (das sieht so aus, als seien es 120°, Turn 91) und theoretischen Elementen (Beziehung zwischen Innenwinkel und Außenwinkel, Turn 96) und damit „[...] ermöglicht die Theorie die Deutung des empirischen Befundes [...]" (Stork, 1979, S. 48). Sie verknüpfen Theorie und Empirie (s. Abschnitt 3.2).

100	G	1:28:00	kumma wie beweist man das *(zeichnet:* *und zeigt auf seine Skizze).* wir wissen dass der hier sechzig Grad ist. *(zeigt auf die untere Ecke und schreibt „60"* *).* ne' und wir wissen dass die beiden hier- *(zeigt:* *)* neunzig sind *(schreibt in das linke und rechte Winkel Feld jeweils „90").* ach ja
101	S	1:28:09	ja gut. dann ja hier hastes ja.
102	G	1:28:10	dann ist ja der- *(schreibt in den Polarwinkel „120"),* damits dreihundertsechzig ergibt

In Turn 100 sollen die Größen der schraffierten Winkelfelder bewiesen werden. Dafür betrachtet Gustav eine Ecke und notiert alle bekannten Größen. Zum ersten Mal werden $2 \cdot 90°$-Winkel explizit, allerdings nicht begründet. Zudem wird die Idee des Kreises um einen Eckpunkt deutlich, denn schließlich werden die $2 \cdot 90°$ und 60° zu 360° aufgefüllt (Turn 102). Auch Samuel stimmt diesem „Beweis" zu „ja gut. dann ja hier hastes ja." (Turn 101).

In dieser Interaktion zeigt sich keine Arbeitsweise in Reinform. Jeder Arbeits-
schritt scheint reflektiert ausgeführt zu werden und damit stark durch Denkweisen
koordiniert zu sein. Dieses Vorgehen kann mit dem *Operationsbegriff* nach Aebli
(1976) beschrieben werden (s. Abschnitt 2.1.1): Die *Deutung* geschieht nicht
ausschließlich nach dem Eingriff (als *Post-Erklärung*), sondern auch zum Teil
während des Eingriffs. Die Schüler nennen es hier zwar „Beweis", es könnte aber
genauso gut noch ein *Experiment* sein, dass herangezogen wird, um die 120° zu
bekräftigen: Durch das Ausführen der Operationen (die Einteilung eines Vollkreises in Kreissektoren an einer Ecke des *n*-Ecks), wird das vorhergesagte Resultat
(Außenwinkel 120°) *beobachtbar*.

Die Schüler gehen abschließend erneut auf die Frage der Flächengleichheit
der Mehrwegs-Kreise ein (vgl. Turn 75, 81), versuchen diese Fragestellung auch
zu formalisieren, stellen aber dann fest, dass dies nicht der Aufgabenstellung
entspricht.

7.1.5 Zusammenfassende Erkenntnisse aus Analyse I

In der Analyse zeigt sich, dass Zeichnungen vornehmlich nicht dazu dienen,
bereits abgesicherte Zusammenhänge zu demonstrieren, sondern einem Erkenntnisgewinn, weshalb sie den Status *Experiment* erhalten. Sie werden angefertigt,
um wissenschaftliche Fragen (mit möglichst passenden theoretischen Elementen)
zu beantworten. Durch diese Zeichnungen und auch ihren ‚Antworten' ergeben
sich neue erklärungswürdige Phänomene – neue Fragen, die an das bisherige
Denken und Arbeiten anschließen. Dieses Fragen und Antworten, Letzteres durch
Denken und Arbeiten, wird so lange fortgeführt, bis intersubjektiv der Prozess für
beendet erklärt wird. Es zeigen sich sowohl empirisch orientierte Hypothesen und
im Anschluss explorative Experimente als auch theoriegeleitete Hypothesen und
daran anschließend experimentelle Methoden sowie stabilisierende Experimente.
Das entwickelte Modell (s. Abb. 5.13) hat sich für die Analyse experimenteller Prozesse bestätigt (s. v. a. Abschnitt 7.1.1). Zwei Aspekte können aus dieser
Analyse durch die Anwendung naturwissenschaftlicher Denk- und Arbeitsweisen
(bezogen auf Abb. 5.13) besonders hervorgehoben werden: das Zusammenspiel von Entdecken und Begründen innerhalb experimenteller Prozesse und die
unterschiedlichen Theorienutzungen.

Entdecken und Begründen:
Aus diesem Bearbeitungsprozess lassen sich Parallelen zwischen experimentellen
Prozessen und Entdeckungs- und Begründungsprozessen ziehen. Die empirisch

oder theoretisch orientierten Entdeckungen zur Prä- oder Post-Erklärung innerhalb eines experimentellen Prozesses sollten über experimentell erzeugte Daten weiter theoretisiert werden. Dies gestaltet sich in einem experimentellen Prozess über Adaptionsprozesse von Theorie und Empirie:

1. Aus Prä-Erklärungen (eher Theorie) werden Vorhersagen über experimentelle Ausgänge geschlossen. Diese Ausgänge (eher Empirie) im Abgleich mit den Vorhersagen erzwingen möglicherweise eine Anpassung der Erklärungsgrundlage (eher Theorie).

2. Möglich wäre auch, dass die experimentell erzeugten Daten (eher Empirie) neue Phänomene eröffnen und damit Fragen anlässlich dieser Phänomene evozieren, die wiederum erklärt werden sollten (eher Theorie). Der initiale Anpassungsprozess hat sich dann an empirischen Daten zu bekräftigen und ggf. muss dieser optimiert werden, wie es in 1 beschrieben ist.

Anpassungsprozesse von Theorie und Empirie lassen sich bei den Bearbeitungen der beiden Schüler verfolgen. In den gesamten Ausführungen zeigt sich eine zunehmende Formalisierung im Abgleich mit den Zeichnungen. Es wird deutlich, dass der Weg von empirischen Daten (Rechteck, Kreis, gleichseitiges Dreieck) zu einer vollständigen theoretischen Einbettung (Abstände, Innen- und Außenwinkel), eine Herausforderung sein kann. Es kann nur dann ausschließlich in der Theorie gearbeitet werden (also bewiesen werden), wenn die Theorie vorhanden ist. Dass Theorie und Empirie nicht getrennt, sondern aufeinander bezogen sein sollten (s. Abb. 7.5, 7.10, 7.11) und dass die empirischen Daten die Erklärungen nicht einfach mit sich führen (s. Abschnitt 7.1.1 Turn 9, s. auch Abschnitt 3.2), wird in dieser Analyse exemplarisch herausgestellt.

Die Szene von Turn 1 bis Turn 102 unterstreicht, wie ein experimentelles Arbeiten (Fragen stellen, Hypothesen generieren, Vorhersagen treffen, experimentieren, prüfen und deuten) – also ein Aufbauprozess einer Theorie durch Anpassungsprozesse an der Empirie – eine Beweisfindung begünstigen kann. Dieses Potenzial wird im Folgenden ausgeführt:

Zuerst betrachten wir dafür den letzten Abschnitt 7.1.4. Der abschließende „Beweis" der Schüler kann für einen Teil eines *inhaltlich-anschaulichen Beweises* hilfreich sein (s. Abschnitt 2.1). Er ist zwar mit den konkreten Zahlen und an einem speziellen Dreieck geführt worden, doch er weist über diese Konkretheit hinaus. Die betrachtete Ecke kann an jede Ecke eines beliebigen ebenen konvexen n-Ecks gelegt werden, da die Einteilung des Vollkreises in Kreissektoren abhängig vom jeweiligen Innenwinkel ist (vergleichbar mit den Händen aus Turn 96). Der Beobachtungsfokus auf die Winkelfelder ergibt sich anscheinend vor allem durch konträre Hypothesen und dem produktiven Umgang mit diesen durch eine ‚verschobene' Hypothese auf Seiten Samuels.

Das gesamte Vorgehen der Schüler kann zu einem formalen Beweis für konvexe n-Ecke (die betrachteten Fälle der Schüler) fortgeführt werden (vgl. Blum & Kirsch, 1989, Abschnitt 2.1.2). Zur Verdeutlichung der inhärenten Beweisideen innerhalb der Schülerbearbeitung wird die oben vorgestellte Lösung (s. Abb. 7.1 und 7.2) in Abbildung 7.16 auf ihre Begründungselemente komprimiert und anschließend mit dem Vorgehen der Schüler verglichen.

Zeige: Für alle konvexe ebene n-Ecke K_n und Rundgänge $R(K_n)$ entspricht die Differenz von Umfang K_n und Umfang $R(K_n)$ (sog. Mehrweg), dem Umfang eines Kreises mit Radius a.

Beweis: Ausgangspunkt des Beweises ist die Konstruktion der Ausgangsfigur und des Rundgangs (s. Abb. 7.1-1). Bezeichne ein konvexes ebenes n-Eck mit K, die Eckpunkte mit $(E_1, ..., E_n)$ und die Seiten mit $(k_1, ..., k_n)$.

Betrachte die Wegabschnitte des Rundgangs ohne Mehrweg (s. Abb. 7.1-1): Sei k_1 parallel zur Geraden $r_1, ..., k_n$ parallel zur Geraden r_n, wobei der Abstand zwischen den entsprechenden k_i und r_i konstant a außerhalb von K ist. Fälle das Lot von den Eckpunkten $(E_1, ..., E_n)$ auf die entsprechenden Parallelen (entspricht der Konstruktion des ausgezeichneten Radius an jeder Ecke). Dann liegen jeweils zwei Lotfußpunkte auf einer Parallelen. Da die dazugehörigen Lote (bzw. Radien) ebenfalls parallel zueinander sind, entspricht die Strecke zwischen diesen Lotfußpunkten der Länge der entsprechenden Ausgangsseite *(kein Mehrweg)*.

Nun betrachte die Eckpunkte des ebenen n-Ecks (s. Abb. 7.1-2): OBdA betrachte E_2. Seien L_1 und L_2 die entsprechenden Lotfußpunkte der konstruierten Lote von E_2 auf r_1 und r_2. Um E_2 existiert in der Konstruktion ein Kreis mit Radius a (bzw. durch L_1 und L_2). Analog existiert ein Kreis mit Radius a um jede der Ecken $(E_1, ..., E_n)$. Von diesen Kreisen an den Ecken werden jeweils zwei 90°-Winkel abgezogen (aufgrund der Parallelität der entsprechenden Lote, s. 1) sowie die Innenwinkelsumme des n-Ecks. Dann ergibt sich der Mehrweg durch Zusammenlegen der Kreissektoren:

$$\underbrace{360° \cdot n}_{\text{Kreise an Ecken}} - \underbrace{n \cdot (2 \cdot 90°)}_{\text{2 rechte Winkel pro Ecke}} - \underbrace{(n-2) \cdot 180°}_{\text{Innenwinkelsumme im n-Eck}} = 360°$$

Bei ebenen, konvexen n-Ecken entspricht der Mehrweg dem Umfang eines Kreises (360°) mit Radius a.

Abbildung 7.16 Weiterführender Beweis im Lösungsprozess von Gustav und Samuel

Die Darstellung des Beweises (s. Abb. 7.16) zeigt keinerlei experimentelles Arbeiten mehr, sie besteht allein aus Deduktionsketten, d. h. ein Arbeiten ausschließlich auf Theorieebene. Zu betonen ist, dass hier eine quasi-euklidische Theorienutzung vorliegt: Gesetze werden für gültig angenommen und verwendet, wie z. B. die Innenwinkelsumme im n-Eck. Deutlich wird, dass Elemente des Beweises bereits in vorherigen Überlegungen der Schüler latent angelegt sind:

1. Die Strecken, die in der Länge L erhalten bleiben: *Bei paralleler Verschiebung einer Strecke um die Länge a, bleibt die Streckenlänge erhalten.* (Hypothese 3)
2. Die Idee eines Kreises um eine Ecke (Abstände): *Wenn der konstante Abstand um die Figuren eingehalten wird, dann entstehen an den Ecken Kreise.* (Hypothese 4.1).
3. Ein Kreis kann aus Kreissektoren zusammengelegt werden: *Wenn die Kreissektoren an den Ecken geschlossen aneinandergelegt werden können, dann entspricht der Mehrweg dem Umfang des Vollkreises.* (Hypothese 4.2)
4. Die Betrachtung des Radius a : Für alle regelmäßigen ebenen Figuren ohne Einbuchtungen und deren Rundgang im konstanten Abstand a gilt: *Der Mehrweg entspricht dem Umfang des Vollkreises mit Radius a.* (Hypothese 5)

Die kursiv markierten Gesetze sind vergleichbar mit denen aus dem geführten Beweis (s. Abb. 7.16). Die Beweiselemente der Schüler ergeben sich zum Teil aus Erklärungen der Beobachtungen (z. B. *Hypothese 3*). Dadurch haben die Schüler neue Hypothesen bzw. Entdeckungen für Folgeexperimente aufstellen können, die wiederum neue Begründungselemente geliefert haben (z. B. *Hypothese 4.2*). Damit sind die theoriegeleiteten Entdeckungen der Schüler innerhalb der experimentellen Methode *latente Beweisideen* (s. Entdeckung und Prüfung mit latenten Beweisideen von Meyer & Voigt, 2008; Abschnitt 2.2.4). Mit dem Aufdecken der Phänomene (z. B. der Kreissektoren an den Ecken) werden mathematische Beziehungen aufgedeckt (Der Radius des Kreises entspricht dem konstanten Abstand a), die eine mögliche Begründung bzw. einen Begründungsansatz erkennen lassen. Was für eine vollständige Begründung der Schüler fehlt, ist u. a. der Grund für die $2 \cdot 90°$ (vgl. Abb. 7.16), die Verteilung der Winkelfelder bei nicht regelmäßigen n-Ecken sowie die letztendliche Ordnung der Elemente. Die Ordnung ist allerdings in den Antworten der einzelnen Fragen bereits angelegt.

Frage 1: Wie kann ein Rundgang unter den geforderten Bedingungen aus der Aufgabe realisiert werden?

Empirisch:

Der Rundgang an den Ecken der Ausgangsfigur ist kreisförmig.

Theoretisch: Kreisdefinition: Menge aller Punkte, die zu einem gegebenen Mittelpunkt den gleichen Abstand haben. *(z. T. implizit)*

Frage 2: Wie lässt sich der Rundgang mathematisch beschreiben?

Frage 2.1: Wie lässt sich der Rundgang eines Rechtecks mathematisch beschreiben?		Frage 2.2: Wie lässt sich der Rundgang eines Kreises mathematisch beschreiben?
Frage 2.1.2: Wie kann der Mehrweg an den Ecken beschrieben werden?	**Frage 2.1.1: Wie kann der Mehrweg an den Seiten beschrieben werden?** Empirisch: **Theoretisch:** Bei einer Versetzung einer Strecke um die Länge a bleibt die Streckenlänge erhalten. *(explizit)*	**Empirisch:** $R_L + a = R_M$ **Theoretisch:** Der Umfang eines Kreises ist festgelegt durch den Radius. *(implizit)*

Frage 2.1.3: Ergeben die Kreissektoren an den Ecken des Rechtecks zusammengelegt einen Vollkreis?

Frage 3: Ergeben die schraffierten Kreissektoren bei allen betrachteten Figuren einen Vollkreis?

Empirisch:

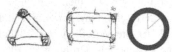

Theoretisch: Je größer der Innenwinkel, desto kleiner der Außenwinkel. $360° - 2 \cdot 90° -$ *Innenwinkel = Winkelfeld einer Ecke*. Alle Winkelfelder zusammen ergeben $360°$. Der Radius der schraffierten Winkelfelder ist immer a. Damit entspricht der Mehrweg einem Vollkreis mit Radius a. *(explizit)*

Abbildung 7.17 Zusammenfassung der empirischen und theoretischen Elemente des abgeschlossenen Lösungsprozesses von Gustav und Samuel

Alle dokumentierten experimentellen Arbeiten in der Abbildung 7.17 lassen sich zu dem Thema „Kreis" einordnen. Hier werden auf unterschiedliche Theorieelemente zu Kreisen zurückgegriffen: Kreisdefinition, Umfang und Radius und der Kreisbogen mit dem Winkel $\alpha = 360°$. Dies spricht dafür, dass diese Ideen das Theoriegerüst der Schüler abstecken, in das die empirische Problembearbeitung eingeordnet wird.

Die verschiedenen Nutzungen theoretischer Elemente:
Wie auch Hanna und Jahnke (2002a, S. 2, Abschnitt 4.3.2) herausstellen, sind Beweis und Theorie nicht trennbar. In der Fachmathematik werden Sätze herangezogen, um die hypothetische Aussage zu beweisen und diese Sätze, die herangezogen werden, sind wiederum bewiesene Aussagen, etc. Vergleichbar damit und bezogen auf die Bearbeitung von Samuel und Gustav lassen sich beim Experimentieren unterschiedliche *quasi-empirische Nutzungen von Theorien* herausstellen: Es gibt *Theorieelemente*, die *zur Erklärung* der konkreten Situation (Rechteck, Kreis, gleichseitigen Dreieck) genutzt werden:

- In Abschnitt 7.1.1 wird die Kreisdefinition verwendet, um den Rundgang des Rechtecks zu erarbeiten.
- In Abschnitt 7.1.2 wird der Zusammenhang zwischen Radius und Umfang berücksichtigt, um den Mehrweg der Kreisfiguren auszeichnen zu können und
- in Abschnitt 7.1.4 wird die Beziehung zwischen Innen- und Außenwinkel genutzt, um die Größe des markierten Winkelfeldes festmachen zu können.

Das Heranziehen der theoretischen Elemente geschieht sowohl in der Hypothese als auch in der Deutung. Bewähren sich die erklärenden Elemente und sind diese sogar richtungsweisend für weitere Prozesse, so kann das Theorieelement als *orientierendes Theorieelement* gedeutet werden. Auf die fachmathematische Produktperspektive bezogen: Bewiesene Sätze dürfen für Beweise verwendet werden. Für die Naturwissenschaften gilt Ähnliches: Die sich bewährten und erklärten Tatbestände orientieren das weitere Vorgehen und werden für weitere Prognosen verwendet. Obwohl sich Samuel und Gustav zwischen verschiedenen Experimenten bewegen, können orientierende Theorieelemente an dem Transkript deutlich werden: Der gesamte Prozess der Schüler wird von der Kreisidee durchzogen. Die anfängliche Definition von Kreisen *orientiert* also das weitere Vorgehen. Dies wird daran deutlich, dass die Schüler den Kreis anschließend sowohl als Grundfigur betrachten als auch zusammengelegte Kreissektoren an den Ecken denken. Zu unterscheiden ist damit eine *orientierende Nutzung von Theorieelementen* für das generelle weitere Vorgehen von einer *erklärenden Nutzung von Theorieelementen*, die sich auf die konkreten Phänomene und Beobachtungen beziehen.

Dabei besteht keine Hierarchie zwischen der Nutzung von orientierenden und erklärenden Theorieelementen. Gleiche theoretische Elemente können zum einen die konkrete Situation erklären, zum anderen den weiteren Prozess orientieren. Die gewonnenen Erkenntnisse aus dem Bearbeitungsweg der Schüler werden in den weiteren Transkripten erhärtet und werden in der Zusammenstellung der Ergebnisse (s. Kapitel 8) weitergehend theoretisch beleuchtet.

7.2   Analyse II: Zusammenspiel von experimentellen Prozessarten

Silvia und Janna (anonymisierte Namen), zwei Lehramtsstudentinnen, bearbeiten ebenfalls die Rundgangsaufgabe (s. Abb. 6.4). In diesem Interviewslot haben zwei Studentinnengruppen teilgenommen. Die Interviewerin ist deshalb im Raum für Fragen ansprechbar gewesen, sie hat allerdings nicht aktiv am Gespräch teilgenommen.

Im Gegensatz zu Gustav und Samuel schließen Silvia und Janna zuerst ihre Überlegungen am Rechteck ab, dann am Kreis und zuletzt am Dreieck. Auch sie zeigen ihre Freude zum Schluss ihres Lösungsprozesses, eine Begründung für ihren Zusammenhang gefunden zu haben. Insgesamt finden sich in der Bearbeitung ähnliche Elemente wie bei Analyse I, sodass sich ein Vergleich mit jener anbietet. Des Weiteren ist die Bearbeitung als Analysebeispiel geeignet, da sich explorative Experimente und experimentelle Methoden bis hin zu stabilisierenden Experimenten (bzw. Demonstrationen) rekonstruieren lassen. Aus Analyse I haben sich verschiedene *Nutzungen von Theorieelementen* ergeben. Diese sollen an folgendem Transkript überprüft und ausgeschärft werden. Dafür werden vor allem Abduktionen rekonstruiert, um Näheres über den Theoriegehalt des Prozesses aussagen zu können. Zudem eignet sich das folgende Analysebeispiel, um die Veränderungen der Experimente und damit einhergehend die der Bedeutungszuschreibung der Untersuchungsgegenstände zu verfolgen. Zur Zusammenfassung werden auch hier sich ergebende und in Beziehung stehende theoretische und empirische Aspekte, bezogen auf die entsprechende Forschungsfrage der Studentinnen, abschnittsweise dargestellt. Es soll hervorgehoben werden, welchen Anspruch die nachfolgende Analyse hinsichtlich der interpretativen Unterrichtsforschung verfolgt: Die folgende Analyse zielt nicht darauf, das Denken und Arbeiten von Silvia und Janna nachzuzeichnen, sondern es werden naturwissenschaftliche Lesarten des Transkripts vorgestellt, um daraus Erkenntnisse über das Mathematiklernen zu erlangen. Anders gesagt: Es sollen Erkenntnisse offenbart werden, die sich ohne diese Begrifflichkeiten nicht hätten ergeben können.

7.2.1 Eine experimentelle Reihe mit unterschiedlichen Prozessarten

In anschließendem Abschnitt werden alle Arten von experimentellen Prozessen ausgeführt: von einem explorativen Experiment über eine experimentelle Methode, zu einem stabilisierenden Experiment. Die Prüfprozesse gestalten sich in diesem Abschnitt vordergründig direkt.

Ähnlich wie Gustav und Samuel veranschaulichen sich Silvia und Janna die Situation zuerst an einem Rechteck.[4]

14	S	01:24	wenn das jetzt unsere Fläche ist, ja' *(zeichnet ein Rechteck aus der Hand)*
15	J	01:25	ja.
16	S	01:26	alles zusammen, rum ist <u>L</u>. *(führt den Stift einmal um das Rechteck)*
17	J	01:28	genau.
18	S	01:29	und wenn das jetzt unser Abstand <u>**a**</u> ist *(markiert den Abstand a)*,[29] dann brauchen wir ja <u>hier</u> immer **a** *(zeichnet die Parallele zur oberen Rechteckseite aus der Hand)*. <u>hier</u> immer **a** *(zeichnet die Parallele zur unteren Rechteckseite)*. <u>hier</u> immer **a** *(zur linken Rechteckseite)*. <u>hier</u> immer **a** *(zur rechten Rechteckseite)* aber dann hier auch **a** ne' *(geht mit dem Stift quer von der linken oberen Ecke weg)*, aber dann hätte man ja'
19	J	01:44	<u>mmmmh</u>. ich denk das geht von den Seiten quasi *(zeigt mit dem Zeigefinger auf die linke eingezeichnete Parallele)*. doch das ist ja die Diagonal- also
20	S	01:49	weil hier wär der Abstand ja größer. *(geht mit dem Stift quer von der linken oberen und linken unteren Ecke weg)*

---

[4] Die originalen Skizzen wurden von der Forscherin auf den Stand der Äußerung angepasst, damit nachvollziehbar ist, wie viel die Lernenden zum Zeitpunkt der Äußerung vorliegen hatten. Die vollständigen Skizzen (Kopien der Originale) finden sich im Anhang. Ebenfalls wurden schwer sichtbare Linien oder schwer lesbare Texte der Lernenden von der Forscherin zur Lesbarkeit nachgezeichnet und einzelne Erarbeitungsschritte kenntlich gemacht.

Für die Studentinnen eröffnet sich während der ersten Zeichnung anscheinend eine *Frage anlässlich eines erklärungswürdigen Phänomens*: Sind die Bedingungen der Aufgabe erfüllt (vgl. Turn 18)? Eine Interpretation ist, dass Janna in Turn 19 einen Prüfprozess an der Zeichnung beginnt. Folgende *Hypothese*, die noch an der Aufgabenstellung und nicht an zusätzlichen Theorien orientiert ist, könnte diesen Prüfprozess leiten:

Wenn ein Rundgang in gleicher Form wie die Ausgangsfigur außerhalb dieser skizziert wird, dann sind die Bedingungen aus der Aufgabenstellung erfüllt. (Hypothese 1)

Vor der Zeichnung und der Prüfung werden keine mathematischen Sätze oder Definitionen herangezogen. Es werden ausschließlich Elemente aus der Aufgabenstellung (eine Fläche, L, a) verwendet, weshalb Hypothese 1 bezogen auf das Modell (s. Abb. 5.13) als *empirisch orientierte Hypothese* klassifiziert werden kann.

Die erste Zeichnung eines Rechtecks und des Rundgangs dient in Turn 19 vermutlich als Prüfinstanz und kann daher, wie bei Gustav und Samuel, als *exploratives Experiment* verstanden werden, auch wenn die Fragestellung erst nach der bereits vollzogenen Zeichnung veröffentlich wird. Der Eingriff scheint allerdings ein planvoller und zielgerichteter zu sein: Der Erarbeitungsprozess beginnt mit der Erkundung von Bedingungen, unter denen die Situation reproduzierbar ist. Die Interaktion erscheint so, als wäre die experimentelle Situation noch nicht passend zur näheren Erarbeitung der initialen Fragestellung zum Mehrweg (Turn 19–20). Die *Prüfung* ist offenbar noch nicht bestärkend ausgefallen.

In der *Deutung* des explorativen Experiments können bereits theoretische Elemente identifiziert werden, nämlich, dass die Diagonale länger ist, als die zwischen Ausgangsfigur und Rundgang eingezeichneten Abstände der Länge a(Turn 19–20). Die Studentinnen sagen es zwar nicht explizit und ihnen muss es auch nicht in dieser Form bewusst sein, aber angelegt ist hier Folgendes: Die Diagonale eines Quadrats ist länger als eine Seite des Quadrats mit Seitenlänge a. Auf die Situation bezogen wäre ein Quadrat in der Ecke zwischen Rundgang und Ausgangsfigur denkbar. In diesem Quadrat kann die Diagonale von dem Eckpunkt der Ausgangsfigur gekennzeichnet werden (s. Abb. 7.18).

Abbildung 7.18 Deutung des explorativen Experiments – Vergleich der Länge der Diagonalen mit dem Abstand a

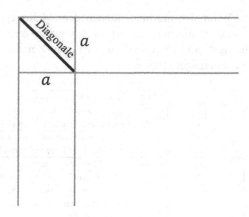

Da von dem Fachwort „Diagonal" (Turn 19) die Rede ist, spricht dies für eine Setzung aus der Theorie. Zudem ist aus diesem Bild (s. Abb. 7.18) nicht für jede Person selbstverständlich, dass eine Diagonale im Quadrat länger ist, als die Seiten.

Silvia und Janna haben bisher angemerkt, dass ihr Experiment noch nicht alle Bedingungen aus der Aufgabenstellung erfüllt. Vor allem scheint noch fraglich, was an den Ecken der Figur passiert. Bisher wurde *der erste experimentelle Prozess* rekonstruiert und als *exploratives Experiment* (vgl. Modell Abb. 5.13) kategorisiert. Dabei sind die Elemente aus Abbildung 7.19 erarbeitet worden.

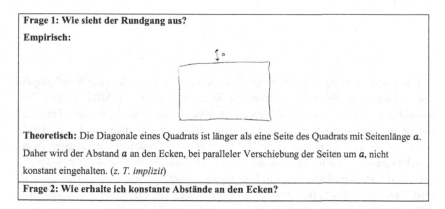

Frage 1: Wie sieht der Rundgang aus?

Empirisch:

Theoretisch: Die Diagonale eines Quadrats ist länger als eine Seite des Quadrats mit Seitenlänge a. Daher wird der Abstand a an den Ecken, bei paralleler Verschiebung der Seiten um a, nicht konstant eingehalten. (z. T. *implizit*)

Frage 2: Wie erhalte ich konstante Abstände an den Ecken?

Abbildung 7.19 Zusammenfassung der empirischen und theoretischen Elemente aus dem explorativen Experiment

Wenn sich die Studentinnen dem Mehrwegproblem weiterhin experimentell annähern sollten, dann ist zu vermuten, dass sie der Frage 2 (s. Abb. 7.19) nachgehen und ihre Erklärung an einer Zeichnung (oder an anderen empirischen Realisierungen) prüfen.

23	J	02:02	wenns en Kreis ist es halt einfacher.
24	S	02:05	achso. das eh stimmt. *(lacht)*
25	J	02:07	weil dann, kann man ja im gleichen Abstand.
26	S	02:09	aber man kann es auch trotzdem auch hier machen *(dreht am Zirkel)*. wenn man die Ecken rund macht müsste es ja trotzdem passen.
27	J	02:14	mh. *(I kommt kurz dazu)*
28	S	02:15	ich bin nicht in der Lage deinen Zirkel zu benutzen *(I greift kurz in den Experimentierkasten und geht zum nächsten Gruppentisch)*. also-so würden dann die Ecken aussehen. *(rundet die entstandenen Ecken der Parallelen ab)*
29	J	02:24	ja.
30	S	02:26	ist ja nur ne Skizze .. genau. dann haben wir hier auch *a (schreibt „a" mit einem Doppelpfeil von der Ecke des Rechtecks ausgehend zur Abrundung)*

Janna vermerkt, dass das Problem (Was passiert an den Ecken der Rundgangs-figur?) leichter zu lösen sei, „wenns en Kreis ist" (Turn 23). Silvia nimmt die Kreisidee zur Lösung des Problems an den Ecken des Rechtecks auf. Turn 26 spricht für eine *deduktive Vorhersage* von Silvia: „wenn man die Ecken rund macht müsste es ja trotzdem passen." Möglicherweise bedeutet das „müsste es ja trotzdem passen" (Turn 26), dass die Zeichnung dann die Bedingung der Aufgabe erfüllen müsste (ein Rundgang mit konstantem Abstand *a* um die Figur). Deutlich wird, dass der Aufbau eines passenden Experiments zur Erklärung der Aufgaben-stellung nicht selbstverständlich ist – dass sich Theorie und Empirie gegenseitig bedingen. Die Kreisidee als theoretisches Element wird in die *neue Hypothese* integriert. Um diesen Theoriegehalt zu verdeutlichen, wird die mögliche Abduktion rekonstruiert (s. Abb. 7.20). Orientiert wird sich bei der Rekonstruktion an der öffentlichen Kreisidee (Turn 23) sowie der öffentlichen Vorhersage (Turn 26).

Resultat:	Wie erhalte ich konstante Abstände an den Ecken?
Gesetz:	Wenn die Ecken des Rundgangs abgerundet werden (Definition Kreis), dann ergeben sich konstante Abstände a um die Eckpunkte der Grundfigur. (*Hypothese 2*)
Fall:	Je ein Kreis mit Radius a wird um die vier Ecken gezeichnet (da Kreise gleiche Abstände liefern).

Abbildung 7.20 Abduktive Hypothese anlässlich der Frage „Wie erhalte ich konstante Abstände an den Ecken?"

Betrachtet man die Abduktion (s. Abb. 7.20), so kann hier das *erklärende Theorieelement* identifiziert werden. Die Idee von Kreisen wird in die Erklärung der Fragestellung (s. Fall der Abduktion aus Abb. 7.20) einbezogen, da Kreise gleiche Abstände liefern (Turn 25). Die bekannte und im Transkript explizite Kreisidee wird in diese, für die Studentinnen, neue Situation gesetzt, weshalb von einer *kreativen Abduktion* auszugehen ist (s. Abschnitt 2.2.1).

Die Hypothese 2 wird mit dem obigen Experiment, dem Abrunden der Ecken, bestärkt („genau. dann haben wir hier auch a." (Turn 30)), sodass der *zweite experimentelle Prozess*, ein *theoriegeleiteter Prozess*, beendet ist. Das erklärende Theorieelement innerhalb der nun bestärkten Hypothese könnte im weiteren Verlauf auch als orientierendes Theorieelement von den Studentinnen genutzt werden, sofern die Kreisidee weiter in den Prozess integriert wird. In diesem kurzen Transkriptausschnitt kann eine Prüfung im Sinne des *Bootstrap-Modells* (s. Abschnitt 2.2.3) vermutet werden: Hypothese 2 wird *direkt*, durch das Abrunden der Ecken, überprüft. In Abbildung 7.21 werden die bisherigen Prozesse zusammengefasst.

Frage 1: Wie sieht der Rundgang aus?

Empirisch:

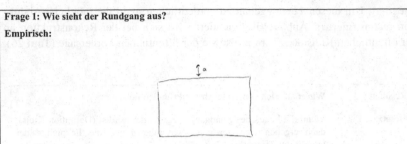

Theoretisch: Die Diagonale eines Quadrats ist länger als eine Seite des Quadrats mit Seitenlänge a. Daher wird der Abstand a an den Ecken, bei paralleler Verschiebung der Seiten um a, nicht konstant eingehalten. (z. T. *implizit*)

Frage 2: Wie erhalte ich konstante Abstände an den Ecken?

Empirisch:

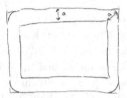

Theoretisch: Bei einem Kreis haben alle Punkte auf der Kreislinie denselben Abstand zum Mittelpunkt. Kreisbögen mit Radius a um die Eckpunkte der Figur ergeben die vollständige Rundgangsfigur. (*explizit*)

Abbildung 7.21 Zusammenfassung der empirischen und theoretischen Elemente bis zur Zeichnung der Rechteckskonfiguration

Das Herangehen der Studentinnen ähnelt auch in diesem Schritt dem Herangehen der Schüler Gustav und Samuel. Als theoretisches Element wird bei beiden Paaren die Definition eines Kreises herangezogen. Silvia und Janna betrachten direkt die Kreise um die Eckpunkte, wohingegen zumindest Samuel zu Beginn von einer elliptischen Rundgangsfigur ausgegangen ist (s. Abschnitt 7.1.1).

31	J	02:31	und der M̲e̲h̲rweg wäre dann ja. ich nehme mal einen farbigen S̲t̲i̲f̲t̲. *(nimmt sich einen pinken Stift und schiebt das Arbeitsblatt von S zu sich)*
32	S	02:35	mhm
33	J	02:36	also könnte man bei dem Eckigen halt gut ge-, halt okay .. also von h̲i̲e̲r̲ bis h̲i̲e̲r̲ wär das ja quasi der gleiche Weg *(zeichnet die Markierungen ein, erst auf der unteren Parallele zur unteren Seite Ergänzung: die Markierungen in dieser Zeichnung wurden der Übersicht halber von der Forscherin nachgezeichnet).*

JANNA zeichnet die Markierungen zu den anderen Parallelen ein und SILVIA stimmt diesen Markierungen mit „genau" und „ja" zu.

41	S	02:54	das heißt der Mehrweg entsteht- h̲i̲e̲r̲. *(markiert den Pfeil in der linken unteren Ecke)*
42	J	02:58	ja̲- genau.. und das ist- ..
43	S	03:03	wovon hängt dieser Mehrweg a̲b̲ ist die Frage', hängt er'

Naturwissenschaftlich kann in diesem Ausschnitt ein durch *ein Experiment bedingter Erkenntnisprozess* konstatiert werden, da durch das Arbeiten an der empirischen Zeichnung (der Markierungen in der Zeichnung) *beobachtet* werden kann, wo mehr Weg entsteht. Dieser Erkenntnisprozess der Studierenden wird im Folgenden rekonstruiert.

Eine mögliche zugrunde liegende Abduktion wird in Abbildung 7.22 dargestellt.

Resultat:	Wie kann der Mehrweg identifiziert werden?
Gesetz:	Wenn in der Länge übereinstimmende Wegstrecken von Rundgang und Ausgangsfigur abgetragen werden, dann ergibt sich die Differenz der Umfänge (der Mehrweg). (*Hypothese 3*)
Fall:	Es werden gleiche Längen der Umfänge von Grundfigur (dem Rechteck) und Rundgang abgetragen.

Abbildung 7.22 Abduktive Hypothese anlässlich der Frage „Wie kann der Mehrweg identifiziert werden?"

In das Gesetz der Abduktion geht vermutlich eine Differenzvorstellung ein: Sobald alle Strecken der Ausgangsfigur in den Rundgang übertragen werden können, ist der nichtmarkierte Weg der Mehrweg. Diese Differenzvorstellung kann als ein weiteres (noch implizites) *erklärendes Theorieelement* bezeichnet werden. Weil davon auszugehen ist, dass die Studentinnen Differenzen von Längen im Rahmen von Umfängen bereits kennen, ist womöglich nicht das Gesetz an sich hypothetisch (s. Abb. 7.22), sondern die Passung zum erklärungswürdigen Phänomen bzw. der Fragestellung (*Passungshypothese*, s. Abschnitt 2.2.1).

Die Hypothese 3 wird anschließend empirisch überprüft, weshalb eine *deduktive Vorhersage* zuvor zu vermuten ist. Die wesentlichen Komponenten der deduktiven Vorhersage für das anschließende Experiment (planvoll und zielgerichtet) werden nachfolgend demonstriert:

Wenn in der Länge übereinstimmende Wegstrecken von Rundgang und Rechteck abgetragen werden, dann sollte sich die Differenz der Umfänge (der Mehrweg) von Rechteck und Rundgang ergeben. (Vorhersage)

Die gleichen Wegstrecken werden von den Studentinnen eingezeichnet (Turn 33, Umsetzung des *Plans*) und der Mehrweg wird beobachtet: die abgerundeten Ecken (markiert durch den Doppelpfeil, Turn 41). Beide Studentinnen scheinen eine *positive Prüfung* (*enumerative Induktion*) innerhalb eines *direkten Prüfprozesses* zu vollziehen: Silvia markiert den Mehrweg (Turn 41), der anscheinend *vorhergesagt* und *beobachtet* wird und Janna stimmt mit einem „ ja̲ - genau" (Turn 42) zu.

Dieser markierte Mehrweg hat sich erst nach dem Experiment anhand der gemachten Beobachtung ergeben. Damit schließt sich ein *dritter experimenteller Prozess,* der ebenfalls theoriegeleitet vorgeht, an. Die Studentinnen scheinen eine Theorieverortung gefunden zu haben und im Sinne einer *experimentellen Methode* vorzugehen.

Der *durch Experimente bedingte Erkenntnisprozess* kann mit den zusammenhängenden naturwissenschaftlichen Denk- und Arbeitsweisen explizit gemacht werden. Die sich ergebenden empirischen und theoretischen Elemente werden in der Abbildung 7.23 ergänzt.

Frage 1: Wie sieht der Rundgang aus?

Empirisch:

Theoretisch: Die Diagonale eines Quadrats ist länger als eine Seite des Quadrats mit Seitenlänge *a*.

Daher wird der Abstand *a* an den Ecken, bei paralleler Verschiebung der Seiten um *a*, nicht konstant eingehalten. (z. T. *implizit*)

Frage 2: Wie erhalte ich konstante Abstände an den Ecken?

Empirisch:

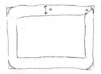

Theoretisch: Bei einem Kreis haben alle Punkte auf der Kreislinie denselben Abstand zum Mittelpunkt. Kreisbögen mit Radius *a* um die Eckpunkte der Figur ergeben die vollständige Rundgangsfigur. (*explizit*)

Frage 3: Wie kann der Mehrweg beschrieben werden?

Empirisch:

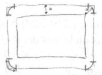

Theoretisch: Hineinlegen der Strecken der Grundfigur in den Rundgang liefert als Differenz die abgerundeten Ecken, weshalb die abgerundeten Ecken der Mehrweg sind. (z. T. *implizit*)

Abbildung 7.23 Zusammenfassung der empirischen und theoretischen Elemente bis zur Identifizierung des Mehrwegs

Im Gegensatz zu Gustav und Samuel arbeiten Silvia und Janna weiterhin an ihrer Rechteckfigur (s. Abb. 7.23). Sie erhalten durch das obige *Experiment* eine weitere Entdeckung:

44	S	03:07	aber das müsste doch eigentlich, guck mal. können wir ja davon ausgehen, dass <u>das</u> hier einfach ein Viertel Kreis ist' *(zeigt auf die linke untere Ecke)*, du hast einen Viertelkreis- und *a*. und dann müsste man das ja auch
45	J	03:16	also *a* ist dann der Radius von diesem Kreis'
46	S	03:18	relativ- ja.. wir brauchen ja überall den Abstand *a*.

Die Entdeckung ist, dass die Kreisbögen an den Ecken Viertelkreise sein könnten (Turn 44), womit der beobachtete Mehrweg weiter spezifiziert werden kann. Hervorzuheben ist, dass sich durch das bestärkende Experiment neue Entdeckungen für Silvia ergeben, die als *Deutung der Beobachtung* rekonstruiert werden können (s. Abb. 7.24).

Resultat:	 Der Mehrweg setzt sich zusammen aus den entsprechenden Anteilen an jeder Ecke des Rechtecks. (*Beobachtung*)
Gesetz:	Wenn an jeder Ecke einer Figur ein Kreisbogen vorliegt, dann kann der Mehrweg durch Summation beschrieben werden. (*Deutung der Beobachtung*)
Fall:	An jeder Ecke liegt ein Viertelkreis vor.

Abbildung 7.24 Abduktive Deutung der beobachteten Mehrwegsanteile an den Ecken des Rechtecks

Betrachtet man die Abduktion (s. Abb. 7.24) hinsichtlich ihres Theoriegehalts, wird hier Vorwissen integriert, das nicht aus der Aufgabenstellung entnommen ist. Die Studentinnen greifen auf ihr Wissen über Kreise zurück (bestärkte Hypothese 2). Es kann folglich von einer Nutzung *orientierender Theorieelemente* gesprochen werden. Dieses Orientierende wird mit weiteren theoretischen Elementen ergänzt: der Anteil des Kreisumfangs (hier: ein Viertel, Turn 44, s. Abb. 7.24).

Für Janna scheint zunächst weniger fraglich zu sein, ob der Bruchteil ein Viertel beträgt. Dagegen scheint für sie ungeklärt zu sein, ob das Entdeckte von Silvia einem Kreisbogen entspricht; dafür müsste ein Radius angegeben werden (Turn 45). Es ergibt sich anscheinend eine neue *Hypothese* für Janna.

Eine mögliche Abduktion wäre die aus Abbildung 7.25.

Resultat:	Warum bilden sich an den Ecken Kreisbögen?
Gesetz:	Wenn ein Radius an der Ecke identifiziert werden kann, dann entsteht an der Ecke ein Kreisbogen. (*Hypothese 4*)
Fall:	*a* ist der Radius um den Eckpunkt.

Abbildung 7.25 Abduktive Hypothese anlässlich der Frage „Warum bilden sich an den Ecken Kreisbögen?"

Die *Hypothese* aus Abbildung 7.25 ist vielmehr eine *Passungshypothese* und weniger eine *Gesetzeshypothese* (s. Abschnitt 2.2.1), da Janna bekannt zu sein scheint, dass Kreise durch ihre Radien bestimmt werden.

Silvia äußert: „wir brauchen ja überall den Abstand *a*" (Turn 46), was ein Indiz für sie sein kann, warum der Radius des Kreises an der Ecke *a* sein muss. Dies scheint ein bekanntes Wissen für Silvia zu sein, das entweder aus der Aufgabenstellung oder aus dem Experiment entnommen wurde. Da Silvia diejenige gewesen ist, die den Zirkel in die Eckpunkte eingesteckt (Turn 28) und das Experiment damit ausgeführt hat, kann vermutet werden, dass sie sich auf ihre Zeichnung bezieht und diese womöglich bereits verinnerlicht hat. Zu vermuten ist an dieser Stelle eine vorgeschaltete *übercodierte Abduktion*: Das erklärende Gesetz ergibt sich „automatisch oder halb-automatisch" (Eco, 1983/1985, S. 299, s. Abschnitt 2.2.1). Eine latente Sinnstruktur, abgeleitet aus den naturwissenschaftlichen Denk- und Arbeitsweisen, wäre an dieser Stelle ein sich anschließendes *Gedankenexperiment*: eine gedankliche Wiederholung der Konstruktion des Rundgangs von Seiten Silvias, um die Antwort aus Turn 46 zu treffen. Ob nun ein solches Gedankenexperiment stattgefunden hat oder nicht, kann interpretativ nicht enthüllt werden. Es wäre auch möglich, dass Silvia ihre Erkenntnisse aus dem zweiten experimentellen Prozess ausschließlich anwendet, ohne einen Bezug zum konkreten Experiment herzustellen. Janna scheint die Ausführung von Silvia zur Post-Erklärung an den vorliegenden Skizzen auszureichen, was die nachfolgende Äußerung bekräftigen kann:

49	J	03:33	ja .. und
			insgesamt ist es dann ja, also es sind <u>vier</u> Viertel Kreise also ein Kreis *(zeichnet mit dem Finger einen Kreis in die Luft).*

Wie bei Gustav und Samuel nimmt auch hier der Theoriegehalt des Vorgehens zu, ihr Hinsehen wird eingeengt und verändert sich: Zu Beginn wussten die Studentinnen noch nicht, wo der Mehrweg entsteht. Nun überlegen sie sich, ob der Mehrweg aus der Summe aller Kreisbögen an den Ecken entsteht. Silvia und Janna befinden sich nun in einer *experimentellen Methode*. Die *Deutung der Experimente* wird mit der Folgeäußerung abgeschlossen:

60	S	03:53	also das wär halt der normale Weg plus- der Umfang des Kreises mit dem Radius *a*.

Neben ihr Rechteck schreibt Silvia anschließend noch eine passende Formel (s. Abb. 7.26).

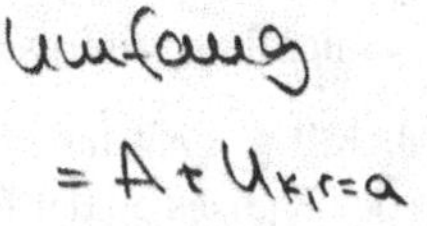

$$\text{Umfang}$$
$$= A + U_{K, r=a}$$

Abbildung 7.26 Deutung der Experimente am Rechteck – Länge des Rundgangs entspricht der Summe des Umfangs der Ausgangsfigur und dem Umfang eines Kreises mit Radius *a*

„A" scheint der „normale Weg" (Turn 60) zu sein und „$U_{k,r=a}$" (s. Abb. 7.26) der Umfang vom Kreis, der durch seinen Radius festgelegt ist. Der Radius entspricht hier dem Abstand *a*. Es wird eine Formel notiert, die womöglich für alle Rechtecke gelten soll. Ob der Anwendungsbereich allgemeiner sein könnte (z. B. auf alle Vierecke oder alle *n*-Ecke), kann an dieser Stelle nicht ermittelt werden. Damit scheinen die Studentinnen ihre Experimente am Rechteck vorerst abgeschlossen und theoretisch erklärt zu haben (*stabilisierendes Experiment*). Aus ihren Bearbeitungen bleibt noch unreflektiert, warum an jeder Ecke ein Viertel des Kreisumfangs als Differenz verbleibt und warum deshalb der Mehrweg als Umfang eines Vollkreises beschrieben werden kann (vgl. Abschnitt 7.1). Die Erkenntnis aus Turn 49 und Turn 60 ist noch hypothetisch. Möglich wäre, dass die Studentinnen Vertrauen über die empirischen Befunde erhalten haben: Die Kreisbögen an den Ecken sehen aus wie Viertelkreise. Der bisherige stabilisierte Prozess der Studentinnen kann wie in Abbildung 7.27 zusammengefasst werden.

Es wird deutlich, dass Silvia und Janna, anders als Gustav und Samuel, gemeinsam an einem Gegenstand arbeiten. Ebenfalls kann herausgestellt werden, dass sie mehrere kleinere experimentelle Prozesse durchlaufen (*experimentelle*

Frage 1: Wie sieht der Rundgang aus?

Empirisch:

Theoretisch: Die Diagonale eines Quadrats ist länger als eine Seite des Quadrats mit Seitenlänge a. Daher wird der Abstand a an den Ecken, bei paralleler Verschiebung der Seiten um a, nicht konstant eingehalten. (z. T. *implizit*)

Frage 2: Wie erhalte ich konstante Abstände an den Ecken?

Empirisch:

Theoretisch: Bei einem Kreis haben alle Punkte auf der Kreislinie denselben Abstand zum Mittelpunkt. Kreisbögen mit Radius a um die Eckpunkte der Figur ergeben die vollständige Rundgangsfigur. (*explizit*)

Frage 3: Wie kann der Mehrweg beschrieben werden?

Empirisch:

Theoretisch: Hineinlegen der Strecken der Grundfigur in den Rundgang liefert als Differenz die abgerundeten Ecken, weshalb die abgerundeten Ecken der Mehrweg sind. (z. T. *implizit*)

Frage 4: Bilden sich Viertelkreise an den Ecken?

Empirisch:

Theoretisch: Der Umfang eines Kreises ist festgelegt durch den Radius a. (*explizit*)

Abbildung 7.27 Zusammenfassung der empirischen und theoretischen Elemente aus Abschnitt 7.2.1

Prozesse 1–3), ohne die einzelnen Prozesse mehrfach wiederholen zu müssen, obwohl diese potenziell wiederholbar wären. Nachfolgend werden mögliche Gründe aus der Theorie dieser Arbeit aufgezeigt, warum eine solche Wiederholung, wie sie von einem naturwissenschaftlichen Experiment und einer Beobachtung gefordert werden, ausbleiben könnte:

Bezugnehmend auf soziologische Gesichtspunkte: Die fehlende Wiederholung der Experimente und Beobachtungen könnte einerseits daran liegen, dass die Studentinnen sich einig sind, was die direkte Zustimmung der beiden untereinander bestärkt. Auch Forschungsprodukte in den Naturwissenschaften haben sich vor Publikum bzw. im Forschungsteam zu bewähren (s. *Demonstrationsexperiment*, Abschnitt 3.3.3).

Bezugnehmend auf die Art der Beispiele: Andererseits kann die ausbleibende Wiederholung an der theoretischen Betrachtung der empirischen Beispiele liegen. Die Phänomene aus den Abduktionen könnten für die Studentinnen *typische Phänomene* (s. Meyer & Voigt, 2009, Abschnitt 2.2.1) darstellen.

Bezugnehmend auf die Art der Gesetze: Zudem werden vermutlich nicht generell hypothetische Gesetze (*Gesetzeshypothesen*), sondern vor allem *Passungshypothesen* überprüft (s. Abschnitt 2.2.1), d. h. die Passung des Gesetzes und des Falls zum erklärungswürdigen Phänomen. Das könnte ebenfalls ein Grund der geringen Wiederholungen sein.

Bezugnehmend auf die Art der Prüfung: Ein letzter Grund wird in Anlehnung an das entwickelte Modell (s. Abb. 5.13) diskutiert. Dafür werden im Folgenden die Übergänge der experimentellen Prozesse betrachtet, um zu erläutern, inwiefern Hypothese 1 bis 3 zusammenhängen: Die Deutung aus dem ersten Experiment (Diagonale sind länger als die eingezeichneten Abstände) erzwingt die Hypothese 2 für das zweite (Die Ecken der Rundgangsfigur müssen abgerundet werden). Die Beobachtungsdaten aus dem zweiten experimentellen Prozess eröffnen neue zu erklärende Phänomene (Wie kann der Mehrweg identifiziert werden?) und Hypothese 3 wird generiert. Als Differenz der Wege ergeben sich die vorher explizit abgerundeten Ecken. Zu vermuten ist, dass mit der *Prüfung* von *Hypothese 3* gleichzeitig die *Hypothese 2* bestärkt wird.

Angenommen man vollziehe eine *direkte Prüfung* der jeweils aktuell betrachteten Hypothese. Nun können mit dem Modell dieser Arbeit (s. Abb. 5.13) nicht nur Vermutungen geäußert werden, welche Denk- und Arbeitsweisen folgen, sondern es können auch Aussagen darüber getroffen werden, was diese Prüfung für die zuvor eingehenden Denk- und Arbeitsweisen bedeuten kann: Wenn der erste und der nachfolgende experimentelle Prozess in eine Theorie integriert und miteinander über die Deutung (einer theoretischen Reflexion der Daten) verbunden sind und im nachfolgenden Prozess eine bestärkende Prüfung vollzogen wird, so kann sich indirekt auch der erste experimentelle Prozess bestärken. Ein veröffentlichtes *orientierendes Theorieelement*, als ein sich wiederholendes Theorieelement innerhalb der experimentellen Reihe, kann ein Indiz sein, dass die Prozesse in eine gemeinsame Theorie verortet sind. Damit kann ebenfalls eine Wiederholbarkeit gewährleistet werden.

Die genutzten Theorieelemente innerhalb der experimentellen Prozesse der Studentinnen sollen nun gesondert reflektiert werden. Dafür werden die mittels der Experimente *geprüften Hypothesen* und die *Deutungen der Beobachtungen* verkürzt dokumentiert (s. Abb. 7.28). Die Pfeile in der Abbildung 7.28 markieren, an welcher Stelle *erklärende Theorieelemente* als *orientierende Theorieelemente* in den folgenden Prozess eingehen.

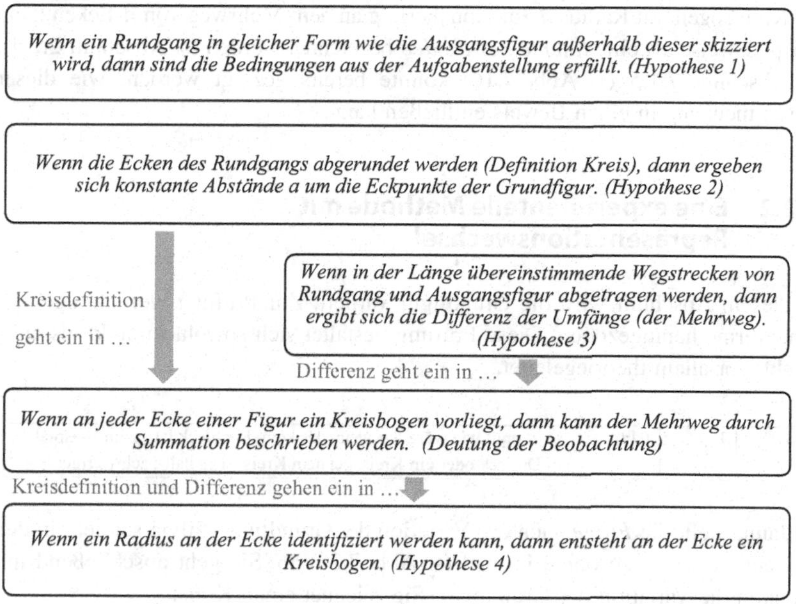

> *Wenn ein Rundgang in gleicher Form wie die Ausgangsfigur außerhalb dieser skizziert wird, dann sind die Bedingungen aus der Aufgabenstellung erfüllt. (Hypothese 1)*

> *Wenn die Ecken des Rundgangs abgerundet werden (Definition Kreis), dann ergeben sich konstante Abstände a um die Eckpunkte der Grundfigur. (Hypothese 2)*

Kreisdefinition

geht ein in …

> *Wenn in der Länge übereinstimmende Wegstrecken von Rundgang und Ausgangsfigur abgetragen werden, dann ergibt sich die Differenz der Umfänge (der Mehrweg). (Hypothese 3)*

Differenz geht ein in …

> *Wenn an jeder Ecke einer Figur ein Kreisbogen vorliegt, dann kann der Mehrweg durch Summation beschrieben werden. (Deutung der Beobachtung)*

Kreisdefinition und Differenz gehen ein in …

> *Wenn ein Radius an der Ecke identifiziert werden kann, dann entsteht an der Ecke ein Kreisbogen. (Hypothese 4)*

Abbildung 7.28 Abhängigkeiten über theoretische Elemente zwischen Hypothesen und Deutungen aus Abschnitt 7.2.1

In *Hypothese 2* ist die Kreis-Definition integriert (*erklärendes Theorieelement*). Das Theorieelement wird spätestens in *Hypothese 4* als *orientierendes Theorieelement* einbezogen (s. Abb. 7.28). In *Hypothese 3* wird eine Differenzvorstellung realisiert, sodass das Hinsehen zugespitzt ist und sich nachfolgend ausschließlich auf diese Differenz konzentriert werden kann. Damit *orientiert* auch das bestärkte theoretische Element aus *Hypothese 3* das weitere Vorgehen (s. Abb. 7.28). In der *Deutung* sowie in *Hypothese 4* wird die Kreisidee spezifiziert, indem die Anteile der Kreisbögen und Radien herausgestellt werden. Wie bereits ausgeführt scheint sich mit der Bestärkung der letzten Hypothese jede vorherige Hypothese als tragfähig ergeben zu haben. Eine überspitzte Interpretation dieses Ausschnitts könnte wie folgt aufgestellt werden: Das Entstehen eines empirischen Theorieausschnitts kann durch die Rekonstruktion der Hypothesen verfolgt werden. Systematisch werden die Zusammenhänge zwischen Hypothesen aufgedeckt, geprüft und ausgeschärft.

An dem Aufbau der Hypothesen (s. Abb. 7.28) lässt sich ebenfalls ein Potenzial einer Begründung herausstellen: Die ausschließliche Betrachtung der Ecken als Kreisbögen mit Radius *a* zur Annäherung an dem Mehrweg von *n*-Ecken kann beispielsweise als eine *latente Beweisidee* bezeichnet werden (s. Abschnitt 2.2.4). In Abschnitt 7.1.5 (s. Abb. 7.16) konnte bereits gezeigt werden, wie dieser Zusammenhang in einen Beweis einfließen kann.

7.2.2 Eine experimentelle Methode mit Repräsentationswechsel

In diesem Abschnitt wird die Grundfigur variiert. Zur Prüfung werden algebraische Terme herangezogen. Diese Prüfung gestaltet sich sowohl indirekt als auch direkt, vor allem theoriegeleitet.

63	J	04:01	und' wie wäre das wenn das kein, Rechteck ist', zum Beispiel ein Dreieck oder ein Kreis, bei nem Kreis ist es halt-, schwieriger.

Janna stellt die *Frage* nach der Variation der Grundfigur. Silvia schließt in den Folgeturns noch ihre obige Formel (s. Abb. 7.26) ab. Sie geht anschließend mit Janna in die Variation der Grundfigur. Sie zeichnet einen Kreis:

70	S	04:43	so und wenn das jetzt unser Umfang vom Kreis is' ... ... *(zeichnet mit dem Zirkel einen Kreis)*

Wie bei Gustav und Samuel gibt es auch bei den Studentinnen eine Person, die überwiegend die Zeichnungen (hier Silvia) ausführt, während die andere die Variation vorschlägt (hier Janna). *Experimentiersettings können daher die Möglichkeit bieten, die Rollen nach Stärken der Experimentierenden zu verteilen.* Bisher wurde noch keine Antwort auf die Frage gegeben, wie der Mehrweg beim Kreis erwartet wird. Zum einen könnten die Studentinnen den Phänomenbereich eröffnen wollen. Zum anderen könnten sie implizit auf ihre Erkenntnisse der vorherigen Bearbeitung am Rechteck zurückgreifen.

73	S	05:08	[...] *(notiert den Abstand a zwischen den zwei Kreisen)* is überall *a*. is überall *a*. is überall, *a*. .. ähm
74	J	05:25	ja das ist halt schon schwieriger weil da dann-, das ist dann, der Mehrweg ist die <u>Differenz</u> von-
75	S	05:32	dem <u>Radius</u>
76	J	05:32	dem Umfang von dem inneren Kreis und dem Umfang des äußeren Kreises *(zeigt nacheinander auf die gezeichneten Kreise von S)*.. aber
77	S	05:34	ja genau. und den hier könnte man ja-, über den eigentlichen Radius *(4 sec)* also wenn wir <u>den</u> Umfang haben- *(fährt mit dem Bleistiftende den inneren Kreisumfang nach)*, können wir <u>den</u> Umfang ja auch berechnen. *(fährt mit dem Bleistiftende den äußeren Kreisumfang nach, I stellt sich dazu)*
78	J	05:50	mhm .. weil dann, zum äh, Umfang zwei mal *a* dazu kommt.
79	S	06:01	ja. *(zu I gewandt)* wenn wir jetzt die Formel vom- Umfang wüssten. *(lacht)*

In Turn 73 eröffnet Silvia den Phänomenbereich zum Kreis analog zu dem aus Abschnitt 7.2.1. Der daran anschließende Gesprächsaustausch kann als *Hypothesengenerierung* anlässlich des gezeichneten Kreises und der *Frage* nach dem Mehrweg beim Kreis interpretiert werden. Mit Turn 75 und 76 werden anscheinend *zwei Beobachtungsfokusse* gegeben: Die Fokussierung des Radius (von Silvia) und die der Differenz der Umfänge (von Janna). Diese müssten bezogen auf das Rechteck-Experiment kompatibel sein, denn auch beim Rechteck-Experiment

wird der Umfang in Abhängigkeit vom Radius gesetzt (s. $U_{k,r=a}$. Abb. 7.26).
Die theoretischen Elemente, die hier zur Erklärung herangezogen werden, sind
auch *orientierende theoretische Elemente*, da die beiden Studentinnen bereits
beim Rechteck Differenzen von Umfängen betrachtet haben. Möglich wäre also
folgende *Hypothese* und *Vorhersage* von Janna (Turn 74, 76):

> Die Differenz der Umfänge ergibt den Mehrweg. (*Hypothese 5*)
>
> Wenn die Differenz der Kreisumfänge berechnet wird, dann sollte der Mehrweg
> erkennbar sein. (*Vorhersage*)

Dass die verschiedenen Ansätze für die Studentinnen kompatibel sind, kann belegt
werden durch das „genau" von Silvia in Turn 77. Mit „den eigentlichen Radius"
(Turn 77) kann vermutet werden, dass Silvia sich auf den Radius des inneren
Kreises bezieht. Diese Interpretation kann bekräftigt werden, da sie anschließend
auf den Umfang des inneren Kreises eingeht. Silvia scheint den äußeren Umfang
mithilfe des inneren Umfangs über die Differenz der Radien berechnen zu wollen
(Turn 75, 77), womit sie Jannas *Hypothese 5* vermutlich deduktiv ,verschoben'
hat (Silvias *Hypothese 5.1*).

In Turn 77 veröffentlicht Silvia anscheinend ihren Plan. Sie verändert die
Vorhersage und *spezifiziert* dadurch den *Plan des Experiments* von Janna:

> „wenn wir den Umfang haben- *(fährt mit dem Bleistiftende den inneren Kreisumfang
> nach)*, können wir den Umfang ja auch berechnen. *(fährt mit dem Bleistiftende den
> äußeren Kreisumfang nach)*[…]" (Turn 77)

Diese Äußerung kann sowohl als Hinführung zu einem *indirekten Prüfpro-
zess* der Hypothese 5 und gleichzeitig auch zu einem *direkten Prüfprozess* von
Silvias Hypothese 5.1 betrachtet werden. Silvia erfragt im Anschluss dieses
Transkriptausschnitts bei der Interviewerin die Umfangsformel von einem Kreis.

Zu unterstreichen ist erneut die Nutzung eines *orientierenden Theorieelements*.
Die Studentinnen scheinen von den bisherigen experimentellen Arbeiten zu profitieren: Ähnlich wie beim Rechteck betrachten sie die Differenz von Ausgangsfigur
und Rundgang und nutzen den Umfang vom Kreis, der vom Radius abhängig ist.

Nachfolgend wird die Umfangsformel vom Kreis verwendet. Naturwissenschaftlich ausgedrückt: Es wird entsprechend Silvias *Vorhersage experimentiert*.

92	S	06:43	mhm.. wenn wir das machen wir haben ja. zwei pi mal r plus zwei pi mal. a' *(schreibt)* das ist der große Kreis. minus zwei pi r *(schreibt).* das ist der kleine Kreis. und dann sehen wir ja'
93	J	07:07	dann ist die Differenz zwei pi mal *a. (streicht die beiden „2πr" durch)* $U = 2\pi r$ $U = 2\pi \cdot (r \cdot a)$ $U_2 = 2\pi r + 2\pi a - 2\pi r$
94	S	07:11	ehm. ... das ist ja nicht der Umfang' das ist die Differenz ne' *(schreibt „Umfangsdiffr.=2πa ")*
95	J	07:18	mhm. *(bejahend)*

Silvia berechnet in Turn 92 die Differenz der Umfänge und nutzt dabei die Differenz der Radien aus. Dieses Rechnen kann als Ausführung des *Experiments* interpretiert werden. Durch die obige Vorhersage ist die Rechnung *planvoll* und *zielgerichtet.* „[U]nd dann sehen wir ja" (Turn 92) könnte hier die *Beobachtung* einleiten. Janna vervollständigt die Beobachtung „dann ist die Differenz zwei pi mal *a*" (Turn 93). Diese Differenz konnte an der Zeichnung alleine nicht beobachtet werden, weshalb dieser Eingriff notwendig gewesen ist. Im Experiment werden *Operationen* von den Studentinnen ausgeführt (s. Abschnitt 2.1.1): die Rechnungen tragen Bedeutung (nämlich die Umfangsdifferenz zu erhalten). Diese Rechnungen gehen allerdings durch die Nutzung der Variablen über die konkrete Zeichnung hinaus. *Es zeigt sich erneut, dass ein Experimentieren auch einen Wechsel der Repräsentationsformen initiieren kann: Von einer Diskussion über geometrische Zeichnungen wechseln sie nun zu einer Diskussion über Terme und Gleichungen.*

Von Silvia wird die *Beobachtung gedeutet*: „das ist ja nicht der Umfang' das ist die Differenz ne" (Turn 94). Diese Deutung könnte vor allem aufgrund des Vergleichs zum vorherigen Ergebnis am Rechteck zustande gekommen sein, da sie beim Rechteck-Experiment den Umfang der Rundgangsfigur und nicht die Differenz der Umfänge notiert hatte. Mit dem Aufschreiben der Umfangsdifferenz und mit dem bejahenden „mhm" (Turn 95) scheint die *Prüfung* für beide Studentinnen positiv ausgefallen zu sein.

Die Frage aus Abbildung 7.29 wird damit vermutlich beantwortet.

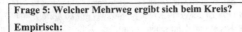

Frage 5: Welcher Mehrweg ergibt sich beim Kreis?

Empirisch:

Theoretisch: Die Differenz der Umfänge ergibt sich über den Radius der Grundfigur und beträgt

$2\pi a$. *(explizit)*

Abbildung 7.29 Zusammenfassung der empirischen und theoretischen Elemente aus Abschnitt 7.2.2

96	S	07:21	Umfangsdifferenz ist gleich zwei pi mal *a*. aber wenn wir doch jetzt den *(lacht)* .. Umfang vom Kreis haben. dann haben wir doch hier- *(zeigt auf das Rechteck)*
97	J	07:36	auch zwei pi mal
98	S	07:38	*a* plus zwei pi mal *a* *(schreibt neben das Rechteck)*
99	J	07:44	genau. und die ähm der äh die Vergrößerung, des Wegs ist auch wieder zwei pi mal *a*.
100	S	07:48	genau die Differ-, die Differenz, genau und das ist ja die Differenz hier *(schreibt „Diff."* unter $2\pi a$). da haben wir wieder zwei pi mal *a*
101	J	07:57	sollen wir noch für ein Dreieck überlegen' ... oder funktioniert das dann auch so' mit, dem das das an den Ecken ein Kreis ist und insgesamt dann ein, ganzer Kreis

Das Rechteck-Experiment wird durch das Experiment am Kreis erneut bestärkt und ergänzend gedeutet. Es wird sowohl der Umfang von einem Kreis angegeben, als auch die Differenz der Umfänge (Turn 100). Die Ergebnisse werden damit in der *Deutung* des Kreis-Experiments sowohl *verallgemeinert*, als auch weiter *theoretisch reflektiert.* Experimente am Rechteck und am Kreis scheinen vorerst *stabil.* Durch diese Experimente wurden Erkenntnisse gewonnen, die einen neuen, theoriegeladenen Prozess inspirieren. Sowohl beim Rechteck als auch beim Kreis betrugen die Differenzen der Umfänge $2\pi a$ (Turn 100). Anlässlich der gleichen Umfangsdifferenzen ergibt sich die *Forschungsfrage*, ob die Umfangsdifferenz bei allen Figuren $2\pi a$ beträgt. Nachfolgend werden die weiteren Prozesse mittels der Schlussformen rekonstruiert, da sich diese aus den vorherigen Experimenten am Kreis und Rechteck ergeben und so der Einfluss der vorherigen Prozesse verdeutlicht werden kann. Die Abduktion in Abbildung 7.30 lässt sich aus Turn 100 und Turn 101 rekonstruieren.

Resultat:	Beträgt die Differenz der Umfänge bei allen Figuren $2\pi a$?
Gesetz:	Für alle Figuren ohne Einbuchtungen gilt: $(Umfang\ des\ Rundgangs) - (Umfang\ der\ Grundfigur) = 2\pi a.$ *(Hypothese 6)*
Fall:	Es liegen Figuren ohne Einbuchtungen vor.

Abbildung 7.30 Abduktive Hypothese anlässlich der Frage „Beträgt die Differenz der Umfänge bei allen Figuren $2\pi a$?"

Hypothetisch an dieser Abduktion ist die Allgemeingültigkeit des Gesetzes (s. Abb. 7.30). Damit ist es ein kreativ neues Gesetz und vermutlich eine *Gesetzeshypothese* (s. Abschnitt 2.2.1). Mit diesem Gesetz kann die *Vorhersage* getätigt werden, die in Turn 101 öffentlich wird: „das das an den Ecken ein Kreis ist und insgesamt dann ein, ganzer Kreis". Als *deduktive Vorhersage* sähe dies wie in Abbildung 7.31 aus.

Fall:	Dreiecke sind Figuren ohne Einbuchtungen.
Gesetz:	Für alle Figuren ohne Einbuchtungen gilt: $(Umfang\ des\ Rundgangs) - (Umfang\ der\ Grundfigur) = 2\pi a.$ *(Hypothese 6)*
Resultat (v):	Die Differenz der Umfänge des Dreiecks und des Rundgangs sollte $2\pi a$ betragen.

Abbildung 7.31 Plan und deduktive Vorhersage für das Experiment am Dreieck

Wenn dieser Plan ausgeführt wird, dann sollte die Differenz der Wege (zur positiven Prüfung: der Umfang eines Vollkreises) beobachtet werden (s. Resultat (v) aus Abb. 7.31). Damit kann hervorgehoben werden, wie selektiv eine *Beobachtung* und ein anschließender *Vergleich* der Beobachtung mit der Vorhersage sein kann, schließlich soll anscheinend beobachtet werden, ob ein Kreisumfang mit Radius *a* als Differenz sichtbar wird oder nicht (Turn 101).

Wie bei Gustav und Samuel folgt nach dem Rechteck- und dem Kreis-Experiment das Experiment am Dreieck. Anders als die Schüler haben Janna und Silvia jedes Experiment für sich vorerst abgeschlossen. Bei Gustav und Samuel entsteht die Auszeichnung der Länge des Mehrwegs als Umfang eines Vollkreises nach dem ersten Dreieck-Experiment. Die Studentinnen beginnen ihre Dreiecksbetrachtung mit dieser Hypothese. Die Fragestellung, der nachgegangen wird, ist, ob der Mehrweg bei allen Figuren dem Umfang eines ganzen Kreises ($2\pi a$) entspricht. Die Studentinnen erarbeiten sich also einen allgemeinen Zusammenhang für alle konvexen ebenen Figuren.

7.2.3 Von einer experimentellen Methode zu einer Begründung

In diesem Abschnitt wird erneut deutlich, wie die an den empirischen Daten gewonnenen Erklärungen in eine Begründung einfließen können.

104	S	08:11	wir könns ja mal trotzdem hier. *(zeichnet ein Dreieck, 16 sec)* so dann haben wir hier wieder. bis dahin ist das gleich. *(zeichnet den Rundgang, 33 sec)*
105	J	09:10	so und jetzt muss man halt hier auch einstechen mit nem Zirkel *(zeigt auf die linke untere Ecke und zeichnet mit dem Zeigefinger einen Bogen)*, und den Abstand *a* einhalten. so.
106	S	09:17	und dann kriegen wir wieder nen Kreis'..
107	J	09:18	jetzt müsste man halt nur irgendwie sichergehen können dass das auch wirklich ein ganzer Kreis ergibt. ..

In Turn 104 wird das *Experiment* zur Hypothese 6 ausgeführt. Es ist eine *zielgerichtete* Handlung, mit dem *Zweck* mehr *beobachten* zu können als vorher

– hier: den Vollkreis. Das Experiment ist in Turn 104 noch nicht abgeschlossen. Vermutlich ist das „so dann haben wir hier wieder. bis dahin ist das gleich." (Turn 104) bezogen auf die gleichen Streckenabschnitte. „[D]as [G]leich[e]" könnte aber auch auf das gleiche Vorgehen wie beim Rechteck bezogen sein. Zumindest scheint in Turn 104 ein Vergleich der Handlungen stattzufinden. Diese Handlung wird in Turn 105 ausschließlich an einer Ecke mit einer Gestik fortgeführt: „so und jetzt muss man halt hier auch einstechen mit nem Zirkel *(zeigt auf die linke untere Ecke und zeichnet mit dem Zeigefinger einen Bogen)*, und den Abstand $\underline{a}$ einhalten. so." Dies könnte ein Indiz sein, dass die Art und Weise der Ausführung über *Denkweisen* koordiniert wird. Die Handlung wird allerdings noch nicht vollständig gedanklich ausgeführt, sondern wird mit Gestik unterstützt. Diese Gestik könnte hier auch den Zweck haben, der Interaktionspartnerin die Gedanken anzuzeigen. Turn 106 könnte erneut die Wiederholung der Vorhersage sein, könnte allerdings auch eine Schwierigkeit der Beobachtung sein. Auf letzteres deutet die Äußerung von Janna in Turn 107 hin: „jetzt müsste man halt nur irgendwie sichergehen können dass das auch wirklich ein ein ganzer Kreis ergibt."

Beim Rechteck haben die Studentinnen erklärt, dass es Kreise mit demselben Radius a sind, aber nicht, warum es genau Viertelkreise an den Ecken sind. Dies schien am Rechteck mit der empirischen Zeichnung übereinzustimmen, am Dreieck scheint es nicht selbstverständlich zu sein: Möglicherweise, weil der mit dem Finger gezeichnete Bogen um die eine Ecke kein Viertelkreis gewesen ist oder weil nun drei Kreisbögen statt vier beobachtbar wären. Die Frage ist also weiterhin, ob die Kreisbögen an den Ecken zusammengelegt einen Kreis ergeben (Turn 107). Anders gesagt: $2\pi a$ scheint schwer überprüfbar. Bezogen auf das Modell dieser Arbeit (s. Abb. 5.13) kann eine *Beobachtung* nicht gemacht werden, weshalb an der *Hypothese 6* und der *Vorhersage* etwas verändert werden müsste.

109	J	09:37	also die- die Innenwinkel sind ja insgesamt hundertachtzig Grad *(zeigt mit dem kleinen Finger auf die Innenwinkel des Dreiecks)' aber'*
110	S	09:43	ja. jaja klar.
111	J	09:45	aber da können wir keinen Schluss auf die die Winkel außen ziehen …
112	S	09:50	*(leise)* warum nich'
113	J	09:54	das müsste dann auch- die Außenwinkel *(zeigt außerhalb und innerhalb der unteren linken Ecke und zieht mit dem Finger einen Bogen)* müssten die Innenwinkel dann jeweils zu dreihundertsechzig Grad ergänzen. *(S flüstert unverständlich, dreht dabei an dem Zirkel; I kommt dazu)* dreihundertsechzig mal drei sind also eh- ..

Dieser Transkriptausschnitt kann als eine *Erklärungssuche* (*Prä-Erklärung*)
interpretiert werden: In Turn 109 wird deutlich, dass Janna sich das erklärungswürdige Phänomen, ob der Mehrweg bei einem Dreieck dem Umfang eines
Kreises mit Radius a entspricht, anscheinend mit den Winkelgrößen erklären
möchte. Erkenntnisse über Winkel können als *theoretische Elemente* bezeichnet
werden, da sie dazu dienen, die Länge der Kreisbögen sowohl an jeder einzelnen
Ecke als auch in der Summe zu bestimmen. Die Betrachtung der Winkelgrößen bietet also die Möglichkeit, einen Kreis anders als bisher zu beschreiben:
Nun könnte der Umfang eines Kreises mit dem Kreisbogen mit Winkel $\alpha =
360°$ spezifiziert werden. Diese theoretischen Elemente sind in den bisherigen
experimentellen Tätigkeiten nicht fokussiert gewesen, weshalb sie konkret für dieses Phänomen herangezogen werden. Zu vermuten ist eine ‚Verschiebung' der
Hypothese 6 im Rahmen eines *indirekten Prüfprozesses* (hypothetisch-deduktiver
Ansatz), da anscheinend $2\pi a$ als Differenz der Umfänge bzw. als Summe der
Kreisbögen an den Ecken schwer beobachtbar wird (Turn 107). Aus der Umfangs-
beschreibung $2\pi a$ wird vermutlich die äquivalente Bedeutung eines Kreisbogens
mit Winkel $\alpha = 360°$ deduziert (vgl. auch das Vorgehen von Gustav und Samuel,
Abschnitt 7.1.4). Über die Angabe der Winkelgrößen wird der Zusammenhang
anscheinend besser prüfbar als über die Umfangsformel $2\pi a$.

Konkret werden in der Interaktion Innen- und Außenwinkel angesprochen
(Turn 109, 113), um die Kreisbögen an den jeweiligen Ecken vermutlich überprüfbar zu machen. Es sei an dieser Stelle vermerkt, dass vor allem die Bedeutung der
„Außenwinkel" (Turn 113) noch undifferenziert bleibt. „Innenwinkel" bedeuten
für Janna vermutlich die Winkel innerhalb einer Figur – zumindest gibt Janna in
Turn 109 die richtige Innenwinkelsumme des Dreiecks an. Wenn die Innenwinkel
die „Außenwinkel" zu 360° ergänzen (Turn 113), dann werden „Außenwinkel" von Janna nicht herkömmlich mathematisch verwendet. Fachmathematisch
ergänzen sich je ein Innen- und der dazugehörige Außenwinkel zu 180°. Inwiefern „Außenwinkel" und die gesuchten Kreisbögen für sie zusammenhängen,
kann an dieser Stelle nur vermutet werden. Möglich ist, dass die jeweiligen
„Außenwinkel" den Winkelfeldern der Kreisbögen entsprechen sollen. Wie bei
Gustav und Samuel wird auch bei den Studentinnen beim Dreieck-Experiment
ein neuer theoretischer Fokus einbezogen: das Wissen über Winkel und Kreise
sowie insbesondere die Beziehung zwischen Innen- und „Außenwinkel".

Die Fokusverschiebung von der Betrachtung der Umfänge auf die Winkelfelder
sowie die Ergänzung der Beziehung zwischen Innen- und „Außenwinkel" dienen
möglicherweise der Realisierung eines indirekten Prüfprozesses.

Da neue theoretische Elemente zur Erklärung herangezogen werden, kann auch
eine neue ‚verschobene' Abduktion vermutet werden (s. Abb. 7.32).

Resultat:	Ergeben die Kreisbögen an den Ecken des Dreiecks zusammengelegt einen Kreisbogen mit 360°?
Gesetz:	Wenn die Innenwinkel die „Außenwinkel" zu 360° ergänzen, gilt für ein n-Eck: $(n \cdot 360°) - (Summe\ der\ Innenwinkel) = 360°$. *(Hypothese 6.1, fachlich unvollständig)*
Fall:	Die Innenwinkel im Dreieck ergänzen die ‚Außenwinkel' zu 360°.

Abbildung 7.32 ‚Verschobene' Hypothese anlässlich der Frage „Ergeben die Kreisbögen an den Ecken des Dreiecks zusammengelegt einen Kreisbogen mit 360°?"

In dieser Abduktion sind die neuen theoretischen Aspekte verankert. Das Gesetz der Abduktion (s. Abb. 7.32), so dieses in dieser Form vollzogen wurde, wäre fachlich betrachtet nicht vollständig. 180° pro Ecke müssten zusätzlich abgezogen werden.

Aus dieser obigen Abduktion würde folgende *Vorhersage* resultieren (vgl. Turn 109 und Turn 113):

Wenn die Innenwinkel die „Außenwinkel" zu 360° ergänzen, dann müsste „$(3 \cdot 360°) - (180°) = 360°$" ergeben. (*Vorhersage, fachlich unvollständig*)

Sofern das Resultat dieser Vorhersage beobachtbar wird, kann die eigentliche Hypothese geprüft werden. Dieser Vorhersage wird nun nachgegangen. Janna führt Rechnungen aus. Ihre Experimente können als *innermathematische Experimente* (vgl. Kapitel 4) beschrieben werden, die in den nächsten Turns fortgeführt werden:

116	J	10:19	das ist natürlich, *(nimmt sich den Taschenrechner)* eine Schande aber, es geht manchmal. tausendachtzig minus hundertachtzig sind neunhundert.
117	S	10:31	wieso denn minus hundertachtzig'
118	J	10:32	also wegen den <u>Innen</u>winkeln.
119	S	10:34	ja aber dann musst du ja auch drei mal die Winkel abziehen oder *(dreht den Zirkel)'*
120	J	10:39	ne die sind ja insgesamt hundertachtzig.
121	S	10:41	warte warte warte warte. ich versuch noch en Kreis zu machen. so kann ich nicht denken. *(rundet die Ecken mit dem nun eingestellten Zirkel ab, 9 sec)* ist jetzt beinahe *a* ja'

Janna misst nicht die Winkelfelder nach, sondern nutzt bereits bekannte Regeln, um die Länge der Kreisbögen herauszufinden:

1. Sie bezieht sich auf die Kreiskonstruktion um die Ecken (also 360°) – in diesem Fall sind es drei Ecken und damit drei Kreise: $3 \cdot 360° = 1080°$ (Turn 113). (Nutzung eines *orientierenden Theorieelements*)
2. Sie bezieht ihr Wissen über die Innenwinkelsumme im Dreieck ein: $1080° - 180° = 900°$ (Turn 116), da sie hierüber ein Schluss auf die äußeren Winkel vermutet (Turn 113). (Nutzung eines *erklärenden Theorieelements*)

Gemäß der Vorhersage könnte nun beobachtet und *geprüft* werden, dass ihre Hypothese noch unpassend zu sein scheint: Die errechneten 900° entsprechen nicht den vorhergesagten 360°.

Silvia benötigt im Anschluss anscheinend eine Zeichnung als empirische Referenz: „ich versuch noch en Kreis zu machen. so kann ich nicht denken." (Turn 121). Sie unterbricht Janna in ihren Rechnungen mit „warte warte warte warte" (Turn 121), vermutlich ist sie auf eine *Beobachtung* an der Zeichnung angewiesen, was erneut den individuellen Charakter eines Experimentierens unterstreicht. Janna expliziert ihre *Vorhersage* in Turn 128. Sie wünscht sich anscheinend eine bestimmte Beobachtung, die sie bisher noch nicht machen konnte. Auf das Modell dieser Arbeit bezogen: *Die Vorhersage ist stark zielgerichtet, die Beobachtung dadurch stark selektierend*:

128	J	11:39	mh. … am coolsten wärs wenn wir rausfinden dass das, dreihundertsechzig Grad sind

An Turn 128 wird deutlich, wie zugespitzt dieses experimentelle Vorgehen der Studentinnen nun ist. Die *Vorhersage* in Turn 128 bestärkt auch die rekonstruierte Abduktion in Abbildung 7.32. Das theoretisch fokussierte Vorgehen ist ein Kennzeichen einer *experimentellen Methode*. Galilei konnte vor seinen Experimenten an der schiefen Ebene ein konkretes Ergebnis vorhersagen, das wie folgt formuliert sein könnte und strukturell ähnlich zu der Vorhersage von Janna ist: Die zurückgelegte Strecke eines fallenden Körpers sollte sich wie das Quadrat der Zeit verhalten (vgl. Abschnitt 3.3.1).

131	S	11:54	mh. das weiß ich jetzt grad nicht. … dadurch das die jetzt hier im rechten Winkel aufeinander stehen' *(markiert an der oberen Ecke die beiden rechten Winkel)* weil sonst hätte ich ja gedacht. weil sonst ist es ja hier der Dingswinkel. aber es ist der, aber das ist der-
132	J	12:09	stimmt. dann kann man neunhundert minus vier mal neunzig rechnen' .. *(tippt in den Taschenrechner)*
133	S	12:17	was rechnest du gerade'
134	J	12:18	eh ich versuche mich dem anzunähern. wie man darauf kommt. das wären dann noch ganze fünfhundertvierzig Grad.
135	S	12:24	aber wieso aber wieso vier mal neunzig'
136	J	12:28	weil – ah ne sechs mal neunzig ne'
137	S	12:29	sechs mal neunzig. *(markiert die restlichen rechten Winkel in den Ecken, J tippt in den Taschenrechner)* also nochmal minus hundertachtzig. das sieht doch gut aus *(laut)* bäääähm
138	J	12:36	*(laut)* woow. jawohl. *(lacht)* ja. okay. das müssen wir noch irgendwie aufschreiben. sonst kann das kein Mensch nachvollziehen. *(schreiben ihre Lösung auf)*

Silvia zieht aus ihrer Zeichnung einen bisher noch nicht thematisierten neuen Aspekt: „dadurch das die jetzt hier im rechten Winkel aufeinander stehen" (Turn 131). Dieser Aspekt scheint für Janna wesentlich gewesen zu sein. Sie ergänzt vermutlich ihre *Hypothese 6.1* und damit auch ihr Experiment um diese 90°-Winkel; das vorhergesagte Rechenergebnis (360°) scheint bestehen zu bleiben. Janna vervollständigt ihre Rechnung: $900° - 540° = 360°$ (Turn 136), wodurch die ursprünglich generierte *Hypothese 6* (s. Abb. 7.30) *indirekt bestärkt* wird. Diese positive Bestärkung wird durch „<u>bääähm</u>" (Turn 137) und „<u>woow</u>" (Turn 138) unterstrichen. Die Freude an diesen Ergebnissen hebt auch den Erkenntnisgewinn hervor, den die Studentinnen nach den experimentellen Arbeiten haben. Die experimentellen Arbeiten scheinen für sie nun *stabilisiert* zu sein und der gefundene Zusammenhang (dass sich bei konvexen Figuren immer ein Mehrweg von $2\pi a$ bzw. ein Kreisbogen mit 360° ergibt) gesichert. Als *Demonstration* wird nicht mehr aufgeschrieben, wie sie experimentell vorgegangen sind, sondern werden ausschließlich die Rechnungen verschriftlicht (Turn 138). *Hier lässt sich ein Unterschied zwischen Naturwissenschaften und Mathematik herausstellen: Zwar hätten J*ANNA *und S*ILVIA *ihre Experimente als Versuchsprotokoll mit empirischen Bezügen (wie in den Naturwissenschaften) dokumentieren können, sie demonstrieren allerdings ausschließlich die Ergebnisse als Deduktionen (typisch mathematische Verschriftlichung, s. Einleitung).*

Die in Abbildung 7.33 veranschaulichten empirischen und theoretischen Elemente haben sich in den letzten experimentellen Arbeiten der Studentinnen ergeben.

Die Differenz der Umfänge beträgt beim Rechteck $2\pi a$.	Die Differenz der Umfänge beträgt beim Kreis $2\pi a$.
Frage 6.1: Beträgt die Differenz der Umfänge bei allen Figuren $2\pi a$?	
Frage 6.2: Ergeben die Kreisbögen an den Ecken des Dreiecks zusammengelegt einen Kreisbogen mit 360°?	
Empirisch: 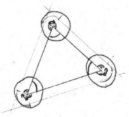	
Theoretisch: An den Ecken entstehen Kreise von denen sowohl die Innenwinkelsumme als auch die 90°-Winkel abgezogen werden können. (*explizit*)	

Abbildung 7.33 Zusammenfassung der empirischen und theoretischen Elemente des abgeschlossenen Lösungsprozesses von Silvia und Janna

7.2.4 Zusammenfassende Erkenntnisse aus Analyse II

Ähnlich wie bei Gustav und Samuel nimmt der Theoriegehalt der experimentellen Vorgehensweisen auch in dieser Analyse zu. Silvia und Janna arbeiten durchgehend gemeinsam am selben Gegenstand (vgl. Abb. 7.27), wohingegen Gustav und Samuel vielmehr von den latenten Sinnstrukturen der Interaktionspartner zur Erklärung der empirischen Daten profitieren. Bei Silvia und Janna sind durch die Zusammenarbeit die einzelnen experimentellen Prozesse und deren Übergänge erkennbar, weshalb sich diese Szene zur Analyse anbietet. Als ein zweiter Kern der Analyse werden die Objekte und Arbeitsweisen der beiden bisher betrachteten Lösungswege fokussiert, da sich der experimentelle Eingriff nicht durchgehend als identisch zeigt.

Experimentelle Prozessarten:
Am Rechteck arbeiten die Studentinnen zu Beginn *explorativ*, um etwas über den Mehrweg zu erfahren. Durch Überlegungen zu der Länge der Diagonalen, gleichen Abständen bei Kreisen und der Differenzvorstellung von Umfängen wird das empirische Arbeiten stärker *theoretisch geleitet*, die Fragestellungen werden zugespitzt (s. die zusammenfassenden Abbildungen 7.27, 7.29, 7.33). Schlussendlich fragen sich die Studentinnen, ob an den Ecken Viertelkreise als Mehrweg entstehen. Sie arbeiten entsprechend der *experimentellen Methode* der Naturwissenschaften, bis sich ihre Erklärungen vorerst *stabilisieren*. Dabei sind alle Erkenntnisse miteinander verwoben, sodass bereits eine Ordnung von Zusammenhängen erkennbar ist (s. Abschnitt 7.2.1, Abb. 7.28).

Am Kreis profitieren die Studentinnen von der Differenzvorstellung am Rechteck. Anders formuliert: Die *stabilisierten Erkenntnisse* dienen als *theoretische Elemente* für die sich anschließenden Experimente am Kreis. Die Arbeiten am Kreis gliedern sich damit in die experimentelle Reihe ein, weshalb auch Rückschlüsse aus diesem experimentellen Prozess auf die vorherigen Erarbeitungen übertragen werden können. Das Gesetz aus dem Rechteck-Experiment wird erneut optimiert: Es wird alleine auf die Differenz der Umfänge geachtet, die sowohl beim Kreis als auch beim Rechteck $2\pi a$ beträgt (s. Abb. 7.34). Dadurch stabilisieren sich erneut die experimentellen Prozesse. Diese Stabilität wird bei den Studentinnen deutlich, indem sie allgemeine Formeln notieren. In dieser Dokumentation (s. Abb. 7.34) ist der experimentelle Charakter nicht mehr ersichtlich.

Abbildung 7.34
Deutungen der Experimente
am Rechteck und am Kreis
– Umformung zur
Umfangsdifferenz

$U\mkern-2mu m\mkern-2mu f\mkern-2mu a\mkern-2mu n\mkern-2mu g$

$= A + U_{K,r=a}$

$= A + 2\pi \cdot a$

$\underbrace{}_{\text{Diff.}}$

$U_{\not{M}} = \underbrace{2\pi r}_{gr.K} + 2\pi a - \underbrace{2\pi r}_{kl.K}$

Die anschließende Betrachtung am Dreieck dient eigentlich zur Prüfung des allgemeinen Zusammenhangs. Dadurch, dass bereits viel am Kreis und Rechteck experimentiert wurde, können die Studentinnen rein *gedanklich* vorgehen. Ihre Arbeitsweise wird von Denkweisen koordiniert. Die Beobachtungen sind so zugespitzt, dass letztendlich eine konkrete vorhergesagt wird (360°). Dabei sind sowohl Nutzungen von *orientierenden Theorieelementen* (Kreis-Definition und Differenzvorstellung) als auch *erklärende Theorieelemente* (z. B. Innen- und „Außenwinkel") involviert. Durch jede neue experimentelle Methode haben sich Forschungslücken der vorherigen Experimente ergeben, die anschließend ergänzt werden: z. B. die Angabe des Umfangs vom Kreis als Differenz (s. Abb. 7.34). Wiederholt wird deutlich, dass in experimentellen Prozessen nicht nur eine Hypothesengenerierung für die Vorhersage auf anschließende experimentelle Prozesse geschieht, sondern auch für eine Rückschau auf bisher erarbeitete Gesetzmäßigkeiten. *Die Rückschau und Optimierung der Gesetze schließen sich an, auch wenn keine negative Prüfung stattgefunden hat.*

Es kann aus den theoretischen Elementen der Erklärungen ein Beweis fortgeführt werden, der vergleichbar mit dem Beweis aus Abschnitt 7.1.5 ist. Zu erklären wäre noch, woher sich jene 90°-Winkel ergeben und ob diese bei allen *n*-Ecken vorliegen. Im Vergleich zu Analyse I schließen die Studentinnen jede einzelne Figur für sich ab und betrachten schlussendlich nicht nur eine Ecke und damit ein Winkelfeld, sondern die Zusammensetzung des Mehrwegs aus den einzelnen Kreisbögen an den Ecken der Figur. Der Vergleich zwischen den einzelnen abgeschlossenen Fällen könnte beispielsweise im Klassengespräch die Diskussion anregen, warum der Mehrweg von dem Dreieck zum Viereck erhalten bleibt. Es könnte diskutiert werden, was das Hinzufügen einer Ecke bewirkt. Dass sich Eigenschaften von einem Fall auf den nächsten übertragen lassen, könnte hieraus verdeutlicht werden. Dieser Ansatz könnte auch zu einer *vollständigen Induktion* fortgeführt werden (s. Abschnitt 2.2.3). Auch wenn ein solcher formaler Beweis meist gar nicht Anspruch in der Schule ist, zeigt diese Ausführung, wie viel Potenzial ein experimentelles Arbeiten für ein sich anschließendes Begründen haben kann, sofern theoretische und empirische Elemente voneinander profitieren.

Fokussierung der Objekte und Experimente:
Da Theorie und Empirie ‚Hand in Hand' gehen (s. Kant, KrV, B XIII bis B XIV, Abschnitt 3.1) und da *Arbeitsweisen ohne Denkweisen leer bleiben und Denkweisen ohne Arbeitsweisen blind sind* (s. Kapitel 2), dürfen neben der Fokussierung der Denkweisen (den unterschiedlichen Nutzungen der Theorieelemente), die Betrachtungen der Arbeitsweisen und der empirischen Daten nicht fehlen. Nach der ersten Prämisse nach Blumer (1981) könnte man schreiben, dass Lernende mit ‚(mathematischen) Dingen' auf der Grundlage der Bedeutungen experimentieren, die diese Dinge für sie besitzen (s. Abschnitt 6.2.1). Durch den Umgang mit den Objekten erhalten diese wiederum neue Bedeutungen. Betont werden soll erneut, dass mathematischen Objekten nicht aus sich heraus die Beschaffenheit zugeschrieben werden kann, z. B. abstrakt oder real zu sein, sondern dass der Umgang mit ihnen rekonstruiert werden sollte. Dieser Umgang mit den Objekten wird im weiteren Verlauf reflektiert. Dafür wird an den verschiedenen Abschnitten sowohl die Art und Weise der Ausführungen beschrieben als auch die Bedeutung der Objekte diskutiert. Es ergeben sich dadurch drei unterschiedliche *Arten zu Experimentieren.*

Erste Art zu Experimentieren:

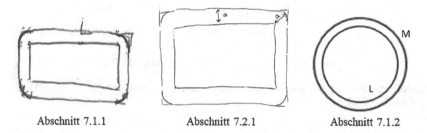

Abschnitt 7.1.1   Abschnitt 7.2.1   Abschnitt 7.1.2

Abbildung 7.35 Gegenüberstellung der unterschiedlichen als real behandelten Objekten

Sowohl Abschnitt 7.1.1 als auch Abschnitt 7.2.1 beinhalten Experimente am Objekt Rechteck (s. Abb. 7.35). Es werden in diesen Abschnitten im Sinne des operativen Prinzips (s. Abschnitt 2.1.1) Handlungen ausgeführt und die Wirkungen der Handlungen werden zuvor nicht als bekannt geäußert und abgewartet. Ähnlich verhält es sich auch in Abschnitt 7.1.2. Gustav und Samuel diskutieren vor ihrem Experiment am Objekt Kreis mögliche abhängige und unabhängige Variablen, geben allerdings nicht an, wie diese Variablen in ihre Arbeit einfließen können (s. Abb. 7.35). Ihr Fragen ist noch nicht theoretisch eingeengt, weshalb die empirischen Daten zunächst Anhaltspunkte zum Prüfen, Deuten und Fragen liefern sollen. Damit die empirischen Daten überhaupt Anhaltspunkte liefern können, ist die exakte Art und Weise der Ausführung ausschlaggebend.

Das Arbeiten der Schüler und der Studentinnen in den angegebenen Abschnitten findet ‚vor Ort' statt, d. h. sie arbeiten mit den Objekten auf dem Zeichenblatt. Dadurch, dass sie mit den Objekten handeln als wären diese real, erhalten die Objekte auch in der Interaktion diese Bedeutung (vgl. Prämissen nach Blumer, 1981, Abschnitt 6.2.1).

Diese Art kompakt zusammengefasst: Das Experimentieren ist auf die Art und Weise der Ausführung mit als real behandelten Objekten angewiesen. Kurz: Reales Experimentieren mit realen Objekten.

Zweite Art zu Experimentieren:

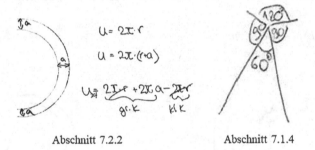

Abschnitt 7.2.2   Abschnitt 7.1.4

Abbildung 7.36 Gegenüberstellung der unterschiedlichen als real vorliegenden, gedanklich variierbaren Objekten

Betrachtet man dagegen Abschnitt 7.2.2, das Kreis-Experiment der Studentinnen, so überlegen sie sich vorneweg, dass die Differenz der Umfänge beobachtet werden müsste (s. Abb. 7.36). Sie führen anschließend Rechnungen mit Variablen aus, wobei die Variablen inhaltlich gesättigt sind. Mit der Rechnung $2\pi(a + r) - 2\pi r = 2\pi r + 2\pi a - 2\pi r$ soll die Umfangsdifferenz bestimmt werden.

Die Schüler in Analyse I (s. Abschnitt 7.1.4) skizzieren eine Ecke des Dreiecks als Objekt und sagen 120° als „Außenwinkel" vorher (s. Abb. 7.36). Sie bestimmen alle Winkel in ihrer konkret vorliegenden Zeichnung. Sie müssen dabei die Winkel nicht messen. Da vermutlich Gesetze zur Bestimmung der Winkelgröße angewendet werden, könnte irrelevant sein, ob der vorliegende Winkel wirklich

60° und der dazugehörige „Außenwinkel" 120° beträgt oder ob eine Messung der Innenwinkel 40° und der dazugehörige „Außenwinkel" 140° ergibt.

Die Art und Weise der Ausführung des Experiments ist durch die Denkweisen (Rechenregeln und Gesetze über Winkel) koordiniert. Zudem ist die Rechnung bei den Studentinnen sowie das Eintragen der Winkel bei den Schülern durch die jeweils gedankliche Ausführung nicht nur an den skizzierten Kreis bzw. Winkel gebunden, sondern weist über diese konkret vorliegenden Objekte hinaus, weshalb das *Experiment* die nachträgliche Deutung für alle Kreise bzw. Ecken mit sich führen kann.

Die vorliegenden Kreisumfänge (s. Abschnitt 7.2.2) bzw. die gezeichnete Ecke (s. Abschnitt 7.1.4) erweisen sich als betrachtete Objekte. Über diese Objekte werden die Experimente eingeleitet, weshalb sie noch so behandelt werden, als wären sie real. Durch die fortführenden Denkweisen zum real vorliegenden Objekt wird dieses Objekt durch den Eingriff gedanklich variierbar.

Rein optisch ändert sich im Vergleich zu Art 1 nichts an dem konkret vorliegenden Objekt. Es ändert sich allerdings etwas an dem Umgang mit diesem Objekt. *Die Art und Weise des Eingriffs wird über Denkweisen koordiniert und an den als real vorliegenden Objekten, die gedanklich variierbar sind, ausgeführt. Kurz: Gedankliches Experimentieren mit realen Objekten.*

Dritte Art zu Experimentieren:
In Abschnitt 7.2.3 beginnen Silvia und Janna mit einer konkreten Zeichnung eines Dreiecks. Die Kreise in den Ecken werden mit Gesten ergänzt. Die fokussierten Objekte während des Experimentierens sind die Winkelfelder, die durch die nicht mehr sichtbaren ergänzten Kreisbögen um die Eckpunkte eingeschlossen werden. Ihre Ausführungen sind durch Denkweisen koordiniert, die Objekte sind dabei keine real vorliegenden, sondern gedankliche. Janna berechnet die Länge der gedanklichen Kreisbögen über die Winkelfelder: $(3 \cdot 360°) - 180° - 540°$. Wie bei der letzten Art liegt hier die Betonung auf der Denkweise. Die vorher real vorliegenden Objekte sind nun Objekte gedanklicher Art.

Die Art und Weise der Ausführung ist über Denkweisen koordiniert und wird mit rein gedanklichen Objekten, die wie reale Objekte behandelt werden, allerdings zum Zeitpunkt der Handlung keine konkrete Referenz besitzen, ausgeführt. Kurz: Gedankliches Experimentieren mit gedanklichen Objekten.

Diese drei *Arten* lassen sich in einer Dreifeldertafel zusammentragen (s. Abb. 7.37).

Objekte Experimentieren	real	gedanklich
Betonung auf Arbeitsweise	Art 1	████████████
Betonung auf Denkweise	Art 2	Art 3

Abbildung 7.37 Arten zu Experimentieren

Wenn ein Experiment auf die konkrete Art und Weise der Ausführung ausgelegt ist (Betonung auf Arbeitsweise), so kann das Objekt kein gedankliches sein,
weshalb die Kombination eines Experimentierens mit Betonung auf Arbeitsweisen
an gedanklichen Objekten nicht möglich ist.

In den Analysen I und II zeigt sich, dass die Betonung auf Denkweisen (zweite
Zeile, Abb. 7.37) während der Prüfprozesse sowohl zeichnerisch, in Gleichungen
mit Variablen oder auch konkreten Zahlen, durch Gestik oder auch rein sprachlich öffentlich gemacht werden können. Diese würden im naturwissenschaftlichen
und mathematischen sowie mathematikdidaktischen Sinne als *Gedankenexperimente* bezeichnet werden (s. Abschnitt 2.1.1, 2.1.2, 3.3.4). *Arten 2 und 3* können
damit als Ausdifferenzierung eines *Gedankenexperiments* gewertet werden. Streng
genommen ist das *Gedankenexperiment* – vor allem wenn es mit Variablen oder
rein gedanklich ausgeführt wird – nicht mehr empirisch, da es nicht an die konkrete Situation, Ort, Zeit und Sichtbares gebunden ist. Es ist in dem Sinne noch
empirisch, in dem es eine empirische Bedeutung (z. B. die Zeichnungen auf dem
Zeichenblock) trägt und auf eine empirische Prüfung angewiesen ist (der Vergleich von Beobachtungsdaten mit den vorhergesagten Resultaten, gestrichelte
Linie im Modell Abb. 5.13). Die drei Arten zu Experimentieren werden im
nachfolgenden Analysebeispiel überprüft und ausgeschärft.

7.3 Analyse III: Adaptionsprozesse von Theorie und Empirie

Die Studentinnen Finja und Kim (anonymisierte Namen) bearbeiten die Schnitt-
punktaufgabe (s. Abb. 6.1). Das Vorgehen der Studentinnen ist im Kontrast zu
dem Vorgehen aus Analyse I und II zu sehen. Auf der Suche nach theoretischen
Anknüpfungspunkten haben sie Schwierigkeiten, eine Passung zwischen empirischen Elementen und theoretischen Daten herzustellen. Da sie Anhaltspunkte
für eine mögliche Passung in den empirischen Daten suchen und dabei einen

stetigen Wechsel vom manuellen zum digitalen Arbeiten mit GeoGebra vollziehen, können vor allem *die Arten zu Experimentieren* aus der letzten Analyse auf
die Probe gestellt werden. Die fehlende Passung wird durch Prüfprozesse aufgedeckt, weshalb der Umgang mit eliminativen Induktionen und damit vor allem
eine quasi-empirische Theorienutzung analysiert werden kann. Als Kontrast zu
dieser Bearbeitung wird ein kurzer Lösungsprozess eines Schülers, anonymisiert
Zacharias, parallelisiert, der ausschließlich theoretisch vorgegangen ist, sodass
kein empirischer Bezug bei der Bearbeitung dieser Aufgabe vorzuweisen ist.

7.3.1   Experimentelle Methode?

In diesem Abschnitt wird deutlich, dass theoretisches Wissen alleine nicht
ausreicht, um die Existenz einer experimentellen Methode aufzuweisen.

Die Studentinnen lesen die Aufgabe und werden von der Interviewerin
aufgefordert, alle ihre Überlegungen zu äußern.

4	Fi	03:25	also ich <u>würd</u> jetzt ehm, sagen dass, theoretisch der- also wenn *(führt die Finger der Hände übereinander)* sich die Mittelsenkrechten .. eines Dreiecks in einem Punkt schneiden. kann man ja auch den <u>Um</u>kreis *(dreht ihr rechtes Handgelenk, guckt I an)* um das Dreieck, <u>zeichnen</u>, glaube ich- oder' *(schmunzelt)*
5	K	03:38	den <u>In</u>kreis in das Dreieck *(zeigt mit dem linken Zeigefinger in die Luft in Richtung der Aufgabenstellung)* meinst du' oder den Um-
6	Fi	03:40	ne den- ich glaube den <u>Um</u>kreis vom Dreieck wenn-
7	K	03:43	achso *(malt mit der linken Hand einen Kreis in die Luft)*
8	Fi	03:43	also da in <u>dem</u> Punkt wo sich *(verschränkt die Finger ineinander)*
9	K	03:44	mhm
10	Fi	03:44	alle Mittelsenkrechten schneiden kann man einen <u>Um</u>kreis *(zeichnet mit dem rechten Zeigefinger einen Kreis in die Luft)* um das Dreieck-
11	K	03:47	<u>um</u> das Dreieck mhm
12	Fi	03:48	dürfen wir hier *(zeigt auf das Aufgabenblatt)* einfach draufkritzeln'

Anders als bei den vorherigen Bearbeitungen, von Gustav und Samuel und von Janna und Silvia, lassen sich bei Finja theoretische Überlegungen vor ihrer Handlung (Turn 4) erkennen: In der Aufgabenstellung ist der Zusammenhang zum Umkreis nicht benannt. Sie greift dennoch auf Vorwissen über Schnittpunkte der Mittelsenkrechten zurück. An dieser Stelle ist noch nicht erfassbar, ob dieses Vorwissen hypothetisch ist oder ob hier auf bekannte Sätze und Definitionen zurückgegriffen wird. Das wiederholte „glaube ich" bzw. „ich glaube" (Turn 4, 6) spricht für Unsicherheiten. Was an dem Zusammenhang für Finja unsicher ist, kann an dieser Stelle nicht eindeutig ermittelt werden. Für sie scheint ein Zusammenhang zwischen Mittelsenkrechten und Umkreis zu bestehen. Dieser möglicherweise noch vage Zusammenhang (als *theoretisches Element*) zwischen dem Schnittpunkt der Mittelsenkrechten und dem Umkreis könnte herangezogen werden, um der Fragestellung aus der Aufgabenstellung nachzugehen: Unter welchen Bedingungen schneiden sich die Mittelsenkrechten eines Dreiecks in dem Mittelpunkt einer Dreiecksseite? Finja zeichnet im weiteren Verlauf ein spitzwinkliges Dreieck.[5]

---

[5] Schwer sichtbare Linien der Lernenden wurden von der Forscherin zur besseren Lesbarkeit nachgezeichnet und einzelne Erarbeitungsschritte kenntlich gemacht. Die GeoGebra Bearbeitungen wurden von der Forscherin auf den Stand der Äußerung rekonstruiert. Die vollständigen Skizzen befinden sich im Anhang.

17	Fi	04:04	*(lacht kurz)* wenn die sich alle in einem Punkt schneiden, dann kann man irgendwie so den Umkreis darum zeichnen *(zeichnet den Umkreis um das Dreieck)*, so dass jede Ecke einmal *(zeigt mit dem Stift auf die Ecken)* berührt wird-
18	K	04:12	okay, mhm
19	Fi	04:13	und das ist dann der Mittelpunkt von den Mittelsenkrechten *(skizziert die Mittelsenkrechten, erst die linke, dann die rechte und zuletzt die untere)* als Radius, irgendwie so.
20	K	04:18	okay. *(nickt)*
21	Fi	04:19	und wenn die sich auf der Linie schneiden, dann- *(deutet mit der Bleistiftspitze auf ihre Skizze in Richtung der unteren, hier gestrichelten, Dreiecksseite[30])*
			[...]
25	Fi	04:28	ja genau, also dann wirds irgendwie hierdrauf liegen. *(beginnt ein neues Dreieck, zeichnet zuerst die untere Seite)* ich weiß nicht, dann sähe das wahrscheinlich irgendwie so aus-, dann wäre hier der Punkt *(zeichnet den Mittelpunkt der unteren Dreiecksseite ein)* und dann könnte man- *(beginnt mit dem Umkreis)*, ne- *(lacht, legt den Stift hin)* .. ja aber-
26	K	04:39	ja aber-
27	Fi	04:39	also wenn das überhaupt stimmt mit den, *(lächelt)* Mittelsenkrechten wenn die sich treffen. *(4 sec)*

Wie oben bereits erwähnt, kann vermutet werden, dass Finja der Frage aus der Aufgabenstellung nachgeht. Diese Vermutung erhärtet sich an obigem Transkriptausschnitt, da sie die gesuchte Lage des Schnittpunktes der Mittelsenkrechten auf der Dreiecksseite markiert (Turn 25). Die Aufgabenstellung könnte folglich ein *erklärungswürdiges Phänomen* darstellen. Zur Erklärung der Aufgabenstellung nutzt sie anscheinend Erkenntnisse über einen Zusammenhang zwischen dem Schnittpunkt der Mittelsenkrechten und dem Umkreismittelpunkt (ein theoretisches Element), den sie in Turn 17 und 19 präsentiert. Die wiederholte Äußerung „**wenn** die sich alle in einem Punkt schneiden, dann kann man irgendwie so den Umkreis darum zeichnen" (Turn 17, Hervorh. abweichend vom Original, s. auch Turn 4, 6) könnte als Unsicherheit interpretiert werden, ob ein solcher Schnittpunkt überhaupt existiert. Um die Vagheit des theoretischen Elements und den Einfluss dessen auf die generierte *Hypothese* beschreiben zu können, wird in Abbildung 7.38 eine, anhand der Äußerungen rekonstruierte, Abduktion von Finja notiert.

Resultat:	Unter welchen Bedingungen schneiden sich die Mittelsenkrechten im Mittelpunkt einer Dreiecksseite?
Gesetz:	Der Schnittpunkt der Mittelsenkrechten existiert.
	Der Schnittpunkt der Mittelsenkrechten ist Umkreismittelpunkt.
	dann ergeben sich Bedingungen zur Lage des Schnittpunktes.
	(*Hypothese 1*)
Fall:	Ein Schnittpunkt aller Mittelsenkrechten als Umkreismittelpunkt existiert.

Abbildung 7.38 Abduktive Hypothese mit vagem Theorieelement anlässlich der Frage „Unter welchen Bedingungen schneiden sich die Mittelsenkrechten im Mittelpunkt einer Dreiecksseite?"

Das angesprochene *Theorieelement* geht in die *Hypothese* ein, um möglicherweise eine Bedingung zu generieren, allerdings weniger um für eine konkrete Bedingung mittels Theorie zu plädieren (s. Gesetz der Abduktion in Abb. 7.38). Dies unterstreicht die Vagheit des Theorieelements: Das zu Erklärende (s. das Resultat der Abduktion in Abb. 7.38) kann mittels des Theorieelements nicht inhaltlich erschlossen werden (s. Gesetz der Abduktion in Abb. 7.38). Es scheint als würde Finja nach einer Theorieverortung suchen. Die Theorieleitung der Hypothese ist an dieser Stelle noch schwach.

Ausgehend von der ersten Visualisierung wird der Schnittpunkt auf die Dreiecksseite geschoben (Turn 21). Dadurch verändert sich auch das gezeichnete Dreieck von Finja: Es ist nun ein stumpfwinkliges. Implizit scheint hier angewendet zu werden, dass sich das Dreieck mit der Lage des Schnittpunktes verändert. Durch die Lokalisierung des Schnittpunktes scheint sie den Fall der Abduktion anzuwenden (s. Abb. 7.38). Die Zeichnung des stumpfwinkligen Dreiecks könnte als Prüfung des anfänglichen hypothetischen Gesetzes dienen. Die Erstellung der Zeichnung könnte als *Experiment* interpretiert werden: Sie kann als *planvoll* identifiziert werden, da der Schnittpunkt auf den Mittelpunkt der Dreiecksseite gezogen wird und sich in Turn 25 ein ähnliches Vorgehen wie in Turn 17 und 19 wiederholt. Das Ziel der Ausführung dient möglicherweise der Erarbeitung der Bedingungen für die Schnittpunktlage. Die *Beobachtungsrichtung* stellt sich allerdings noch als offen heraus. Bei ungefähr der Hälfte des skizzierten Umkreises wird das Experiment bereits abgebrochen (Turn 25). Der Zusammenhang zwischen Schnittpunkt der Mittelsenkrechten und Umkreis (das Theorieelement) wird vermutlich als Erklärungsgrundlage angezweifelt: „also wenn das überhaupt stimmt mit den, *(lächelt)* Mittelsenkrechten wenn die sich treffen." (Turn 27). Für Finja scheint die Allgemeingültigkeit ihres Theorieelements noch nicht bekannt zu sein, dass sich nämlich stets alle Mittelsenkrechten des Dreiecks in genau einem Punkt schneiden, dem Mittelpunkt des Umkreises.

Bezieht man diesen ersten Eingriff auf die in Abschnitt 7.2.4 herausgestellten *Arten zu Experimentieren* (s. Abb. 7.37), so wurde die Wirkung des Experiments, nämlich die Bedingungen für die Lage des Schnittpunktes der Mittelsenkrechten, ausschließlich vage geäußert und damit scheinen die empirischen Daten zunächst Anhaltspunkte zum Fragen und Deuten zu liefern. Es wird vornehmlich auf die Art und Weise der Ausführung des Experiments geachtet (Betonung auf *Arbeitsweise*). Betrachtet wird das auf dem Zeichenpapier sichtbare stumpfwinklige Dreieck als Objekt und dessen Umkreis. Die Studentinnen führen anscheinend ein *reales Experiment mit realen Objekten* (1. Art zu Experimentieren) aus (s. Abb. 7.39).

Objekte Experimentieren	real	gedanklich
Betonung auf Arbeitsweise	╳	████
Betonung auf Denkweise		

Abbildung 7.39 Art zu Experimentieren aus Abschnitt 7.3.1 – reales Experimentieren mit realen Objekten

Obwohl von Finja ein theoretisches Element (der Zusammenhang zwischen Schnittpunkt der Mittelsenkrechten und Umkreis) zu Beginn eingebunden wird, ist das Vorgehen bisher eher als ein *exploratives Experiment* zu klassifizieren, da die Passung zwischen theoretischem Element und dem zu erklärenden Phänomen fehlt. Diese Interpretation bestätigt sich besonders in der Ausführung des Experiments: Es wird abgebrochen. Das zu Erklärende (hier: Bedingung der besonderen Lage des Schnittpunktes der Mittelsenkrechten) kann mittels des Theorieelements womöglich nicht erklärt werden.

7.3.2　Quasi-empirische Haltung – Bestärken und Entkräften verschiedener Hypothesen

Finja und Kim arbeiten im Anschluss mit GeoGebra. Dieser Wechsel wird von Kim initiiert. In diesem Abschnitt wird eine notwendige Bedingung des Zusammenhanges erarbeitet. Die Hypothesen innerhalb dieses Abschnitts werden von den Studentinnen kritisch betrachtet. Sie scheinen diese entkräften zu wollen, weshalb sich eine quasi-empirische Haltung zeigt.

Finja konstruiert zuerst ein Dreieck mit der Makro-Funktion „Vieleck". Anschließend fügt sie die Mittelsenkrechten der Seite BC und AB mit der entsprechenden Makro-Taste ein. Die nachfolgende Szene setzt dann ein, als die letzte Mittelsenkrechte konstruiert werden soll:

32	Fi	05:38	… okay, die werden sich auf jeden Fall <u>nicht</u> alle in einem Punkt schneiden.
33	K	05:40	da-, doch. *(schmunzelt)* *(Skizze ist rekonstruiert und sah ungefähr wie folgt aus:* *Zuerst wurde die Mittelsenkrechte zu BC, dann zu AB und zuletzt zu AC konstruiert.)*
34	Fi	05:43	doch.. ist das immer so'.. das ist ja überraschend *(alle schmunzeln)* .. ich glaube wenn man jetzt-
35	I	05:47	was ist überraschend'
36	Fi	05:48	ich wusste nicht, dass die sich immer- also, ist das <u>immer</u> so dass die sich in einem Punkt schneiden' *(tippt am Bildschirm, mittig der Figur)* [...]

Möglicherweise hat der Wechsel von der manuellen zur digitalen Umsetzung der Zeichnung stattgefunden, um die Situation zu *explorieren:* Vermutlich soll ein Dreieck gefunden werden, in dem sich die Mittelsenkrechten in dem Mittelpunkt der Dreiecksseite schneiden, um daran reproduzierbare Bedingungen zu erarbeiten. Neben der Exploration und Annäherung an die Ausgangsfrage scheint der Eingriff allerdings auch als *Prüfung* des nun ins Gespräch gebrachten theoretischen Elements aus Abschnitt 7.3.1 zu fungieren. Diese Prüffunktion der Handlung soll im nachfolgenden Abschnitt diskutiert werden.

In Turn 32 könnte sich Finja auf ihr theoretisches Element aus Abschnitt 7.3.1 beziehen: Wenn ein Schnittpunkt der Mittelsenkrechten im Dreieck existiert, dann existiert ein Umkreis (Turn 17). Ausgehend davon könnte die veröffentlichte *Vorhersage* über den Schnittpunkt der Figur getätigt werden:

„okay, die werden sich auf jeden Fall <u>nicht</u> alle in einem Punkt schneiden" (Turn 32, *Vorhersage*).

Im Hinblick auf Turn 4–25 und dem sich anschließenden Transkriptverlauf kann vermutet werden, dass sie bei dem konstruierten Dreieck keinen Umkreis annimmt. Diese Vorhersage wäre allerdings nicht in der Form: Wenn Aussage A gilt (eindeutiger Schnittpunkt aller Mittelsenkrechten), dann müsste Aussage B gelten (Umkreis konstruierbar), sondern es wäre eine Kontraposition, die als Vorhersage durchgeführt wird: Wenn nicht Aussage B (Umkreis nicht konstruierbar) gilt, dann sollte A (kein eindeutiger Schnittpunkt der Mittelsenkrechten) auch nicht gelten. Das Eintragen der Mittelsenkrechten kann damit bereits als *Experiment* gewertet werden, da es das Ziel verfolgt, den Zusammenhang zwischen Schnittpunkt der Mittelsenkrechten und Umkreis zu prüfen, auch wenn dieser Zusammenhang für sie bei diesem konkret vorliegenden Dreieck nicht explizit fraglich zu sein scheint. Die von Finja entschlossene Vorhersage, dass „die sich auf jeden Fall <u>nicht</u> alle in einem Punkt schneiden" (Turn 32) werden, lässt sich als Indiz dafür verstehen, dass sie diese Prüfung als erneuten Test und damit als *Demonstrationsexperiment* eingestuft haben könnte. *Beobachtet* wird von ihr allerdings, dass sich die Mittelsenkrechten alle in einem Punkt schneiden.

Turn 36 spricht für eine *Modifikation* ihres eigentlichen *theoretischen Elements*. Ihr theoretisches Element wird für sie hypothetisch: „ich wusste nicht, dass die sich immer- also, ist das <u>immer</u> so dass die sich in einem Punkt schneiden". Dieser nun hypothetische Zusammenhang könnte wie folgt lauten:

In jedem Dreieck schneiden sich die Mittelsenkrechten in genau einem Punkt, dem Mittelpunkt des Umkreises (Deutung, Hypothese 2).

Aus naturwissenschaftlicher Perspektive kann diese Modifikation als *Deutung der Beobachtungsdaten des Experiments* interpretiert werden. Finja geht dieser Deutung im Folgenden experimentell nach, weshalb das Gesetz der Deutung auch als *neue Hypothese* interpretiert werden kann. Diese Hypothese 2 hat sich aus der Modifikation eines theoretischen Elements ergeben, was eine *quasi-empirische* Haltung zeigt: die herangezogenen Theorieelemente anzuzweifeln.

Auf Nachfrage von Finja hin, zeigt die Interviewerin ihr die GeoGebra-Funktion für das Eintragen eines Schnittpunktes. Anschließend konstruieren die Studentinnen um diesen Schnittpunkt einen Kreis, was die rekonstruierte *Hypothese 2* erhärtet:

| 47 | Fi | 06:56 | so, dann, weil <u>da</u> ist- .. also es ist immer so. *(verschränkt die Arme, alle schmunzeln)* ich weiß aber nicht warum. und wenn wir jetzt die Linie, *(scrollt durch die Makrofunktionen)* die kann man ja verschieben ne' .. so. |

In Turn 47 hat FINJA vermutlich ihre nun modifizierte Hypothese 2 geprüft: „also es ist immer so." Diese *positive Prüfung* könnte durch die Konstruktion des Umkreises stattgefunden haben. Die Konstruktion des Umkreises scheint für sie damit das fortgeführte *Experiment* zu *Hypothese 2* gewesen zu sein. Dieses Experiment wird nicht weitergehend theoretisch eingebettet, vermutlich da die Hypothese 2 zwischen Umkreis und Schnittpunkt der Mittelsenkrechten ausschließlich ein theoretisches Element und nicht die eigentlich zu prüfende Aussage gewesen ist (vgl. Hypothese 1) oder weil sich damit ausschließlich eine notwendige Bedingung (eindeutiger Schnittpunkt der Mittelsenkrechten) der Aufgabe ergeben würde, allerdings keine hinreichende.

An Finjas Vorgehen kann die Verschiedenheit der Objekte zwischen Naturwissenschaft und Mathematik exemplifiziert und mittels der Theorie dieser Arbeit gestützt werden: Um aus naturwissenschaftlicher Perspektive (sofern im Forschungskontext bzw. forschungsähnlichen Kontext) eine solche überzeugende Allaussage („also es ist immer so", Turn 47) treffen zu können, müsste <u>entweder</u> eine bewährte Theorie oder ein bewährtes Gesetz herangezogen werden. Es hätte sich <u>ebenfalls</u> eine Versuchsreihe anschließen können. Die Studentin hat diesen Zusammenhang weder mathematisch hergeleitet, noch an einer Reihe von Beispielen geprüft und erklärt. Sie könnte ein Vertrauen haben, dass eine mathematische Begründung zu diesem Zusammenhang möglich wäre (sog. Beweisstütze, nach Pólya, 1954/1962, Abschnitt 2.1.2). Ebenfalls zu vermuten ist, dass dieser Zusammenhang von Finja als eine Art Quasi-Axiom begründungslos vorausgesetzt wird (vgl. Lokale Ordnung nach Freudenthal, 1973, s. Abschnitt 2.1.2), damit der Fokus auf die eigentlich gestellte Frage aus der Aufgabenstellung gelegt werden kann.

49	Fi	07:09	… wenn wir die, so verschieben, dass das da drauf liegt *(zieht mit dem Finger die untere Dreieckseite nach oben)*
50	K	07:11	mhm
51	Fi	07:12	jetzt liegt es ungefähr dadrauf ne' *(die Zeichnung wurde rekonstruiert)*
52	I	07:14	jetzt habt ihr das Dreieck verschoben'
53	K	07:16	ja.
54	Fi	07:16	ja aber jetzt treffen sich alle Mittelsenkrechten auf einer Seite. so war ja die Aufgabe ne' *(guckt auf das Aufgabenblatt)*
55	I	07:21	ja und-
56	Fi	07:21	achso ne *(hebt den Zeigefinger)*, die müssen sich im Mittelpunkt einer Seite treffen'
57	K	07:24	tun sie ja. *(zeigt auf den Schnittpunkt am Bildschirm)*
58	Fi	07:26	ja', achso.
59	K	07:27	ja weil die, *(bewegt die rechte Handfläche hochkant rauf und runter)* Mittelsenkrechte-
60	Fi	07:28	ja stimmt, das ist auch die Mittelsenkrechte, stimmt. *(bewegt die rechte Handfläche hochkant rauf und runter)*
61	I	07:30	ehm-
62	Fi	07:31	das meinte ich eben hier *(zeigt auf das Aufgabenblatt, alle schmunzeln)*
63	K	07:34	ja .. so habe ich mir das auch vorgestellt. *(alle schmunzeln)*

Das, was in Abschnitt 7.3.1 (Turn 21, 25) manuell versucht wurde, wird nun am Tablet ausgeführt (Turn 51): Die Grundseite wird verschoben. Damit wiederholt sich das experimentelle Vorgehen aus Abschnitt 7.3.1 mit einem nun (für Finja anscheinend) sicheren theoretischen Element: In jedem Dreieck schneiden sich die Mittelsenkrechten in genau einem Punkt, dem Mittelpunkt des Umkreises. Ob und inwiefern diese (für Finja nun) sichere Aussage zur Klärung einer hinreichenden Bedingung helfen kann, ist fraglich. Es ist auch fraglich, ob diese

Aussage überhaupt noch als theoretisches Element für das weitere Vorgehen genutzt werden kann.

Möglich wäre, dass die Verschiebung der Grundseite (Turn 49) für Finja und Kim als *exploratives Experiment* dient. Durch das Verschieben der Grundseite (Turn 49) erhalten die Studentinnen die gewünschte Situation, die sie anscheinend auch in Abschnitt 7.3.1 mit ihrem Experiment auf dem Zeichenblatt erhofft haben (Turn 62). Hypothese 1 zielte auf (hinreichende) Bedingungen. Mit dem Vorliegen der geforderten Situation wird es nun möglich, hinreichende Bedingungen zu erarbeiten.

In Turn 56 ist für Finja anscheinend erklärungswürdig, ob der Schnittpunkt nun auf dem Mittelpunkt der Dreiecksseite liegt. Dies muss nicht erneut explizit experimentell erarbeitet werden, sondern wird von Kim am bereits durchgeführten Experiment erklärt: „ja weil die, *(bewegt die rechte Handfläche hochkant rauf und runter)* Mittelsenkrechte-" (Turn 59). Vermutlich soll damit angedeutet werden, dass die Mittelsenkrechte durch den Mittelpunkt der Seite verläuft. Zumindest reicht Finja diese rudimentäre Erklärung (bzw. die Geste) von Kim aus: „ja stimmt, das ist auch die Mittelsenkrechte, stimmt. *(bewegt die rechte Handfläche hochkant rauf und runter)*" (Turn 60). Es wird anscheinend auf eine *Eigenschaft von Mittelsenkrechten zur Erklärung* zurückgegriffen (ein *erklärendes Theorieelement*).

Bezogen auf das Modell dieser Arbeit (s. Abb. 5.13) kann der Gesprächsaustausch in Turn 59 und 60 wie folgt interpretiert werden: Anscheinend passen die empirischen Daten aus dem vorangegangenen Experiment zur neu gestellten Fragestellung, sodass eine *Beobachtung* und *Deutung* anschließen kann. Erneut kann betont werden, dass nicht die Realität in ihrem ganzen Umfang beobachtet wird, sondern nur das, was gefragt wird: Liegt der Schnittpunkt der Mittelsenkrechten auf der Mitte der Dreiecksseite? An dieser kurzen Szene wird die Rolle von Beobachtungen als Schlüsselmomente in Erkenntnisprozessen allerdings auch die Bedeutung und Trennung zu einer Erklärung deutlich: Die Beobachtung ist, dass der Schnittpunkt auf der Linie liegt. Dass der Schnittpunkt damit auf der Mitte liegt, weil er sich nicht auf irgendeiner Linie, sondern auf der Mittelsenkrechten befindet, ist nachträglich zu erklären (deuten) bzw. aus einer Hypothese vorherzusagen. Anders gesagt: Wer keine Frage hat, kann auch nichts beobachten und damit auch nicht prüfen und erklären (s. Abduktion, Abschnitt 2.2.1).

Theoretische und empirische Elemente ergeben sich aus diesen Arbeiten (s. Abb. 7.40).

Frage 1: Unter welchen Bedingungen schneiden sich die Mittelsenkrechten alle im Mittelpunkt einer Dreiecksseite?	
Frage 1.1: Unter welchen Bedingungen schneiden sich die Mittelsenkrechten? Empirisch:	**Frage 1.2: Liegt der Schnittpunkt auf dem Mittelpunkt der Dreiecksseiten?** Empirisch:
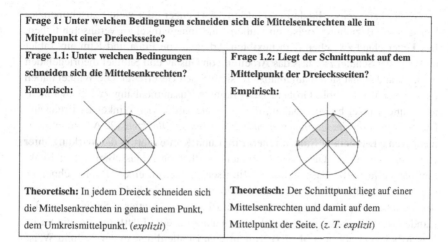	
Theoretisch: In jedem Dreieck schneiden sich die Mittelsenkrechten in genau einem Punkt, dem Umkreismittelpunkt. (*explizit*)	**Theoretisch:** Der Schnittpunkt liegt auf einer Mittelsenkrechten und damit auf dem Mittelpunkt der Seite. (*z. T. explizit*)

Abbildung 7.40   Zusammenfassung der empirischen und theoretischen Elemente bezogen auf die Erarbeitung notwendiger Bedingungen der Aufgabe

Zusammenfassung der Interpretation hinsichtlich der Arten zu Experimentieren: In diesem Abschnitt wurde das manuelle experimentelle Vorgehen auf das Arbeiten mit GeoGebra ausgelagert. Die ausgehenden Fragestellungen und Hypothesen aus Abschnitt 7.3.1 scheinen weiterhin untersucht zu werden. Das übergeordnete Ziel der Experimente bleibt folglich bestehen. Durch das Arbeiten am Tablet werden die Zeichnungen exakter und durch das Programm flexibel. Es wird auf eine euklidisch programmierte Wirklichkeit zurückgegriffen. Messungen und Zeichnungen werden den Studentinnen abgenommen. Ein variables Arbeiten findet sich auch bei Gustav und Samuel (s. Abschnitt 7.1.4).

Abbildung 7.41   Ein real vorliegender, gedanklich variierbarer Außen- und Innenwinkel

Gustav kann seine Hände in Abbildung 7.41 enger oder weiter zusammenzie-
hen, um die Beziehung zwischen Außen- und Innenwinkel zu veranschaulichen.
Der Unterschied zwischen dem flexiblen Arbeiten von Finja und Kim am Tablet
und dem der Schüler ist, dass das Arbeiten von Gustav und Samuel theoriegeladen
ist. Ihr Handeln hat sich mathematisiert, sie wenden Gesetze an. Die Winkel haben
für die Schüler variable Größen. Der erkannte Zusammenhang zwischen Innen-
und Außenwinkel bleibt erhalten, die konkrete Größe der Winkel ist irrelevant.
Die Schüler *experimentieren gedanklich mit realen Objekten* (2. Art zu Experimentieren). Die beiden Studentinnen Finja und Kim erwarten die Wirkung ihrer
Handlung am Tablet. Dies wird besonders deutlich an Finjas überraschter Reaktion als sie feststellt, dass sich alle Mittelsenkrechten in einem Punkt schneiden
(Turn 34). Ihr Handeln ist noch nicht mathematisiert, doch durch die Oberfläche
des Tablets ist die Handlung ähnlich variabel wie das Hantieren Samuels mit den
Händen (s. Abb. 7.41). Finja und Kim nutzen zwar eine Plattform, die ein variables Arbeiten ermöglicht, ihr Experimentieren ist allerdings an der Art und Weise
der Ausführung orientiert. Ihre Beobachtungen sind zwar nicht derart theoriegeleitet, allerdings ähnlich eng geführt wie bei den Jungen: Die Schüler fragen in
der hier aufgegriffenen Situation (s. Abb. 7.41), ob der Außenwinkel 120° ergibt.
Die Studentinnen bearbeiten in diesem Abschnitt die Fragen,

- ob sich die Mittelsenkrechten als Objekte schneiden oder nicht,
- ob ein Umkreis als Objekt konstruierbar ist oder nicht,
- ob der Schnittpunkt als Objekt auf dem Mittelpunkt liegt oder nicht.

Sie betrachten die konkreten Objekte und handeln mit ihnen als wären diese real.
Die Studentinnen führen damit weiterhin *reale Experimente mit realen Objekten*
(1. Art zu Experimentieren) aus.

Was aber aus diesem Vergleich zwischen den Schülern aus Analyse I und den
Studentinnen vermutet werden kann, ist, dass eine Plattform wie GeoGebra den
Übergang von der ersten zur zweiten Art zu Experimentieren anregen könnte.

7.3.3 Suche nach verallgemeinerbaren Bedingungen

Die gewünschte Lage des Schnittpunktes der Mittelsenkrechten liegt den Studentinnen nun vor. Die gegebene Situation ist hilfreich, um hinreichende Bedingungen für solch eine Lage zu erarbeiten. In dem nachfolgenden Abschnitt wird die
Passung zwischen theoretischen Elementen und empirischen Daten angebahnt.
Dafür werden in diesem Abschnitt unterschiedliche Bedingungen fokussiert, die

Ursache für die besondere Lage (in dem Mittelpunkt einer Dreiecksseite) sein könnten: 1. die Länge der Schenkel und 2. die Größe der Winkel. Das folgende Suchen nach Bedingungen ist an empirischen Daten orientiert.

Bedingung 1: Die Länge der Dreiecksschenkel

64	I	07:36	unter welchen Bedingungen funktioniert das denn immer'
65	Fi	07:38	wenn es ein gleich- seitiges Dreieck ist, weil B und A und A und C müssen *(deutet zum Bildschirm auf die Seiten des Dreiecks)* ja gleich-
66	K	07:44	weil gleichseitig ist es ja jetzt nicht. *(führt vor dem Bildschirm ihren Finger von oben nach unten die Mittelsenkrechte der Strecke $\overline{BC}$ entlang)* weil die Mittelsenkrechte geht ja nicht genau in den Punkt A. .. also die Seite ist länger als diese oder nicht' *(zeigt auf die Schenkel des Dreiecks, erst auf den linken, dann auf den rechten Schenkel)*
67	Fi	07:53	ach ja stimmt. aber- $\overline{BF}$ und $\overline{FC}$ sind ja auf jeden Fall gleich lang- *(F ist der Schnittpunkt der Mittelsenkrechten, der auf der Dreiecksseite liegt)*
68	K	07:58	.. *(guckt auf den Bildschirm)* ja genau *(nickt)*

Die Interviewerin geht in Turn 64 zurück zur Aufgabenstellung. Sie betont in ihrer Äußerung das Wort „immer", womit angezeigt werden sollte, dass für diese Bearbeitung ein zufällig gefundenes Beispiel nicht ausreichend ist.

Finja bezieht sich in Turn 65 nicht mehr auf die Eigenschaft des Umkreises, weshalb sie dieses Theorieelement zunächst nicht als *erklärend* und *orientierend* nutzt. Da sie nur auf die Längen zweier Schenkel eingeht (Turn 65), kann vermutet werden, dass sie ein gleichschenkliges anstelle eines gleichseitigen Dreiecks als Bedingung annimmt (Turn 65). Diese Bedingung entdeckt sie vermutlich an ihrem vorherigen Experiment.

Durch die *Deutung der Beobachtung* ergibt sich anscheinend eine neue *Hypothese* mit folgendem Gesetz:

Wenn das Dreieck gleichschenklig ist, dann schneiden sich die Mittelsenkrechten im Mittelpunkt einer Dreiecksseite (Hypothese 3, fachlich unvollständig).

Das Gesetz scheint hypothetisch zu sein, da fraglich ist, ob die Gleichschenkligkeit Ursache für die besondere Lage des Schnittpunktes ist. Betrachtet man diese *Hypothese* hinsichtlich ihres Theoriegehalts, so wird zwar auf Wissen über gleichschenklige Dreiecke zurückgegriffen (sie haben gleich lange Schenkel), es wird allerdings noch nicht erklärt, warum die Längen der Schenkel Einfluss auf die Lage des Schnittpunktes haben könnten. Die Hypothese wird alleine aus der

Zeichnung generiert, dass das zufällig erzeugte Dreieck den Anschein erweckt, als habe es zwei gleich lange Schenkel. Damit lässt sich ein Vorgehen erkennen, das nach Bedingungen und einer Theorieverortung sucht, ein *exploratives* Vorgehen und eine *empirisch orientierte Hypothese*. Finja scheint allerdings zu versuchen, ein passendes Theorieelement zur Klärung der empirischen Daten heranzuziehen. Kim betrachtet die Passung dagegen kritisch. Sie reagiert in Turn 66 auf Finjas Hypothese 3. Sie stellt Finjas Hypothese als unpassend heraus: „weil gleichseitig ist es ja jetzt nicht. *(führt vor dem Bildschirm ihren Finger von oben nach unten die Mittelsenkrechte der Strecke $\overline{BC}$ entlang)* weil die Mittelsenkrechte geht ja nicht genau in den Punkt A... also die Seite ist länger als diese oder nicht' *(zeigt auf die Schenkel des Dreiecks, erst auf den linken, dann auf den rechten Schenkel)*" (Turn 66).

Finja scheint ihre *Hypothese* insofern aufrechtzuerhalten, dass sie auf weitere gleiche Streckenlängen achtet: „aber- $\overline{BF}$ und $\overline{FC}$ sind ja auf jeden Fall gleich lang- *(F ist der Schnittpunkt der Mittelsenkrechten, der auf der Dreiecksseite liegt"* (Turn 67). Diese Reaktion auf ein mögliches Gegenbeispiel erhärtet die Vermutung ihrer versuchsweisen *Hypothese*: Hätte sie theoretische Gründe für die Hypothese, so könnte sie diese Gründe zur Verteidigung angeben. Finja hat zwar noch keinen expliziten Beweisansatz, doch kann ihr Verhalten mit der beschriebenen *„Methode ,Beweis und Widerlegungen'"* bei Lakatos (1976/1979, S. 43, Hervorh. im Original, Abschnitt 2.1.2) verglichen werden: Finja passt anscheinend ihre Hypothese 3 an und legt ihren Fokus weiterhin auf die Gleichheit von zwei Strecken, aber im Gegensatz zu vorher nun auf gleiche Streckenabschnitte und nicht mehr auf die Schenkel des Dreiecks. Sie blockt das Gegenbeispiel nicht als Gegenbeispiel ab, was im Falle einer *Monstersperre* oder *-anpassung* gemäß Lakatos (1976/1979), geschehen würde, sondern nimmt es als Anreiz, die eigene Hypothese zu modifizieren (Charakteristika der *„Methode ,Beweis und Widerlegungen'"* (ebd.)).

Deutlich wird, dass die Studentinnen empirische Daten nutzen, um ihre Hypothesen vor allem zu entkräften – ein naturwissenschaftlicher Standpunkt. Es soll an dieser Stelle die Art der obigen Falsifikation reflektiert werden:

Anders als in Abschnitt 7.3.2, in der Finjas Hypothese an empirischen Daten gescheitert ist, gewinnt sie hier eine Hypothese über ein empirisches Phänomen, die anscheinend aus theoretischen Gründen von Kim angezweifelt wird. Kims Reaktion auf die Hypothese kann als ein *indirekter Prüfprozess* gedeutet werden, der wie folgt gestaltet sein könnte: Wenn die gesuchte Bedingung der Aufgabe die Gleichschenkligkeit ist, dann muss eine Mittelsenkrechte durch den gegenüberliegenden Eckpunkt des Dreiecks verlaufen. Diese notwendige Konsequenz aus der hypothetischen Bedingung ist in den empirischen Daten nicht beobachtbar.

Sie vollzieht damit einen theoriegeleiteten Prozess zur Falsifikation der empirisch orientierten Hypothese von Finja. *Ein indirekter Prüfprozess kann sich auch dafür anbieten, Falsifikationsmöglichkeiten zu eröffnen – anders gesagt: um die Theoriepassung auf die Probe zu stellen (vgl. Abschnitt 7.1.4).* Solange die hinreichende Bedingung noch nicht gefunden ist, kann auch nicht erklärt werden, warum sie für die Lage des Schnittpunktes im Dreieck verantwortlich ist. Die Suche nach Bedingungen verbleibt bisher vornehmlich *explorativ* – wobei sie nicht unsystematisch ist. Das Heranziehen von Theorieelementen ist ein zielführendes und an der Empirie orientiertes Arbeiten. Deutlich wird das, was zu Beginn dieser Arbeit (s. Kapitel 2) herausgestellt wurde:

- *Arbeitsweisen ohne Denkweisen bleiben leer:* Die Lage des Schnittpunktes der Mittelsenkrechten auf der Dreiecksseite bleibt ein zufälliges Ereignis, sofern die Bedingungen nicht gefunden und erklärt wurden.

- *Denkweisen ohne Arbeitsweisen sind blind:* Theorieelemente, die in der Empirie nicht überprüft werden können und Situationen nicht erklären können, sind entsprechend nicht hilfreich, um aus empirischen Daten zu lernen. Auf das Beispiel bezogen: Die Gleichschenkligkeit und auch die Umkreisidee helfen nicht, die Situation zu erklären.

Bedingung 2: Die Größe der Winkel

Die Studentinnen verschieben den Eckpunkt C des Dreiecks.			
84	Fi	08:43	und dann-, muss es auf jeden Fall <u>einen</u> rechten Winkel bei A haben. ...
85	I	08:48	einen rechten Winkel bei A'
86	Fi	08:50	weil egal wie du die- *(tippt kurz erneut auf Punkt C)*
87	K	08:51	mach mal, trag mal den Winkel ein und dann verschieben wir es nochmal ob es immer neunzig Grad ist.
Tragen den Winkel am Tablet ein.			
90	Fi	09:00	... och nein, schade.
91	K	09:01	aber-
92	Fi	09:02	aber es kann ja natürlich auch sein, dass F jetzt nicht- wir können ja auch- *(bedient das Tablet an den Makrofunktionen)*
93	K	09:04	genau drauf liegt ne'
Wiederholen mehrfach, dass der Punkt F noch nicht auf der Dreiecksseite liegt.			
100	Fi	09:22	... *(verschiebt den Punkt C leicht, leise)* das wäre schon schön, wenn das neunzig Grad wäre-

Eine neue Entdeckung wird anscheinend in Turn 84 generiert: Die Dreiecke, bei denen der Schnittpunkt der betrachteten Ortslinien auf dem Mittelpunkt einer Dreieckseite liegt, sind möglicherweise rechtwinklige. Diesen Zusammenhang entdeckt Finja durch das Verschieben des Punktes C. Das Transformieren der Lage des Punktes C lässt sich damit als *exploratives Experiment* rekonstruieren. Die Entdeckung wird mit einem „auf jeden Fall" (Turn 84) von Finja bekräftigt, womöglich, weil sie mehrere unterschiedliche Beispiele gesehen hat. Da dies fachlich betrachtet eine wesentliche Entdeckung für die Aufgabe ist, wird die entsprechende Abduktion rekonstruiert (s. Abb. 7.42).

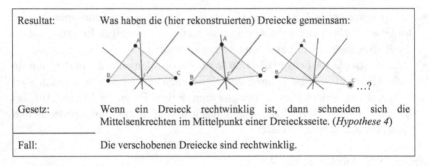

Resultat:	Was haben die (hier rekonstruierten) Dreiecke gemeinsam:
Gesetz:	Wenn ein Dreieck rechtwinklig ist, dann schneiden sich die Mittelsenkrechten im Mittelpunkt einer Dreiecksseite. (*Hypothese 4*)
Fall:	Die verschobenen Dreiecke sind rechtwinklig.

Abbildung 7.42 Abduktive Hypothese anlässlich der Frage „Was haben die Dreiecke gemeinsam?"

In Turn 87 verbalisiert Kim ihren experimentellen Plan. Eine *Vorhersage* wird deutlich:

„mach mal, trag mal den Winkel ein und dann verschieben wir es nochmal ob es immer neunzig Grad ist" (Turn 87, *Vorhersage*).

Das Eintragen des Winkels hat anscheinend nicht exakt 90° ergeben. Die *Beobachtung* passt noch nicht mit der *Vorhersage* überein (Turn 90). Die Ausführung des Experiments wird allerdings angezweifelt (Turn 92 f.), sodass die Beobachtung noch zu der Vorhersage passen könnte. Anders als bei der vorherigen Hypothese 3 gab es nach dem Experiment eine Erklärung, warum die Hypothese nicht passt (z. B. das Feststellen der unterschiedlich langen Seiten). Hier scheint es zunächst keine Erklärung gegen diese Hypothese zu geben, sondern eher Zweifel an der richtigen Ausführung des Experiments (Turn 92). Eine nachträgliche *Fallhypothese* (s. Abschnitt 2.2.1) kann vermutet werden, d. h. eine, die den Plan des Experiments anzweifelt. Das Experiment geschieht weiterhin streng an der Art und Weise der Ausführung orientiert. Sie arbeiten weiterhin mit den Objekten als wären diese real (*1. Art zu Experimentieren*). Es schließt sich eine weitere Erklärungssuche an, nämlich, warum der rechte Winkel eine Bedingung für die besondere Lage des Schnittpunktes sein könnte.

101	K	09:30	*(5 sec)* hä kann schon sein.
102	Fi	09:30	ich finde das schwierig
103	K	09:31	das kann schon sein, dass wir den einen neunzig Grad Winkel ˙ brauchen.
104	Fi	09:34	ich glaube du hast dann immer einen neunzig Grad Winkel weil dann kannst du das mit dem Satz des Pythagoras machen, dass du <u>hier</u> ein-, Quadrat hinsetzt und <u>da</u> eins und <u>da</u> eins ... und dann- *(deutet Quadrate über den Seiten des Dreiecks auf dem Bildschirm an)*
FINJA führt den Satz des Pythagoras aus.			
114	I	10:19	aber warum wollt ihr das jetzt machen'
115	Fi	10:21	das weiß ich auch nicht.

Zusammengefasst wird an diesem Transkriptausschnitt erneut deutlich, wie wichtig die *Passung zwischen theoretischen Elementen und empirischen Daten* ist. Finja erwähnt den Satz des Pythagoras als potenzielles Erklärungselement. Sie kann allerdings nicht angeben, inwiefern dieser zur Erklärung der Beobachtungen (also einer *Deutung*) helfen könnte (*Denkweisen ohne Arbeitsweisen sind blind*). Es wird damit erneut versuchsweise ein Theorieelement herangezogen.

In Abbildung 7.43 werden die bisherigen passenden, theoretischen und empirischen Elemente zu den Fragestellungen zusammengefasst.

Frage 1: Unter welchen Bedingungen schneiden sich die Mittelsenkrechten im Mittelpunkt einer Dreiecksseite?

Notwendige Bedingungen:

Frage 1.1: Unter welchen Bedingungen schneiden sich die Mittelsenkrechten?	Frage 1.2: Liegt der Schnittpunkt auf dem Mittelpunkt der Dreiecksseiten?
Empirisch:	Empirisch:
Theoretisch: In jedem Dreieck schneiden sich die Mittelsenkrechten in genau einem Punkt, dem Umkreismittelpunkt. (*explizit*)	Theoretisch: Der Schnittpunkt liegt auf einer Mittelsenkrechten und damit auf dem Mittelpunkt der Seite. (*z. T. explizit*)

Hinreichende Bedingungen:

Frage 1.3: Unter welchen Bedingungen schneiden sich die Mittelsenkrechten im Mittelpunkt einer Dreiecksseite? Ist eine Bedingung die Gleichschenkligkeit?	Frage 1.4: Unter welchen Bedingungen schneiden sich die Mittelsenkrechten im Mittelpunkt einer Dreiecksseite? Ist eine Bedingung die Rechtwinkligkeit?
Empirisch:	
Theoretisch: In gleichschenkligen Dreiecken verläuft die Mittelsenkrechte des ungleichen Schenkels durch den gegenüberliegenden Eckpunkt. Die Gleichschenkligkeit ist keine hinreichende Bedingung. (*explizit*)	

Abbildung 7.43 Zusammenfassung der empirischen und theoretischen Elemente bis Abschnitt 7.3.3

7.3.4   Suche nach einer theoretischen Reflexion

Bisher liegt die gewünschte Lage des Schnittpunktes der Mittelsenkrechten den
Studentinnen vor. Aus den empirischen Befunden haben sie eine mögliche Ursache für die besondere Lage erarbeitet, die Rechtwinkligkeit des Dreiecks. In Turn
90 bis 100 haben die Studentinnen durch die Messungen beobachten können,
dass die Winkelgröße nur annähernd 90° beträgt. Aus Abschnitt 3.2.2 kann hier
folgendes Zitat von Stork (1979) herangezogen werden:

> „Diese Hypothesen gestatten Prognosen für konkrete Versuchsabläufe; treten die pro-
> gnostizierten Ereignisse ein, so hat sich die Hypothese bewährt. Andererseits muß sich
> die Hypothese aus der Theorie erklären (das heißt: aus Ursachen verständlich machen)
> lassen." (S. 57)

Genau das im Zitat Beschriebene folgt auch in dem nächsten Abschnitt; die Studentinnen versuchen sich die Hypothese aus der Theorie zu erklären. Die Passung
zwischen theoretischen Elementen und empirischen Daten wird weiter ausgebaut.
In diesem Abschnitt werden Theorieelemente herangezogen, die die Lage des
Schnittpunktes aufgrund der Rechtwinkligkeit erklären könnten. Abschnitt 7.3.3
fokussierte ein Aufstellen des Zusammenhanges. Nachfolgend geht es nun um
eine Erklärung dieses Zusammenhanges. Beide Abschnitte thematisieren eine
Deutungssuche der vorherigen Experimente, d. h. eine Passung von Denk- und
Arbeitsweisen. Erneut kann unterstrichen werden, dass die Passung zwischen
empirischen Daten und theoretischen Elementen alles andere als trivial ist.

117	I	10:24	also welche-, was habt ihr jetzt rausgefunden, unter welchen Bedingungen glaubt ihr, ist denn- schneiden sich- die Mittelsenkrechten in ein-, in einer Dreiecksseite'
118	Fi	10:36	.. wenn bei der *(öffnet die linke Hand, mit der Handfläche nach oben)* gegenüberliegenden <u>Seite</u>, wo sich die Geraden <u>schneiden</u> *(dreht die Hand mit den Fingern nach unten)*, ein rechter <u>Winkel</u> ist.
119	I	10:41	okay, seid ihr da <u>sicher</u> oder'
120	Fi	10:43	nein' *(K und Fi schmunzeln)*
121	I	10:45	wie könntet ihr- davon <u>überzeugen</u>, dass das so ist'
Die Studentinnen verschieben die Punkte, zuerst Punkt C und dann versuchen sie es mit einem rechten Winkel bei Punkt B.			
129	K	11:12	dann sieht es aber auch aus wie ein neunzig Grad Winkel.
130	Fi	11:16	ja, jetzt ist auch gegenüber von der Seite-, bei B- .. neunzig Grad. .. und wenn man das auf c legt- eh auf- *(verschiebt weiterhin den Punkt C)* ... b, achso das hatten wir eben- *(lässt den Punkt C los)*

In diesem Transkriptausschnitt wird die *Hypothese 4* von den Studentinnen expliziert:

Eine Bedingung für den Schnittpunkt der Mittelsenkrechten im Mittelpunkt einer Drei-
ecksseite lautet: „[W]enn bei der [...] gegenüberliegenden Seite, wo sich die Geraden
schneiden[...], ein rechter Winkelist“ (Turn 118) (Hypothese 4.1).

Im Vergleich zur Hypothese aus Abbildung 7.42 wird in dieser Äußerung die Lage des rechten Winkels in Beziehung zum Schnittpunkt ergänzt: nämlich gegenüber- liegend. Dies ist in den vorherigen Äußerungen nicht explizit gewesen. Es wird nicht nur der rechte Winkel bei A fokussiert, sondern bei allen Ecken.

Finja äußert, dass sie nicht sicher sei, ob die entdeckte Bedingung stimmt (Turn 120) und beide Studentinnen überprüfen diese weiterhin empirisch und gehen bisher wenig theoretisch vor. Nun wird das *Experiment* so gestaltet, dass der rechte Winkel mit der entsprechenden gegenüberliegenden Seite abgeglichen wird. Folgendes wird beobachtet: „dann sieht es aber auch aus wie ein neunzig Grad Winkel“ (Turn 129). Damit scheint eine positive Prüfung initiiert zu wer- den. Auch wenn sie bisher nicht viele erfolgreiche theoretische Elemente ergänzt haben, haben die Studentinnen ihren *Zusammenhang verallgemeinert* und bereits ein Vertrauen in diesen gewinnen können – vor allem über die Experimente.

136	Fi	11:42	aber warum wäre das denn so, wenn wir jetzt- *(nimmt sich das Arbeitsblatt und einen Stift)* einen-
137	K	11:43	warum‘

Die Theorierelevanz wird zentral. Naturwissenschaftler*innen geben sich ebenfalls nicht mit der Verallgemeinerung der Daten zufrieden – auch sie müs- sen ihre Beobachtungen theoretisch reflektieren (*Arbeitsweisen ohne Denkweisen bleiben leer*, s. Kapitel 2).

140	Fi	11:48	wenn wir das jetzt mal von hinten zeichnen *(guckt sich um, zeigt zum Geodreieck)*, kann ich mal das Geodreieck haben' *(K gibt ihr das Geodreick)*
141	I	11:52	ja'
142	Fi	11:53	*(beginnt zu zeichnen, nutzt den rechten Winkel des Geodreiecks, um den rechten Winkel zu zeichnen)* dann brauchen wir ja nur einen rechten Winkel-

Fi zeichnet im Anschluss daran die Mittelsenkrechten in das Dreieck:

Auffällig ist, dass die Studentinnen (hier Finja) erneut zeichnen und nicht weiter mit GeoGebra arbeiten – möglicherweise, um die Bedeutung des rechten Winkels herausfinden zu können. Die Frage, der sie nun nachgehen, ist keine Frage nach Bedingungen, sondern nach Erklärungen. Durch das eigene (inverse) Ausführen der Zeichnung, könnte die Bedeutung des rechten Winkels deutlich werden. Dies ist erneut ein strategisches Vorgehen der Studentinnen, das Problem „von hinten" (Turn 140), also invers, zu betrachten. Was nun folgt, ist eine Aneinanderreihung von Entdeckungen, die zur Erklärung der besonderen Lage des Schnittpunktes der Mittelsenkrechten aufgrund des rechten Winkels herangezogen werden könnten. Im Folgenden werden zuerst die gleichen Strecken zur Erklärung herangezogen (Erklärungssuche 1), anschließend die rechten Winkel innerhalb des Dreiecks (Erklärungssuche 2). Diese Entdeckungen werden im weiteren Verlauf kompakt zusammengestellt:

Erklärungssuche 1: Die gleichen Strecken

152	Fi	13:11	mh- und dieser rechte <u>Winkel</u> würde ja dafür sorgen, dass du immer- *(zeigt dann mit den Fingern auf die linke Seite)* also <u>die</u> Seite und <u>die</u> Seite ist gleich lang .. *(nimmt das Geodreieck)* und du triffst dann auch die Seite auf der die sich schneiden-, und <u>hier</u> *(zeigt auf der Skizze auf die von ihr aus gesehen obere Seite des Dreiecks)* ist es ja <u>genauso</u>.
153	I	13:25	... was meinst du mit <u>die</u> Seite und <u>die</u> Seite ist gleich lang'
154	Fi	13:29	*(nimmt sich einen Stift)* mh das hier ist jetzt-, a-, eins und a zwei- *(beschriftet die Dreiecksseiten, schreibt a^1 und a^2)*
Fi beschriftet die Dreiecksseiten. Sie schreibt a^1 und a^2, b^1 und b^2 und c^1 und c^2.

Zunächst wird erneut (angelehnt an Turn 67) ein Fokus auf die gleichen Strecken gelegt. Die Definition, die hier vermutlich angewendet wird (vgl. Turn 59 f.), ist die der Mittelsenkrechten, die Strecken in zwei gleich lange Abschnitte teilt. Die *Definition der Mittelsenkrechte* kann also nun als ein mögliches, *orientierendes Theorieelement* gewertet werden, da es sich bereits in Abschnitt 7.3.2 als erklärendes Theorieelement bewährt hat und im obigen Abschnitt wiederholend aufgegriffen wird.

Erklärungssuche 2: Die rechten Winkel innerhalb des Dreiecks

165	Fi	13:47	und eigentlich entstehen dadurch ja dann immer- *(nimmt sich den Stift, deutet in ihre Zeichnung)* ... also- ... <u>da</u> müsste <u>hier</u> ein Rechteck entstehen- *(dreht das Tablet zu I und zeigt auf das Tablet innerhalb des Dreiecks)*
166	K	14:00	ich habe gerade überlegt, guck mal die zwei der Winkelhalbierenden- *(deutet auf dem Bildschirm zwei Linien ausgehend vom Schnittpunkt an)* eh der Mittelsenkrechten sind senkrecht aufeinander, im neunzig Grad Winkel also.
167	Fi	14:10	ja. und <u>da</u> *(deutet kurz zum Tablet)* entsteht dann ein Rechteck, wenn dann die neunzig Grad jetzt <u>wären</u>, was sie ja jetzt nicht sind-
168	K	14:16	hier das meinst du' *(zeigt auf den Bildschirm in das Dreieck)*
169	Fi	14:17	ja genau. und dann müsste bei <u>F</u> *(deutet zum Bildschirm)* <u>auch</u> ein Rechteck sein. .. eh- ein rechter Winkel.

Nun wird auf die rechten Winkel innerhalb des Dreiecks und die durch die Mittelsenkrechte eingeschlossene Figur geachtet: ein Rechteck. Die Definition, die hier angewendet wird, könnte sein, dass ein Viereck mit vier rechten Winkeln ein Rechteck ist. Zwei der rechten Winkel des vermuteten Rechtecks könnten auf eine *Eigenschaft von Mittelsenkrechten* zurückgeführt werden, ein rechter Winkel auf die mögliche hinreichende Bedingung. Die Konsequenz, die daraus besonders hervorzugehen scheint, ist, dass sich zwei Mittelsenkrechten senkrecht schneiden (Turn 166).

Fortführung der Erklärungssuche 1: Die gleichen Strecken

175	Fi	14:38	ja, und die Dreiecke, die hier entstehen- *(zeigt auf dem Bildschirm auf die Dreiecke die durch die Mittelsenkrechten entstehen)*
176	K	14:40	ja'
177	Fi	14:41	sind jeweils quasi- *(verschränkt die Finger beider Hände ineinander)* verkleinerte Abbildungen von dem großen ... weil- *(zeigt auf den Bildschirm, unbestimmt).* oh jetzt ist es aus.
178	I	14:50	*(macht den Bildschirm wieder an)*
179	Fi	14:51	hier *(zeigt auf Bildschirm, unbestimmt)* weil ehm- das hier *(markiert die halbe obere Dreiecksseite in der handgezeichneten Skizze auf dem Arbeitsblatt)* ist einmal quasi <u>halb</u> b.
180	K	14:57	du sagst dass das die kleinen- *(weist auf die Dreiecke im Bildschirm)*
181	Fi	14:59	<u>diese</u> *(verstärkt sie mit dem Stift in der Skizze auf dem Arbeitsblatt:*) kleinen Dreiecke hier-
182	K	15:00	eigentlich kongruent sind, aber zu klein. *(K und I lachen)*
183	Fi	15:02	ja diese- *(verstärkt die kleinen Dreiecke in der Skizze)*, verkleinern-, wie heißt das denn nochmal'
184	I	15:06	ähnlich.
185	Fi	15:07	ehm, ja ähnlich, genau. weil <u>das</u> *(zeigt es jeweils mit dem Stift)* ist dann halb so groß wie b *(zeigt auf die halbe b Seite und dann auf die ganze)*, das ist halb so groß wie a *(zeigt auf die Mittelsenkrechte von der Seite b)* und das ist halb so groß wie c *(zeigt auf die halbe c Seite)*. das heißt das ist genau halb so groß wie *(zeigt in das kleine obere Dreieck)*-
186	K	15:12	ach ja das wolltest du sagen. ah ja... okay, okay okay *(nickt)*
187	Fi	15:17	das Ganze.
188	K	15:17	und das geht dann da, okay. *(zeigt auf Fis Skizze)* ... aber das erklärt-, was war nochmal überhaupt die Frage- unter welchen Bedingungen *(leiser)* schneiden sich die Mittelsenkrechtn-

Im Transkriptausschnitt werden noch die restlichen Flächenstücke betrachtet und mit den gleichen Strecken zusammengebracht. Es wird an der Zeichnung erklärt, warum die entstandenen kleinen Dreiecke „eigentlich kongruent" (Turn 182) zum großen Dreieck sind, „aber zu klein" (Turn 182). Dadurch wird deutlich, wie begriffsbildende Prozesse innerhalb experimenteller Prozesse (hier in der Deutung der Beobachtungsdaten) einspielen – im obigen Transkriptausschnitt beispielsweise *ein Begriff von Ähnlichkeit* in Beziehung zur Kongruenz (vgl. Ganter, 2013, Abschnitt 4.2).

Nun greifen die Studentinnen auf Theorieelemente (Eigenschaften der Mittelsenkrechten) und Bezüge zum Experiment (Formen innerhalb des Dreiecks) zurück, sodass eine Passung möglicherweise angebahnt und ein *orientierendes* Theorieelement gefunden werden kann. Vor allem scheint hier auf die gleichen Strecken und die rechten Winkel geachtet zu werden. Die *Erklärungssuchen 1 und 2* können aus naturwissenschaftlicher Perspektive als *Deutung*, im Sinne von *Ordnungsprozessen* von gleichen Winkeln und gleichen Streckenabschnitten, der vorherigen Experimente gewertet werden.

7.3.5 Zwischen Demonstration, experimenteller Methode und Begründung

In diesem Abschnitt werden die theoretischen und empirischen Elemente aus den vorherigen Überlegungen vereint. Dadurch ergibt sich sowohl ein Demonstrationsexperiment von bereits gültigen Zusammenhängen (die notwendige Bedingung, s. Abb. 7.43), als auch eine experimentelle Methode, die die Theorieelemente aus Abschnitt 7.3.4 integriert. Die experimentelle Methode mündet in eine Begründung des Zusammenhanges.

190	I	15:27	... also ihr habt jetzt schon die Bedingung, war ja für euch rechter Winkel.
191	Fi	15:29	rechter Winkel.
192	I	15:30	genau.
193	K	15:30	mhm
194	I	15:32	und jetzt ist die Frage aber warum- war- also ob das wirklich immer so ist.
195	K	15:36	ja weil nur dann *(deutet zur Skizze)* die Mittelsenkrechten-, *(bildet mit den Unterarmen ein Kreuz)* senkrecht aufeinander stehen.
196	Fi	15:39	senkrecht. ja weil- *(deutet mit den Armen ein Kreuz an)* ja genau. ....
197	I	15:45	... *(nickt)* ist das für euch in Ordnung'
198	K	15:47	weiß ich nicht *(schmunzelt, I lacht)*
199	Fi	15:49	ja ich finde das doof, *(tippt auf den Bildschirm: bewegt den Finger leicht nach oben und unten)* dass wir das hier nicht hinkriegen, dass das wirklich neunzig Grad sind.

Die *Hypothese 4.1* wurde nun mit theoretischen Elementen erweitert (s. Abb. 7.44).

Resultat:	Warum schneiden sich zwei Mittelsenkrechten im Mittelpunkt einer Dreiecksseite im rechten Winkel?
Gesetz:	Wenn Dreiecke rechtwinklig sind, dann schneiden sich zwei der drei Mittelsenkrechten im rechten Winkel auf der gegenüberliegenden Dreiecksseite. *(Hypothese 5)*
Fall:	Das Dreieck ist rechtwinklig.

Abbildung 7.44 Abduktive Hypothese anlässlich der Frage „Warum schneiden sich zwei Mittelsenkrechten im Mittelpunkt einer Dreiecksseite im rechten Winkel?"

Von den Studentinnen wird nicht nur die Ursache der besonderen Lage des Schnittpunktes vermutet (wie es in der Aufgabenstellung gefordert ist), es wird sogar der Schnittpunkt der Mittelsenkrechten spezifiziert (die Mittelsenkrechten schneiden sich senkrecht, s. Abb. 7.44). *Ein empirisches Eingreifen und Abgleichen mit der eigenen Theorie kann damit auch das Ausschärfen von Bedingungen und Konsequenzen einer Aussage anregen.* Der nun explizite Zusammenhang scheint ein hypothetisches Gesetz zu sein und zwar hypothetisch, da die empirischen Daten (hier die Messungen am Dreieck) Zweifel aufkommen lassen: „ja ich finde das doof, *(tippt auf den Bildschirm: bewegt den Finger leicht nach oben und unten)* dass wir das <u>hier</u> nicht hinkriegen, dass das wirklich neunzig Grad sind." (Turn 199). Die Interviewerin fragt nach, warum es wichtig ist, dass sich die Mittelsenkrechten senkrecht schneiden:

211	I	16:21	und was meint ihr jetzt mit senkrecht schneiden' *(deutet zum Tablet)*
			[...]
214	I	16:28	und warum ist <u>das</u> *(zeigt auf den Bildschirm, in Richtung des Punktes F)* dann wichtig für den neunzig Grad Winkel *(zeigt auf den Bildschirm in Richtung des oberen Eckpunktes)'* ...

Finja beginnt erneut eine Zeichnung, Kim dagegen demonstriert der Interviewerin mittels Gesten den Zusammenhang zwischen dem 90°-Winkel an einer Ecke am Dreieck und dem Schnitt der Mittelsenkrechten:

219	K	16:45	weil dann der neunzig Grad Winkel *(malt mit den Fingern einen neunzig Grad Winkel auf den Tisch*
			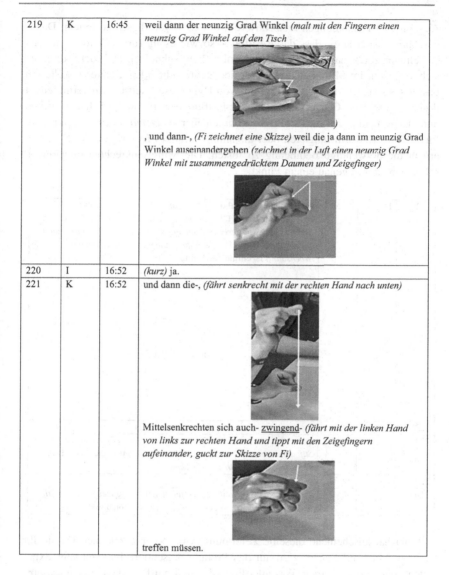
			) , und dann-, *(Fi zeichnet eine Skizze)* weil die ja dann im neunzig Grad Winkel auseinandergehen *(zeichnet in der Luft einen neunzig Grad Winkel mit zusammengedrücktem Daumen und Zeigefinger)*
220	I	16:52	*(kurz)* ja.
221	K	16:52	und dann die-, *(fährt senkrecht mit der rechten Hand nach unten)*
			Mittelsenkrechten sich auch- <u>zwingend</u>- *(fährt mit der linken Hand von links zur rechten Hand und tippt mit den Zeigefingern aufeinander, guckt zur Skizze von Fi)*
			treffen müssen.

Ob die obigen Gesten als *Experiment* dienen, ist fraglich. Dafür spricht, dass Kim zu Beginn die Geste für den rechten Winkel wiederholt (Turn 219) und mit wenigen Worten ausführt (Turn 219, 221). Sie könnte sich hier also auf das

Ausführen der Handlungen konzentrieren, um eben von diesen zu lernen. Dagegen spricht allerdings, dass das Resultat – so wie es in Turn 221 formuliert ist – vielmehr zeigt, dass sich die Mittelsenkrechten schneiden und nicht, dass sie sich senkrecht im Mittelpunkt einer Dreiecksseite schneiden. Letzteres sollte ein passendes Experiment zur Überprüfung von Hypothese 5 leisten. Zu vermuten ist deshalb, dass diese Gesten noch nicht zur Prüfung der Hypothese 5 dienen sollten und hierfür kein Experiment sind. Sie könnten aber als *Demonstrationsexperiment* für die Interviewerin fungieren oder als *stabilisierendes Experiment* für Kim, um erneut die notwendige Bedingung zu testen: Die Mittelsenkrechten im Dreieck schneiden sich in genau einem Punkt.

222	Fi	16:56	weil das dann, einmal die- *(deutet auf den Bildschirm)*, also die- f-, weil das einmal die <u>Hälfte</u> *(deutet vor dem Bildschirm in Richtung des Dreiecks eine waagerechte Linie an, K nickt)* von der, also das *(zeigt auf die obere Dreiecksseite in ihrer handgezeichneten auf dem Arbeitsblatt)* ist einmal die Hälfte von b-
			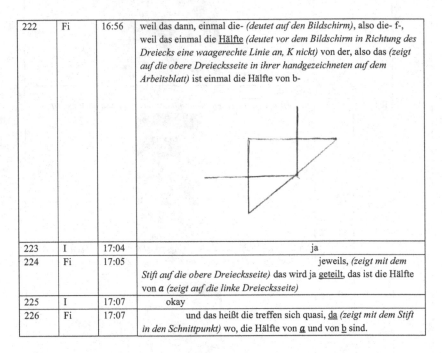
223	I	17:04	ja
224	Fi	17:05	jeweils, *(zeigt mit dem Stift auf die obere Dreiecksseite)* das wird ja <u>geteilt</u>, das ist die Hälfte von *a (zeigt auf die linke Dreiecksseite)*
225	I	17:07	okay
226	Fi	17:07	und das heißt die treffen sich quasi, <u>da</u> *(zeigt mit dem Stift in den Schnittpunkt)* wo, die Hälfte von <u>*a*</u> und von <u>*b*</u> sind.

   Finja hat anscheinend dieselbe Zeichnung wie vorher gezeichnet. Da sie ihr Handeln nicht verbalisiert, wird nur das Produkt präsentiert. Es kann kein Experiment identifiziert werden. Was allerdings deutlich wird ist, dass sie ein *anderes Theorieelement* nutzt als Kim. Kim möchte anscheinend auf die Winkelgröße der sich schneidenden Mittelsenkrechten hinaus (Turn 195), Finja dagegen auf die gleichen Streckenlängen (Turn 226). Beide Studentinnen greifen damit implizit auf zwei unterschiedliche Eigenschaften der Mittelsenkrechten zurück.

229	K	17:16	*(formt mit den Zeigefingern und Daumen ein Dreieck und tippt die Zeigefinger aneinander)* also wenn hier neunzig Grad sind
			und die dann nochmal neunzig- *(verschiebt ihren rechten Zeigefinger entlang des linken Zeigefingers)*
			dann ist das einfach eine Parallele dazu. *(nimmt den Zeigefinger wieder zurück)*
230	Fi	17:21	ja die sind- ja das stimmt.
231	K	17:22	und de- also das ist die Parallele zu der Mittelsenkrechten *(hält den linken Zeigefinger gestreckt, zeigt mit dem rechten Zeigefinger zwei Parallelen- zuerst an die Spitze des linken Zeigefingers, dann in die Mitte des linken Zeigefingers)*
			und das
			ist die Parallele zu der oberen Mittelsenkrechten. *(verschiebt den linken Zeigefinger parallel)*
232	I	17:28	jetzt habt ihr ganz viel gesagt, deshalb, zu welcher ist das jetzt parallel'
233	K	17:31	also diese Mittelsenkrechte *(zeigt es in der Skizze auf dem Arbeitsblatt)* ist parallel zu der Seite des Dreiecks-
234	I	17:34	lass das mal so-, bunt markieren vielleicht- *(gibt K einen roten Stift)*

K markiert alle Paare an parallelen Linien in Fis Dreieck.

Kim markiert im Anschluss an diese Interaktion die entsprechenden Parallelen in einer Farbe in Finjas Skizze (zur Lesbarkeit wurden diese Parallelen nachgezeichnet: die roten Linien sind nun gepunktet, die grünen gestrichelt, s. Abb. 7.45).

Abbildung 7.45 Vom rechten Winkel im Dreieck zum rechten Winkel am Schnittpunkt der Mittelsenkrechten

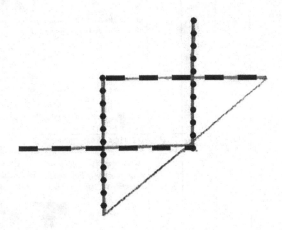

Deutlich wird, dass Kim weiterhin *experimentiert*, diesmal vermutlich, um Hypothese 5 zu überprüfen. Die Gesten können als Experiment gewertet werden, da sie planmäßig und zielgerichtet sind, um im Anschluss eine visuelle Prüfung zu vollziehen. Die in Abbildung 7.46 dargestellte *deduktive Vorhersage* lässt sich als mögliche Planung (Fall der Deduktion in Abb. 7.46) und Zielführung (Resultat der Deduktion in Abb. 7.46) dieser Handlung rekonstruieren.

Fall:	Das Dreieck ist rechtwinklig.
Gesetz:	Wenn Dreiecke rechtwinklig sind, dann schneiden sich zwei der drei Mittelsenkrechten im rechten Winkel auf der gegenüberliegenden Dreiecksseite. (*Hypothese 5*)
Resultat (v):	Zwei der Mittelsenkrechten sollten sich senkrecht auf der Dreiecksseite schneiden.

Abbildung 7.46 Plan und deduktive Vorhersage für das Experiment zur theoretischen Einbettung der Bedingung

An der Art der Handlungsausführung von Kim hat sich allerdings etwas geändert. Kim wartet nicht mehr ab, was die Zeichnung ergibt, sie gestikuliert, weshalb sie während ihrer Handlungen Regeln ausführt: Sie greift anscheinend auf die Bedeutung der Mittelsenkrechten zurück, die senkrecht auf der entsprechenden Seite stehen sowie auf den angenommenen rechten Winkel und folgert daraus die Parallelität. Inwiefern Denkweisen in die Art und Weise der Ausführung (Arbeitsweisen) einspielen, soll über die in Abbildung 7.47 rekonstruierten Deduktionen verdeutlicht werden.

Fall:	An einen Dreiecksschenkel a (b) grenzen zwei Senkrechte: ein weiterer Dreiecksschenkel b (a) und eine Mittelsenkrechte m_a (m_b).
Gesetz:	Schneiden zwei Geraden g und h eine dritte Gerade i im rechten Winkel, dann sind g und h parallel.
Resultat:	Der Dreiecksschenkel b (a) und die Mittelsenkrechte m_a (m_b) sind parallel zueinander.

Fall:	Dreiecksschenkel b ist parallel zur Mittelsenkrechte m_a und Dreiecksschenkel a ist parallel zur Mittelsenkrechte m_b und a und b schneiden sich im rechten Winkel
Gesetz:	Ist g parallel zu h, wobei g und h die Gerade i senkrecht schneiden und i ist parallel zu j, dann schneiden die Geraden g und h die Gerade j im rechten Winkel.
Resultat:	Die Mittelsenkrechten m_a und m_b schneiden sich im rechten Winkel.

Abbildung 7.47   Ausführung eines Gedankenexperiments

Dieses letzte Resultat in Abbildung 7.47 ist *vergleichbar* mit der *Vorhersage* aus Abbildung 7.46. Dadurch scheint Kim den senkrechten Schnittpunkt der Mittelsenkrechten prüfen zu können, bisher allerdings noch nicht den Zusammenhang zur Lage des Schnittpunktes (nämlich auf einer Dreiecksseite). Die Studentinnen scheinen durch dieses Gestikulieren der Finger mehr als vorher gesehen zu haben – nämlich die Parallelität der Mittelsenkrechten zu den Dreiecksseiten (s. Turn 231 und Abb. 7.45). Sie befinden sich nun auch in einer *experimentellen Methode,* Kim sogar in einem *Gedankenexperiment.*

257	Fi	18:18	und das hier ist ein halb b, *(beschriftet es* ⟩ , das heißt die treffen sich genau in der <u>Hälfte</u>, und wenn man <u>das</u> quasi zu einem <u>Rechteck</u> erweitern würde, *(erweitert die Skizze zu einem Rechteck, s. Bild, I nickt)* dann wäre das <u>genau</u>, die <u>Hälfte</u> und deswegen treffen die sich da.
258	I	18:29	ja.
259	Fi	18:30	weil sich die Mittelsenkrechten vom Rechteck auch in der Mitte schneiden. *(schiebt die Handflächen kurz voreinander)*
			[...]
275	Fi	18:58	und ein Dreieck mit einem rechten Winkel ist immer die Hälfte von einem Rechteck. ja okay.
276	K	19:05	yeah.

Die Lage des Schnittpunktes scheint nun mittels Finjas Theorieelement erklärt zu werden. Sie kommt nun darauf, das Dreieck zu einem Rechteck zu erweitern. Die Ergänzung zum Rechteck scheint allerdings die Unsicherheiten zu beseitigen (Turn 259). Der experimentelle Prozess hat sich vermutlich *stabilisiert*. Finjas Ergänzungen an der Skizze und auch ihre theoretischen Elemente, die damit verknüpft werden (Eigenschaften der Mittelsenkrechten), erweitern Kims *experimentelle Methode* zu einer *Begründung*, da schlussendlich auf gültige Regeln zur Absicherung des Zusammenhangs zurückgegriffen wird: „Weil sich die Mittelsenkrechten von Rechteck auch in der Mitte schneiden [...] und ein Dreieck mit einem rechten Winkel ist immer die Hälfte von einem Rechteck. ja okay." (Turn 259, 275).

Die Eingriffe in diesem Abschnitt sind theoriegeladener als die Eingriffe aus den vorherigen Abschnitten, weshalb hier *die Denkweisen* beim Experimentieren betont werden. Objekte werden unterschiedlich herangezogen: Finja zeichnet ein Dreieck mit Mittelsenkrechten und Kim gestikuliert. Sowohl die gezeichneten Objekte als auch die Gesten liegen während des Experimentierens konkret vor (in unterschiedlichen Repräsentationsformen) und werden zu Beginn so behandelt, als wären sie real. Auch Kim scheint ihre Finger als Mittelsenkrechten und Dreiecksschenkel zu deuten, was exemplarisch in Turn 229 und 231 gezeigt werden kann. Diese konkreten Objekte werden allerdings von den Studentinnen unterschiedlich gedanklich variiert. Kim schiebt ihre Finger, Finja ergänzt variable Seitenlängen ins Dreieck. Beide führen also *gedankliche Experimente mit realen Objekten* aus (s. Abb. 7.48).

Objekte / Experimentieren	real	gedanklich
Betonung auf Arbeitsweise		■■■■
Betonung auf Denkweise	✕	

Abbildung 7.48   Art zu Experimentieren aus Abschnitt 7.3.6 – gedankliches Experimentieren mit realen Objekten

Theoretische und empirische Elemente können nun zusammenfassend ergänzt werden (s. Abb. 7.49).

Frage 1: Unter welchen Bedingungen schneiden sich die Mittelsenkrechten im Mittelpunkt einer Dreiecksseite?

Notwendige Bedingungen:

Frage 1.1: Unter welchen Bedingungen schneiden sich die Mittelsenkrechten?	**Frage 1.2: Liegt der Schnittpunkt auf dem Mittelpunkt der Dreiecksseiten?**
Empirisch:	**Empirisch:**
Theoretisch: In jedem Dreieck schneiden sich die Mittelsenkrechten in genau einem Punkt, dem Umkreismittelpunkt. (*explizit*)	**Theoretisch:** Der Schnittpunkt liegt auf einer Mittelsenkrechten und damit auf dem Mittelpunkt der Seite. (*z. T. explizit*)

Hinreichende Bedingungen:

Frage 1.3: Unter welchen Bedingungen schneiden sich die Mittelsenkrechten im Mittelpunkt einer Dreiecksseite? Ist eine Bedingung die Gleichschenkligkeit?	**Frage 1.4: Unter welchen Bedingungen schneiden sich die Mittelsenkrechten im Mittelpunkt einer Dreiecksseite? Ist eine Bedingung die Rechtwinkligkeit?**
Empirisch:	**Empirisch:**
Theoretisch: In gleichschenkligen Dreiecken verläuft die Mittelsenkrechte des ungleichen Schenkels durch den gegenüberliegenden Eckpunkt. Die Gleichschenkligkeit ist keine hinreichende Bedingung. (*explizit*)	**Theoretisch:** Mittelsenkrechten sind Symmetrieachsen einer Strecke: d. h. sie stehen senkrecht auf dieser Strecke und teilen die Strecke in zwei gleich lange Teilstrecken. (*z. T. explizit*)
	Zwei senkrechte Geraden durch eine Strecke sind parallel zueinander. (*explizit*)
	Jedes rechtwinklige Dreieck ist die Hälfte eines Rechtecks. (*explizit*)

Abbildung 7.49 Zusammenfassung der empirischen und theoretischen Elemente bezogen auf notwendige und hinreichende Bedingungen der Aufgabe

7.3.6   Kontrastierung einer quasi-euklidischen Theorienutzung

Die nachfolgende Bearbeitung von Zacharias[6] dient der Ausweisung von Grenzen experimentellen Arbeitens sowie der Kontrastierung zu der Bearbeitung von Finja und Kim. Er bearbeitet ebenfalls die Mittelsenkrechtenaufgabe. In diesem Setting sitzen mehrere Schüler*innen in der Klasse und bearbeiten die Aufgaben aus einem Aufgabenheft. Die Lehrperson hält sich bei der Bearbeitung nicht direkt neben den Schülern auf.

| 1 | Z | 53:48 | *(nennt die Aufgabe und sein Kürzel)* können sich Mittelsenkrechten eines Dreiecks im Mittelpunkt einer Dreiecksseite schneiden' ehm .. in- selbstverständlich. jaha klar. wenn ja unter welchen Bedingungen' hä. .. ja. .. he *(lacht)*. ehhe S̲a̲t̲z̲ d̲e̲s̲ T̲h̲a̲l̲e̲s̲. Satz des Thales *(lacht)*. Satz des Thales in Klammern Umkehrung. hehe *(lacht)* und damit wärs auch schon. ehm also neunzig Grad Dreieck. fertig ehm. die Aufgabe war- in einer Sekunde gelöst. [...] also die Aufgabe fand ich trivial weil ich einfach die Umkehrung vom Satz von Thales genommen habe. |
| 2 | L | 55:09 | ja wenn du das halt weißt ist das in Ordnung. |

Im ersten Satz liest Zacharias anscheinend die Aufgabe vor und beantwortet diese direkt mit „selbstverständlich" (Turn 1). Er liest die Aufgabe weiter „wenn ja unter welchen Bedingungen" (Turn 1) und führt die Lösung des Problems direkt auf den Satz des Thales zurück. Er präzisiert seine Äußerung mit: „Satz des Thales in Klammern Umkehrung" (Turn 1). Aus dieser Umkehrung schließt er die gesuchte Bedingung: „ehm also neunzig Grad Dreieck. fertig ehm" (Turn 1). Durch die Anwendung des Satzes kommt er auf die Lösung der Aufgabe. Der Satz des Thales bzw. seine Umkehrung werden als wahr vorausgesetzt und angewendet. Sein Vorgehen ist kein kritisches, quasi-empirisches, sondern ein *quasi-euklidisches*. Er deduziert ausgehend von für ihn gültigen Sätzen. An der Äußerung kann die in Abbildung 7.50 dargestellte Deduktion rekonstruiert werden.

---

[6] Die Bearbeitung des Schülers ist ausschließlich audiographiert worden. Zacharias' Notizen sind im Anhang zu finden.

Fall:	Der Satz des Thales und seine Umkehrung sind gültig.
Gesetz:	Aus der Umkehrung des Satz des Thales folgt die Bedingung der Rechtwinkligkeit des Dreiecks.
Resultat:	Das Dreieck ist rechtwinklig.

Abbildung 7.50 Deduktion zur Begründung der besonderen Lage des Schnittpunktes der Mittelsenkrechten

Was er nicht expliziert, ist, dass der Schnittpunkt der Mittelsenkrechten gleichzeitig Umkreismittelpunkt ist. Dies unterstreicht den Charakter quasi-euklidischer Theorienutzung: Er arbeitet so, als sei ein Beweis dieser Aussagen (s. Abb. 7.50) deduktiv in eine Theorie verortet und hinterfragt diesen nicht. Zacharias stellt im Anschluss daran der Lehrperson vor, dass er „einfach die Umkehrung vom Satz des Thales genommen" (Turn 1) hat. Die Lehrperson bestätigt dieses Vorgehen (Turn 2), sodass dieses von außen akzeptiert und kein weiterer Begründungsbedarf gefordert wird.

Sowohl die Rechtwinkligkeit als auch die Umkreisidee wurden bei den Studentinnen Finja und Kim in Abschnitt 7.3.1 und 7.3.2 thematisiert. Trotzdem ist die Bearbeitung der Studentinnen an dieser Stelle noch nicht ausreichend gewesen, da die Elemente hier noch nicht zusammengeführt wurden. Diese Kontrastierung zeigt zum einen die unterschiedliche Nutzung gleicher Theorieelemente und die Diskrepanz eines Mathematikbetreibens: Die Studentinnen suchen vermehrt nach Deutungen der Experimente und damit nach einer Passung von empirischen Daten und theoretischen Elementen. Diese werden von ihnen ständig kritisch reflektiert. Zum Schluss ihrer Ausführungen können sie ebenfalls auf Grundlage ihrer erarbeiteten Theorie den Zusammenhang begründen.

Bei Zacharias erhärtet sich anscheinend eine nicht kritisch zu betrachtende Theorienutzung. Anhand dieser soll ausgeführt werden, dass sein Arbeiten nicht in *die Arten zu Experimentieren* einzuordnen ist (s. Abb. 7.37). Gleichzeitig sollen damit die Arten selbst präzisiert werden. Bei Zacharias scheinen sowohl die Objekte als auch die Art und Weise der Ausführung gedanklicher Art zu sein, zumindest fertigt er keine Skizze an. Manch einer könnte nun vermerken, dass sein Arbeiten doch als „zielführend" und „planvoll" bezeichnet werden könnte. Dies wäre sicher möglich, aber nicht *planvoll* im Sinne eines Eingriffs in real behandelte Objekte, an denen dann (*zielführend*) eine Beobachtung gemacht werden kann. Sondern im Sinne von angewandten Denkweisen mit abstrakten Objekten, über deren Verhaltensweisen Aussagen gemacht werden. Eine Betonung auf Denkweisen und gedankliche Objekte könnten zwar identifiziert werden, weshalb die dritte Art zu Experimentieren vermutet werden könnte, seine gedanklichen Objekte werden allerdings nicht als zu erklärende Phänomene betrachtet, an denen noch eine Prüfung auszuführen ist. Anders gesagt: Die gedanklichen Objekte werden nicht behandelt als wären sie real und dadurch wird auch nicht mit ihnen experimentiert.

Diese konträren Herangehensweisen von Zacharias und den Studentinnen könnten im Mathematikunterricht produktiv genutzt werden, z. B. durch die Frage, wie die Umkehrung des Satz des Thales (Zacharias' Theorieelement) vereinbar ist mit der Begründungsidee, die Diagonale eines Rechtecks zu fokussieren (Theorieelement der Studentinnen). Genau diese Idee des Rechtecks und der Symmetrien des Rechtecks durch die Mittelsenkrechten kann für den Beweis der Umkehrung des Thalestheorems verwendet werden, sodass an dieser Stelle im Unterrichtsgespräch eine lokale Ordnung expliziert werden könnte.

7.3.7   Zusammenfassende Erkenntnisse aus Analyse III

Trotz der in der Analyse III sehr gegensätzlichen Vorgehensweisen der Lernenden im Vergleich zu Analyse I und II, lassen sich Gemeinsamkeiten zu den naturwissenschaftlichen Herangehensweisen herausstellen. Die obige Erarbeitung bekräftigt das Analysewerkzeug. Vier weitere Aspekte können aus dieser Analyse durch die Anwendung der naturwissenschaftlichen Begrifflichkeiten abgeleitet werden.

Anpassungsprozess von theoretischen Elementen und empirischen Daten:
Es wird deutlich, dass theoretische Elemente nicht primitiv aus empirischen Daten zu entnehmen sind, sondern dass dies – vor allem im Rahmen neuer Problemstellungen – kreative Entdeckungsprozesse (s. kreative Abduktion, Abschnitt 2.2.1) aus Experimenten und Prüfprozessen bedürfen kann (sowohl die Umkreisidee aus Abschnitt 7.3.1, als auch die Gleichschenkligkeit aus Abschnitt 7.3.3 waren unpassende Theorieelemente, die die Studentinnen aus den vorliegenden empirischen Daten vermutet hatten). Zudem unterstreicht diese Szene, dass theoretische Elemente nicht willkürlich zu wählen sind (hier z. B. der Satz des Pythagoras). Es bedarf einer Passung, da die theoretischen Elemente ansonsten nicht für eine planvolle Arbeitsweise genutzt werden können (*Denkweisen ohne Arbeitsweisen sind blind*). Wenn die theoretischen Elemente die empirischen Daten nicht erklären, sind nicht zwingend die empirischen Daten, sondern möglicherweise auch die theoretischen Elemente unpassend. Zu Beginn hat Finja zum Beispiel versucht, ein noch vages theoretisches Element heranzuziehen. Die Studentinnen

merken durch ihren Vergleich allerdings, dass die Vorhersagen aus diesem theoretischen Element nicht mittels empirischer Daten bestärkt werden können, was eine Modifikation dieses Elements erzwungen hat. Das modifizierte theoretische Element hat den Studentinnen letztendlich geholfen, eine notwendige Bedingung für die vorliegende Aufgabenstellung zu erarbeiten (die Mittelsenkrechten im Dreieck schneiden sich immer). Die Koordination von dem rechten Winkel, den sie aus empirischen Daten gewonnen haben, und dem Satz des Pythagoras ist dagegen schlichtweg nicht zielführend gewesen. Die explorative Phase ist bei den Studentinnen im Vergleich zu Analyse I und II expansiv gewesen – allerdings deshalb, weil sie versucht haben, verschiedene Theorieelemente zur Klärung heranzuziehen. Die gesamte Szene kann also mit einem final erfolgreichen Antasten und Anpassen von empirischen Daten und theoretischen Elementen beschrieben werden.

Quasi-euklidische vs. Quasi-empirische Theorienutzung:
Im Heranziehen der theoretischen Elemente haben sich einige, insbesondere die Eigenschaften der Mittelsenkrechten, nachträglich auch als orientierende herausgestellt. Das theoretische Element zum Umkreis vom Dreieck hätte zielgerichtet sein können, wie am Beispiel Zacharias zu erkennen ist, es wird von Finja und Kim allerdings nicht derart genutzt. Zacharias zeigt eine quasi-euklidische Theorienutzung, wohingegen die Studentinnen bis zum Schluss ihr Handeln mit der Hypothese bzw. mit der Vorhersage aus der Hypothese abgleichen – eine quasi-empirische und kritische Theorienutzung. Das Entkräften einer Hypothese gestaltet sich sowohl *direkt* (s. Abschnitt 7.3.2), als auch *indirekt* (s. Abschnitt 7.3.3).

Art zu Experimentieren:
Bezogen auf die empirischen Daten innerhalb der Prozesse, sind die Beobachtungen am Bildschirm des Tablets (Abschnitt 7.3.2) vermehrt stark selektierend gewesen. Dadurch konnten Hypothesen zügig entkräftet oder erhärtet werden. Es wurden durchweg konkrete Objekte betrachtet: Die Studentinnen waren auf ihre konkreten Zeichnungen, ihren Bildschirm oder ihre Gesten konzentriert (Art 1). Wie bei den beiden anderen Analysen können die letzten Handlungen als Gedankenexperimente (hier: Art 2) herausgestellt werden, die einen möglichen inhaltlich-anschaulichen Beweis (s. Abschnitt 2.1.2), ebenfalls wie in den Analysen zuvor, begünstigen können, was hier an den rekonstruierten Deduktionen von Kim (s. Abb. 7.47) deutlich wird. Es fällt auf, dass, im Gegensatz zu den naturwissenschaftlichen Disziplinen, in diesen Lösungsprozessen die Gedankenexperimente vornehmlich zum Schluss der Erarbeitung stehen (vgl. Abschnitt 3.3.4).

Präzision von mathematischen Zusammenhängen:
Die Studentinnen bieten ebenfalls ein Beispiel dafür, dass experimentelles Arbeiten dazu anregen kann, „wenn …, dann …"-Zusammenhänge zu präzisieren und auch zu explizieren (s. Tab. 7.2).

Tabelle 7.2 Optimierung eines mathematischen Zusammenhangs innerhalb einer experimentellen Reihe

Wenn das Dreieck gleichschenklig ist, dann schneiden sich die Mittelsenkrechten im Mittelpunkt einer Dreiecksseite (*Hypothese 3, fachlich unvollständig*).
Wenn ein Dreieck rechtwinklig ist, dann schneiden sich die Mittelsenkrechten im Mittelpunkt einer Dreiecksseite. (*Hypothese 4*).
Eine Bedingung für den Schnittpunkt der Mittelsenkrechten im Mittelpunkt einer Dreiecksseite lautet: „[W]enn bei der […] gegenüberliegenden Seite, wo sich die Geraden schneiden […], ein rechter Winkel ist" (Turn 118) (*Hypothese 4.1*).
Wenn Dreiecke rechtwinklig sind, dann schneiden sich zwei der drei Mittelsenkrechten im rechten Winkel auf der gegenüberliegenden Dreiecksseite. (*Hypothese 5*).

Die fachlich unvollständige *Hypothese 3* entdecken die Studentinnen anhand eines Spezialfalls. In *Hypothese 4* ist der gesuchte Zusammenhang formuliert, der in den Folgehypothesen spezifiziert wird: Mittelsenkrechten schneiden sich bei einem rechtwinkligen Dreieck nicht nur im Mittelpunkt einer Dreiecksseite, sondern sogar senkrecht (*Hypothese 5*), „gegenüber" des rechten Winkels (*Hypothese 4.1*). Es kann vermutet werden, dass ein Spezifizieren von Hypothesen einen anschließenden Beweis erleichtern könnte, schließlich integrieren die Lernenden sowohl gleiche Streckenlängen (*Hypothese 3*), die vergleichende Lage von Schnittpunkt und rechtem Winkel (*Hypothese 4.1*) als auch der rechtwinklige Schnitt der Mittelsenkrechten (*Hypothese 5*) in ihren Hypothesen; Elemente die im anschließenden Gedankenexperiment verwendet werden und sich in der Begründung offensichtlich manifestieren.

Zusammenführung der Ergebnisse und Ausblick

Logik, Geisteswissenschaft oder Naturwissenschaft? Wie eingangs bereits ausgeführt, hängt die Antwort auf diese Frage von der Perspektive ab, aus der die Mathematik betrachtet wird. In der hier ausgeführten Forschungsarbeit wurde eine naturwissenschaftliche Perspektive auf das Mathematiklernen eingenommen. Hierbei ging es um die Untersuchung, inwiefern die Lehre (in) der Mathematik von den Naturwissenschaften profitieren kann. Die Erkenntnisse aus einer solchen Perspektive werden nachfolgend zusammengetragen.

Mit der in dieser Arbeit zugrunde liegenden Forschung wurde die Einsetzbarkeit naturwissenschaftlicher Denk- und Arbeitsweisen in Interviewsituationen für den Mathematikunterricht geprüft. An der Bearbeitung von Lernenden an offenen Aufgabenformaten zum Bereich Algebra und Geometrie wurden typische naturwissenschaftliche Denk- und Arbeitsweisen rekonstruiert.

Folgende Forschungslücke konnte ausgewiesen werden, wodurch sich die vormals grob umrissenen Ziele in dieser Arbeit spezifizierten: In der mathematikdidaktischen Literatur zum Experimentieren (s. Kapitel 4) wird zwar das Aufstellen von Zusammenhängen und das anschließende Beweisen betrachtet, der Weg von der Generierung einer Hypothese zu einer theoretischen Einbettung dieser wird unter dem Stichwort „Experimentieren" allerdings weniger analysiert. Jedoch bildet genau dies den Kern der wesentlichen Methode in den Naturwissenschaften: der experimentellen Methode (s. Abschnitt 3.3.1). Darüber hinaus wurden aus jener naturwissenschaftlichen Betrachtung von Mathematiklernen Auswirkungen auf die typischen mathematischen Tätigkeiten Entdecken, Prüfen und Begründen untersucht (s. Kapitel 2 und 7).

Zur Rekonstruktion experimenteller Methoden beim Mathematiklernen wurde zunächst ein Analysewerkzeug aufgestellt (s. Abschnitt 5.2), das sich an (natur-)wissenschaftlichen Denk- und Arbeitsweisen orientiert (s. Abschnitt 3.2) und an

© Der/die Autor(en), exklusiv lizenziert durch Springer Fachmedien Wiesbaden GmbH, ein Teil von Springer Nature 2021
J. Rey, *Experimentieren und Begründen*, Kölner Beiträge zur Didaktik der Mathematik, https://doi.org/10.1007/978-3-658-35330-8_8

empirischen Daten überprüft wurde (s. Kapitel 7). Da sich sowohl in den Forschungsprozessen der Naturwissenschaften als auch bei Bearbeitungsprozessen der Lernenden graduelle Abweichungen der methodischen Charakteristika der experimentellen Methode zeigen, wurden unterschiedliche experimentelle Prozessarten erarbeitet (s. Abschnitt 3.3). Zur Einordnung in die unterschiedlichen Prozessarten wurden Übergänge von eher realen zu eher gedanklichen Experimenten sowie von einem Überarbeiten von Zusammenhängen zu einem Anbahnen einer Begründung in den Lösungsprozessen der Lernenden untersucht.

Nachfolgend werden die theoretischen, methodologischen und empirischen Erkenntnisse zusammengefasst (s. Abschnitt 8.1–8.3). Aus diesen werden Empfehlungen für den Mathematikunterricht gezogen (s. Abschnitt 8.4). Die Arbeit endet mit möglichen Anschlussfragen (s. Abschnitt 8.5).

8.1 Zusammenführung der theoretischen Ergebnisse

Aus der Betrachtung der Analogien zwischen den Schlussformen Abduktion, Deduktion und Induktion, mathematikspezifischen Tätigkeiten und naturwissenschaftlichen Denk- und Arbeitsweisen und einem sich gegenseitigen Ausschärfen dieser (s. Abschnitt 5.1), wurde ein Modell wesentlicher naturwissenschaftlicher Denk- und Arbeitsweisen für die Analyse mathematischer Lernprozesse erarbeitet. Dieses Modell ist ein erster theoretischer Zugewinn der vorliegenden Forschungsarbeit. Seine logische Struktur wird im Folgenden iterativ skizziert und es wird auf die entsprechenden Ausführungen in der Arbeit verwiesen (s. v. a. Abschnitt 5.2).

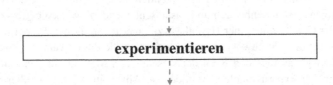

Abbildung 8.1 Experimentieren als Arbeitsweise

Experimentieren ist eine Arbeitsweise, die ohne andere Arbeitsweisen nicht auskommt und Denkweisen verlangt (s. Abb. 8.1). So trägt ein Experimentieren

das Attribut *planvoll* (s. Kapitel 2). Das bedeutet, in die Arbeitsweise des Experimentierens gehen bereits Denk- und Arbeitsweisen ein, die aus der naturwissenschaftlichen Literaturbetrachtung (s. Abschnitt 3.2) identifiziert und mittels der
Schlussformen (s. Abschnitt 2.2) spezifiziert werden konnten (s. Abschnitt 5.2).

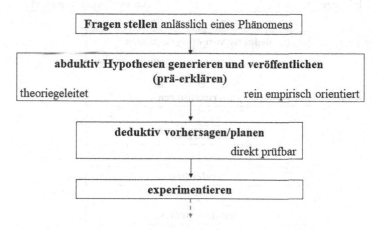

Abbildung 8.2 Planmäßigkeit eines Experimentierens

   Ausgangspunkt sind Fragen anlässlich erklärungsbedürftiger Phänomene, die
vorläufig abduktiv erklärt werden, woraus sich deduktive Vorhersagen für das
anschließende Experimentieren ergeben. Genau durch diese deduktive Vorhersage aus der abduktiv generierten Hypothese ergibt sich das *Planvolle* des
Experimentierens (s. Abb. 8.2).
   Das zweite Attribut, welches einem Experimentieren zugeschrieben wird, ist
ein *zielgerichtetes* Handeln (s. Kapitel 2). Auch dieses Attribut konnte mittels
der naturwissenschaftlichen Denk- und Arbeitsweisen (s. Abschnitt 3.2) sowie
der Schlussformen (s. Abschnitt 2.2) ausgeschärft werden (s. Abschnitt 5.2).
Dadurch ergab sich, dass weitere Denk- und Arbeitsweisen an das Experimentieren anschließen, um das Attribut der Zielgerichtetheit zu erfüllen. Das
Experimentieren ist also nicht der Endzustand einer Forschung, sondern es ist
auf weitere Denk- und Arbeitsweisen ausgerichtet (s. Abb. 8.3).
   Durch ein Experimentieren ergeben sich Beobachtungsdaten, die anhand der
vorhergesagten Ausgänge verglichen werden, damit eine induktive Prüfung der
anfänglichen Erklärung folgen kann. Durch den Ausgang dieser Prüfung können sich neue Anpassungsprozesse der Erklärungen (hier benannt als *Deutung*)

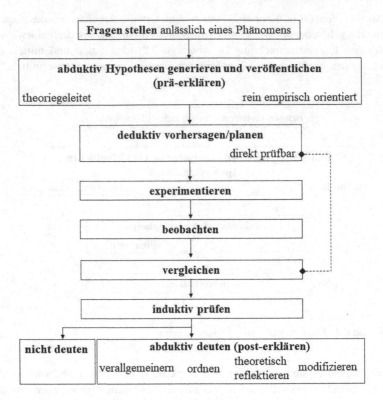

Abbildung 8.3 Zielgerichtetheit eines Experimentierens

ergeben. Rückblickend werden also die Beobachtungsdaten abduktiv erklärt. Eine Beobachtung, die den Vergleich zur induktiven Prüfung und anschließenden Deutung evoziert, charakterisiert damit die *Zielgerichtetheit* des Experimentierens, nämlich mehr Erkenntnisse über den Phänomenbereich zu erlangen. Das Ziel kann hier nach einer erneuten Testung der Hypothese erreicht sein, weshalb nicht notwendig eine Deutung folgen muss („nicht deuten", s. Abb. 8.3).

Im Modell aus Abbildung 8.3 wird der Vergleich der Beobachtungsdaten mit den vorhergesagten Daten durchgeführt, um die Hypothese zu prüfen. Der Vergleich wird in der Abbildung mit der gestrichelten Verbindungslinie dargestellt. Diese Linie repräsentiert ein Hauptcharakteristikum experimenteller Prozesse (s. Abschnitt 2.1.2, 3.2): das kritische Abgleichen der experimentell erzeugten Daten mit der empirisch zu prüfenden, deduktiv erlangten Vorhersage aus der

Hypothese. Weiteres dazu ist bezogen auf Lakatos (1976/1979) in Abschnitt 2.1.2, bezogen auf die Naturwissenschaften in Abschnitt 3.2.2 und übertragen auf ein Mathematiklernen in Abschnitt 5.2.1 nachzulesen.

Mit dieser Ausführung der Denk- und Arbeitsweisen wird bereits ein prozesshafter Charakter deutlich, der sich in der naturwissenschaftlichen Forschung an der *experimentellen Methode* orientiert (s. Kapitel 3). Nun lassen sich innerhalb der naturwissenschaftlichen Forschungsprozesse Abweichungen zu diesem methodischen Ideal feststellen. Der experimentelle Prozess folgt einer experimentellen Methode, sobald mittels der Hypothese sowie der Deutung eine Theorieverortung vorliegt, die von den Experimentierenden erweitert und anschließend geprüft wird (s. Abschnitt 3.3.1). Sobald experimentelle Bearbeitungsprozesse diese Charakteristika enthalten, werden in der hier präsentierten Forschungsarbeit die Prozesse selbst als experimentelle Methoden bezeichnet. Andernfalls dient das Experimentieren innerhalb eines Prozesses dazu, ein Phänomen nachträglich in eine passende Theorie zu verorten oder reproduzierbare Bedingungen zu erforschen (sogenanntes *exploratives Experiment*, s. Abschnitt 3.3.2). Der Prozess kann sich stabilisieren, sofern er subjektiv ausgeschöpft ist bzw. interaktiv kein weiterer Erklärungsbedarf angezeigt wird (sogenanntes *stabilisierendes Experiment*, s. Abschnitt 3.3.3). Diese Prozessarten (experimentelle Methode, exploratives Experiment und stabilisierendes Experiment) können sowohl als Gedanken- als auch als Realexperiment ausgeführt werden. Sie wurden in Abschnitt 3.3, bezogen auf die Naturwissenschaften, und in Abschnitt 5.2, bezogen auf ein Mathematiklernen, jeweils an Beispielen erarbeitet und definiert. Zu betonen ist, dass das entwickelte Modell (s. vollständig Abb. 8.5) einen experimentellen Prozess darstellt, der potenziell in einer *experimentellen Reihe*, also mehreren hintereinander ausgeführten experimentellen Prozessen, integriert sein kann. Die Reihe selbst kann dann wiederum unterschiedliche Prozessarten integrieren, die individuell gestaltet sein können. So können beispielsweise theoriegeleitete Hypothesen verworfen (Ansatz einer experimentellen Methode) und anschließend über eine empirisch orientierte Hypothese experimentiert werden (Ausführung eines explorativen Experiments). Die Abfolge von Denk- und Arbeitsweisen kann gemäß dieser Prozessarten unterschieden werden (s. Abb. 8.4).

Hervorzuheben ist, dass das Modell in Abbildung 8.4 keinen real ablaufenden Prozess darstellt, denn ein solcher ist – wie in Abschnitt 3.3.1 betont – nicht eindeutig. Anhand des Modells soll verdeutlicht werden, wie die Denk- und Arbeitsweisen zusammenhängen können. Die Abhängigkeiten werden in der Abbildung durch Pfeile markiert. Bei der Verwendung dieses Modells zur Analyse wurde durchgehend die Grundannahme einer rational handelnden Person verfolgt: Beispielsweise ist im Falle einer stattgefundenen Prüfung davon

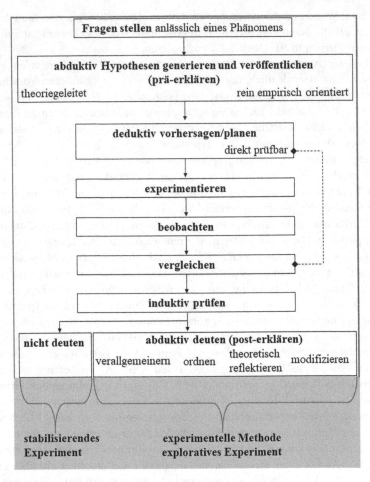

Abbildung 8.4 Unterschiedliche Prozessarten

auszugehen, dass eine Beobachtung vorgeschaltet gewesen ist, um das zu Prüfende überhaupt auszeichnen zu können. Sobald allerdings eine Beobachtung
gemacht wurde, muss auch eine empirisch überprüfbare Hypothese generiert worden sein, die die Beobachtungsrichtung vorgibt, denn eine Beobachtung selektiert
die experimentell gewonnenen Daten hinsichtlich der Gesetzmäßigkeit aus der
Hypothese (s. Abschnitt 3.2). Alle weiteren möglichen Abhängigkeiten von Denk-

und Arbeitsweisen sind in Abschnitt 3.2.2 für die Naturwissenschaften und in Abschnitt 5.2 für das Mathematiklernen nachzulesen. Dort sind die genannten Abhängigkeiten sowohl beschrieben als auch exemplifiziert.

Das Modell dient zur Rekonstruktion der Denk- und Arbeitsweisen bei mathematischen experimentellen Prozessen bezüglich einer *kognitiven Perspektive* (s. Abschnitt 3.3): Der Fokus liegt nicht darauf, was aus fachlicher Sicht neu oder bekannt ist (die in dieser Arbeit benannte *normativ-fachliche Perspektive*), sondern auf die Erkenntnisprozesse der interviewten Personen (die in dieser Arbeit benannte *kognitive Perspektive*). Es wird also die Sichtweise eingenommen, dass ein Experimentieren ausschließlich *personenabhängig* ist. Ein Bild eines Experimentalaufbaus wird beispielsweise erst dann zum Experiment, wenn es auch der Beantwortung einer Fragestellung dient. Das bedeutet grundsätzlich nicht, dass eine Person, die dieser Fragestellung nachgeht, das Experiment als Experiment bewusst haben muss, geschweige denn, dass diese Person Eigenschaften eines Experiments kennt.

Als zweiter Zugewinn dieser Arbeit wurde das Modell um weitere Phasen hin erweitert und damit vervollständigt (s. Abb. 8.5).

Das nun vollständige in Abbildung 8.5 dargestellte Modell zeigt, dass Prüfprozesse zwischen *indirekt* (bzw. hypothetisch-deduktiver Ansatz (Meyer, 2007)) und *direkt* (bzw. Bootstrap-Modell (Meyer, 2007)) unterschieden werden können. Mit anderen Worten: es ist zu unterscheiden, ob das in der Hypothese generierte Gesetz, beispielsweise das Gesetz $A \Rightarrow K$, überprüft werden kann (direkter Prüfprozess) oder das Gesetz zugunsten einer Prüfung deduktiv ‚verschoben‘ und anschließend geprüft werden muss (indirekter Prüfprozess). Das ‚Verschieben‘ der Hypothese könnte man sich exemplarisch wie folgt vorstellen: Angenommen $A \Rightarrow K$ lässt sich nicht direkt überprüfen. Aber aus der Aussage A‘ folgt Aussage A. Dann kann die Transitivität der Folgerungsbeziehung ausgenutzt werden: $((A' \Rightarrow A) \wedge (A \Rightarrow K)) \Rightarrow (A' \Rightarrow K)$. Da $A \Rightarrow K$ hypothetisch ist, ist auch $(A' \Rightarrow K)$ hypothetisch. Aber letzteres Gesetz könnte nun anstelle von $A \Rightarrow K$ experimentell verfolgt werden. Nun also ist $A \Rightarrow K$ indirekt und $A' \Rightarrow K$ direkt prüfbar. Theoretisch wurde in der vorliegenden Forschungsarbeit vor allem der *hypothetisch-deduktive Ansatz*, also ein *indirekter* Prüfprozess, ausgeschärft. Dieser Prüfprozess hat bisher wenig Beachtung in der Literatur zum Experimentieren im Mathematikunterricht gefunden. Dass er allerdings in mathematischen Erarbeitungsprozessen wichtig werden kann, zeigen exemplarisch die Beispiele von Grieser (2017, Abschnitt 5.2.2) und Meyer (2007) bezogen auf Fermat (s. Abschnitt 2.2.3). Weitere Ausführungen zu dieser Art von Prüfprozess befinden sich in Abschnitt 2.2.3 bezogen auf die Schlussformen Abduktion,

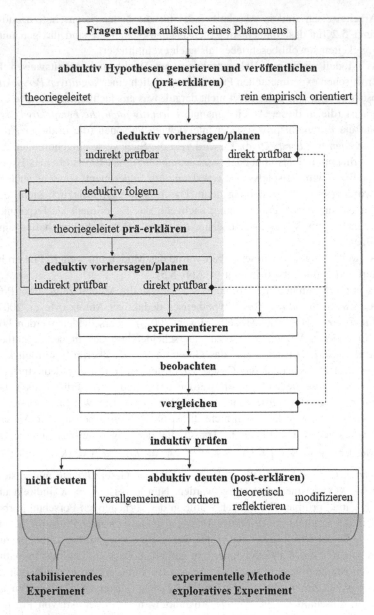

Abbildung 8.5 Vollständig erarbeitetes Modell eines experimentellen Prozesses innerhalb experimenteller Reihen (s. auch Abb. 5.13)

Deduktion und Induktion, in Abschnitt 3.3.1 bezogen auf naturwissenschaftliche Beispiele und in Abschnitt 5.2.2 bezogen auf ein mathematisches Beispiel. Als ein weiteres theoretisches Ergebnis kann die Betrachtung der Grenzen zwischen empirischen und nicht empirischen Arbeiten hervorgehoben werden. Eine gemäß den Naturwissenschaften verwendete Theorienutzung wird bezogen auf Lakatos (1978/1982) als quasi-empirische Theorienutzung bezeichnet. Darunter versteht man die kritische Betrachtung der Theorie (s. Abb. 8.5 die gestrichelte Linie zwischen Vergleichen und Vorhersagen, Weiteres in Abschnitt 2.1.2). Bei einer quasi-euklidischen Nutzung dagegen nimmt eine Person gewisse Aussagen als gültig an und deduziert daraus ohne einen empirischen Abgleich zu erarbeiten. Diese angenommenen Aussagen müssen nicht für jeden gültig sein. So kann beispielsweise eine Lehrperson ein mathematisches Gesetz als gültig voraussetzen, das der*die Lernende zuerst erarbeiten muss. Für mathematische Theorien zeigen sich quasi-empirische Theorienutzungen in Entstehungsprozessen derselben, quasi-euklidische Theorienutzungen vor allem in Präsentationsprozessen von Deduktionen.

8.2 Zusammenführung der methodologischen Ergebnisse

Die Studie wurde sowohl mit Schüler*innen als auch mit Lehramtsstudent*innen ausgeführt. Sie bearbeiteten Aufgabenstellungen aus dem Inhaltsbereich Algebra und Geometrie und wurden dabei videografiert bzw. audiografiert. Die Daten wurden anschließend transkribiert und anonymisiert. Einige eingesetzte Aufgaben sowie das genaue Vorgehen der Studie sind in Kapitel 6 beschrieben. Zur Analyse der Daten wurde sich an einem interpretativen Paradigma orientiert, das sich für die Beschreibung und Erklärung von mathematischen Lehr- und Lernprozessen bereits mehrfach bewährt hat (Arbeitsgruppe Bauersfeld und Voigt). Zwei wesentliche Säulen dieser Perspektive sind der symbolische Interaktionismus und die Ethnomethodologie (s. Abschnitt 6.2.1, 6.2.2). Beide gingen in die Analysemethode der Daten ein.

Der symbolische Interaktionismus nach Blumer (1981) betrachtet ein Handeln an Objekten und deren Bedeutungszuschreibung und -veränderung. Diese Komposition aus Handlung, Objekt und Bedeutung lässt sich für ein Experimentieren zuspitzen: Jede*r experimentiert mit den Objekten auf der Grundlage dessen, welche Bedeutung diese Objekte für ihn*sie tragen. Die sich dadurch ergebenen Bedeutungszuschreibungen und ggf. -änderungen von Objekt und Handlung wurden in den Analysen fokussiert. Die dafür verwendete Analysemethode ist die, der primär gedanklichen Vergleiche (Voigt, 1984). Die wesentlichen Bestandteile der Analysemethode werden in Tabelle 8.1 zusammengefasst und mit den naturwissenschaftlichen Begriffen (s. Abb. 8.5) verglichen. Ein ausführlicher Vergleich ist in Abschnitt 6.3.4 nachzulesen.

Tabelle 8.1 Bestandteile der Analysemethode verglichen mit den Begrifflichkeiten zum Experimentieren

Schritte der Analysemethode der primär gedanklichen Vergleiche	Analogie bezogen auf naturwissenschaftliche Begrifflichkeiten (s. Abb. 8.5)
Distanzierung von den erhobenen Forschungsdaten	*Empirieorientiertes Herangehen bezogen auf die Forschungsfrage*
Extensive Hypothesengenerierung anhand der ersten Äußerung ausgehend von Hintergrundwissen wie z. B. soziologische, kulturelle, sprachwissenschaftliche Theorien	*Theoriegeleitete Hypothesengenerierung anlässlich eines empirischen Phänomens*
Vorhersagen ausgehend von den Hypothesen	*Vorhersagen ausgehend von den Hypothesen*
Prüfung vorheriger Hypothesen anhand der Folgeäußerung	*Prüfung der Hypothesen anhand empirischer Daten*
Deutungshypothese der Szene mittels Theorie reflektieren	*Theoretisch reflektierte Deutung der Beobachtungsdaten mittels der Theorie der Forschungsarbeit*

Im Vergleich zu Abbildung 8.5 wird deutlich, dass im Rahmen der Methode der primär gedanklichen Vergleiche eine Art experimentelle Methode ausgeführt wird. Die Unterschiede zwischen der Methode der primär gedanklichen Vergleiche und der Begrifflichkeiten zum Experimentieren lassen sich aufgrund der Verschiedenheit der zu erforschenden Phänomene begründen (s. Abschnitt 6.3.4). Die Gemeinsamkeiten stützen die Nutzung der Analysemethode (s. Tab. 8.1). Sowohl die Naturwissenschaften als auch das methodische Vorgehen dieser Arbeit fokussieren eine prüfende sowie theoriegeleitete Haltung.

8.3　Zusammenführung der empirischen Ergebnisse

Im Folgenden wird aufgezeigt, inwiefern sich die Ergebnisse der Literaturbetrachtungen (aus Naturwissenschaftsdidaktiken, Wissenschaftstheorie und Mathematikdidaktik) in der zugrunde liegenden Studie belegt haben. Zusätzlich werden darüber hinausreichende Ergebnisse aus der Empirie vorgestellt. Dabei wird sich an den aufgestellten Forschungsfragen (s. Abschnitt 6.1) orientiert, die im Weiteren erneut separat ausgeführt werden. Diese fokussieren zuerst auf die Anwendung und Überprüfung des Analyseinstruments (s. Abb. 8.5), um die experimentellen Prozesse dahingehend zu verstehen, welchen Beitrag sie für das Mathematiklernen ermöglichen können. Des Weiteren werden mathematikspezifische Begriffe hinzugefügt, um Besonderheiten aus der Mathematik nicht aus den Augen zu verlieren. Die Proband*innen erhielten u. a. die Aufgaben aus Abbildung 8.6.

Aufgabe Schnittpunkt der Mittelsenkrechten: Unter welchen Bedingungen schneiden sich die Mittelsenkrechten eines Dreiecks in dem Mittelpunkt einer Dreiecksseite?

Aufgabe Rundgang: Stelle dir eine Fläche ohne Einbuchtungen vor. Die Fläche habe einen Umfang L, das heißt bei einem Rundgang längs der Randlinie müsstest Du einen Weg der Länge L zurücklegen. Wenn nun aber der Rundgang außerhalb der Fläche im immer konstant bleibenden Abstand a von dem Rand der Fläche verläuft, so entsteht ein Mehrweg. Wovon hängt dieser Mehrweg ab? (leicht abgeändert von SCHREIBER, 1988, S. 156)

Abbildung 8.6 Aufgabenstellungen aus der Studie (s. auch Abb. 6.1, 6.4)

8.3.1 Antwort auf die erste Forschungsfrage – Prüfung des Prozessmodells

Zeigen sich die aus der Theorie aufgestellten Differenzierungen experimenteller Prozesse in realen mathematischen Lehr- und Lernsituationen?

Die *erste Forschungsfrage* zielte neben der theoretischen Erarbeitung des Begriffsnetzes (s. Abb. 8.5) auf die Anwendbarkeit der naturwissenschaftlichen Begrifflichkeiten. Es sollte untersucht werden, ob sich die naturwissenschaftlichen Denk- und Arbeitsweisen (darunter auch ein Experimentieren) und deren Zusammenhänge in der Realität des Mathematiklernens wiederfinden (s. Abb. 8.5) und welchen prozessualen Charakter das experimentelle Vorgehen aufgrund der identifizierten naturwissenschaftlichen Denk- und Arbeitsweisen erhält.

Die Analysen empirischer Lernrealität ließen das theoretisch aufgestellte Modell (s. Abb. 8.5) bestätigen, was im Folgenden ausschnittsweise im Fließtext eingefügt ist. Bei dieser zusammenführenden Darstellung der Erkenntnisse werden die getätigten Analysen im Vergleich betrachtet:

Fragen stellen anlässlich eines Phänomens

Erkenntnis 1: Bei allen experimentellen Prozessen bedingten Fragestellungen die Beobachtung: Was theoretisch erweitert werden sollte, zeigte sich höchst individuell (s. dafür die zusammenfassenden Abbildungen 7.17, 7.33, 7.49). So begannen Finja und Kim (s. Abschnitt 7.3) mit der Frage, unter welchen Bedingungen sich überhaupt Mittelsenkrechten im Dreieck schneiden und nicht bei der Frage, wann sie sich im Mittelpunkt einer Dreiecksseite schneiden (s. die Aufgabe aus Abb. 8.6). Es ergaben sich Fragen, die Mathematisierungsprozesse anstrebten (Wie lässt sich der Mehrweg beim Rechteck berechnen?, s. Abschnitt 7.1.1), andere dagegen zielten stärker auf empirische Realisierungen (Wie sieht der Rundgang aus?, s. Abschnitt 7.2.1). Ebenfalls konnten offen gestellte Fragen von eingeengten unterschieden werden (Wie erhalte ich konstante Abstände an den Ecken?, s. Abschnitt 7.2.1; Beträgt die Differenz der Umfänge bei allen Figuren $2\pi a$?, s. Abschnitt 7.2.2).

beobachten

Erkenntnis 2: In den Analysen wurde die besondere Rolle der *Beobachtung* deutlich. Diese übernahmen eine Schlüsselrolle, denn sie ermöglichten einen Vergleich mit der Vorhersage aus der Hypothese (s. gestrichelte Linie im Modell, Abb. 8.5). Beobachtungen eröffneten auch die Möglichkeit, neue Entdeckungen zu generieren, die an der vorherigen Hypothese anschlossen: Am Ende der Bearbeitung beobachteten sowohl die Schüler (s. Abschnitt 7.1), als auch die Studentinnen (s. Abschnitt 7.2) Kreissektoren bzw. -bögen an den Ecken, was zu Beginn der Bearbeitung für beide Gruppen nicht beobachtbar gewesen wäre. Die Studentinnen in Abschnitt 7.3 achteten auf die zwei senkrecht aufeinander stehenden und sich schneidenden Mittelsenkrechten im Dreieck. Auch diese Beobachtung wäre zu Beginn ihres Prozesses nicht denkbar gewesen, da sie eingangs unsicher waren, ob sich die Mittelsenkrechten im Dreieck überhaupt schneiden. Das Beobachten basierte folglich auf einem theoretischen Interesse. Im Falle der Schüler aus Abschnitt 7.1.2 wurde exemplarisch ersichtlich, dass im Rahmen von explorativen Prozessen ein Vergleich zwischen Beobachtungsdaten und vorhergesagtem Resultat herausfordernd sein kann. Hier konnten weitere Abduktionen vermutet werden, die dazu dienten eine Beobachtung, einen Vergleich und daran

anschließend auch eine Prüfung leisten zu können. Es zeigt sich, wie komplex und vielseitig experimentelle Prozesse sein können.

abduktiv Hypothesen generieren und veröffentlichen (prä-erklären)	
theoriegeleitet	rein empirisch orientiert

abduktiv deuten (post-erklären)			
		theoretisch	
verallgemeinern	ordnen	reflektieren	modifizieren

Erkenntnis 3.1: In den Analysen hat sich bewährt, zwischen einer *Prä-* und *Post-Erklärung* zu unterscheiden. Eine Prä-Erklärung leitet einen neuen Prozess ausgehend von Fragen anlässlich eines Phänomens ein, eine Post-Erklärung deutet einen bereits ausgeführten Prozess. Die Post-Erklärung wurde in den Analysen häufig zu einer neuen Prä-Erklärung. Ein Beispiel: Die Studentinnen in Analyse II erhielten nach dem Kreisexperiment einen Mehrweg von $2\pi a$ (Post-Erklärung). Sie fragten sich anschließend, ob der Mehrweg um ein Dreieck ebenfalls dieser Länge entspricht (neue Prä-Erklärung). Mittels dieser Unterscheidung zwischen Prä- und Post-Erklärung konnten Zusammenhänge zwischen einzelnen, nacheinander ablaufenden experimentellen Prozessen verfolgt werden.

Erkenntnis 3.2: Zur Klassifizierung der experimentellen Prozessarten (experimentelle Methode, exploratives Experiment und stabilisierendes Experiment) hat sich als gewinnbringend erwiesen, zwischen *theoriegeleiteten* und *empirisch orientierten Hypothesen* zu unterscheiden. Ein Beispiel: In Abschnitt 7.2.1 begannen die Studentinnen mit einer empirisch orientierten Hypothese (Kennzeichen eines explorativen Experiments, s. Abschnitt 3.3.2):

Wenn ein Rundgang in gleicher Form wie die Ausgangsfigur außerhalb dieser skizziert wird, dann sind die Bedingungen aus der Aufgabenstellung erfüllt. (Hypothese 1)

Sie reflektierten ihren Prozess allerdings anschließend mit Wissen über die Länge der Diagonalen im Vergleich zum eingehaltenen Abstand und der Kreis-idee. Die Reflexion des Prozesses führte zu einer theoriegeleiteten Hypothese für den sich anschließenden experimentellen Prozess. Ein Übergang von einem explorativen Experiment zu einer experimentellen Methode konnte mittels dieser Unterscheidung herausgestellt werden (Weiteres dazu wird in Abschnitt 8.3.2 ausgeführt).

Erkenntnis 3.3: Die theoretische Einbettung kann unterschiedliche Qualitäten aufweisen: Beispielsweise gibt Finja in Abschnitt 7.3.1 an, dass der Schnittpunkt der Mittelsenkrechten im Dreieck mit dem Umkreis um das Dreieck zusammenhängt. Die Koordination von der Lage des Schnittpunktes mit der Umkreisidee findet allerdings nicht statt. Im Gegensatz dazu wurden im weiteren Verlauf dieser Bearbeitung die Eigenschaften der Mittelsenkrechten zur Erklärung der besonderen Lage des Schnittpunktes genutzt. Da die Hypothese infolgedessen theoretisch geleitet war und im Anschluss experimentell überprüft wurde, kann hier von einer experimentellen Methode gesprochen werden. Sobald ein solches theoretisches Element in die Planung und Umsetzung der Prüfung integriert wird, kann sich das Theorieelement zur latenten Beweisidee entwickeln (s. Abschnitt 2.2.4). Auch die Eigenschaften der Mittelsenkrechten im Beispiel der Studentinnen haben sich in der anschließenden Begründung manifestiert. Als gewinnbringendste theoriegeleitete Hypothese innerhalb einer experimentellen Methode können deshalb diejenigen herausgestellt werden, die zur latenten Beweisidee werden, da sie bereits Strukturen beinhalten, die in einen anschließenden Beweis mit einfließen können. Damit kann auch die Bedeutsamkeit einer experimentellen Methode für ein Begründen hervorgehoben werden, denn mit ihr wird zumindest eine theoriegeleitete Hypothese gefordert, aus der eine latente Beweisidee erwachsen kann (Weiteres dazu s. Abschnitt 8.3.3).

Erkenntnis 3.4: Mittels der Abduktionstheorie konnten Erklärungen gemäß ihrem hypothetischen Gehalt unterschieden werden: Hypothetisch kann das Gesetz an sich sein (Gesetzeshypothese), die Passung von Gesetz und Fall zum erklärungswürdigen Phänomen (Passungshypothese) oder der Fall selbst (Fallhypothese). Diese Unterscheidung lieferte Begründungspotenzial für die Interpretation der Reaktionen der Lernenden in den Bearbeitungsprozessen:

- Interpretativ kann eine Gesetzeshypothese vermutet werden, wenn ein Experiment mehrfach wiederholt oder ein Begründungsbedarf veröffentlich wurde, sodass angenommen werden kann, dass die Gültigkeit des Gesetzes für die Lernenden fraglich ist (Gesetzeshypothese) (vgl. Abschnitt 7.3.4).
- Andererseits könnte eine mangelnde Wiederholung der Experimente damit begründet werden, dass ausschließlich die Passung von Gesetz und Fall zum Phänomen geprüft werden muss, das Gesetz an sich allerdings für die Lernenden vertraut ist (vgl. Abschnitt 7.2.1).
- Zuletzt kann eine Modifikation der Art und Weise der Ausführung bzw. Veränderung des Plans auf eine Fallhypothese schließen (vgl. Abschnitt 7.3.3).

induktiv prüfen

Im Falle einer enumerativen Induktion (bestärkende Prüfung) zeigte sich, dass eine Hypothese zwar *direkt* geprüft wurde, allerdings blieben Wiederholungen der Prüfung dieser, zur Bestärkung oder Entkräftung der Gesetzmäßigkeit, vermehrt aus. Auffällig ist dagegen gewesen, dass nach einer bestärkenden direkten Prüfung einer Hypothese auch andere Hypothesen optimiert wurden (s. z. B. Analyse 7.2). Dies ist ein Indiz dafür, dass die nachträglich optimierten Hypothesen auch einer indirekten Prüfung standhalten. Insofern man von einem Experiment und einer Beobachtung eine Wiederholbarkeit einfordert, kann diese auch über eine solche indirekte Prüfung umgesetzt werden. Ebenfalls ergibt sich daraus die Erkenntnis, dass sich eine abduktive Modifikation einer Hypothese nicht nur nach einer entkräftenden Prüfung (eliminativen Induktion) einstellen kann, sondern auch nach einer bestärkenden (indirekten) Prüfung. Des Weiteren ergibt sich dadurch, dass eine Prüfung nicht unbedingt ausschließlich eine Hypothese bestärken oder schwächen kann. Darüber hinaus kann diese Prüfung ein Geflecht von weiteren Hypothesen erhärten oder entkräften.

Eine besondere Rolle spielte die Prüfung bei konträr vorliegenden Hypothesen, denn hier ging es darum, eine dieser zu falsifizieren (s. Abschnitt 7.1.4). In den Analysen zeigten sich unterschiedliche Falsifikationsformen: In Abschnitt 7.3.2 sagte die Studentin vorher, dass sich die Mittelsenkrechten nicht alle in einem Punkt treffen werden. Die empirischen Daten haben ihr den Anlass gegeben, diese Hypothese zu falsifizieren. Allein aus ihrer theoretischen Sicht ist dies anscheinend nicht denkbar gewesen. Bei diesen Studentinnen zeigte sich auch eine andere Form von induktiver Prüfung: Aus den empirischen Daten konnte vermutet werden, dass das gesuchte Dreieck ein gleichschenkliges sein könnte. Eine deduktive Konsequenz aus der Eigenschaft der Gleichschenkligkeit konnte diese Vermutung allerdings im Abgleich mit den empirischen Daten falsifizieren. Kompakt zusammengefasst: Die empirischen Daten können *direkt* der Falsifikation dienen oder es können deduktive Konsequenzen aus der Hypothese gezogen werden ('verschieben' der Hypothese). All diese Konsequenzen können zur Entkräftung oder Bestärkung der Hypothese hilfreich sein.

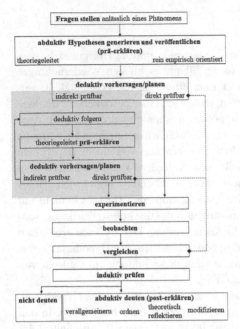

Erkenntnis 5: Vor allem in den krisenhaften Ausschnitten der Analysen hat sich bestärkt, dass *Arbeitsweisen ohne Denkweisen leer bleiben* und *Denkweisen ohne Arbeitsweisen blind sind*: Die Lage des Schnittpunktes der Mittelsenkrechten oder auch die vorliegende Rechteckskonfiguration für die Mehrwegsaufgabe blieben zufällige Ereignisse, sofern die Bedingungen nicht gefunden und erklärt wurden, die eine Reproduzierbarkeit gewähren. Ohne Phänomene erklären und vernetzen zu können, bleiben es einzelne statt in einer Theorie zusammengehörige Phänomene. Anders gesagt: *Arbeitsweisen ohne Denkweisen bleiben leer.*

Dagegen können viele Theorieelemente angefügt werden. Die theoretischen Betrachtungen haben dann keinen realen Anhaltspunkt, der sie ‚sichtbar‘ machen würde, wenn die Arbeitsweise fehlt, so *bleiben die Denkweisen ohne Arbeitsweisen blind*. Bezogen auf Abschnitt 7.3 konnte weder der Satz des Pythagoras noch die Gleichschenkligkeit Aufschlüsse über die vorliegende Situation der besonderen Lage des Schnittpunktes der Mittelsenkrechten im Dreieck liefern. Die Vernetzung von Denk- und Arbeitsweisen bestärkt, dass experimentell gewonnene, beobachtbare Beispiele und Hypothesen untrennbar miteinander verbunden sind. Aus dieser Betrachtung kann auch eine Herausforderung des Entdeckens und Prüfens im Rahmen experimenteller Prozesse konstatiert werden: Das an den Phänomenen Entdeckte muss empirisch überprüfbar sein und gleichzeitig zu dem zu erklärenden empirischen Phänomen passen. Des Weiteren erkennt man in den Beispielen aus Kapitel 7, dass meist nur eine Person die Arbeitsweisen ausgeführt hat. Herausfordernd könnte hierbei sein, die Passung zu den Denkweisen der Gruppenpartner*innen aufrecht zu erhalten.

stabilisierendes Experiment	experimentelle Methode exploratives Experiment

Erkenntnis 6: Alle Prozess*arten* konnten in den Analysen rekonstruiert werden. Während die Schüler und Studentinnen der ersten beiden Analysen größtenteils innerhalb *experimenteller Methoden* arbeiteten (auch *gedanklich*), forschten die Studentinnen der dritten Analyse überwiegend *explorativ*. Letztere nahmen eine falsifizierende Grundhaltung ein, sodass sie ebenfalls zum Schluss die Lage des Schnittpunktes der Mittelsenkrechten im Dreieck begründen konnten. Die experimentellen Methoden der Schüler (s. Abschnitt 7.1) bereicherten sich durch unterschiedliche Erarbeitungswege der beiden. Dies ist ein möglicher Grund, warum die Planung eines Experiments z. T. auch vage ausfiel, um von der Umsetzung des jeweils anderen zu profitieren. Zum Schluss der ersten Analyse hatte womöglich das Aufdecken konträrer Hypothesen in der Interaktion zwischen den Schülern einen kreativen *indirekten Prüfprozess* auf Seiten Samuels angeregt, indem er seine eigene Hypothese bestärkte, welche die Hypothese von Gustav falsifizierte (Weitere Ausführung dessen folgt in Abschnitt 8.3.3). Das explorative Arbeiten der Studentinnen aus Abschnitt 7.3 ist vermutlich zielführend gewesen, da Theorieelemente vorgeschlagen und kritisch betrachtet wurden. Die experimentellen Methoden der Studentinnen aus Abschnitt 7.2 folgten einem *koordinierten Handeln* (Schwarzkopf, 2000, Abschnitt 6.2.2). Forschungslücken der Studentinnen in den vorherigen bereits *experimentell stabilisierten Bearbeitungen* konnten durch neue Fälle aufgedeckt und geschlossen werden. Die einzelnen Prozesse innerhalb einer experimentellen Reihe können folglich über die Deutungen und Hypothesen miteinander verbunden sein, sie können dann auch über den Vergleich der Daten mit den Vorhersagen aus den Hypothesen (s. gestrichelte Linie, s. Abb. 8.5) auf vorherige Prozesse zurückführen. Zur Nachvollziehbarkeit der Struktur der einzelnen experimentellen Reihen sei an dieser Stelle erneut auf die zusammenfassenden Abbildungen verwiesen: Abbildungen 7.17, 7.33, 7.49.

Erkenntnis 7: Es ließen sich über die Nutzung des Modells und der Literaturarbeit Unterschiede zwischen Mathematikbetreiben und naturwissenschaftlichem Betreiben feststellen. Die theoretisch bereits herausgestellten Analogien und Unterschiede sind in Abschnitt 5.1 nachzulesen. Die Ergebnisse aus den Analysen werden hier kompakt zusammengefasst: Die wenigen Wiederholungen der

Experimente innerhalb der experimentellen Reihen konnten aus verschiedenen, nicht nur mathematikspezifischen Gründen, legitimiert werden (s. Abschnitt 7.2). Die Demonstration der Ergebnisse der Studentinnen (s. Abschnitt 7.2) wurde nicht mittels eines Demonstrationsexperiments vollzogen, sondern es wurden ausschließlich Rechnungen präsentiert. Wie bereits in der Einleitung dieser Arbeit angesprochen, zeigt sich nun: Der experimentelle Charakter kann in der Präsentation der Ergebnisse verloren gehen. Zudem wird deutlich, dass das Finden neuer Zusammenhänge und Begründungen quasi-empirisch bzw. kritisch vonstattengeht. Anders wird vorgegangen, sobald die Sätze bekannt sind. Zacharias (s. Abschnitt 7.3.6), dessen Bearbeitung zur Kontrastierung von Analyse III herangezogen wurde, nutzt seine Theorie quasi-euklidisch. Bei seiner kurzen Bearbeitung wird kein Experiment ausgeführt.

Eine weitere Auffälligkeit konnte festgestellt werden: In den Bearbeitungsprozessen ergaben sich vermutlich durch die Anhäufung und Erhärtung theoretischer Aspekte vermehrt Ausführungen von Gedankenexperimenten. Diese folgten in den Analysebeispielen zum Schluss der Bearbeitung. In naturwissenschaftlichen Erkenntnisprozessen dagegen sind Gedankenexperimente vielmehr Ausgangspunkt dieser Prozesse, um z. B. noch nicht umsetzbare Prüfprozesse vorzubereiten oder Widersprüche in bereits etablierte Theorien aufzudecken, weshalb sich Realexperimente zur Erarbeitung alternativer empirischer Theorien anschließen (s. Abschnitt 3.3.4). Aufgrund dieser Entdeckung an den Analysebeispielen wurde die Art der ausgeführten Experimente näher untersucht. Die Ergebnisse dieser Betrachtungen werden im nachfolgenden Abschnitt zusammengetragen.

8.3.2 Antwort auf die zweite Forschungsfrage – Veränderungen innerhalb experimenteller Reihen

Wie beeinflussen und verändern sich theoretische und empirische Elemente innerhalb experimenteller Reihen zu einer Aufgabe?

Diese Forschungsfrage zielte darauf, wie sich experimentelle Prozesse, das bedeutet auch die naturwissenschaftlichen Denk- und Arbeitsweisen innerhalb dieser Prozesse, (durch gegenseitige Beeinflussung) verändern. Das Experimentieren hat sich in allen experimentellen Reihen innerhalb der Analysen von einem konkreten Eingriff zu einem gedanklichen Eingriff entwickelt. Während also zunächst konkrete Gegenstände zum Experiment genutzt wurden, waren es im weiteren Verlauf eher Gedankenexperimente. Genauere Einsicht gewährte die

Differenzierung unterschiedlicher Theorienutzungen und verschiedener Arten zu Experimentieren. Diese werden im Folgenden gesondert dargestellt.

Unterschiedliche Theorienutzungen – erklärend und orientierend:
In diesem Abschnitt wird sich auf die Prozesse konzentriert, die durch eine theoriegeleitete Hypothese hervorgerufen werden, um Aussagen über die Art der Theorienutzung treffen zu können. Während der Experimentierprozesse in den Analysen wurden von den Lernenden keine umfangreichen ‚Theoriegebäude' veröffentlicht. Vielmehr wurde auf einzelne Theorieelemente verwiesen. Die Schüler in Abschnitt 7.1 stellten von Beginn an den Bezug zu Kreisen her. Dieser Ansatz durchzieht den vollständigen Prozess. Dabei wurde auf unterschiedliche Eigenschaften von Kreisen zurückgegriffen. Zum Beispiel: Ein Kreis ist über seinen Radius und seinen Mittelpunkt bestimmbar; ein Kreisbogen ist auch anzugeben über einen Winkel, nämlich 360°, sodass auch Winkelfelder betrachtet werden können. Das Achten auf Radien oder Winkelfelder wurde zur Erklärung bestimmter Beobachtungen oder zur Generierung von einzelnen Hypothesen herangezogen. Unterschieden werden kann eine *erklärende Theorienutzung* von einer *orientierenden Theorienutzung*. Anders gesagt: Es kann unterschieden werden, ob ein Theorieelement (erstens) zur *Erklärung* eines Phänomens oder Beobachtung genutzt wird und ob sich dieses (zweitens) im anschließenden Prozess wiederholt und damit als *orientierend* bezeichnet werden kann, da es mindestens zwei Prozesse miteinander verbindet.

Die Unterscheidung der Theorienutzung lässt eine Analogie zum Beweisen zu: Sie erinnert an zwei Funktionen des Beweisens nach de Villiers (1990, Abschnitt 2.1.2): „*explanation* (providing insight into **why** it is true)" (S. 18, Hervorh. im Original) und „*systematisation* (the **organisation** of various results into a deductive system of axioms, major concepts and theorems)" (S. 18, Hervorh. im Original). Ersteres beinhaltet, dass ein Beweis idealerweise nicht nur verifizieren soll, sondern auch verstehen lassen soll, warum der zu beweisende Zusammenhang gilt. Analog besteht in den Naturwissenschaften ein Ideal darin, sich ebenfalls nicht damit zufrieden zu stellen, Hypothesen an zahlreichen Beispielen zu prüfen. Auch hier sollen Erklärungen und Verortungen der Hypothese aufzufinden sein (s. Abschnitt 3.2.2), was durch die *erklärende Theorienutzung* eingefangen werden kann. Unter *systematisation* wird verstanden, dass Beweise auch Zusammenhänge zwischen Aussagen aufzeigen können. Naturwissenschaften sind auch auf ein solches Theoriegerüst angewiesen und wollen neue Erkenntnisse in bestehende Theorien einbinden. Das bedeutet nicht nur ein Summieren von Hypothesen oder ein Verorten bzw. Setzen der Hypothese in eine Theorie, sondern es heißt, Zusammenhänge zwischen anderen Hypothesen der Theorie aufzustellen (vgl. Abschnitt 3.2.1). Für die Forschung hat dies folgenden Zugewinn: Durch die wiederholte Nutzung eines orientierenden Theorieelements, das mit weiteren erklärenden Elementen angereichert wird, können zusammenhängende Strukturen des Theoriegerüstes (also einer lokalen Ordnung, Abschnitt 2.1.2) vermutet werden (vgl. dazu auch Abschnitt 7.2.1).

Erklärende Theorieelemente können durch eine Beobachtung und Initiierung einer positiven Prüfung zu *orientierenden Theorieelementen* werden. *Erklärende Theorieelemente* können allerdings auch falsifiziert werden, sodass möglicherweise etwas an der Verortung innerhalb einer Theorie oder auch an der Orientierung verändert werden muss. Mit dem negativen Ausgang einer Prüfung kann – bezugnehmend auf Lakatos (1976/1979, Abschnitt 2.1.2) – produktiv umgegangen werden (z. B. Modifikation der Begriffe oder der Voraussetzungen). Bei einem positiven Ausgang bestärkt sich ein Theorieelement als *erklärend*, ein anderes oder sogar dasselbe als *orientierend* für weitere experimentelle Prozesse. Mittels der Unterscheidung der Theorieelemente und Lakatos' (1976/1979) Umgangsmöglichkeiten mit Gegenbeispielen wird die Nutzung der experimentellen Methode sichtbar: zum einen das fortgeführte theoretische Optimieren der Hypothese durch erklärende und orientierende Theorieelemente (im Falle einer positiven Prüfung), zum anderen die Bereitschaft die Hypothese aufgrund von Gegenbeispielen zu modifizieren.

Diese unterschiedlichen Nutzungen von Theorieelementen geben auch eine Möglichkeit, den Übergang von einem explorativen Experiment zu einer experimentellen Methode zu präzisieren: Sofern erklärende Theorieelemente in der Deutung eines explorativen Experiments ergänzt und weitergehend als orientierende Theorieelemente für sich anschließende Prozesse genutzt werden, kann eine experimentelle Methode vermutet werden, da damit eine theoretische Orientierung für die weitere Erarbeitung des Phänomenbereichs gefunden sein könnte. Ein Beispiel: Die Studentinnen in Abschnitt 7.2 hatten nach ihrer ersten explorativen Erarbeitung die Idee von Kreisen in den Ecken, da Kreise gleiche Abstände liefern. Dieser Aspekt formte sich in den folgenden experimentellen Methoden theoretisch aus, indem zum Beispiel die Größe der Kreissektoren angegeben wurde.

Ebenfalls konnte festgestellt werden, dass die Zunahme an theoretischen Elementen eine Veränderung der Handlungen mit sich führte. Bei zunehmender theoretischer Leitung spitzte sich das Handeln zu und wurde vielmehr von Denkweisen koordiniert. Als weitere Erkenntnis aus den Analysebeispielen konnten unterschiedliche Arten zu Experimentieren herausgestellt werden.

Unterschiedliche Arten zu Experimentieren:

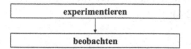

Im Folgenden wird das Experimentieren und Beobachten innerhalb der Lösungsprozesse der Proband*innen fokussiert, das sich in dem Umgang mit den Untersuchungsgegenständen nicht immer identisch gezeigt hat. An drei Experimenten
der Schüler und Studentinnen soll dies exemplifiziert werden (s. Abb. 8.7).

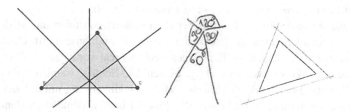

Abbildung 8.7   Eine Zusammenschau empirischer Daten

Die erste Konstruktion in Abbildung 8.7 ist in Abschnitt 7.3 entstanden. Die
Studentinnen wollten hiermit überprüfen, dass sich die Mittelsenkrechten „auf
jeden Fall nicht alle in einem Punkt schneiden" (Turn 32). Die empirischen
Daten eröffneten Gegenteiliges, weshalb die Hypothese falsifiziert und modifiziert wurde. Die zweite Konstruktion wurde von den Schülern aus Abschnitt 7.1
erstellt. Sie wollten prüfen, ob der Mehrweg um eine Figur einem Vollkreis
entspricht. Sie skizzierten eine Ecke (hier: eines Dreiecks). Die 120° wurden gedanklich erschlossen und anschließend notiert. Die dritte Skizze ist aus
Abschnitt 7.2 entnommen. Um die Eckpunkte wurden von den Studentinnen
Kreisbögen mit den Fingern angedeutet, mittels dieser ausschließlich gestiku-
lierten Kreisbögen an den Ecken wurden Möglichkeiten zur Ausrechnung des
Mehrwegs geplant und ausgeführt. Es lässt sich also eine Unterscheidung dahingehend treffen, in welcher Form der Untersuchungsgegenstand vorliegt und wie
mit diesem experimentiert wird. Mit Blumer (1981) kann also erneut betont
werden – diesmal hervorgehoben durch die unterschiedlichen empirischen Beispiele aus der Studie – dass mathematischen Objekten nicht aus sich heraus
die Beschaffenheit zugeschrieben werden kann, z. B. abstrakt oder real zu sein.
Eine Rekonstruktion eines experimentellen Umgangs mit den Gegenständen hat

sich deshalb anzuschließen. Die Erkenntnisse aus der Analyse werden nachfolgend zusammengefasst. Aus der Rekonstruktion haben sich drei Arten zu Experimentieren herausgestellt (s. Abschnitt 7.2.4):

Reales Experimentieren mit realen Objekten (Art 1):
Das Experimentieren ist auf die Art und Weise der Ausführung mit als real behandelten Objekten angewiesen. Wie beim Beispiel der Studentinnen, die überrascht schienen, dass sich die Mittelsenkrechten im Dreieck alle in einem Punkt schneiden (s. Abb. 8.7), wird bei dieser Art die Ausführung der Arbeitsweise betont, um die Veränderung durch die Arbeitsweise an dem Objekt belegen zu können.

Gedankliches Experimentieren mit realen Objekten (Art 2):
Die Art und Weise des Eingriffs wird über Denkweisen koordiniert und an den als real vorliegenden Objekten, die gedanklich variierbar sind, ausgeführt. Die Schüler aus Abschnitt 7.1 haben die Ecke eines Dreiecks real vorliegen (s. Abb. 8.7). Die Größen der Winkel werden nicht gemessen. Die Schüler wenden gedanklich Regeln über die Beziehung von Innen- und Außenwinkeln an, um auf die konkrete Größe der Winkel zu schließen. Das Produkt ihrer gedanklichen Handlung notieren sie im real vorliegenden Objekt. Interpretativ kann diese Ebene rekonstruiert werden, wenn das zu Beobachtende abstrahiert ist: Unabhängig von der gezeichneten Größe wird dem Winkel der Wert 120° zugeschrieben.

Gedankliches Experimentieren mit gedanklichen Objekten (Art 3):
Die Art und Weise der Ausführung ist über Denkweisen koordiniert und wird mit rein gedanklichen Objekten, die wie reale Objekte behandelt werden, allerdings zum Zeitpunkt der Handlung keine konkrete Referenz besitzen, ausgeführt. Dabei stellt sich der*die Experimentierende sowohl die konkreten Gegenstände gedanklich vor als auch die Handlung mit den Gegenständen. Wie bei der zweiten Art liegt auch hier der Fokus auf der Ausführung von Denkweisen. Anders als Art 2 ist hier das Objekt gedanklich vorgestellt, wobei die sprachlichen Äußerungen etwas Konkretes vermuten lassen, wie zum Beispiel die mit Gesten ergänzten Kreisbögen um die Eckpunkte des Dreiecks, die damit die beim Experimentieren anscheinend untersuchten Winkelfelder einschließen (s. Abb. 8.7, Bild 3).

Diese drei *Arten zu Experimentieren* lassen sich in einer Dreifeldertafel integrieren (s. Abb. 8.8).

Objekte Experimentieren	real	gedanklich
Betonung auf Arbeitsweise	Art 1	
Betonung auf Denkweise	Art 2	Art 3

Abbildung 8.8 Arten zu Experimentieren (s. auch Abb. 7.37)

In Abschnitt 7.3 wurde ersichtlich, wie gewinnbringend die erste Art sein kann: Die Studentinnen versuchten zu Beginn ihrer Untersuchung einige Erklärungen an den vorliegenden Objekten auszuschließen.

Die zweite und dritte Art (s. Abb. 8.8) können als Ausprägungen eines Gedankenexperiments beim Mathematiklernen bezeichnet werden (mehr zum Gedankenexperiment s. Abschnitt 3.3.4). Aus den Analysen ergab sich, dass diese Arten, aufgrund der Betonung auf Denkweisen, einen günstigen Ausgangspunkt für ein Begründen bieten können. Der Zusammenhang zwischen Experimentieren und Begründen, im Sinne einer Absicherung mathematischer Zusammenhänge durch die Anwendung gültiger Gesetze (s. Abschnitt 2.1.2), ist Schwerpunkt der dritten Forschungsfrage.

8.3.3 Antworten auf die dritte Forschungsfrage – Experimentieren und Begründen

Welche Erkenntnisse lassen sich für ein Entdecken, Prüfen und Begründen ziehen?

Insofern ein Experimentieren/Beobachten auf eine Prüfung und Generierung von Gesetzmäßigkeiten zielt, ist es einem entdeckenden Lernen zu subsumieren (s. Abschnitt 2.1.1). Im Folgenden werden die Erkenntnisse präsentiert, die sich durch die experimentelle Betrachtung für ein Entdecken, Prüfen und Begründen ergeben. Da das Entdecken (Hypothesen generieren) und Prüfen bereits explizit über die einzelnen Phasen im Modell thematisiert wurden (s. Abschnitt 8.3.1) und somit Teil des experimentellen Prozesses sind, wird im Weiteren schwerpunktmäßig darauf geachtet, inwiefern sich innerhalb experimenteller Prozesse auch Erkenntnisse über das Begründen ziehen lassen. Dafür wird auch hier eine vergleichende Perspektive auf die einzelnen Erkenntnisse aus den Analysen vorgenommen.

In allen hier betrachteten Analysen hat sich zum Schluss der experimentellen Erarbeitungen eine Begründung oder Begründungsansätze ergeben. Anhand von exemplarischen Ausschnitten aus den Analysen werden die Erkenntnisse zur dritten Forschungsfrage zusammengeführt. Dabei wird auch ausgeführt, inwiefern sich Herausforderungen innerhalb experimenteller Prozesse für ein mathematisches Begründen ergeben haben.

Beispiel aus Abschnitt 7.1:
Die dritte experimentelle Frage im Prozess von Gustav und Samuel ist sinngemäß folgende gewesen: Ergeben die schraffierten Kreissektoren bei allen betrachteten Figuren einen Vollkreis?

Erkenntnis: Das zugespitzte Fragen innerhalb einer experimentellen Methode ermöglicht, auf Lücken hinzuweisen, die für eine Begründung bestehen könnten. Das theoriegeleitete Verfolgen dieser Fragen, gemäß der Methode, kann eine Schließung der Begründungslücken begünstigen.
Zugespitzte experimentelle Fragen können auf Begründungslücken hinweisen.

Beispiel aus Abschnitt 7.1:
Gustav und Samuel generierten unterschiedliche Hypothesen wie groß der Mehrweg um ein Dreieck sei:

- Gustav ging der Hypothese nach, ob der Mehrweg insgesamt dem Kreisbogen mit Winkel 180° entspräche.
- Samuel verfolgte die Hypothese, ob der Mehrweg dem Umkreis eines Vollkreises mit Radius a entspräche.

Vermutet werden konnte, dass Samuel im folgenden Prozess seine Hypothese an die Winkelidee von Gustav anglich. Dieses Angleichen konnte als hypothetisch-deduktiver Ansatz rekonstruiert werden. Er formulierte seine Hypothese anscheinend so um, dass er Gustav's Hypothese (180°) falsifizieren und seine (360°) bestärken konnte.

Erkenntnis: Es hat sich gezeigt, dass das hypothetisch-deduktive ‚Verschieben' einer Hypothese einzelne deduktive Begründungsschritte begünstigen kann. Darüber hinaus können durch das ‚Verschieben' neue, bisher noch nicht beachtete

Theorieelemente aufgedeckt werden, die ebenfalls eine Begründung begünstigen können. Diese Veränderung der Hypothese kann Möglichkeiten eröffnen, die empirischen Daten hinsichtlich anderer Beobachtungsschwerpunkte zu fokussieren und dementsprechend einer neuen Prüfung zu unterziehen. Dies kann auch eine Erschütterung der vorherigen empirischen Beobachtungen bewirken. Auf das Beispiel bezogen: Die drei Kreisbögen an den Ecken des Dreiecks erwecken in der Skizze der Schüler möglicherweise insgesamt den Anschein eines Halbkreises, die theoretisch ‚verschobene' Hypothese erklärt allerdings, warum es kein Halbkreis sein kann.

Indirekte Prüfprozesse können neue theoretische Zusammenhänge eröffnen, die für eine Begründung ausgenutzt werden können. Sie ermöglichen das Aufdecken von Widersprüchen und sie können neue Theorieelemente eröffnen, die sich wiederum in Begründungen manifestieren.

Beispiel aus Abschnitt 7.2:
Silvia äußerte nach ihrer Rundgangskonfiguration am Rechteck Folgendes:

„aber das müsste doch eigentlich, guck mal. können wir ja davon ausgehen, dass <u>das</u> hier einfach ein Viertel Kreis ist' *(zeigt auf die linke untere Ecke)*, du hast einen Viertelkreis- und *a*." (Abschnitt 7.2, Turn 44)

Das, was die Studentin hier äußerte, ist eine hypothetische Post-Erklärung bezogen auf die Beobachtung aus ihrem vorherigen Experiment. Verfolgt man das Arbeiten der Studentin weiter, so wurden u. a. Elemente aus dieser Erklärung (Idee: Viertelkreis und Radius *a*) in die zuletzt notierte Begründung am Dreieck integriert (s. Turn 138).

Erkenntnis: Eine experimentelle Methode kennzeichnet sich durch eine theoriegeleitete Hypothese und eine theoretische Reflexion der Beobachtung. In den Hypothesen und Deutungen sind also Theorieelemente enthalten, die womöglich auch bei einem Beweis tragfähig sein können (s. bereits Abschnitt 8.3.1). Angenommen eine theoriegeleitete Hypothese wird durch ein Experiment bestärkt und durch eine Deutung erweitert, so können sich die potenziellen Begründungselemente anhäufen und wiederholen und sich wie im Beispiel anschließend in einer

Begründung manifestieren. Eine Herausforderung könnte an dieser Stelle sein, dass die Beweiselemente latent verbleiben und sich nicht manifestieren. Es könnte ebenfalls herausfordernd sein, die einzelnen Begründungselemente in eine vollständige Ordnung zu bringen; so lässt sich bei den Schülern in Abschnitt 7.1 beobachten, dass zum Schluss der berechnete Mehrweg an einer Ecke, aber nicht die Zusammensetzung für alle Ecken einer Figur beachtet wurden. Sie nennen es zwar Beweis, eine vollständige Ordnung bleibt allerdings aus.

Eine wiederholende theoretische Verortung der Hypothese innerhalb einer experimentellen Methode könnte latente Beweisideen eröffnen, erweitern und erhärten. Eine anschließende Ordnung der Beweisideen zu einem Beweis ist dann allerdings noch zu leisten.

Beispiel aus Abschnitt 7.2:
Silvia und Janna führten eine experimentelle Reihe zur Rundgangsaufgabe aus, in der stabilisierende Prozesse zu den einzelnen unterschiedlichen Fällen integriert waren: Sie stabilisierten ihre Erkenntnisse zum Rechteck, zum Kreis und schlussendlich zum Dreieck. Ihr Vorgehen wiederholte sich.

Erkenntnis: Sich neu anschließende Prozesse können vorherige Erkenntnisse durch geprüfte Einzelfälle sowohl erweitern und Hypothesen dadurch präzisieren, als auch strukturelle Gemeinsamkeiten aller Einzelfälle erhärten, was für die anschließende Begründung gewinnbringend sein kann. Auf das Beispiel bezogen: Silvia und Janna erkannten die strukturelle Ähnlichkeit zwischen den Beispielen, dass die Winkelfelder an den Ecken summiert einem Vollkreis mit Radius a entsprechen.

Hypothesen können durch Prüfprozesse präzisiert, strukturelle Gemeinsamkeiten zwischen den Einzelfällen entdeckt und für einen Beweis (Übertragung auf alle Fälle) nutzbar gemacht werden.

Ein Beispiel aus Abschnitt 7.3:
Kim verfolgte nachfolgende Hypothese:

Eine Bedingung für den Schnittpunkt der Mittelsenkrechten im Mittelpunkt einer Dreiecksseite lautet: „Wenn bei der [...] gegenüberliegenden Seite, wo sich die Geraden schneiden [...] ein rechter Winkel ist" (Turn 118)

Die Prüfung vollzog sie über ein Gedankenexperiment, das mittels Gesten gestützt wurde.
Finja nutzte im Anschluss das veröffentlichte Gedankenexperiment von Kim, um eine Begründung zu formulieren:

„weil sich die Mittelsenkrechten vom Rechteck auch in der Mitte schneiden [...] und ein Dreieck mit einem rechten Winkel ist immer die Hälfte von einem Rechteck." (Turn 259, 275)

Erkenntnis: Wenn ein Experiment gedanklich ausgeführt wird, wie Kim es vollzog, werden von dem*der Experimentierenden Regeln angewendet. Sofern die Regeln zielführend sind, das heißt, dass das Resultat dieser Regelausführung mit dem Vorhergesagten verglichen werden kann und sofern sich beide Überlegungen decken, wurde auf die Konsequenz deduktiv geschlossen (vgl. *Prüfung mit latenter Beweisidee*, Abschnitt 2.2.4). Dieses deduktive Schließen ist zwar noch an empirische Daten gebunden, was bei Kim an ihren Gesten verdeutlicht wird, doch ist durch das Anwenden der Regeln das Allgemeine bereits angelegt.
Die Regeln innerhalb eines Gedankenexperiments können latente Beweisideen liefern.

Ein Beispiel aus Abschnitt 7.1 sowie 7.2:
Sowohl Gustav und Samuel als auch Silvia und Janna identifizierten bei einem Rechteck den Mehrwegsanteil pro Ecke als ein Viertelkreis, ohne dass dieser Anteil für die Lernenden begründet werden musste. Am Dreieck wurde für beide Paare fragwürdig, wie groß der Mehrweg insgesamt bzw. sein Anteil an einer Ecke ist.

Erkenntnis: Aus naturwissenschaftlicher Perspektive scheint im ersten Fall eine theoretisch reflektierte Deutung auszubleiben. Denkbar wäre, dass ein individueller experimenteller Prozess an dieser Stelle auch beendet werden könnte. Dann würde sich kein Begründungsbedarf einstellen, da der Prozess frühzeitig stagnieren würde.
Eine frühzeitige Stagnation der experimentellen Prozesse kann rudimentäre Lösungen liefern.

Ein Beispiel aus Abschnitt 7.2:

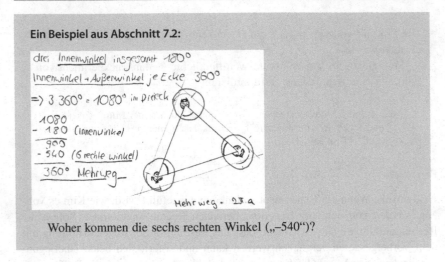

drei <u>Innenwinkel</u> insgesamt $180°$

Innenwinkel + Außenwinkel je Ecke $360°$

$=) 3 \cdot 360° = 1080°$ im Dreieck

1080
$- 180$ (Innenwinkel)
$\overline{900}$
$- 540$ (6 rechte Winkel)
$\overline{360°}$ Mehrweg

Mehr weg = $2\pi \cdot a$

Woher kommen die sechs rechten Winkel („–540")?

Erkenntnis: An diesem Phänomen können weitere Herausforderungen für ein Begründen diskutiert werden: Die sechs rechten Winkel haben die Studentinnen an empirischen Daten gewonnen. Sie wurden begründungslos am Ende in eine formale Struktur integriert. Den Lernenden muss der hypothetische Charakter dabei nicht bewusst sein. Pessimistisch interpretiert, könnte durch so eine Art von Notation auch kaschiert werden, dass keine Begründung für dieses Element gefunden werden konnte. Mit anderen Worten: Da die Spuren des Experimentierens in der hier notierten Veröffentlichung verwischt wurden (vgl. auch Kapitel 1), wird damit auch der eigentliche hypothetische Charakter dieses Elements vorenthalten, was dann wieder die kommunikative Funktion eines Begründens und Beweisens notwendig macht, um auf genau solche möglichen Begründungslücken hinzuweisen.

Die hier notierte Begründung veröffentlicht darüber hinaus nicht alle diskutierten Aspekte, die experimentell erarbeitet wurden: Warum entsteht der Mehrweg nur an den Ecken? Dies haben sich die Studentinnen experimentell erarbeitet, ist allerdings in der obigen Notation nicht mehr enthalten. Eine vollständige Ordnung wurde ebenfalls nicht notiert. Es fällt auf, dass ausschließlich ein Begründungskern veröffentlicht wurde.

Eine vollständige Begründung (sowohl in den Argumenten als auch in der Ordnung) kann durch Experimentieren allein nicht gewährt werden.

Welche Begründungen können sich nun über ein Experimentieren ergeben und welche nicht? Wann bietet sich ein Experiment an, um einen Begründungsbedarf zu wecken?
Was ein Experiment innerhalb des Prozesses nicht leisten kann, ist eine rein deduktive Begründung für den zu erforschenden Zusammenhang. Denn mit einer quasi-euklidischen Theorienutzung anstatt einer quasi-empirischen wäre es nicht mehr prüfend, d. h. kein Experiment. Trotzdem können innerhalb des experimentellen Prozesses Begründungselemente integriert sein, die sich als latente Beweisideen herausstellen und sich in einer anschließenden Begründung auch manifestieren können. Dafür sei erneut auf den Anspruch einer *experimentellen Methode* verwiesen: Der Prozess sollte theoriegeleitet und reflektiert ausgeführt werden. Aus der präsentierten Forschungsarbeit lassen sich drei Ausprägungen dieser Methode formulieren, die besonders gewinnbringend für ein anschließendes Begründen sein können:

1. In der Prä- und Post-Erklärung können Elemente integriert sein, die eine nachträgliche Begründung begünstigen.
2. Ein (theoriegeleitetes) Gedankenexperiment (Betonung auf Denkweisen) kann im Falle einer positiven Prüfung einzelne Begründungsschritte offenbaren.
3. Genauso kann ein Transformieren der Hypothese basierend auf bekannten Regeln, zugunsten einer indirekten Prüfung, Begründungsstrukturen oder neue Begründungselemente eröffnen.

Hervorzuheben ist folglich der Zugewinn einer experimentellen Methode im Mathematikunterricht für ein Anbahnen mathematischer Begründungen.
Wenn noch kein theoriegeleiteter und reflektierter, sondern ein eher empirisch orientierter experimenteller Prozess im Sinne eines explorativen Experiments ausgeführt wird, können die empirischen Phänomene eine Ursachensuche evozieren, um zumindest eine Ordnung in die einzelnen Phänomene zu bringen. Damit kann sich ein Begründungsbedarf einstellen, ohne dass sich dabei bereits Begründungselemente auffinden lassen müssen.

Also: Experimente können mathematische Begründungen nicht ersetzen, allerdings motivieren und vorbereiten.

8.4   Empfehlungen für den Mathematikunterricht

Es stellt sich nun die Frage, wie ein experimenteller Prozess oder vielleicht auch eine Reihe an experimentellen Prozessen explizit in den Mathematikunterricht integriert werden können. Eine Antwort wurde zu Beginn dieser Arbeit vorgestellt: Das operative Prinzip mit der Leitfrage „Was geschieht mit …, wenn …?" (Wittmann, 1985, S. 9, Abschnitt 2.1.1). Wie zu Beginn bereits thematisiert, wird bei der Umsetzung dieses Prinzips meist ein theoretischer Aspekt, in Form einer operativen Begründung, nachgestellt. Der Beginn dieser Umsetzung gestaltet sich dagegen eher explorativ. Ein exploratives Experiment kann sowohl nach einer Theorieverortung suchen, als auch nach reproduzierbaren Bedingungen, sodass eine theoretische Reflexion anschließbar wäre. Ohne eine vorherige Theorieverortung könnten allerdings auch ausschließlich Arbeitsweisen ohne Denkweisen folgen und damit einzelne, nicht in Verbindungen stehende Phänomene. Eine anschließende theoretische Setzung von Seiten der Lehrperson könnte dann möglicherweise problematisch sein, da die Passung zwischen theoretischen Elementen und empirischen Daten zuerst erkannt werden muss.

Es folgen deshalb nun konkrete Vorschläge für den Mathematikunterricht, die mit einer theoretischen Einbettung beginnen, um einen Übergang von einer ersten Exploration zu einer Begründung zu begünstigen (s. Abschnitt 8.4.1). Im Anschluss daran werden, aus den Erkenntnissen zu den naturwissenschaftlichen Denk- und Arbeitsweisen beim Mathematiklernen, Potenziale dieser für den Mathematikunterricht herausgestellt (s. Abschnitt 8.4.2). Zudem werden Vorschläge aus den Forschungsergebnissen der Arbeit gezogen, wie sich mathematischen Objekten sowie einer mathematischen Begründung im Mathematikunterricht über Experimente angenähert werden könnte (s. Abschnitt 8.4.3, 8.4.4).

8.4.1   Konkrete Umsetzungsmöglichkeiten zur Integration experimenteller Prozesse

In der vorliegenden Forschungsarbeit wurde sich bisher wenig auf konkrete Unterrichtsmethoden aus der Physik-, Chemie- oder Biologiedidaktik bezogen. Diese können allerdings Anhaltspunkte zur Konzeption eines experimentellen Mathematikunterrichts liefern, da sich in Abschnitt 5.1 sowie in den Analysen Analogien zwischen mathematischen und naturwissenschaftlichen Denk- und Arbeitsweisen herausstellten. Die Naturwissenschaftsdidaktiken geben unterschiedliche Umsetzungsmöglichkeiten, Charakteristika naturwissenschaftlicher Erkenntnisprozesse zu vermitteln: Exemplarisch seien hier der (1) *darbietende Unterricht* (Kircher,

2015, S. 167), das (2) *historisch-problemorientierte Verfahren* (Jansen et al., 1986) und das (3) *forschend-entwickelnde Unterrichtsverfahren* (Schmidkunz & Lindemann, 1992) genannt. Dabei fokussiert die erste Umsetzungsmöglichkeit die Demonstration auf Seiten der Lehrperson, wohingegen der Fokus der zweiten Umsetzungsmöglichkeit auf historische Beispiele gelegt und problemorientiert in den Unterricht integriert wird. Nun sind die experimentellen Erkenntnisprozesse der Mathematiker*innen häufig nicht mehr derart nachvollziehbar (s. Kapitel 1), weshalb sich für einen Mathematikunterricht zur Umsetzung des zweit genannten Verfahrens auch physikalische Beispiele wie die von Galilei (s. Abschnitt 3.3.1) anbieten könnten (vgl. Winter, 2016). Die ersten beiden Verfahren orientieren sich vornehmlich an den Erkenntnissen des Faches (*normativ-fachliche Perspektive*). Es sei im Folgenden das forschend-entwickelnde Unterrichtsverfahren vorgestellt, da sich dieses an den Erkenntnisprozessen der Schüler*innen orientiert (*kognitive Perspektive*) (Schmidkunz & Lindemann, 1992, S. 19).

Eine konkrete Umsetzungsmöglichkeit des forschend-entwickelnden Unterrichtsverfahrens im Mathematikunterricht:
Insgesamt wird das forschend-entwickelnde Unterrichtsverfahren in fünf Stufen gegliedert, die als sogenannte „Denkstufen" (ebd., S. 23) bezeichnet werden. Bezogen auf die vorliegende Forschungsarbeit ist es angebracht, an dieser Stelle von *Denk- und Arbeitsstufen* zu sprechen. Jede dieser Stufen ist in Teilphasen unterteilt, die in Tabelle 8.2 zusammengefasst und mit den Denk- und Arbeitsweisen aus dem Modell (s. Abb. 8.5) verglichen werden.

Tabelle 8.2 Stufen und Phasen eines forschend-entwickelnden Unterrichtsverfahrens nach Schmidkunz und Lindemann (1992) im Vergleich zu den naturwissenschaftlichen Denk- und Arbeitsweisen

Stufen und Phasen des forschend-entwickelten Unterrichtsverfahrens		Naturwissenschaftliche Denk- und Arbeitsweisen aus dem Prozessmodell, Abb. 8.5
Stufen	*Phasen*	*Denk- und Arbeitsweisen*
1 Problemgewinnung	Problemgrund	Fragen anlässlich eines Phänomens
	Problemerfassung	
	Problemerkenntnis (Problemformulierung)	

(Fortsetzung)

Tabelle 8.2 (Fortsetzung)

Stufen und Phasen des forschend-entwickelten Unterrichtsverfahrens		Naturwissenschaftliche Denk- und Arbeitsweisen aus dem Prozessmodell, Abb. 8.5
2 Überlegungen zur Problemlösung	Analyse des Problems (Vorwissen und Hypothesen)	Hypothesengenerierung und Vorhersage
	Lösungsvorschläge	
	Entscheidung für einen Lösungsvorschlag	
3 Durchführung eines Lösevorschlages	Planung des Lösevorhabens (Sozialform und Vorbereitung des Experiments)	Experimentieren Beobachten Vergleichen und Prüfen
	Praktische Durchführung des Lösevorhabens	
	Diskussion der Ergebnisse	
4 Abstraktion der gewonnenen Erkenntnisse	Ikonische Abstraktion	Deuten
	Verbale Abstraktion	
	Symbolhafte Abstraktion	
5 Wissenssicherung	Anwendungsbeispiele	Anschließende experimentelle Prozesse oder Demonstration
	Wiederholung	
	Lernzielkontrolle	

Die in Tabelle 8.2 von Schmidkunz und Lindemann (1992) notierten Stufen und Phasen werden anhand eines Vorschlags für den Mathematikunterricht skizziert:

Problemgewinnung:
1a: Die Lehrperson baut einen Turm mit Holzklötzen auf (s. Abb. 8.9).
Die Regel lautet: Der mittlere Stein einer jeden vollständigen Reihe wird herausgezogen und oben, entsprechend dem Baumuster des Turms, angelegt.

1b: Das Spiel wird irgendwann vorbei sein.

1c: Der Turm in Abbildung 8.9 besitzt bisher acht Etagen (denkbar wäre hier auch abhängig von der Schülerschaft, einen höheren Turm vorzugeben). Wie viele Etagen wird es geben, wenn das Spiel vorbei ist? (*Frage anlässlich eines Phänomens*)

Abbildung 8.9
Phänomeneröffnung zur
Problemgewinnung

Die formulierte Frage wird zwar an dem konkreten Turm generiert und könnte subjektiv als einmalige Frage erfasst werden. Sie sollte durch die Gestaltung des Unterrichts zu einer Frage nach einer Gesetzmäßigkeit für die Lernenden werden. Die zweite Stufe kann dies begünstigen, da in dieser eine Hypothese generiert und das einzelne Phänomen so in einen allgemeinen Zusammenhang gebracht wird.

Überlegungen zur Problemlösung:
2a: Lernende könnten zuerst über die Höhe der Türme spekulieren. Wenn es allerdings im Klassengespräch darum geht, die eigene Hypothese argumentativ zu vertreten, kann sich eine stärkere Theorieleitung ergeben. Möglich wäre hier z. B. über Teilbarkeit zu argumentieren, um eine *theoriegeleitete Hypothese zu generieren*, z. B. eine fachlich unvollständige: Weil $8 : 3 = 2 (Rest 2)$, könnten zwei Etagen zu den acht ergänzt werden.

2b: Überlegungen zur Umsetzung der Überprüfung könnten sich anschließen. Beispielsweise könnte durch ein Blatt Papier die Ausgangslage der Etagen markiert werden. Es könnte auch eine Skizze angefertigt werden, in der notiert ist, in welcher Reihenfolge die Steine gezogen werden (s. Abb. 8.10).

2c: Es wird sich für Vorschläge zur Umsetzung entschieden. Eine *Vorhersage* wird dadurch fixiert: Die Schüler*innen werden durch diese ersten Phasen so vorbereitet, dass sie ein nachfolgendes Experiment ausführen können und auch erarbeitet haben, welcher Beobachtungsfokus eingenommen wird.

Abbildung 8.10 Ein beispielhafter Lösungsvorschlag zur Umsetzung eines Experiments

	8	
	7	
	6	
	5	
	4	
	3	
	2	
	1	

Durchführung eines Lösevorschlages:
3a: Die Materialien zur Umsetzung werden besorgt und Arbeitsgruppen gebildet.

3b: Die Spielregeln werden ausgeführt: Die Steine werden nacheinander gezogen, angelegt und die Etagen gezählt *(Experimentieren und Beobachten).*

3c: Die Ergebnisse werden mit den Hypothesen *verglichen*. Eine *Prüfung* kann sich anschließen. In diesem Fall eine Falsifizierung: Es ergeben sich nicht zehn Etagen, sondern elf.

Abstraktion der gewonnenen Erkenntnisse:
4a: Eine Dokumentation der Ergebnisse wäre möglich: Z. B. in Form von Dreierbündeln, die in der Skizze (s. Abb. 8.10) markiert werden.

4b: Es wird mittels der theoretischen Erarbeitungen z. B. erklärt, warum die Rechnung $8 : 3 = 2$ (Rest 2) noch nicht ausreichend zur Erklärung des Phänomens gewesen ist. Die Beobachtungen werden nachträglich *gedeutet*: Sowohl der Quotient der Division als auch der Rest ergeben die Anzahl der verbleibenden Etagen an, weshalb erneut $(2 + 2) : 3$ gerechnet werden muss, um die noch fehlende vollständige Etage zu ermitteln. Das Ermitteln der Etagenanzahl ist folglich gleichbedeutend mit einer mehrfachen Hintereinanderausführung der Teilbarkeit mit Rest, bis der Divisor nicht mehr in die Summe von Quotienten und Rest passt.

4c. Die Ergebnisse könnten noch formalisiert oder an weiteren Turmhöhen berechnet werden.

Wissenssicherung:
Die Stufe 5 des Unterrichtsverfahrens sieht Möglichkeiten für weitere Erarbeitungen zum Thema vor. Auf das Beispiel bezogen könnte überlegt werden, was wäre, wenn eine andere Ausgangslage vorliegen würde: Es könnte die erste Etagenhöhe sowie die Anzahl der herauszuziehenden Steine variiert werden. Möglich wäre auch zu überlegen, was wäre, wenn auf einer Etage drei und auf der nächsten Etage fünf Steine liegen würden etc.

Dies ist eine exemplarische Umsetzungsmöglichkeit, ein theoriegeleitetes Experimentieren in den Unterricht zu integrieren: Der Phänomenbereich wird eröffnet und problematisiert, die Frage anlässlich dieses Phänomenbereichs motiviert. Es werden gemeinsam theoriegeleitete Hypothesen und Überprüfungsmöglichkeiten generiert, sodass ein planvolles und zielgerichtetes Experiment ausgeführt werden kann, dass anschließend gemeinsam reflektiert wird.

Eine konkrete Umsetzungsmöglichkeit eines fortschreitenden Experimentierens:
Im Folgenden wird ein weiterer konkreter Vorschlag vorgestellt, der die naturwissenschaftlichen Denk- und Arbeitsweisen sowohl mit den Unterrichtsmethoden der Naturwissenschaftsdidaktiken als auch mit einer Umsetzungsmöglichkeit der Mathematikdidaktik zusammenbringt: Der*Die Lehrende könnte zu Beginn einer Unterrichtsreihe einen experimentellen Prozess mit entsprechenden Theorieelementen demonstrieren (vgl. darbietender Unterricht; möglich auch in Stufe 1, Tab. 8.2, Schmidkunz & Lindemann, 1992, S. 44). Die Forschungsfragen der Schüler*innen im Anschluss der Demonstration könnten im Klassengespräch gesammelt werden (vgl. Stufe 1 Tabelle 8.2). Im Sinne eines fortschreitenden Schematisierens (vgl. Treffers, 1983) könnten die Fragen geordnet und ihnen sukzessive nachgegangen werden. Dieser Schritt unterscheidet sich von dem forschend-entwickelnden Verfahren, da hier ausschließlich eine Forschungsfrage erarbeitet wird. Treffers (1983) schematisiert Lösungsprozesse von Schüler*innen zur Einführung eines neuen Lerninhalts, um bei Lernenden eine fortgeführte Mathematisierung zu erreichen. Ein Sortieren von Fragen könnte ebenfalls eine derartige fortgeführte Mathematisierung begünstigen. Ein Potenzial einer solchen Sammlung von Fragen ist, den unterschiedlichen Stand der Schüler*innen einzufangen und möglicherweise eine experimentelle Reihenplanung gestalten zu können. Diese Fragen könnten auch während der Erarbeitungsprozesse durch sich ergebende neue Fragen ergänzt werden. Die Theorieorientierung zu Beginn der Demonstration gibt idealerweise eine erste Verortung der Fragen, schließlich können nur diejenigen experimentieren, die bereits etwas über ihren Forschungsgegenstand wissen (s. Abschnitt 3.2.2). Mögliche Schritte eines solchen – hier benannten – *fortschreitenden Experimentierens* werden im Folgenden notiert und

mit einem konkreten Vorschlag ergänzt. Orientiert wurde sich hierbei an einer eingesetzten und sich bewährten Aufgabe aus der Begleitstudie:

Präsentation eines Demonstrationsexperiments:
Die Lehrperson präsentiert fachlich die *zentrische Streckung* zum Beispiel wie folgt:
    Gegeben ist ein Streckzentrum Z und ein Punkt P. Dieser Punkt soll um den Faktor drei gestreckt werden. Man verbindet also das Zentrum mit Punkt P, misst die Länge, verdreifacht diese Länge und trägt die verdreifachte Länge an dem Strahl ($\overrightarrow{ZP}$) ab. Der neue Punkt heißt P′. P′ ist der gestreckte Punkt P. Es werden weitere Eigenschaften der zentrischen Streckung erarbeitet: Das Streckzentrum bleibt fix und die Strecken werden auf zu sich parallele Strecken abgebildet (s. Abb. 8.11).

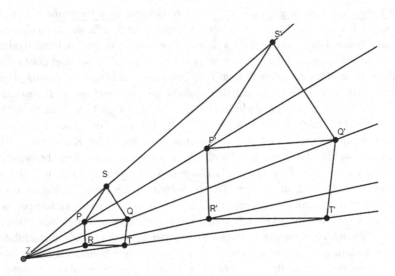

Abbildung 8.11 Phänomen zur Veranlassung von Fragen

Die Lehrperson könnte hier folgende Frage stellen: *P wurde um den Faktor drei gestreckt und Q, R, S, T* (s. Abb. 8.11) *ebenfalls. Wie verhält sich die Strecke* $\overline{PQ}$ *zu* $\overline{P'Q'}$, $\overline{PR}$ *zu* $\overline{P'R'}$, $\overline{RT}$ *zu* $\overline{R'T'}$, …?
    Anschließend könnte die Lehrperson eine Hypothese explizieren, beispielsweise, dass sie eine Verdreifachung der Strecke vermutet. Dieser Hypothese kann

sie anschließend experimentell nachgehen, zum Beispiel, indem Sie die einzelnen Seiten der Ausgangsfigur in die gestreckte Bildfigur wie im nachfolgenden Bild abträgt (*planvoll*) und so beobachten kann, ob drei Strecken in die entsprechende Seite der Bildfigur hineinpassen (*zielführend*):

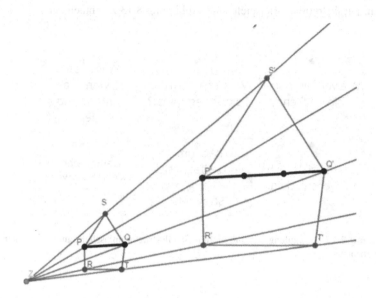

Abbildung 8.12 Demonstrationsexperiment zur Verdreifachung der Strecken bei Streck-faktor 3

Ihre Hypothese scheint sich bestärkt zu haben (s. Abb. 8.12). Die Lehrperson kann direkt eine Vorbildfunktion übernehmen und Fragestellungen anschließen: Z. B. Ist das nur bei einer Verdreifachung so?

Schüler*innen führen das Experiment durch:
Zur Verdeutlichung des neuen Lerninhalts und zur Generierung von Fragen, könn-ten die Schüler*innen das Experiment im Folgeschritt eigenständig ausführen. Auf das Beispiel bezogen strecken sie eine gewählte Figur mit selbst gewähltem Streckfaktor, prüfen die Hypothese der Lehrperson und notieren im Anschluss Fragen, die sich ergeben haben.

Anschlussfragen der Schüler*innen sammeln:
Wenn die Fragen, die gestellt werden, nicht an dem Wissen der Schüler*innen anknüpfen, sind es keine zielführenden Fragen für ein experimentelles Vorgehen und vor allem kein theoriegeleitetes Experimentieren, weshalb sich die genannte Sammlungsphase anbietet. Die Anschlussfragen können auf Zetteln gesammelt werden. Diesbetreffende Beispiele sind Abbildung 8.13 zu entnehmen.

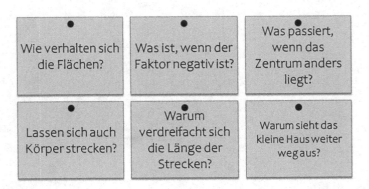

Abbildung 8.13 Sammlung von möglichen Schülerfragen anlässlich eines Demonstrationsexperiments

Anschlussfragen sortieren, z. B. nach Nähe zur Ausgangsfrage, Anzahl der Voraussetzungen:
Wenn eine theoretische Ordnung durch Experimente angebahnt werden soll, dann muss das Experiment auch dort fortgeführt werden, wo Schüler*innen bereits Erkenntnisse haben. Die Hypothesen sollten anschlussfähig sein, weshalb eine Sortierung der Fragen notwendig ist.

Möglich ist, dass einige Fragen direkt von Schüler*innen begründet werden können. Daraus könnten sich wiederum Anschlussfragen ergeben. Es könnte diskutiert werden, welche Fragen sich zuerst anbieten würden und weshalb sie besonders geeignet wären.

Reihenfolge der Bearbeitung der Fragen bestimmen:
Bevor beispielsweise die Frage nach der Fläche und dem Körper bearbeitet werden kann (s. Abb. 8.13), sollte die Strecke erforscht werden: Was passiert bei anderen Streckfaktoren oder anderen Lagen der Streckzentren? Wenn

diese Grundlagen geschaffen sind, können sowohl Fragen zur Optik („Warum sieht das kleine Haus weiter weg aus?") als auch zur Situation im Zwei- bzw. Dreidimensionalen nachgegangen werden.

Prüfen der Fragen mittels Experimente:
Die Experimente sind abhängig von der nun fokussierten Fragestellung. Das Experimentieren könnte (wie in der hier begleitenden Studie) frei in der Ausführung sein (mit einem Angebot an Materialien). Es könnte allerdings auch nach den Phasen des forschend-entwickelnden Unterrichtsverfahrens strukturiert sein. Möglich wäre in diesem Prozess, den Fragepool durch sich ergebende Fragen zu ergänzen und erneut in eine Sortierungsphase zu gehen.

Theorie aus den geprüften Fragen explizit ergänzen:
Die Ergebnisse zu den einzelnen Fragen könnten präsentiert und erklärt werden. Es könnten zusätzlich weitere theoretische Aspekte ergänzt werden, wie Strahlensätze und Ähnlichkeitssätze (vgl. Stufe 4, Tab. 8.2). Diese dienen als Deutung der Beobachtungen der Experimente. Auf das Beispiel bezogen wäre es ebenfalls möglich, Begrifflichkeiten zur Optik zu erarbeiten (vgl. Stufe 5, Tab. 8.2).

Durch diese Konzeption wäre eine Reihenplanung orientiert an den echten Fragen der Schüler*innen möglich und durch das anfängliche Demonstrationsexperiment theoretisch gelenkt, sodass sich experimentelle Prozesse gemäß der experimentellen Methode anschließen können.

8.4.2 Einbindung naturwissenschaftlicher Denk- und Arbeitsweisen

Bisher wurden didaktisch reflektierte Vorschläge gegeben, wie der vollständige experimentelle Prozess im Mathematikunterricht etabliert werden kann. Im Folgenden wird, bezogen auf die Erkenntnisse aus der Arbeit, diskutiert, welchen Stellenwert die einzelnen Denk- und Arbeitsweisen im Mathematikunterricht einnehmen können:

Fragen stellen anlässlich eines Phänomens

Ein Experiment wurde in dieser Arbeit als planvoller und zielgerichteter Eingriff beschrieben. Diese Zielgerichtetheit erhält das Experiment durch die vorgeschaltete Frage und generierte Hypothese. Letztere wird durch die Vorhersage als überprüfbar identifiziert. Nun ist im Rahmen mathematischer Lernprozesse denkbar, dass sich durch ein unsystematisches Vorgehen von einem Experimentieren distanziert wird (fehlende Zielführung). Anregungen zu einem gezielten Fragen im Unterricht könnten an dieser Stelle hilfreich sein, um die Zielführung in die Prozesse zu etablieren.

Empfehlung: Zielführung eines Experiments durch Explizieren von Fragen

> **abduktiv Hypothesen generieren und veröffentlichen**
> **(prä-erklären)**
> theoriegeleitet   rein empirisch orientiert

Möglich wäre, dass Lernende keinen Anhaltspunkt finden, gestellte Fragen zu beantworten. In den konkret beschriebenen Umsetzungsmöglichkeiten aus Abschnitt 8.4.1 wurden die theoretischen Voraussetzungen zum Unterrichtsthema vorher erarbeitet. Möglich wäre auch, den Lernenden Alternativhypothesen vorzugeben, um einen Beobachtungsfokus und damit eine Zielrichtung zu etablieren: Am Beispiel der Mittelsenkrechtenaufgabe könnte gefragt werden, ob die gesuchte Bedingung die Gleichschenkligkeit oder Rechtwinkligkeit sein könnte. Im Beispiel der Rundgangsaufgabe (s. Abschnitt 6.3.2, Abb. 8.6) könnte als Hypothese formuliert werden, dass der Mehrweg einem Umfang eines halben Kreisbogens oder eines Vollkreises entspricht.

Empfehlung: Beobachtungsschwerpunkte durch Alternativhypothesen

Ein Experimentieren im Unterricht könnte sich anbieten, um mathematische Zusammenhänge zu explizieren (vgl. Abschnitt 7.3). Im Anschluss daran können Bedingungen eines Zusammenhangs Diskussionsgrundlage sein (vgl. Abschnitt 7.3). Ein Anlass wäre z. B. die Bedingungen gezielt zu variieren, um die Bedeutung eines „wenn …, dann …"-Zusammenhangs zu fokussieren. Daran anschließend bietet sich ein Austausch über den Grad der Allgemeingültigkeit des Zusammenhangs an. Möglich wäre, im Anschluss daran verschiedene Aussagen vorzugeben und zu diskutieren, welche dieser Aussagen (wie) in Beziehung zur Hypothese stehen (vgl. das Beispiel zum Parallelogramm von Freudenthal, 1973, Abschnitt 2.1). Dieses Explizieren der Beziehungen zwischen Aussagen könnte einen anschließenden hypothetisch-deduktiven Prüfprozess begünstigen, der wiederum hilfreich sein kann, damit Lernende die Möglichkeit haben, ihre Hypothesen zugunsten einer Prüfung zu transformieren (Beispiel: anstelle von $2\pi a$ könnte auch ein Vollkreis mit Winkel $\alpha = 360°$ betrachtet werden). Sie hätten damit Handlungsalternativen. Durch ein explizites ‚Verschieben' der Hypothese kann, wie Jahnke (2009) bereits herausstellt, auch eine lokale Ordnung angebahnt werden.

Empfehlung: Handlungsalternativen durch Variationen von „Wenn..., dann..."-
Zusammenhängen ermöglichen

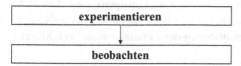

In der vorliegenden Forschungsarbeit wurde eine Beobachtung als Schlüsselrolle
experimenteller Prozesse herausgestellt, denn diese ermöglicht einen kritischen
Vergleich mit der Vorhersage aus der Hypothese und damit eine Prüfung. Auch
aus den Analysen geht hervor, dass ein aufmerksames Hinsehen in mathematischen Lernprozessen beachtet werden sollte. Ein genaues und gezieltes Hinsehen
könnte durch eine ‚Beobachtungsschulung' gefördert werden. Diese könnte wie
folgt gestaltet sein:

Beispiel 1: Wenn du ein Blatt faltest und ein Dreieck entlang der Faltkante
herausschneidest, welche Form ergibt sich? Kreuze an (s. Abb. 8.14).

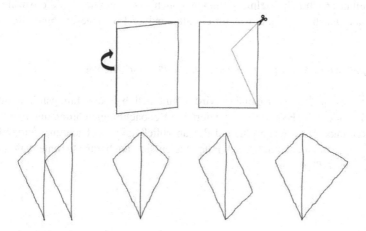

Abbildung 8.14   Beobachtungsschulung durch eine Faltaufgabe

Empfehlung: Das Beobachten schulen

Wenn allerdings Experimente von der Lehrperson demonstriert oder vorgegeben werden, um eine Beobachtung daran zu machen, sollte berücksichtigt werden, dass Beobachtung und die zu erarbeitenden Theorieelemente zusammenpassen (Reiners, 2002; Meyer, 2015). Experimente sollten so konzipiert sein, dass sich auch das zu Beobachtende einstellt. Nachfolgend sei exemplarisch ein passendes und ein unpassendes Experiment zur Erarbeitung des Potenzgesetzes (vgl. Meyer, 2015) gegenübergestellt (s. Abb. 8.15).

Wie multipliziert man Potenzen mit gleicher Basis?	Wie multipliziert man Potenzen mit gleicher Basis?
$6^2 \cdot 6^5 = 6 \cdot 6 \cdot 6 \cdot 6 \cdot 6 \cdot 6 \cdot 6 = 6^{2+5}$	$10^2 \cdot 10^5 = 10.000.000$

Abbildung 8.15 Theorie-Empirie-Passung bei einem Demonstrationsexperiment

Bei dem linken Beispiel in Abbildung 8.15 kann beobachtet werden, dass die Exponenten addiert werden, rechts dagegen ist das Addieren der Exponenten nicht unmittelbar ersichtlich. Vielmehr kann hier auch ausschließlich auf die Anzahl der Endnullen geachtet werden, was für ein allgemeines Potenzgesetz hinderlich sein kann.

Empfehlung: Passung von Beobachtungsdaten und Theorie

Wenn selbstständig experimentiert wird, könnten sich Beobachtungshilfen anbieten, z. B. indem die Hypothese expliziert, die Beobachtungsrichtung unterstrichen, Beobachtungsbögen ausgefüllt und die anschließende Beobachtung fotografiert und damit explizit selektiert wird. Fotos bieten sich auch zur Dokumentation und Deutungsgrundlage an.

Empfehlung: Hilfestellungen, Daten gezielt zu selektieren

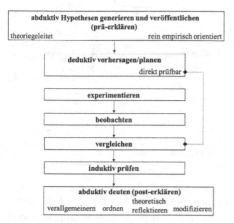

In der Mathematikdidaktik wird häufig ein Umdenken und Argumentieren auf Seiten der Lernenden über kognitive Konflikte (bezogen auf die Äquilibrationstheorie nach Piaget, 1975/1976, s. z. B. Wittmann, 1982; Meyer, 2007) bzw. „produktive Irritationen" (Nührenbörger & Schwarzkopf, 2019, S. 27) evoziert. Im experimentellen Kontext wird deutlich, warum diese Konflikte notwendig sein können: Konflikte sind ein Motor des Experimentierens, denn dadurch kann eine falsifizierende Haltung und ein Fortschritt der Erkenntniserarbeitung gewährt werden (vgl. Lakatos, 1976/1979). Im Unterricht wäre es möglich, absichtlich falsche Vermutungen aufzustellen, um dann Gegenbeispiele zu finden und diese Vermutungen modifizieren zu lassen (vgl. Abschnitt 6.3.2, Abb. 6.3). Häufig wird im Mathematikunterricht die Frage gestellt „Was fällt dir auf? Führe die Rechnungen fort." (vgl. Abschnitt 2.1.1). Zur Initiierung einer Entdeckung bietet sich dieses Aufgabenformat an. Es wäre ebenfalls möglich, anstelle der Fortführung, ein Gegenbeispiel suchen zu lassen, um bei den Lernenden ein ‚Falsifizierbedürfnis' zu wecken. Denn: Ergibt sich ein Zusammenhang an wenigen Beispielen, so bedeutet dies nicht unmittelbar, dass er in dieser Form verallgemeinerbar ist. Exemplarisch sei in Abbildung 8.16 ein Beispiel genannt, das auch in ähnlicher Form in der Studie eingesetzt wurde (orientiert an Amann, 2017, S. 49).

Ein Gegenbeispiel zu dem präsentierten Zusammenhang (s. Abb. 8.16) wäre folgendes: $2 \cdot 3 = 6$, aber $\frac{1}{2} + \frac{1}{6} \neq \frac{1}{3}$. Anhand dieses fehlgeschlagenen Vorgehens könnten Deutungsprozesse expliziert werden: Welche Umgangsmöglichkeiten mit dem Gegenbeispiel gibt es nun? Für eine Kapitulation gibt es zu viele Beispiele,

Abbildung 8.16
Aufforderung zur
Falsifikation

Die Vermutung lautet:

$$\frac{1}{a} + \frac{1}{a \cdot b} = \frac{1}{b}$$

Beispiele:

$3 \cdot 2 = 6$	$\frac{1}{3} + \frac{1}{6} = \frac{1}{2}$
$4 \cdot 3 = 12$	$\frac{1}{4} + \frac{1}{12} = \frac{1}{3}$
$5 \cdot 4 = 20$	$\frac{1}{5} + \frac{1}{20} = \frac{1}{4}$

Findest du ein Gegenbeispiel?

an denen dieser aufgestellte Zusammenhang funktioniert. Mit Blick auf die Beispiele könnte dieser Zusammenhang zu dem fachlich passenden verallgemeinert werden: $\frac{1}{a+1} + \frac{1}{a(a+1)} = \frac{1}{a}$. Diese Verallgemeinerung könnte beispielsweise durch Ordnungsprozesse der Beispiele begünstigt werden und könnte weitergehend theoretisch reflektiert und experimentell geprüft oder begründet werden.

Am Beispiel Zacharias (s. Abschnitt 7.3.6) und an der Demonstration der Studentinnen aus Abschnitt 7.2.3 wird ersichtlich, dass der experimentelle Charakter stagnieren kann. Möglich wäre es, an dieser Stelle Konflikte einzubauen, um eine kritische Betrachtung aufrecht zu erhalten. Denn schließlich könnte auch Zacharias seine lokale Ordnung reflektieren, um mögliche Lücken zu offenbaren, die dann in neue Vorhersagen und Experimente oder Begründungen münden können.

Empfehlung: Falsifizierbedürfnis evozieren

8.4.3   Erarbeitung von Eigenschaften mathematischer Objekte über naturwissenschaftliche Denk- und Arbeitsweisen

Nun wurden sowohl Empfehlungen zur Initiierung eines experimentellen Prozesses als auch die Relevanz der einzelnen naturwissenschaftlichen Denk- und Arbeitsweisen auf Grundlage der Forschungsergebnisse abgeleitet. Im Folgenden werden die Untersuchungsgegenstände beleuchtet. Die Schüler*innen sollten im Mathematikunterricht lernen, mit den Objekten der Mathematik umzugehen.

Aus allen hier analysierten Bearbeitungsprozessen (s. Kapitel 7) entwickelte sich das Vorgehen von einem Experimentieren mit Betonung auf Arbeitsweisen mit realen Objekten zu einem Experimentieren mit Betonung auf Denkweisen mit realen oder gedanklichen Objekten. Über die gedankliche Ausführung wurden dann bereits einige Eigenschaften der mathematischen Objekte ausgenutzt (z. B. Symmetrieeigenschaften von Mittelsenkrechten). Diese Befunde legen nahe, sich an diesen erfolgreichen Erarbeitungen für eine Empfehlung zu orientieren: Den Analysen I bis III ist unter anderem gemeinsam, dass unterschiedliche Repräsentationsformen und Zugangsweisen zur experimentellen Erarbeitung der Fragestellungen genutzt wurden. Zum Teil wurde zwischen diesen gewechselt. Experimentiert wurde überwiegend an geometrischen Aufgaben, diskutiert wurden hingegen auch Variablen und Terme. In den Bearbeitungen der Studentinnen in Abschnitt 7.3 wurden sowohl GeoGebra, das Zeichenblatt als auch Gesten genutzt, um sich den mathematischen Objekten anzunähern. Dies könnte ein Hinweis dafür sein, Materialalternativen zur Erarbeitung von Eigenschaften dieser Objekte nahezulegen und sich somit einem Zusammenhang auf verschiedene Weisen nähern zu können (vgl. Lichti, 2019). Der Weg von einem konkreten zu einem gedanklichen Experimentieren könnte hierdurch geebnet werden und so möglicherweise die Erarbeitung von Eigenschaften mathematischer Objekte fördern.

Empfehlung: Materialalternativen bieten zur individuellen Bearbeitung

Wie Hanna et al. (2001) oder Haas und Beckmann (2008) bereits erforschten, könnte auch ein stärker interdisziplinärer Unterricht gewinnbringend sein, um vor allem auch die Anwendung der Mathematik und den Zugewinn der Empirie auszureizen. Es zeigte sich auch in den Analysen, dass eine echte Passung zwischen theoretischen und empirischen Elementen wichtig ist (Erklärungen am rechtwinkligen Dreieck erfordern nicht immer den Satz des Pythagoras, s. Abschnitt 7.3), weshalb ein interdisziplinäres Arbeiten ebenfalls gewinnbringend sein könnte, um die Notwendigkeit der Passung aufgrund der Realitätsbezüge aufzuzeigen, um dadurch sowohl Aufschluss über die Welt als auch über die mathematischen Objekte zu erhalten.

Empfehlung: Echte Probleme stellen

8.4.4 Möglichkeiten zur Erarbeitung von Begründungselementen über Experimente

Abgeschlossen werden soll mit Vorschlägen, wie ein theoriegeleitetes und reflektiertes Experimentieren gefördert werden kann, um daraus einer mathematischen Begründung zuzuarbeiten. In den bisherigen Empfehlungen wurden bereits Möglichkeiten vorgeschlagen, Begründungselemente innerhalb experimenteller Prozesse zu begünstigen, wie z. B. die Aufforderung nach passenden ‚verschobenen' Hypothesen zu suchen. Neben den bisher genannten Möglichkeiten werden hier weitere Erkenntnisse aus der Studie aufgegriffen und ausgeführt.

Hilfreich könnte sein, die Lernenden anzuhalten, ein Gedankenexperiment auszuführen, welches sie dazu bringt, mögliche Regeln zu erfinden bzw. zu entdecken, die eine empirische Prüfung leiten können und im Falle der Bestärkung auch in eine Begründung integriert werden könnten.

Empfehlung: Regeln erfinden lassen über Gedankenexperimente

Es wurde ebenfalls herausgestellt, dass theoriegeleitete Hypothesen Begründungselemente tragen können. Diese Theorieleitung ergibt sich möglicherweise durch eine vorher etablierte Theorierahmung (wie in den obigen konkreten Umsetzungsvorschlägen aus Abschnitt 8.4.1). Meyer und Voigt (2009) geben ebenfalls einen Vorschlag: Phänomene müssten so konzipiert sein, dass sie latente Beweisideen evozieren können. Auf das Beispiel aus Abbildung 8.15 bezogen, liefert die Demonstration $6^2 \cdot 6^5 = 6 \cdot 6 \cdot 6 \cdot 6 \cdot 6 \cdot 6 \cdot 6 = 6^{2+5}$ bereits mehr Aufschluss über die inhärente Struktur als beispielsweise ein Ausrechnen über einen Taschenrechner $6^2 \cdot 6^5 = 279.936 = 6^7 = 6^{2+5}$ (s. Abschnitt 2.2.4). Ein vorheriges Demonstrationsexperiment könnte also bereits Ausgangsdaten liefern, an denen eine Begründungsstruktur deutlich werden kann.

Anstelle eines Demonstrationsexperiments zu Beginn einer Unterrichtsstunde könnte ebenfalls eine Begründung vorneweg gegeben werden, die in neuen Fragen mündet: Auf die Mittelsenkrechten-Aufgabe (s. Abb. 8.6) bezogen hätte beispielsweise die Begründung vorgegeben werden können, warum sich Mittelsenkrechten im Dreieck immer in genau einem Punkt schneiden. Eine mögliche Frage, welche sich daran anschließen könnte, wäre die Verortung des Schnittpunktes auf einer Dreiecksseite sowie die Abhängigkeit der Lage des Schnittpunktes von verschiedenen Bedingungen. Ein anschließender experimenteller Prozess könnte von der vorher gegebenen Begründungsstruktur profitieren (z. B. eine Mittelsenkrechte als Symmetrieachse der Strecke zu klassifizieren).

Empfehlung: Theoriegeleitete Demonstrationsexperimente

Dieser Abschnitt zeigt exemplarisch auf, wie naturwissenschaftliche Denk- und Arbeitsweisen bezogen auf die Forschungsergebnisse dieser Arbeit konkret im Unterricht etabliert werden können. Damit ergibt sich ein vorerst stabilisierendes Forschungsexperiment bezogen auf die Forschungsarbeit: Das Theoriegerüst wurde aufgestellt, erprobt, theoretisch reflektiert und Empfehlungen für den Mathematikunterricht daraus gezogen. Die Forschungsarbeit konnte mittels der Schlussformen und der naturwissenschaftlichen Denk- und Arbeitsweisen eine Vernetzung auf unterschiedlichen Ebenen ermöglichen:

1. Eine Vernetzung von Mathematik und Naturwissenschaft
2. Eine Rekonstruktion der Vernetzung von Denken und Arbeiten
3. Eine Vernetzung der Tätigkeiten des Entdeckens, Prüfens und Begründens.

Als Ausblick dienen Anschlussfragen für die Forschung, die sich aus dieser Arbeit ergeben.

8.5 Weiterführende Forschungsfragen

Vergleichbar mit einer experimentellen Methode evozieren Antworten auf Fragen auch in dieser Arbeit neue Fragen. Ein nächster Schritt wird sein, die vorgeschlagenen konstruktiven Umsetzungsmöglichkeiten für den Mathematikunterricht zu prüfen (s. Abschnitt 8.4). Möglich wären daneben auch konkrete Beobachtungsbögen und Experimentierkästen zu experimentellen Settings zu einem speziellen interdisziplinären Inhalt zu konzipieren: Z. B. könnte die Umrechnung der molekularen Masse in der Chemie zusammengebracht werden mit proportionalen Zusammenhängen in der Mathematik. Dafür müssten zuerst die unterschiedlichen Nutzungen der Begriffe sowie Herausforderungen in Lernprozessen herausgestellt werden, um daran anschließend konkrete Umsetzungsideen zu konzipieren und gemäß der fachdidaktischen Entwicklungsforschung zu evaluieren und zu modifizieren (Prediger & Link, 2012). Die Frage, die sich also anschließt, ist: *Wie müssten experimentelle Bausteine im (interdisziplinären) Mathematikunterricht konstituiert sein?*

In dieser Arbeit wurde der Schwerpunkt auf naturwissenschaftsdidaktische Methoden gelegt. Es schließt sich nun die Frage an, inwiefern von den etablierten Unterrichtsprinzipien der Naturwissenschaften gelernt werden kann. Als ein disziplinübergreifendes Prinzip ist das genetisch-sokratisch-exemplarische Prinzip nach Wagenschein (1997) zu nennen. So könnte beispielsweise die Nutzung von Variationen dieses Prinzips in den verschiedenen Didaktiken (sowohl Mathematikdidaktik als auch Naturwissenschaftsdidaktiken) verglichen werden. Wo liegen Unterschiede und Gemeinsamkeiten und wie könnten diese produktiv für einen (interdisziplinären) Mathematikunterricht genutzt werden? *Neben dem Methodenvergleich bietet sich folglich ein Prinzipienvergleich an.*

In dieser Arbeit stellte sich die Unterscheidung der Arten zu Experimentieren heraus, vor allem um einen Übergang zum mathematischen Begründen auszuzeichnen. Erkenntnisprozesse im Mathematikunterricht vollziehen sich aktuell vermehrt über ein digitales Lernen, sodass sich sowohl die Untersuchungsgegenstände unterscheiden, wie programmierte Plättchen, als auch deren Umgangsweisen, da diese nicht gedreht, sondern angeklickt werden. Es ist zu vermuten, dass sich auch die Arten zu Experimentieren im digitalen Kontext unterscheiden. Mögliche, zu prüfende Unterscheidungen wären hier digital-reale Objekte und digital-gedankliche Objekte zuzüglich entsprechender Mischformen mit rein realen oder gedanklichen Objekten. *Inwiefern verändert sich ein Experiment durch diese digitalen Zugänge?*

Es hat sich gezeigt, dass Experimente eine Verortung einer Hypothese in eine Theorie prüfen können und damit einhergehend auch eine lokale Theorie bestärken oder schwächen können. Ein nächstes Forschungsfeld könnte sein, lokale Ordnungen und Zirkelschlüsse zu untersuchen. *Wie könnten Zirkelschlüsse erkannt und wie könnte ihnen präventiv entgegengesteuert werden?*

Zudem ist die Rolle von Modellen innerhalb dieser experimentellen Prozesse noch nicht explizit diskutiert worden. Da Modelle sowohl wesentlich für die Mathematikdidaktik als auch für die Naturwissenschaften sind, ergibt sich auch hier Forschungspotenzial: *Welche besondere Rolle übernehmen Modelle in experimentellen Settings im Mathematikunterricht?*

In dieser Forschungsarbeit konnte aufgezeigt werden, welchen Beitrag die experimentelle Methode der Naturwissenschaften für ein Mathematiklernen leisten kann, woraus sich vor allem Erkenntnisse für wichtige mathematische Tätigkeiten als auch für die Konzeption des Unterrichts ergeben haben. Besonders wurde wiederholt das Potenzial für ein mathematisches Begründen herausgestellt. Prominent wurde in dieser Arbeit hervorgehoben: *Arbeitsweisen ohne Denkweisen bleiben leer* und *Denkweisen ohne Arbeitsweisen sind blind.* Dies soll zum Schluss positiv gewendet werden: Handeln ermöglicht dem Denken eine Anschauung und damit einen Vergleich mit den Ergebnissen des Denkens. Das Denken ermöglicht eine Strukturierung der Handlung, sodass diese koordiniert ablaufen kann. Empirische und theoretische Inhalte können sich zu einem Mathematiklernen verbinden, welches nicht nur der Abstraktion, sondern auch der Anschauung dient.

Literatur

Aebli, H. (1976). *Grundformen des Lehrens. Eine Allgemeine Didaktik auf kognitionspsychologischer Grundlage* (9., stark erweiterte und umgearbeitete Aufl.). Stuttgart: Ernst Klett.

Aebli, H. (1985). Das operative Prinzip. *mathematik lehren, 11*, 4–6.

Amann, F. (2017). *Mathematikaufgaben zur Binnendifferenzierung und Begabtenförderung. 300 Beispiele aus der Sekundarstufe I*. Wiesbaden: Springer.

Baireuther, P. (1986). Experimentiermathematik mit dem Computer. *Mathematische Unterrichtspraxis, 7(3)*, 29–39.

Baptist, P. & Winter, H. (2001). Überlegungen zur Weiterentwicklung des Mathematikunterrichts in der Oberstufe des Gymnasiums. In H.-E. Tenorth (Hrsg.), *Kerncurriculum Oberstufe: Mathematik, Deutsch, Englisch; Expertisen – im Auftrag der KMK* (S. 54–76). Weinheim: Beltz.

Barzel, B., Büchter, A. & Leuders, T. (2007). *Mathematik Methodik. Handbuch für die Sekundarstufe I und II*. Berlin: Cornelsen.

Baum, S., Beck, J. & Weigand, H.-G. (2018). Experimentieren, Mathematisieren und Simulieren im Mathematiklabor. In G. Greefrath & H.-S. Siller (Hrsg.), *Digitale Werkzeuge, Simulationen und mathematisches Modellieren. Didaktische Hintergründe und Erfahrungen aus der Praxis* (S. 91–118). Wiesbaden: Springer.

Beck, C. & Jungwirth, H. (1999). Deutungshypothesen in der interpretativen Forschung. *Journal für Mathematik-Didaktik, 20(4)*, 231–259.

Berendonk, S. (2014). *Erkundungen zum Eulerschen Polyedersatz. Genetisch, explorativ, anschaulich*. Wiesbaden: Springer.

Berger, V. (2006). Im Unterricht experimentieren. In H. F. Mikelskis (Hrsg.), *Physik-Didaktik. Praxishandbuch für die Sekundarstufe I und II* (S. 149–167). Berlin: Cornelsen.

Bleichroth, W., Dahncke, H., Jung, W., Kuhn, W., Merzyn, G. & Weltner, K. (1999). *Fachdidaktik Physik* (2., überarbeitete und erweiterte Aufl.). Köln: Aulis.

Blum, W. & Kirsch, A. (1989). Warum haben nicht-triviale Lösungen von f'=f keine Nullstellen? Beobachtungen und Bemerkungen zum „inhaltlich-anschaulichen Beweisen". In H. Kautschitsch & W. Metzler (Hrsg.), *Anschauliches Beweisen. Schriftenreihe Didaktik der Mathematik, Universität für Bildungswissenschaften in Klagenfurt* (Bd. 18, S. 199–209). Wien: Hölder-Pichler-Tempsky.

© Der/die Herausgeber bzw. der/die Autor(en), exklusiv lizenziert durch 353
Springer Fachmedien Wiesbaden GmbH, ein Teil von Springer Nature 2021
J. Rey, *Experimentieren und Begründen*, Kölner Beiträge zur Didaktik der
Mathematik, https://doi.org/10.1007/978-3-658-35330-8

Blumer, H. (1981). Der methodologische Standort des symbolischen Interaktionismus. In Arbeitsgruppe Bielefelder Soziologen (Hrsg.), *Alltagswissen, Interaktion und gesellschaftliche Wirklichkeit* (Bd. 1, 5. Aufl., S. 80–146). Opladen: Westdeutscher Verlag.

Branford, B. (1913). *Betrachtungen über mathematische Erziehung. Vom Kindergarten bis zur Universität.* Leipzig: Teubner.

Brügelmann, H. (2001). Prinzipien des Anfangsunterrichts: „Entdeckendes" Lernen. *Die Grundschulzeitschrift, 147,* 54–56.

Bruner, J. S. (1981). Der Akt der Entdeckung. In H. Neber (Hrsg.), *Entdeckendes Lernen* (3., völlig überarbeitete Aufl., S. 15–29). Weinheim: Beltz.

Büchter, A. & Henn, H.-W. (2007). *Elementare Stochastik. Eine Einführung in die Mathematik der Daten und des Zufalls* (2., überarbeitete und erweiterte Aufl.). Berlin: Springer.

Carrier, M. (2000). Empirische Hypothesenprüfung ohne Felsengrund, oder: Über die Fähigkeit, sich am eigenen Schopf aus dem Sumpf zu ziehen. In F. Stadler (Hrsg.), *Elemente moderner Wissenschaftstheorie. Zur Interaktion von Philosophie, Geschichte und Theorie der Wissenschaften* (Bd. 8 der Veröffentlichungen des Instituts Wiener Kreis, S. 43–56). Wien: Springer.

Chain, E. (1949). Von der Entdeckung des Penicillins. In S. Moser (Hrsg.), *Gesetz und Wirklichkeit. Internationale Hochschulwochen des Österreichischen College* (S. 85–90). Innsbruck: Tyrolia.

Chalmers, A. F. (2007). *Wege der Wissenschaft. Einführung in die Wissenschaftstheorie* (6., verbesserte Aufl., Hrsg. und Übers. N. Bergemann und C. Altstötter-Gleich). Berlin: Springer. (Original erschienen 1976: What is this thing called science?)

Cicourel, A. (1981). Basisregeln und normative Regeln im Prozess des Aushandelns von Status und Rolle. In Arbeitsgruppe Bielefelder Soziologen (Hrsg.), *Alltagswissen, Interaktion und gesellschaftliche Wirklichkeit* (Bd. 1, 5. Aufl., S. 147–188). Opladen: Westdeutscher Verlag.

De Villiers, M. (1990). The role and function of proof in mathematics. *Pythagoras,* 17–24.

De Villiers, M. (2010). Experimentation and proof in mathematics. In G. Hanna, H. N. Jahnke & H. Pulte (Eds.), *Explanation and proof in mathematics. Philosophical and educational perspectives* (pp. 205–221). New York: Springer.

Dijksterhuis, E. J. (1956). *Die Mechanisierung des Weltbildes* (H. Habicht, Übers.). Berlin: Springer. (Original erschienen 1950: De Mechanisering van het Wereldbeeld)

Döring, N. & Bortz, J. (2016). Datenerhebung. In N. Döring & J. Bortz (Hrsg.), *Forschungsmethoden und Evaluation in den Sozial- und Humanwissenschaften* (5., vollständig überarbeitete, aktualisierte und erweiterte Aufl., S. 321–577). Berlin: Springer.

Dreyfus, T. (2002). Was gilt im Mathematikunterricht als Beweis? In W. Peschek (Hrsg.), *Beiträge zum Mathematikunterricht 2002* (S. 15–22). Hildesheim: Franzbecker.

Eco, U. (1985). Hörner, Hufe, Sohlen. Einige Hypothesen zu drei Abduktionstypen. In U. Eco & T. A. Sebeok (Hrsg.), *Der Zirkel oder im Zeichen der Drei Dupin, Holmes, Peirce* (C. Spelsberg & R. Willemsen, Übers., S. 288–320). München: Wilhelm Fink. (Original erschienen 1983: The sign of three Dupin, Holmes, Peirce)

Eichler, A. & Vogel, M. (2013). *Leitidee Daten und Zufall. Von konkreten Beispielen zur Didaktik der Stochastik.* (2., aktualisierte Aufl.). Wiesbaden: Springer.

Falbe, J. & Regitz, M. (Hrsg.). (1995). *Chemie Lexikon Cm-G* (Bd. 2). Stuttgart: Thieme.

Fischer, R. & Malle, G. (1985). *Mensch und Mathematik. Eine Einführung in didaktisches Denken und Handeln* (unter Mitarbeit von H. Bürger). Mannheim: B.I.-Wissenschaftsverlag [Lehrbücher und Monographien zur Didaktik der Mathematik Bd. 1].

Freudenthal, H. (1973). *Mathematik als pädagogische Aufgabe.* Stuttgart: Ernst Klett.

Frey, G. (1972). Experiment. In J. Ritter (Hrsg.), *Historisches Wörterbuch der Philosophie D-F* (Bd. 2, S. 868–870). Basel: Schwabe & Co.

Ganter, S. (2013). *Experimentieren – ein Weg zum Funktionalen Denken. Empirische Untersuchung zur Wirkung von Schülerexperimenten.* Hamburg: Dr. Kovač.

Garfinkel, H. (1967). *Studies in Ethnomethodology.* Englewood Cliffs, New Jersey: Prentice-Hall.

Garfinkel, H. (1981). Das Alltagswissen über soziale und innerhalb sozialer Strukturen. In Arbeitsgruppe Bielefelder Soziologen (Hrsg.), *Alltagswissen, Interaktion und gesellschaftliche Wirklichkeit* (Bd. 1, 5. Aufl., S. 189–262). Opladen: Westdeutscher Verlag.

Gethmann, C. F. (2004). Gedankenexperiment. In J. Mittelstraß (Hrsg.), *Enzyklopädie Philosophie und Wissenschaftstheorie, Sonderausgabe 1* (S. 712). Stuttgart: J. B. Metzler.

Girwidz, R. (2015). Medien im Physikunterricht. In E. Kircher, R. Girwidz & P. Häußler (Hrsg.), *Physikdidaktik. Theorie und Praxis* (3. Aufl., S. 193–245). Berlin: Springer.

Greefrath, G. & Siller, H.-S. (2018). Digitale Werkzeuge, Simulationen und mathematisches Modellieren. In G. Greefrath & H.-S. Siller (Hrsg.), *Digitale Werkzeuge, Simulationen und mathematisches Modellieren. Didaktische Hintergründe und Erfahrungen aus der Praxis* (S. 3–22). Wiesbaden: Springer.

Greefrath, G. & Weigand, H.-G. (2012). Simulieren: Mit Modellen experimentieren. *mathematik lehren, 174,* 2–6.

Grieser, D. (2017). *Mathematisches Problemlösen und Beweisen. Eine Entdeckungsreise in die Mathematik* (2. Aufl.). Wiesbaden: Springer.

Haas, B. & Beckmann, A. (2008). Physikalisches Experimentieren, mathematisches Modellieren und interdisziplinäres Arbeiten. In A. Beckmann (Hrsg.), *Ausgewählte Unterrichtskonzepte im Mathematikunterricht in unterrichtlicher Erprobung* (Bd. 5, S. 13–48). Hildesheim: Franzbecker.

Hanna, G. (2005). A brief overview of proof, explanation, exploration and modelling. In H.-W. Henn & G. Kaiser (Hrsg.), *Mathematikunterricht im Spannungsfeld von Evolution und Evaluation. Festschrift für Werner Blum* (S. 139–151). Hildesheim: Franzbecker

Hanna, G. & Jahnke, H. N. (2002a). Another approach to proof: Arguments from physics. *Zentralblatt für Didaktik der Mathematik, 34(1),* 1–8.

Hanna, G. & Jahnke, H. N. (2002b). Arguments from physics in mathematical proofs: an educational perspective. *For the Learning of Mathematics, 22(3),* 38–45.

Hanna, G. & Jahnke, H. N. (2003). Using ideas from physics in teaching mathematical proofs. In Q.-X. Ye, W. Blum, K. Houston, Q.-Y. Jiang (Eds.), *Mathematical modelling in education and culture: ICTMA 10* [10th International Conference on the Teaching of Mathematical Modelling and Applications] (pp. 31–40). Chichester: Horwood.

Hanna, G., Jahnke, H. N., deBruyn, Y. & Lomas, D. (2001). Teaching mathematical proofs that rely on ideas from physics. *Canadian Journal of Science, Mathematics and Technology Education, 1(2),* 183–192.

Heckmann, K. & Padberg, F. (2012). *Unterrichtsentwürfe Mathematik Sekundarstufe I.* Berlin: Springer.

Heidelberger, M. (1997). *Die Erweiterung der Wirklichkeit im Experiment.* Verfügbar unter: https://www.uni-bielefeld.de/(de)/ZIF/Publikationen/Mitteilungen/Aufsaetze/1997-2-Heidelberger.pdf (Letzter Zugriff: 03. September 2020)

Heintz, B. (2000). *Die Innenwelt der Mathematik. Zur Kultur und Praxis einer beweisenden Disziplin.* Wien: Springer.

Hering, H. (1991). Didaktische Aspekte experimenteller Mathematik. In H. Kautschitsch & W. Metzler (Hrsg.), *Anschauliche und experimentelle Mathematik 1* (Schriftenreihe Didaktik der Mathematik Bd. 20, S. 51–59). Wien: Hölder-Pichler-Tempsky.

Hersh, R. (1993). Proving is convincing and explaining. *Educational Studies in Mathematics, 24,* 389–399.

Hilbert, D. (1956). *Grundlagen der Geometrie.* Stuttgart: B. G. Teubner Verlagsgesellschaft.

Hischer, H. (2012). *Grundlegende Begriffe der Mathematik: Entstehung und Entwicklung. Struktur – Funktion – Zahl.* Wiesbaden: Springer.

Hoffmann, M. H. G. (2002). *Erkenntnisentwicklung. Ein semiotisch-pragmatischer Ansatz.* Dresden: Philosophische Fakultät der Technischen Universität.

Hohenwarter, M. (2006). *GeoGebra – didaktische Materialien und Anwendungen für den Mathematikunterricht.* Dissertation, Paris-Lodron-Universität Salzburg.

Holland, G. (2007). *Geometrie in der Sekundarstufe. Entdecken – Konstruieren – Deduzieren. Didaktische und methodische Fragen* (3., neu bearbeitete und erweiterte Aufl.). Hildesheim: Franzbecker.

Jahnke, H. N. (2009). Hypothesen und ihre Konsequenzen. Ein anderer Blick auf die Winkelsummensätze. *Praxis Mathematik, 51(30),* 26–30.

Jahnke, H. N. & Ufer, S. (2015). Argumentieren und Beweisen. In R. Bruder, L. Hefendehl-Hebeker, B. Schmidt-Thieme & H.-G. Weigand (Hrsg.), *Handbuch der Mathematikdidaktik* (S. 331–355). Berlin: Springer.

Janich, P. (2004). Experiment. In J. Mittelstraß (Hrsg.), *Enzyklopädie Philosophie und Wissenschaftstheorie, Sonderausgabe 1* (S. 621–622). Stuttgart: J. B. Metzler.

Jansen, v. W., Fickenfrerichs, H., Flintjer, B., Matuschek, C., Peper-Bienzeisler, R., Ralle, B. & Wienekamp, H. (1986). Geschichte der Chemie im Chemieunterricht. Das historisch-problemorientierte Unterrichtsverfahren. Teil 1. *Der mathematische und naturwissenschaftliche Unterricht, 39(6),* 321–330.

Johnstone, A. H. (1991). Why is science difficult to learn? Things are seldom what they seem. *Journal of Computer Assisted Learning, 7,* 75–83.

Jungwirth, H. (2003). Interpretative Forschung in der Mathematikdidaktik – ein Überblick für Irrgäste, Teilzieher und Standvögel. *Zentralblatt für Didaktik der Mathematik, 35(5),* 189–200.

Jungwirth, H. (2014). *Beitrag zur Theoriearbeit und LehrerInnenbildung in der interpretativen mathematikdidaktischen Forschung.* Münster: Waxmann.

Kant, I. (1956). *Kritik der reinen Vernunft* (besorgte Ausgabe von R. Schmidt). Hamburg: Felix Meiner. (Original erschienen 1781 und 1787, zitiert nach üblicher Zitierweise: KrV, Axxx/Bxxx).

Kircher, E. (2015). Methoden im Physikunterricht. In E. Kircher, R. Girwidz & P. Häußler (Hrsg.), *Physikdidaktik. Theorie und Praxis* (3. Aufl., S. 141–192). Berlin: Springer.

Kircher, E. (2015). Über die Natur der Naturwissenschaften lernen. In E. Kircher, R. Girwidz & P. Häußler (Hrsg.), *Physikdidaktik. Theorie und Praxis* (3. Aufl., S. 809–841). Berlin: Springer.

Klahr, D. & Dunbar, K. (1988). Dual space search during scientific reasoning. *Cognitive Science, 12,* 1–48.

Krause, E., Struve, H. & Witzke, I. (2017). Mathematik und Physik für den Schulunterricht gemeinsam denken – Ideen und Perspektiven für eine Zusammenarbeit. *Der Mathematikunterricht, 63(5),* 3–11.

Krause, E. & Witzke, I. (2015). Fächerverbindung von Mathematik und Physik im Unterricht und in der didaktischen Forschung. *PhyDidB – Didaktik der Physik,* Beitrag DD 08.03. Verfügbar unter: http://www.phydid.de/index.php/phydid-b/article/view/620/752 (Letzter Zugriff: 07. September 2020)

Krauthausen, G. (2018). *Einführung in die Mathematikdidaktik – Grundschule* (4. Aufl.). Berlin: Springer.

Krummheuer, G. (1983). Das Arbeitsinterim im Mathematikunterricht. In H. Bauersfeld, H. Bussmann, G. Krummheuer, J. H. Lorenz & J. Voigt (Hrsg.), *Lernen und Lehren von Mathematik. Analysen zum Unterrichtshandeln II* (Bd. 6, S. 57–106). Köln: Aulis.

Krummheuer, G. (1992). *Lernen mit „Format". Elemente einer interaktionistischen Lerntheorie. Diskutiert an Beispielen mathematischen Unterrichts.* Weinheim: Deutscher Studien Verlag.

Krumsdorf, J. (2017). *Beispielgebundenes Beweisen.* Münster: WTM [ars inveniendi et dejudicandi, Bd. 8].

Kühne, U. (1997). „Gedankenexperiment und Erklärung". *Bremer Philosophica,* 5, 1–51. Verfügbar unter: http://philsci-archive.pitt.edu/3498/1/UKuehne_1997_BremerPhilosoph ica.pdf (Letzter Zugriff: 06. September 2020)

Kühne, U. (2007). Gedankenexperimente in der Physik. Ein wissenschaftshistorischer Überblick auf Chancen und Risiken des anschaulichen Denkens. *Praxis der Naturwissenschaften. Physik in der Schule, 56(5),* 5–11.

Kuhn, W. (2016). *Ideengeschichte der Physik. Eine Analyse der Entwicklung der Physik im historischen Kontext* (2. Aufl., unter Mitarbeit von O. Schwarz). Berlin: Springer.

Kultusministerkonferenz (2005). *Bildungsstandards im Fach Mathematik für den Primarbereich. Beschluss vom 15.10.2004.* München: Luchterhand (zitiert: KMK, 2005).

Kunsteller, J. (2018). *Ähnlichkeiten und ihre Bedeutung beim Entdecken und Begründen. Sprachspielphilosophische und mikrosoziologische Analysen von Mathematikunterricht.* Wiesbaden: Springer.

Lakatos, I. (1979). *Beweise und Widerlegungen. Die Logik mathematischer Entdeckungen* (D. D. Spalt, Übers.). Braunschweig: Friedr. Vieweg & Sohn. (Original erschienen 1976: Proofs and refutations – The logic of mathematical discovery)

Lakatos, I. (1982). *Mathematik, empirische Wissenschaft und Erkenntnistheorie. Philosophische Schriften Band 2* (Die Übers. aus d. Engl. besorgte H. Vetter). Braunschweig: Friedr. Vieweg & Sohn. (Original erschienen 1978: The methodology of scientific research programmes)

Lauth, B. & Sareiter, J. (2005). *Wissenschaftliche Erkenntnis. Eine ideengeschichtliche Einführung in die Wissenschaftstheorie* (2., überarbeitete und ergänzte Aufl.). Paderborn: Mentis.

Lederman, N. G. (2007). Nature of Science: Past, present, and future. In S. K. Abell & N. G. Lederman (Eds.), *Handbook of research on science education* (pp. 831–879). Mahwah: Erlbaum.

Lederman, J. S., Lederman, N. G., Bartos, S. A., Bartels, S. L., Meyer, A. A. & Schwartz, R. S. (2014). Meaningful assessment of learners' understandings about scientific inquiry – The views about scientific inquiry (VASI) questionnaire, *Journal of Research in Science Teaching, 51(1),* 65–83.

Leuders, T., Ludwig, M. & Oldenburg, R. (2008). Experimentieren im Geometrieunterricht. In T. Leuders, M. Ludwig & R. Oldenburg (Hrsg.), *Experimentieren im Geometrieunterricht. Herbsttagung 2006 des GDM-Arbeitskreises Geometrie* (S. 1–10). Hildesheim: Franzbecker.

Leuders, L., Naccarella, D. & Philipp, K. (2011). Experimentelles Denken – Vorgehensweisen beim innermathematischen Experimentieren. *Journal für Mathematik-Didaktik, 32(2),* 205–231.

Lichti, M. (2019). *Funktionales Denken fördern. Experimentieren mit gegenständlichen Materialien oder Computer-Simulationen.* Wiesbaden: Springer.

Lietzmann, W. (1985). *Stoff und Methode des Raumlehreunterrichts in Deutschland.* Paderborn: Ferdinand Schöningh. (Original erschienen 1912)

Ludwig, M. & Oldenburg, R. (2007). Lernen durch Experimentieren. Handlungsorientierte Zugänge zur Mathematik. mathematik lehren, *141,* 4–11.

Maier, H. (1999). Verfahren, Formeln und Sätze experimentell entdecken. unterrichten/erziehen, *4,* 185–190.

Maier, H. & Beck, C. (2001). Zur Theoriebildung in der interpretativen mathematikdidaktischen Forschung. *Journal für Mathematikdidaktik, 22(1),* 29–50.

Maier, H. & Steinbring, H. (1998). Begriffsbildung im alltäglichen Mathematikunterricht – Darstellung und Vergleich zweier Theorieansätze zur Analyse von Verstehensprozessen. *Journal für Mathematikdidaktik, 19(4),* 292–329.

Maisano, M. (2019). *Beschreiben und Erklären beim Lernen von Mathematik. Rekonstruktion mündlicher Sprachhandlungen von mehrsprachigen Grundschulkindern.* Wiesbaden: Springer.

Marniok, K. (2018). *Zum Wesen von Theorien und Gesetzen in der Chemie. Begriffsanalyse und Förderung der Vorstellungen von Lehramtsstudierenden.* Berlin: Logos.

McComas, W. F. (1998). The Principal Elements of the Nature of Science. Dispelling the Myths. In W. F. McComas (Ed.), *The Nature of Science in Science Education. Rationales and Strategies* (pp. 53–70). Dordrecht: Kluwer.

Medawar, P. B. (1969). *Induction and intuition in scientific thought.* Philadelphia: American Philosophical Society.

Meschkowski, H. (1990). *Denkweisen großer Mathematiker. Ein Weg zur Geschichte der Mathematik* (stark erweiterte und überarbeitete Aufl.). Braunschweig: Vieweg.

Meyer, M. (2007). *Entdecken und Begründen im Mathematikunterricht. Von der Abduktion zum Argument.* Hildesheim: Franzbecker.

Meyer, M. (2008). Das Entdecken einer Entdeckung. Die Abduktion als Forschungsgegenstand und -logik. In H. Jungwirth & G. Krummheuer (Hrsg.), *Der Blick nach innen: Aspekte der alltäglichen Lebenswelt Mathematikunterricht* (Bd. 2, S. 39–70). Münster: Waxmann.

Meyer, M. (2009). Abduktion, Induktion – Konfusion. Bemerkungen zur Logik der interpretativen Sozialforschung. *Zeitschrift für Erziehungswissenschaft, 12(2),* 302–320.

Meyer, M. (2010). Abduction – A logical view for investigating and initiating processes of discovering mathematical coherences. *Educational Studies in Mathematics, 74(2),* 185–205.

Meyer, M. (2015). *Vom Satz zum Begriff. Philosophisch-logische Perspektiven auf das Entdecken, Prüfen und Begründen im Mathematikunterricht.* Wiesbaden: Springer.

Meyer, M. & Voigt, J. (2008). Entdecken mit latenter Beweisidee – Analyse von Schulbuchseiten. *Journal für Mathematikdidaktik, 29(2)*, 124–151.

Meyer, M. & Voigt, J. (2009). Entdecken, Prüfen und Begründen. Gestaltung von Aufgaben zur Erarbeitung mathematischer Sätze. *mathematica didactica, 32*, 31–66.

Meyer, M. & Voigt, J. (2010). Rationale Modellierungsprozesse. In B. Brandt, M. Fetzer & M. Schütte (Hrsg.), *Auf den Spuren interpretativer Unterrichtsforschung in der Mathematikdidaktik. Götz Krummheuer zum 60. Geburtstag* (S. 117–148). Münster: Waxmann.

Meyerhöfer, W. (2004). Was testen Tests? Objektiv-hermeneutische Analysen am Beispiel TIMSS und PISA. Dissertationsschrift an der Universität Potsdam. Verfügbar unter: https://publishup.uni-potsdam.de/opus4-ubp/frontdoor/deliver/index/docId/1184/file/meyerhoefer_diss.pdf (Letzter Zugriff: 03. September 2020)

Milicic, G. (2019). Innermathematisches Experimentieren im Kontext der Modellierung mit Algorithmen. In A. Frank, S. Krauss & K. Binder (Hrsg.), *Beiträge zum Mathematikunterricht 2019* (S. 541–544). Münster: WTM.

Militschenko, I. & Dilling, F. (2019). Erkenntnisgewinnung im Mathematik- und Physikunterricht. Ein Vergleich im Rahmen eines Projektes zum fachdidaktisch-verbindenden Lehren und Lernen in den Lehramtsstudiengängen. *PhyDidB – Didaktik der Physik*, Beitrag DD 13.05. Verfügbar unter: http://www.phydid.de/index.php/phydid-b/article/view/949/1074 (Letzter Zugriff: 07. September 2020)

Militschenko, I. & Kraus, S. (2017). Entwicklungslinien der Mathematisierung der Physik – die Rolle der Deduktion in der experimentellen Methode. *Der Mathematikunterricht, 63(5)*, 21–29.

Neth, A. & Voigt, J. (1991). Lebensweltliche Inszenierungen – Die Aushandlung schulmathematischer Bedeutungen an Sachaufgaben. In H. Maier & J. Voigt (Hrsg.), *Interpretative Unterrichtsforschung* (Bd. 17, S. 79–116). Köln: Aulis.

Nührenbörger, M. & Schwarzkopf, R. (2019). Argumentierendes Rechnen. Algebraische Lernchancen im Arithmetikunterricht der Grundschule. In B. Brandt & K. Tiedemann (Hrsg.), *Interpretative Unterrichtsforschung* (S. 15–35). Münster: Waxmann.

Oevermann, U. (1993). Die objektive Hermeneutik als unverzichtbare methodologische Grundlage für die Analyse von Subjektivität. Zugleich eine Kritik der Tiefenhermeneutik. In T. Jung & S. Müller-Doohm (Hrsg.), *„Wirklichkeit" im Deutungsprozeß. Verstehen und Methoden in den Kultur- und Sozialwissenschaften* (S. 106–189). Frankfurt am Main: Suhrkamp.

Oevermann, U. (2002). *Klinische Soziologie auf der Basis der Methodologie der objektiven Hermeneutik – Manifest der objektiv hermeneutischen Sozialforschung.* Verfügbar unter: https://www.ihsk.de/publikationen/Ulrich_Oevermann-Manifest_der_obj ektiv_hermeneutischen_Sozialforschung.pdf (Letzter Zugriff: 03. September 2020)

Oevermann, U., Allert, T., Konau, E. & Krambeck, J. (1979). Die Methodologie einer „objektiven Hermeneutik" und ihre allgemeine forschungslogische Bedeutung in den Sozialwissenschaften. In H.-G. Soeffner (Hrsg.), *Interpretative Verfahren in den Sozial- und Textwissenschaften* (S. 352–433). Stuttgart: J.B. Metzlersche Verlagsbuchhandlung.

Pfeifer, P. (2002). Chemie, eine experimentelle Wissenschaft. In P. Pfeifer, B. Lutz & H. J. Bader (ffd.), *Konkrete Fachdidaktik Chemie* (3. Aufl., Neubearbeitung, S. 90–96). München: Oldenbourg.

Pfister, J. (2015). *Werkzeuge des Philosophierens* (2. durchgesehene Aufl.). Stuttgart: Reclam.

Philipp, K. (2013) *Experimentelles Denken. Theoretische und empirische Konkretisierung einer mathematischen Kompetenz.* Wiesbaden: Springer.

Philipp, K. & Leuders, L. (2012). Innermathematisches Experimentieren – empiriegestützte Entwicklung eines Kompetenzmodells und Evaluation eines Förderkonzepts – Teilprojekt 8. In W. Rieß, M. Wirtz, B. Barzel & A. Schulz (Hrsg.), *Experimentieren im mathematisch-naturwissenschaftlichen Unterricht. Schüler lernen wissenschaftlich denken und arbeiten* (S. 285–299). Münster: Waxmann.

Piaget, J. (1976). *Die Äquilibration der kognitiven Strukturen.* Stuttgart: Klett. (Original erschienen 1975: L'équilibration des structures cognitives. Problème central du développement)

Pólya, G. (1962). *Mathematik und plausibles Schliessen, Band 1. Induktion und Analogie in der Mathematik.* (L. Bechtolsheim, Übers.). Basel: Birkhäuser Verlag. (Original erschienen 1954: Mathematics and plausible reasoning Vol.1: Induction and analogy in mathematics)

Popper, K. R. (1949). Naturgesetze und theoretische Systeme. In S. Moser (Hrsg.), *Gesetz und Wirklichkeit. Internationale Hochschulwochen des Österreichischen College* (S. 43–60). Innsbruck: Tyrolia.

Popper, K. R. (1973). *Objektive Erkenntnis. Ein evolutionärer Entwurf.* Hamburg: Hoffmann und Campe.

Prediger, S. & Link, M. (2012). Fachdidaktische Entwicklungsforschung – Ein lernprozessfokussierendes Forschungsprogramm mit Verschränkung fachdidaktischer Arbeitsbereiche. In H. Bayrhuber, U. Harms, B. Muszynski, B. Ralle, M. Rothgangel, L.-H. Schön, H. Vollmer, & H.-G. Weigand (Hrsg.), *Formate Fachdidaktischer Forschung. Empirische Projekte – historische Analysen – theoretische Grundlegungen* (S. 29–46). Münster: Waxmann [Fachdidaktische Forschungen Bd. 2].

Reiners, C. S. (1999). Die Konstanz der Phänomene und der Wandel ihrer Deutung. *CHEMKON, 6(2),* 67–74.

Reiners, C. S. (2002). Auf dem (Irr-)Weg zu naturwissenschaftlichen Arbeits- und Denkweisen. Eine fachdidaktische Reflexion. CHEMKON, 9(3), 136–140.

Reiners, C. S. (2013). Die Natur der Naturwissenschaften lernen zu lehren. Zum Potential eines expliziten Ansatzes. In M. Meyer, E. Müller-Hill & I. Witzke (Hrsg.), *Wissenschaftlichkeit und Theorieentwicklung in der Mathematikdidaktik. Festschrift anlässlich des sechzigsten Geburtstages von* Horst Struve (S. 295–315). Hildesheim: Franzbecker.

Reiners C. S. (2017). Wissensvermittlung als Bildungsauftrag. In C. S. Reiners (Hrsg.), *Chemie vermitteln. Fachdidaktische Grundlagen und Implikationen* (S. 21–32). Berlin: Springer.

Reiners, C. S., Großschedl, J., Meyer, M., Schadschneider, A., Schäbitz, F. & Struve, H. (2018). Zum Gebrauch der Begriffe Experiment, Theorie, Modell und Gesetz in den mathematisch-naturwissenschaftlichen Fächern. *CHEMKON, 25(8),* 324–333.

Reiners, C. S. & Saborowski, J. (2017). Wissensvermittlung durch Transformation. In C. S. Reiners (Hrsg.), *Chemie vermitteln. Fachdidaktische Grundlagen und Implikationen* (S. 33–90). Berlin: Springer.

Reiners, C. S. & Struve, H. (2011). Gleichungen. Didaktische Implikationen aus der Sicht des Chemie- und Mathematikunterrichts. *Praxis der Naturwissenschaften. Chemie in der Schule, 60(3),* 35–40.

Rieß, W., Wirtz, M., Barzel, B. & Schulz, A. (Hrsg.). (2012). *Experimentieren im mathematisch-naturwissenschaftlichen Unterricht. Schüler lernen wissenschaftlich denken und arbeiten.* Münster: Waxmann.

Roth, J. (2014). Experimentieren mit realen Objekten, Videos und Simulationen. Ein schülerzentrierter Zugang zum Funktionsbegriff. *Der Mathematikunterricht, 60(6)*, 37–42. Zitiert hier die leicht abweichende Online-Veröffentlichung, verfügbar unter: https://www.juergen-roth.de/veroeffentlichungen/2014/roth_2014_experimen tieren_mit_realen_objekten_videos_und_simulationen.pdf (Letzter Zugriff: 03. September 2020)

Scharfenberg, F.-J. (2005). *Experimenteller Biologieunterricht zu Aspekten der Gentechnik im Lernort Labor: empirische Untersuchung zu Akzeptanz, Wissenserwerb und Interesse.* Dissertation, Universität Bayreuth verfügbar unter: http://www.pflanzenphysiologie.uni-bayreuth.de/didaktik-bio/en/pub/html/31120diss_Scharfenberg.pdf (Letzter Zugriff: 03. September 2020)

Schmidkunz, H. & Lindemann, H. (1992). *Das forschend-entwickelnde Unterrichtsverfahren. Problemlösen im naturwissenschaftlichen Unterricht* (3., neubearbeitete Aufl.). Magdeburg: Westarp [Reihe: Didaktik, Naturwissenschaften Bd. 2].

Schreiber, A. (1988). Mathematik als Experiment. In P. Bender (Hrsg.), *Mathematikdidaktik: Theorie und Praxis. Festschrift für Heinrich Winter* (S. 154–165). Berlin: Cornelsen.

Schwarz, O. (2009). Die Theorie des Experiments. Aus der Sicht der Physik, der Physikgeschichte und der Physikdidaktik. *Geographie und Schule, 180*, 15–20.

Schwarzkopf, R. (2000). *Argumentationsprozesse im Mathematikunterricht. Theoretische Grundlagen und Fallstudien.* Hildesheim: Franzbecker.

Schwarzkopf, R. (2001). Argumentationsanalysen im Unterricht der frühen Jahrgangsstufen – eigenständiges Schließen mit Ausnahmen. *Journal für Mathematikdidaktik, 22(3–4)*, 253–276.

Söhling, A.-C. (2017). *Problemlösen und Mathematiklernen. Zum Nutzen des Probierens und des Irrtums.* Wiesbaden: Springer.

Steinle, F. (2004). Exploratives Experimentieren. Charles Dufay und die Entdeckung der zwei Elektrizitäten. *Physik Journal, 3(6)*, 47–52.

Steinle, F. (2005). *Explorative Experimente. Ampère, Faraday und die Ursprünge der Elektrodynamik.* Stuttgart: Steiner.

Stork, H. (1979). Zum Verhältnis von Theorie und Empirie in der Chemie. *Der Chemieunterricht, 10(3)*, 45–61.

Ströker, E. (1972). Theorie und Erfahrung. Zur Frage des Anfangs der Naturwissenschaft. In W. Beierwaltes & W. Schrader (Hrsg.), *Weltaspekte der Philosophie* (S. 283–311). Amsterdam: Rodopi.

Ströker, E. (1973). *Einführung in die Wissenschaftstheorie.* Darmstadt: Wissenschaftliche Buchgesellschaft.

Ströker, E. (1982). *Theoriewandel in der Wissenschaftsgeschichte.* Frankfurt: Klostermann.

Struve, H. (1990). *Grundlagen einer Geometriedidaktik.* Mannheim: BI-Verlag.

Treffers, A. (1983). Fortschreitende Schematisierung. *mathematik lehren, 83(1)*, 16–20.

Voigt, J. (1984). *Interaktionsmuster und Routinen im Mathematikunterricht. Theoretische Grundlagen und mikroethnographische Falluntersuchungen.* Weinheim: Beltz.

Voigt, J. (1991) Die mikroethnographische Erkundung von Mathematikunterricht – Interpretative Methoden der Interaktionsanalyse. In H. Maier & J. Voigt (Hrsg.), *Interpretative Unterrichtsforschung* (Bd. 17, S. 152–175). Köln: Aulis.

Voigt, J. (2013). Eine Alternative zum Modellierungskreislauf. In G. Greefrath, F. Käpnick & M. Stein (Hrsg.), *Beiträge zum Mathematikunterricht 2013* (S. 1046–1049). Münster: WTM.

Vollmer, G. (2014). Die naturwissenschaftliche Methode – gibt es die? *Praxis der Naturwissenschaften – Physik in der Schule*, 63(8), 11–17.

Vossen, H. (1979). *Kompendium Didaktik Chemie*. München: Ehrenwirth.

Wagenschein, M. (1997). *Verstehen lehren. Genetisch – Sokratisch – Exemplarisch* (11. Aufl.). Weinheim: Beltz.

Weidlich, W. (2016). *Grundkonzepte der Physik. Mit Einblicken für Geisteswissenschaftler* (2., überarbeitete und erweiterte Aufl.). Berlin: de Gruyter.

Winter, H. (1978). Geometrie vom Hebelgesetz aus – ein Beispiel zur Integration von Physik- und Mathematikunterricht der Sekundarstufe I. *Der Mathematikunterricht*, 24(5), 88–125.

Winter, H. (1983). Zur Problematik des Beweisbedürfnisses. *Journal für Mathematikdidaktik*, 4(1), 59–95.

Winter, H. (1984). Entdeckendes Lernen als Leitprinzip des Mathematikunterrichts in der Grundschule. In *Beiträge zum Mathematikunterricht 1984* (S. 372–376). Bad Salzdetfurth: Franzbecker.

Winter, H. (1993). *Mathematisches Grundwissen für Biologen*. Mannheim: BI-Wiss.-Verl.

Winter, H. (1995). Mathematikunterricht und Allgemeinbildung. *Mitteilungen der Gesellschaft für Didaktik der Mathematik*, 61, 37–46.

Winter, H. W. (2016). *Entdeckendes Lernen im Mathematikunterricht. Einblicke in die Ideengeschichte und ihre Bedeutung für die Pädagogik* (3., aktualisierte Aufl.). Wiesbaden: Springer.

Wittmann, E. (1982). *Mathematisches Denken bei Vor- und Grundschulkindern. Eine Einführung in psychologisch-didaktische Experimente*. Braunschweig: Vieweg.

Wittmann, E. C. (1983). Anwendungen des operativen Prinzips im Geometrieunterricht. In L. Montada, K. Reusser & G. Steiner (Hrsg.), *Kognition und Handeln. Hans Aebli zum 60. Geburtstag* (S. 267–276). Stuttgart: Klett.

Wittmann, E. C. (1985). Objekte – Operationen – Wirkungen: Das operative Prinzip in der Mathematikdidaktik. *mathematik lehren*, 11, 7–11.

Wittmann, E. C. (2014). Operative Beweise in der Schul- und Elementarmathematik. *mathematica didactica*, 37, 213–232.

Wittmann, E. C. & Müller, G. (1988). Wann ist ein Beweis ein Beweis? In P. Bender (Hrsg.), *Mathematikdidaktik: Theorie und Praxis. Festschrift für Heinrich Winter* (S. 237–257). Berlin: Cornelsen.

Zell, S. (2013). Modellieren mit physikalischen Experimenten im Mathematikunterricht. In H. Henning (Hrsg.), *Modellieren in den MINT-Fächern* (S. 232–255). Münster: WTM [Schriften zum Modellieren und zum Anwenden von Mathematik, Bd. 3, herausgegeben von H. Henning & E. Niehaus].

Printed in the United States
by Baker & Taylor Publisher Services